高职高专“十二五”规划教材

CAD/CAM应用技术——UG NX 8.0

史立峰　主编

李群松　张艳艳　周秀海　苗德忠　副主编

化学工业出版社

·北京·

本书结合作者多年使用UG NX软件的实践经验，以及教学培训中的体会，精选了29个典型实例，以图解的形式，由浅入深、循序渐进地介绍了UG NX软件建模、装配、制图和加工等模块常用的功能和命令，包括草图、基准特征、设计特征、编辑特征、关联复制、组合体、修剪体、偏置/缩放、细节特征、网格曲面、GC工具箱、装配和工程图，以及型腔铣、深度铣、固定轮廓铣、平面铣、面铣、点位加工等知识内容。

本书以实用为原则，以应用为目标，以项目为主线，结构严谨，内容翔实，知识全面，语言简洁，图文并茂，可读性强。

本书面向UG NX软件初、中级学习者，可作为各类职业学院机械制造及自动化、模具设计与制造、计算机辅助设计与制造、数控技术等专业的CAD/CAM相关课程的教材，也可作为社会上相关培训班的教材，以及自学用书。

图书在版编目（CIP）数据

CAD/CAM应用技术——UG NX 8.0 / 史立峰主编.
北京：化学工业出版社，2014.1（2023.1重印）
高职高专“十二五”规划教材
ISBN 978-7-122-18996-7

Ⅰ. ①C… Ⅱ. ①史… Ⅲ. ①计算机辅助设计-应用软件-高等职业教育-教材 Ⅳ. ①TP391.72

中国版本图书馆CIP数据核字（2013）第270806号

责任编辑：韩庆利　　装帧设计：孙远博
责任校对：顾淑云

出版发行：化学工业出版社（北京市东城区青年湖南街13号　邮政编码100011）
印　　装：涿州市般润文化传播有限公司
787mm×1092mm　1/16　印张16¾　字数426千字　2023年1月北京第1版第8次印刷

购书咨询：010-64518888　　售后服务：010-64518899
网　　址：http://www.cip.com.cn
凡购买本书，如有缺损质量问题，本社销售中心负责调换。

定　　价：48.00元（含光盘）

前　言

UG NX（SIEMENS NX）软件是功能强大的CAD/CAE/CAM一体化软件，广泛应用于航空、汽车、机械、电子、模具等行业，在业界享有极高的声誉，拥有众多的忠实用户。

本书以UG NX 8.0中文版软件为操作基础，精选了29个典型实例，以图解的形式，由浅入深、循序渐进地介绍了UG NX软件建模、装配、制图和加工等模块常用的功能和命令，包括草图、基准特征、设计特征、编辑特征、关联复制、组合体、修剪体、偏置/缩放、细节特征、网格曲面、GC工具箱、装配和工程图，以及型腔铣、深度铣、固定轮廓铣、平面铣、面铣、点位加工等知识内容。

本书结构严谨，内容翔实，知识全面，语言简洁，图文并茂，可读性强，具有以下特点：

1．实例讲解。本书突破了以往CAD/CAM书籍逐一介绍软件的菜单和命令的写作模式，以实例贯穿始终，通过典型实例的训练，引导学习者掌握UG NX软件常用的功能和命令。

2．注重造型能力的培养。本书摒弃了单纯的介绍软件命令的做法，通过对典型实例造型的分析和详细的操作步骤，培养学习者逐步建立造型和编程的能力。这是学习CAD/CAM软件的关键。

3．注重新技术的介绍。本书大量介绍了UG NX的新技术，如GC工具箱、同步建模和重用库等，目的是让学习者能够掌握这些工具的使用，以提高工作效率。

4．全程图解。本书用带有指示的图片替代枯燥的文字描述，便于学习者直观、准确地理解UG NX软件的操作过程，提高阅读和学习的效率。

5．适合自学。本书光盘中有各个项目的语音操作视频，非常方便学习者自学。

本书面向UG NX软件初、中级学习者，可作为各类职业学院机械制造及自动化、模具设计与制造、计算机辅助设计与制造、数控技术等专业的CAD/CAM相关课程的教材，也可作为社会上相关培训班的教材，以及自学用书。

本书由辽宁装备制造职业技术学院史立峰担任主编，湖南化工职业技术学院李群松、新乡职业技术学院张艳艳、辽宁职业学院周秀海、渤海船舶职业学院苗德忠担任副主编，新乡职业技术学院李峰珠、沈阳航空职业技术学院张喆、辽宁省交通高等专科学校韩海玲、辽宁装备制造职业技术学院姬彦巧、张再雄、伞晶超、孙燕燕、刘力参编。本书项目图例、项目19～项目23由史立峰编写，项目1和项目24由李峰珠编写，项目2、项目7～项目10由张艳艳编写，项目3～项目6由李群松编写，项目11由韩海玲编写，项目12～项目15由周秀海编写，项目16和项目17由苗德忠编写，项目18由张喆编写，项目25由张再雄编写，项目26由孙燕燕编写，项目27由伞晶超编写，项目28由姬彦巧编写，项目29由刘力编写。

特色教材的编写是一项探索性的工作，由于时间紧迫，书中难免存在不妥之处，而且零件的造型和编程思路往往是仁者见仁，智者见智，衷心欢迎广大师生和读者对本书提出宝贵的意见和建议，以便修订时进一步完善。

编　者

目　录

项目图例

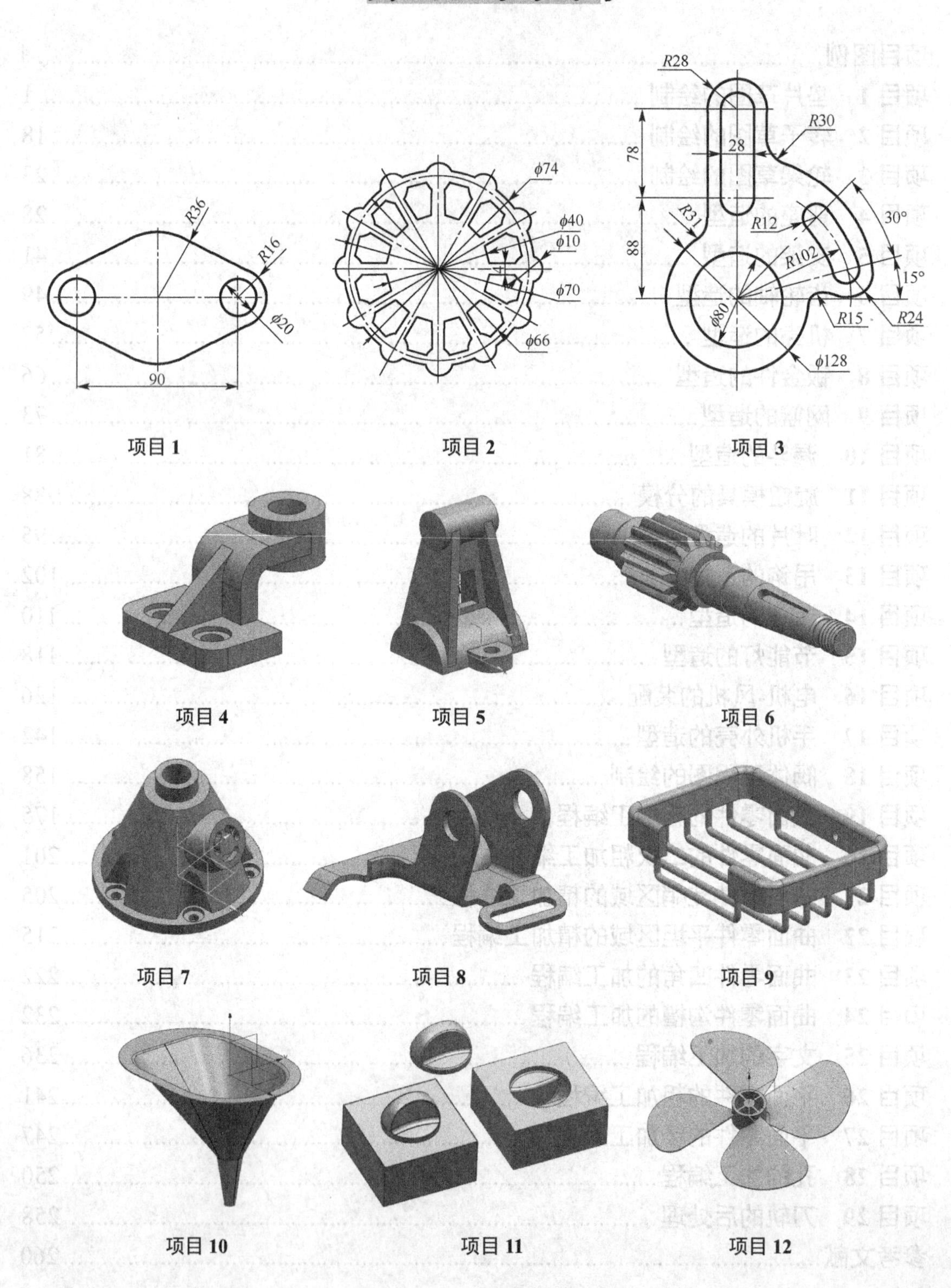

项目 1　项目 2　项目 3

项目 4　项目 5　项目 6

项目 7　项目 8　项目 9

项目 10　项目 11　项目 12

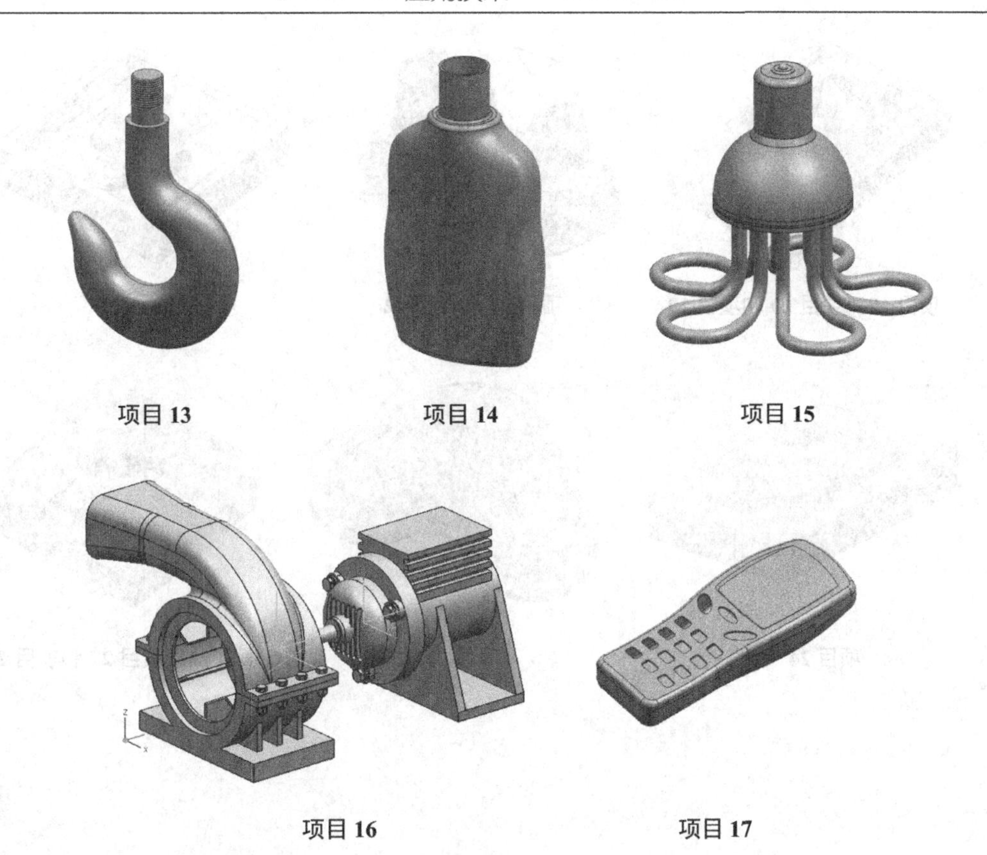

项目 13　　项目 14　　项目 15

项目 16　　项目 17

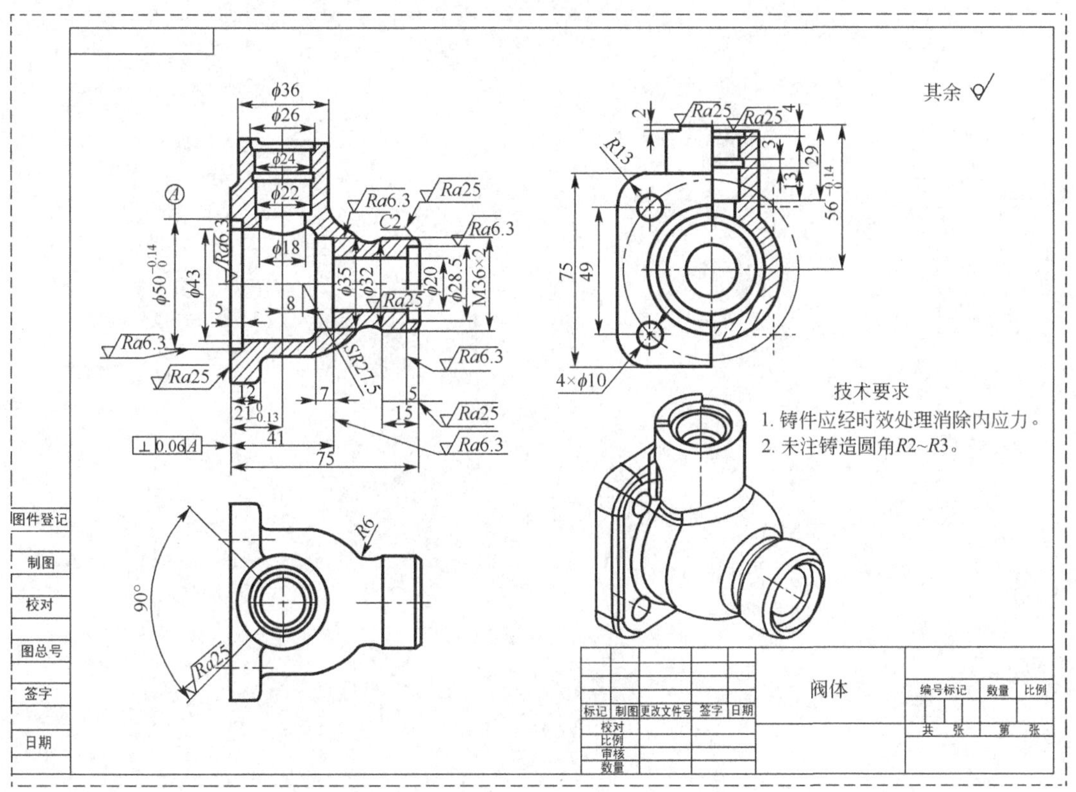

项目 18

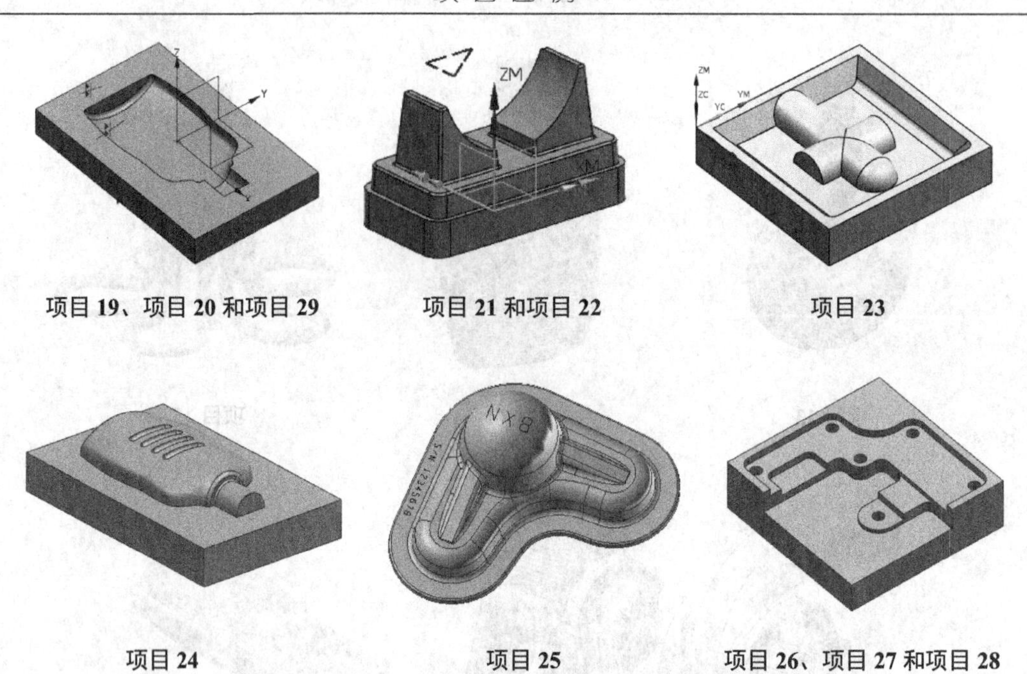

项目 19、项目 20 和项目 29　　项目 21 和项目 22　　项目 23

项目 24　　项目 25　　项目 26、项目 27 和项目 28

项目 1 垫片草图的绘制

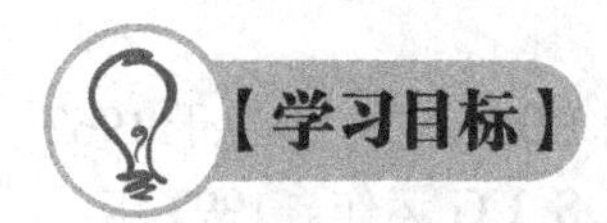

【学习目标】

本项目以垫片草图（如图 1-1 所示）为例，介绍 NX 软件草图的一般绘制步骤，熟悉 NX 软件的界面和基本操作，学习草图曲线的常用绘制和编辑命令，从而能够绘制比较简单的草图曲线。

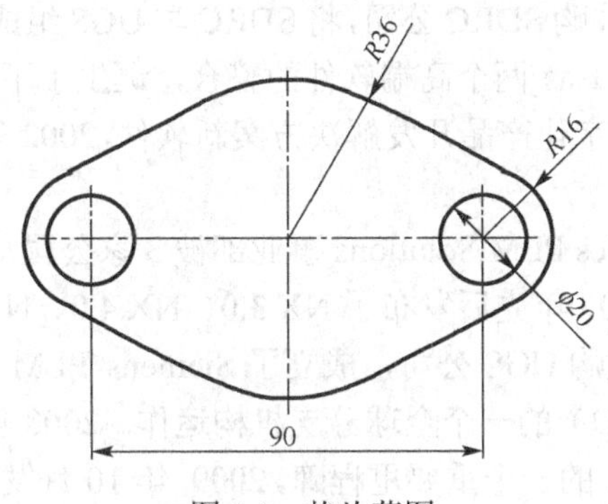

图 1-1 垫片草图

【相关知识】

1. NX 软件介绍

CAD/CAM（即计算机辅助设计与制造的英语 Computer Aided Design/Computer Aided Manufacture 的缩写）技术是随着计算机和数字化信息技术发展而形成的新技术，广泛应用于机械、电子、航空、航天、汽车、船舶、纺织、轻工及建筑等各个领域，是数字化、信息化制造技术的基础，其应用水平已成为衡量一个国家技术发展水平及工业现代化的重要标志。CAD/CAM 软件很多，有 CATIA、UG（NX）、Pro/Engineer（creo）、SolidWorks、SolidEdge、PowerMILL、CimatronE、MasterCAM、TopSolid、CAXA 等软件。

NX（又称 UG）软件，是当今应用最广泛、最具有竞争力的 CAD/CAE/CAM 大型集成软件之一，包括产品设计、零件装配、模具设计、NC 加工、工程图设计、模流分析和机构仿真等多种功能，在汽车与交通、航空航天、日用消费品、通用机械、电子工业及其它高科技领域的机械设计和模具加工方面得到了广泛的应用。NX 的发展大致经历以下过程：

1969 年，United Computing 公司成立。1973 年购买了 ADAM（Automated Drafting and Machining）方面的软件代码，开始研发软件产品 UNI-GRAPHICS。1975 年正式命名为

Unigraphics，即UG软件。

1976年，United Computing 公司被美国麦道飞机公司（1996年12月，麦道飞机公司被美国波音飞机公司兼并）收购，成为其一个下属的一个团队 Unigraphics Group，开始进行UG软件系列的开发，并将其应用于飞机的设计与制造过程之中。在此后的数十年中UG一直处于不断地研发过程之中。1986年，UG吸取了业界领先的、为实践所证实的实体建模核心——Parasolid的部分功能。1987年，通用公司（GM）将UG作为其C4（CAD/CAM/CAE/CIM）项目的战略性核心系统，进一步推动了UG的发展。

1991年，由于GM公司对UG的需要，Unigraphics Group被美国EDS公司（创建于1962年，1984～1996年属于GM，2008年5月被HP收购）收购，以EDS UG运作。1993年，UG引入复合建模的概念，实现了实体建模、曲线建模、框线建模、半参数化及参数化建模融为一体。1998年，EDS UG并购Intergraph公司的机械软件部，成立UGS（Unigraphics Solutions Inc）公司，作为EDS的子公司。2000年和2001年先后发布了UG 17、UG 18版本。

2001年9月，EDS公司收购SDRC公司，将SDRC与UGS组成Unigraphics PLM Solutions事业部，并开始了UG和I-deas两个高端软件的整合，诞生了下一代（Next，简称NX）集CAD/CAE/CAM于一体的数字化产品开发解决方案新软件，2002年和2003年发布了NX 1.0、NX 2.0版本。

2003年3月，Unigraphics PLM Solutions事业部被3家公司从EDS公司收购，成为独立的UGS公司。2004年至2007年先后发布了NX 3.0、NX 4.0、NX 5.0版本。

2007年5月，西门子收购UGS公司，成立了Siemens PLM Software，作为西门子自动化与驱动集团（Siemens A&D）的一个全球分支机构运作。2008年6月发布了NX 6.0，提出了同步建模技术，标志着NX的一个重要里程碑。2009 年10月发布了NX 7.0，引入了HD3D（三维精确描述）功能。2010年5月发布了NX 7.5，增加了GC 工具箱，以满足中国用户的需求。2011年和2012年发布了NX 8.0和NX 8.5版本。2013年发布了NX 9.0版本。

2．启动NX软件

在Windows窗口，依次选择“开始”→“所有程序”→“Siemens NX 8.0”→“NX 8.0”，将启动NX软件。在弹出NX 8欢迎界面（如图1-2所示）后，稍等片刻，将显示NX 8初始界面，如图1-3所示。

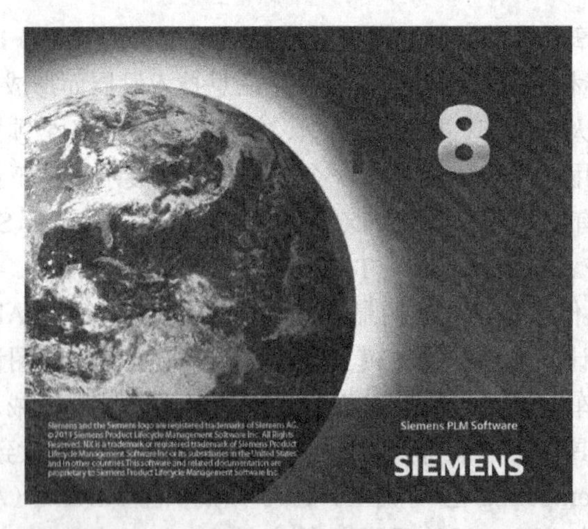

图1-2 NX 8欢迎界面

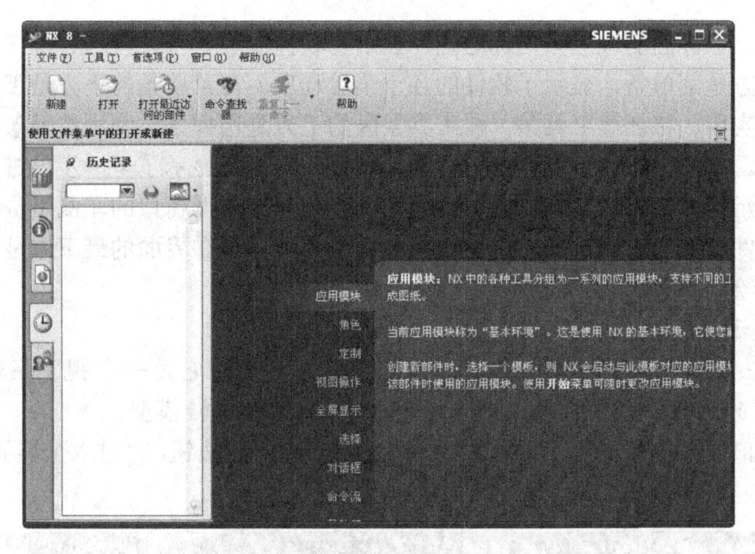

图 1-3 NX 8 初始界面

3．打开文件

在“标准”工具条上，单击“打开”，或在菜单条上，选择“文件”→“打开”，弹出“打开”对话框，选择齿轮轴模型“/part/proj6/chilunzhou.prt”，单击“确定”，将打开该文件。

4．软件界面

打开文件后，显示 NX 8 标准界面，如图 1-4 所示。NX 8 标准界面由标题栏、菜单条、工具条、选择条、提示行、状态行、资源条和图形窗口等组成。

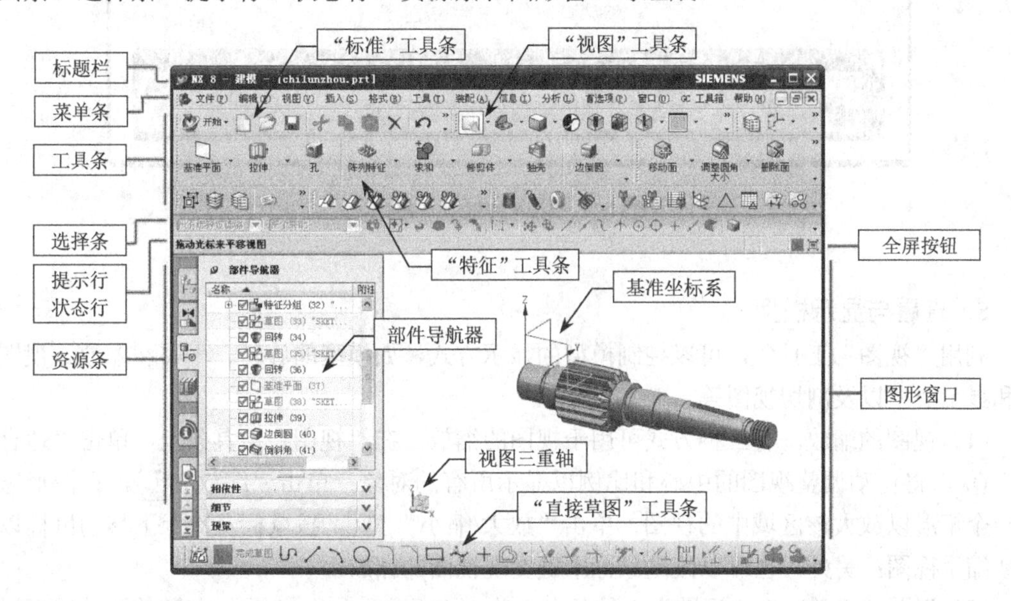

图 1-4 NX 8 标准界面

在 NX 标准界面的右下方是图形窗口，显示了当前打开的零件模型、基准坐标系和视图三重轴等信息。在界面的最上方是标题栏，显示了软件的版本号、模块、部件名称等信息。在标题栏的下方是菜单条，显示了软件的各个菜单选项。在菜单条的下方是工具条区，包括标准、视图、实用、特征等工具条。在工具条区的下方是选择条，利用选择条可以确定要选择的对象类型。在选择条的下方是提示行和状态行，提示行显示了下一步该进行如何操作的指示信息。提示行右侧的状态行显示了当前的操作信息。图形窗口的左侧是资源条，包括装配导航器、部件导航器、浏览器、历史记录和角色等选项。在界面的最下方是直接草图工具条，用于快速绘制和编辑草图曲线。

工程师提示：

◆ 视图三重轴。视图三重轴位于图形窗口的左下角，它是一个视觉指示符，表示模型绝对坐标系的方位。围绕视图三重轴上的特定轴可以旋转模型。

在图形窗口的右上角，是全屏模式控制按钮。单击此按钮，将进入全屏显示界面模式，如图 1-5 所示。全屏模式下图形窗口范围被扩大。

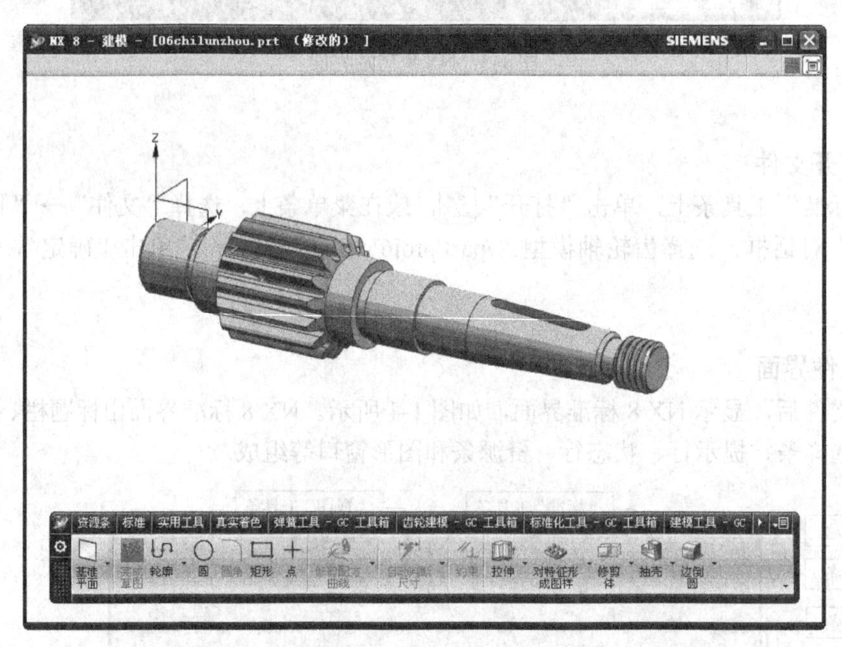

图 1-5　NX 8 全屏显示界面

5. 查看与显示模型

利用“视图”工具条，可以控制模型的显示方式，如模型的旋转、平移和缩放、视图方位和显示类型以及剖切视图等。

（1）视图的缩放。有三种方式可用于视图的缩放。在“视图”工具条上，单击“适合窗口”，将自动调整视图的中心和比例以显示所有的对象；单击“缩放”，在图形窗口画一个矩形以放大该区域中的视图；单击“放大/缩小”，按鼠标左键上下移动鼠标以放大或缩小视图；另外，也可以滚动鼠标中键实现视图的缩放。

（2）视图的平移。在“视图”工具条上，单击“平移”，按鼠标左键并拖动鼠标以平移视图；也可以同时按鼠标中键和右键、或者按键盘 Shift 键和鼠标左键实现视图的平移。

（3）视图的旋转。在“视图”工具条上，单击“旋转”，按鼠标左键并拖动鼠标以旋转视图；也可以按中键并拖动鼠标实现视图的旋转。

（4）定向视图的方位。NX 提供了六种标准视图方位，即前视图、后视图、左视图、右视图、俯视图和仰视图，以及正等测视图和正三（轴）测图。单击“视图方位”下的各选项，可将当前视图定向到任意指定的视图方位。

（5）显示类型。NX 提供了八种显示类型，包括两种实体、三种线框、两种艺术效果和一种局部着色。单击“显示类型”下的各选项，可切换不同的显示类型。

6. 关闭文件

在菜单条上，单击右侧的“关闭”，或在菜单条上，选择“文件”→“关闭”下的任一选项，将关闭当前文件。

7. 退出 NX 软件

在标题栏上，单击右侧的“关闭”，或在菜单条上，选择“文件”→“退出”，将退出 NX 软件。

8. 草图简介

草图是位于特定平面或路径上的 2D 曲线和点的集合，是设计所需的轮廓或典型截面。

实体造型前一般先绘制草图，再通过拉伸、旋转或扫掠草图来创建实体或片体特征。所以，草图是三维实体造型的基础，是设计的关键。从草图创建的特征与草图相关联，如果草图改变，特征也将改变。创建草图的基本步骤如下：

（1）确定基准。选择创建草图的平面或路径。

（2）绘制曲线。创建草图中的几何图形。

（3）添加约束。添加、修改或删除约束，并根据设计意图修改尺寸参数。

（4）完成草图。完成并退出草图。

【项目分析】

垫片草图比较简单，由直线、圆弧和圆组成，圆弧和直线相切，且关于坐标轴对称。绘制该草图可按以下步骤：首先，绘制如图 1-6（a）所示的圆和直线；然后，使用修剪命令编辑曲线，如图 1-6（b）所示；接下来，标注尺寸，如图 1-6（c）所示；最后，完成其他曲线的绘制，如图 1-6（d）所示。

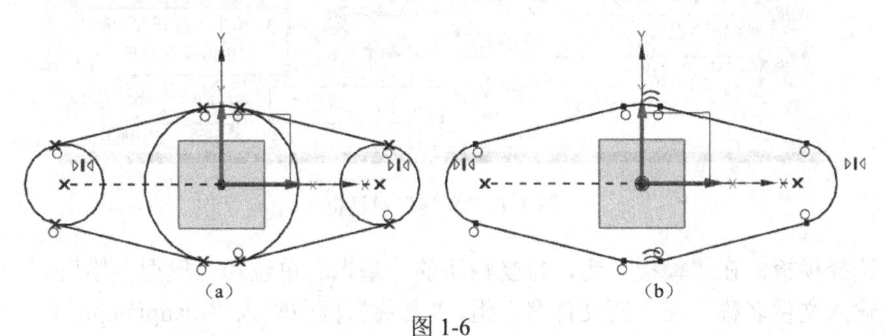

图 1-6

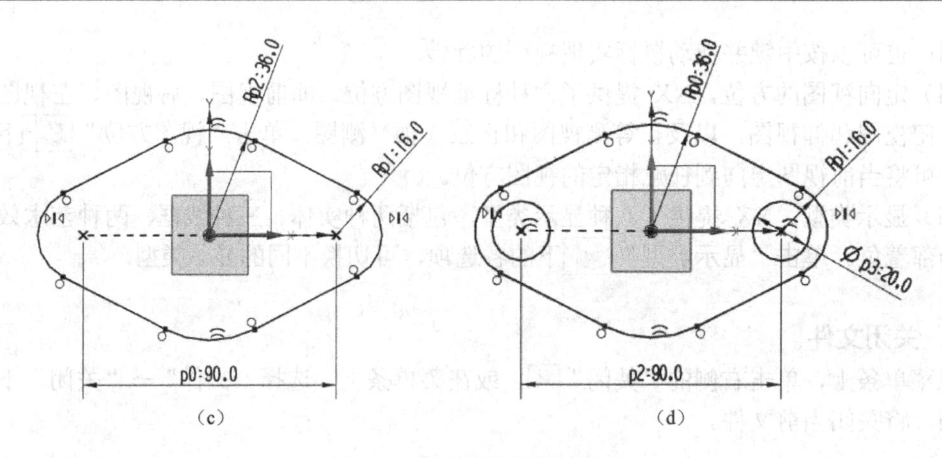

（c）　（d）

图 1-6　垫片草图的绘制思路

1．新建文件

在 NX 8 中新建一个文件的步骤如下：

（1）启动新建命令。在“标准”工具条上，单击“新建”，或在菜单条上，选择“文件”→“新建”，弹出“新建”对话框，如图 1-7 所示。

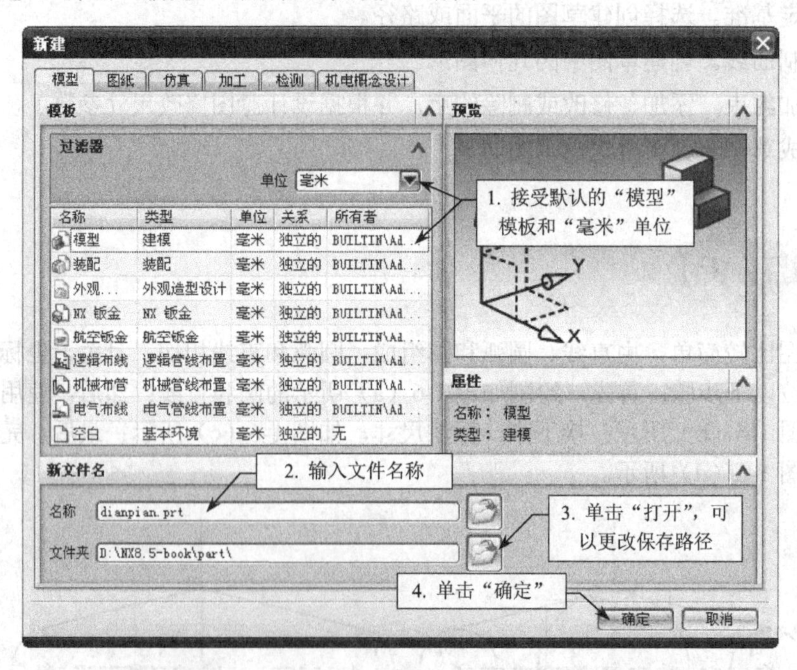

图 1-7　“新建”对话框

（2）选择模板。在“模板”组，接受默认的“毫米”单位和“模型”模板。

（3）输入文件名称。在“新文件名”组，“名称”框中输入“dianpian.prt”。

（4）确定文件保存位置。在“新文件名”组，单击“文件夹”框后面的“打开”，弹出“选择目录”对话框，然后选择文件保存的位置即可。

（5）完成新建。单击“确定”，关闭“新建”对话框，将进入NX 8建模应用模块，并显示NX 8标准界面。

2．显示基准坐标系

基准坐标系常用于绘制二维草图或创建三维模型时的参考基准。新建一个文件后，系统自动创建了一个基准坐标系，但处于隐藏状态。显示基准坐标系的步骤如图1-8所示：

（1）显示部件导航器。在“资源条”上，单击“部件导航器”，显示“部件导航器”窗口。

（2）显示基准坐标系。在“部件导航器”窗口中，右键单击“基准坐标系”，选择“显示”，将在图形窗口显示基准坐标系。

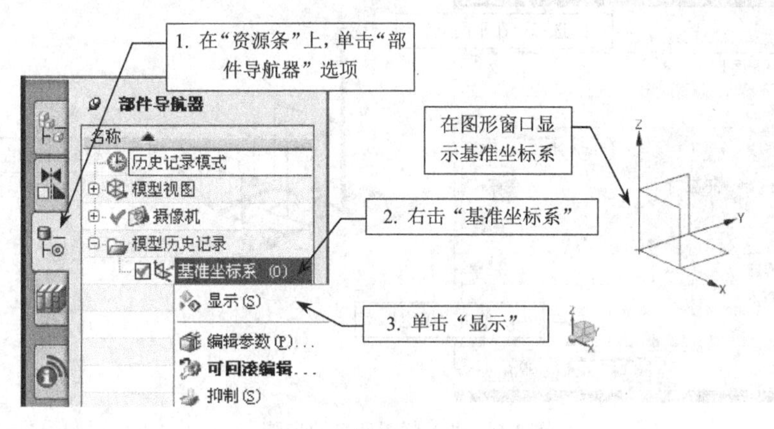

图1-8 部件导航器和基准坐标系

工程师提示：

NX软件中有多个不同的坐标系，常用的是绝对坐标系（ABS）、工作坐标系（WCS）和基准坐标系（CSYS）。

◆ 绝对坐标系（ABS）是模型空间中的概念性位置和方向。绝对坐标系是不可见的，且不能移动。绝对坐标系的方向与视图三重轴相同，但原点不同。

◆ 工作坐标系（WCS）是一个右向笛卡儿坐标系，由XC、YC和ZC轴组成。工作坐标系是一个可以移动的坐标系，它可以移到图形窗口中的任何位置，以便于在不同的方向和位置构造几何体。在菜单条上，选择“格式”→“WCS”下的各个选项，可以对工作坐标系进行新建、旋转等操作。在“实用”工具条上，单击“显示WCS”，可以在图形窗口中显示或隐藏工作坐标系。

◆ 基准坐标系（CSYS）提供了一组关联的对象，包括三个轴、三个平面、一个坐标系和一个原点。基准坐标系显示为部件导航器中的一个特征，它的对象可以单独选取，以支持创建其它特征和在装配中定位组件。在“特征”工具条上，单击“基准CSYS”，或者在菜单条上，单击“插入”→“基准/点”→“基准CSYS”选项，可以在指定的位置新建一个基准坐标系。

3. 进入草图环境

绘制草图时，必须进入草图环境。作为草图平面的可以是基准坐标系的三个平面、基准平面和实体上的平面，但不能是曲面。进入草图环境的步骤如图1-9所示：

（1）启动草图命令。在“直接草图”工具条上，单击“草图”，或在菜单条上，选择“插入”→“草图”，弹出“创建草图”对话框。

（2）选择草图类型。在“创建草图”对话框，从“类型”列表中选择“在平面上”。

（3）选择草图平面。在图形窗口中，选择基准坐标系的XY平面。

（4）进入草图环境。单击“确定”，进入草图环境。

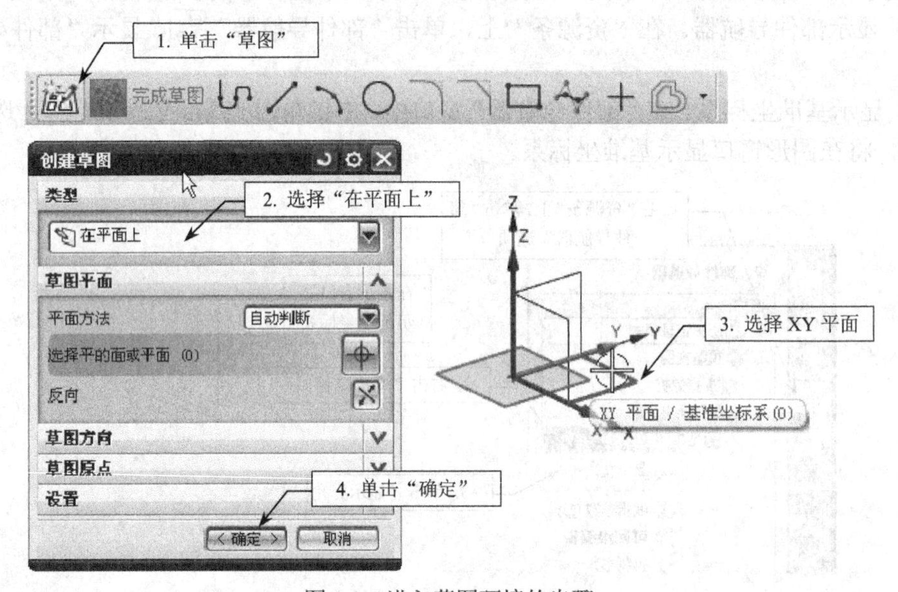

图1-9 进入草图环境的步骤

工程师提示：

◆ NX 8提供了两种创建和编辑草图的模式，即直接草图环境和草图任务环境。在NX 8以前的版本，必须进入草图任务环境来绘制草图。而NX 8及以后的版本，在标准界面增加了“直接草图”工具条。用户可以直接使用“直接草图”工具条上的命令在平面上创建草图，而无需进入草图任务环境，减少了鼠标单击的次数，使得创建和编辑草图变得更快且更容易。

（5）定向视图方向。在图形窗口中，单击右键，弹出快捷菜单，如图1-10（a）所示，选择“定向视图到草图”；或在图形窗口中，按住右键，弹出右键命令，如图1-10（b）所示，将光标移动至“定向视图到草图”上方，松开右键，则视图被定向至沿Z轴向下方向。

图1-10 定向视图方向的命令

（6）关闭自动标注尺寸。在“直接草图”工具条上，单击“约束工具下拉菜单”，再单击“连续自动标注尺寸”，将关闭自动标注模式。步骤如图 1-11 所示。

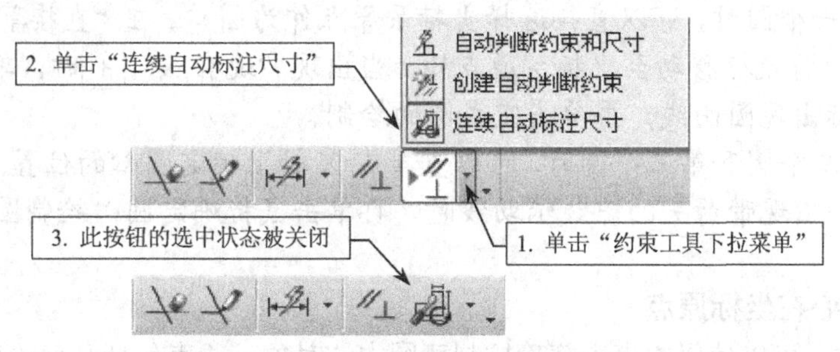

图 1-11　关闭连续自动标注尺寸的步骤

工程师提示：

◆ 在默认方式下，“连续自动标注尺寸”处于激活状态。在绘制草图前，可以关闭“连续自动标注尺寸”的活动状态，以使在绘制草图时不出现自动标注的尺寸。

◆ 另外，在绘制草图前，还需要确认“创建自动判断约束”处于活动状态，以使草图按照绘制意图自动创建约束关系。在默认方式下，“创建自动判断约束”处于激活状态。

4．绘制圆

在图形窗口中任意位置绘制三个圆，步骤如图 1-12 所示：

（1）启动圆命令。在“直接草图”工具条上，单击“圆”，或在菜单条上，选择“插入”→“草图曲线”→“圆”，弹出“圆”对话框。

（2）选择绘制圆的方法。在“圆”对话框的“圆方法”组中，单击“圆心和直径定圆”。

（3）绘制圆。首先，在图形窗口中的任意位置，单击确定圆心；然后，移动鼠标以出现圆曲线，当“直径”框中显示约为“70”时，再单击鼠标完成圆的绘制。

按照相同的方法，绘制其它两个圆。

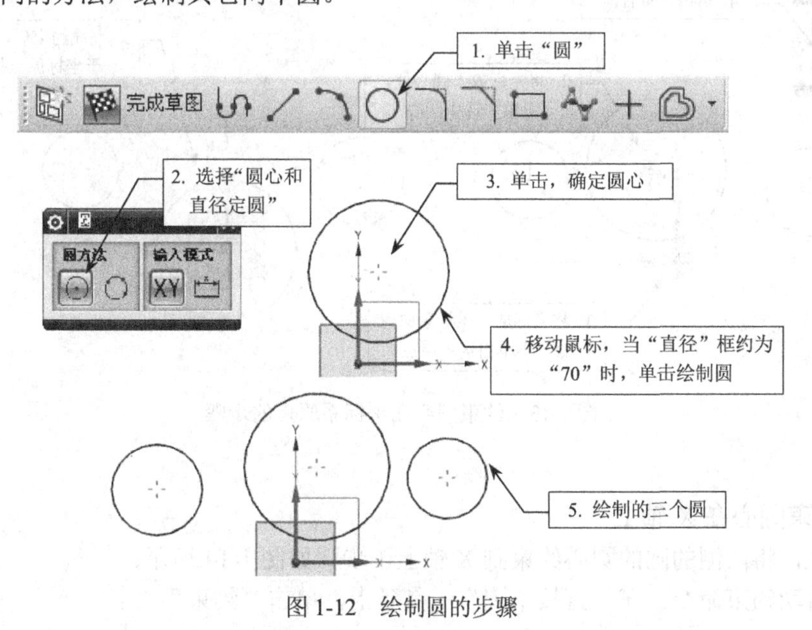

图 1-12　绘制圆的步骤

工程师提示：

◆ 绘制第二个圆和第三个圆时，不能与第一个圆产生相切关系。

◆ 绘制第一个圆时，可以直接选择坐标系原点作为圆心。在“直接草图”工具条上，单击“圆”◯；将光标移动至坐标系原点处，当出现“现有点”+时，单击选中坐标系原点；移动鼠标出现圆曲线，再单击完成圆的绘制。

◆ 绘制第二个圆和第三个圆时，可以直接在X轴上确定圆心的位置。当光标接近X轴的水平位置，出现带箭头的虚线辅助线时，再单击鼠标确定圆心绘制圆。

5. 约束圆心在坐标原点

绘制草图时，可以使用约束来精确控制草图中的对象，约束包括几何约束和尺寸约束。其中，几何约束用于创建草图对象的几何特性（如直线的水平和竖直），以及两个或两个以上对象间的相互关系（如两直线的平行、垂直，两圆弧的同心、相切、等半径等）。对象之间一旦使用几何约束，则无论如何修改几何图形，其关系始终存在。尺寸约束就是标注草图曲线的尺寸。

首先，将中间的圆的圆心约束到坐标系的原点处，步骤如图1-13所示：

（1）启动约束命令。在“直接草图”工具条上，单击“约束”，或在菜单条上，选择“插入”→“草图约束”→“约束”。

（2）选择约束对象。在图形窗口中，选择中间的圆的圆心，再选择坐标系的原点。

（3）选择约束类型。选择约束对象后，在图形窗口的左上角弹出“约束”对话框。在“约束”对话框中，单击“重合”，或右键单击圆，然后选择“重合”，则圆心被约束到坐标原点的位置。

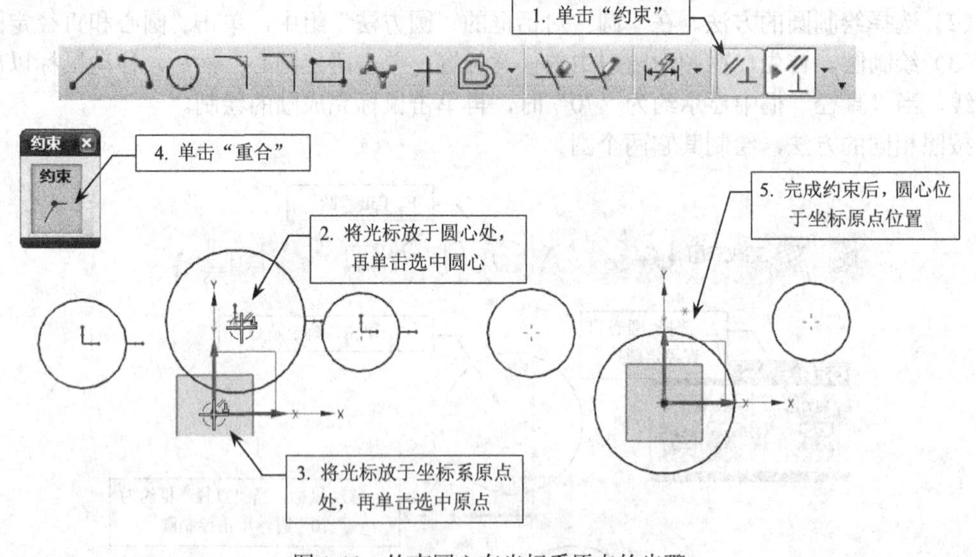

图1-13 约束圆心在坐标系原点的步骤

6. 约束圆心在X轴上

接下来，将两侧的圆的圆心约束到X轴上，步骤如图1-14所示：

（1）启动约束命令。在“直接草图”工具条上，单击“约束”。

（2）选择约束对象。在图形窗口中，选择左侧的圆的圆心，再选择X轴。

（3）选择约束类型。在“约束”对话框中，单击“点在曲线上”，或右键单击X轴，然后选择“点在曲线上”，则圆的圆心被约束到X轴上。

按照相同的方法，约束右侧圆的圆心在X轴上。

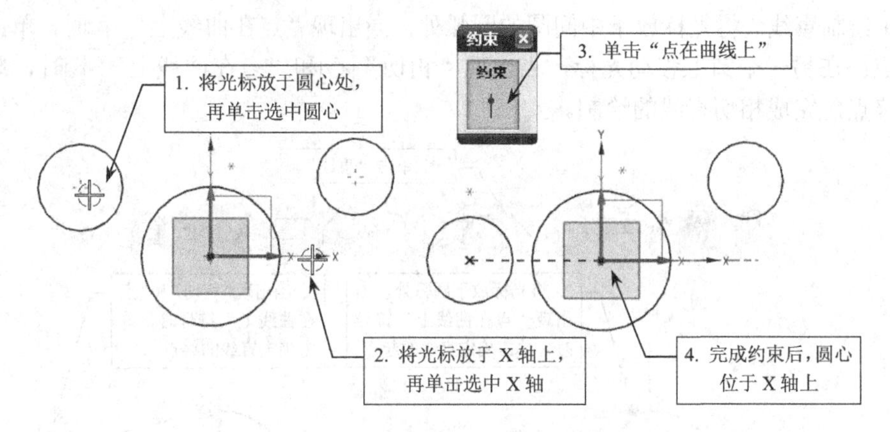

图1-14 约束圆心在坐标轴上的步骤

7. 约束关于Y轴对称

草图关于Y轴对称，因此需要设置对称约束。设置对称约束的步骤如图1-15所示：

（1）启动设为对称命令。在“直接草图”工具条上，单击“设为对称”，或在菜单条上，单击“插入”→“设为对称”，弹出“设为对称”对话框。

（2）选择约束对象。在图形窗口中，选择左右两侧的圆，作为主对象和次对象。

（3）选择对称中心线。在图形窗口中，选择Y轴作为对称中心线，则两个圆被设置关于Y轴对称。

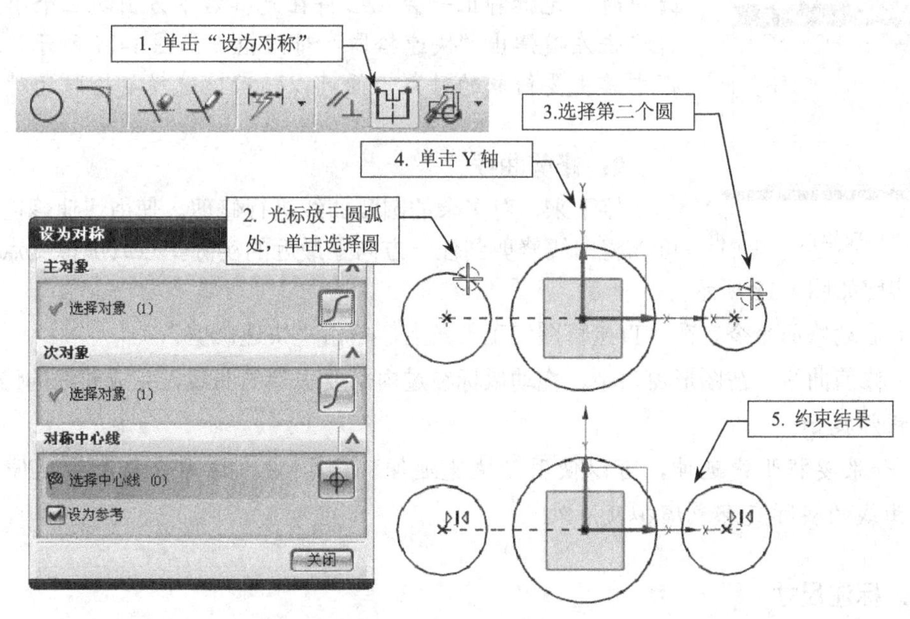

图1-15 设置对称约束的步骤

8．绘制直线

绘制两个圆的外公切线，步骤如图 1-16 所示：

（1）启动直线命令。在“直接草图”工具条上，单击“直线”，或在菜单条上，单击“插入”→“草图曲线”→“直线”，弹出“直线”对话框。

（2）绘制直线。将光标放于中间圆的圆弧处，当出现“点在曲线上”时，单击确定直线的起点；在另一个圆上移动光标，当出现“相切”和“点在曲线上”时，单击确定直线的终点，完成相切直线的绘制。

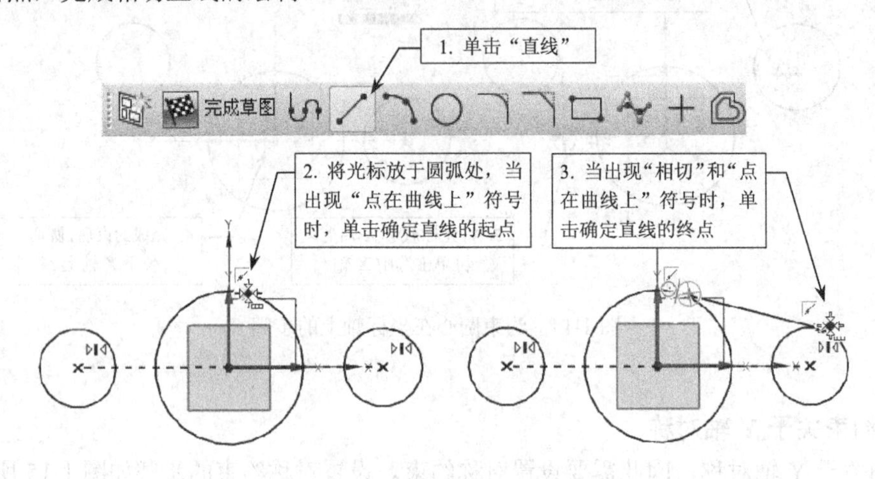

图 1-16 绘制相切直线的步骤

按照相同的方法，绘制其它相切直线。

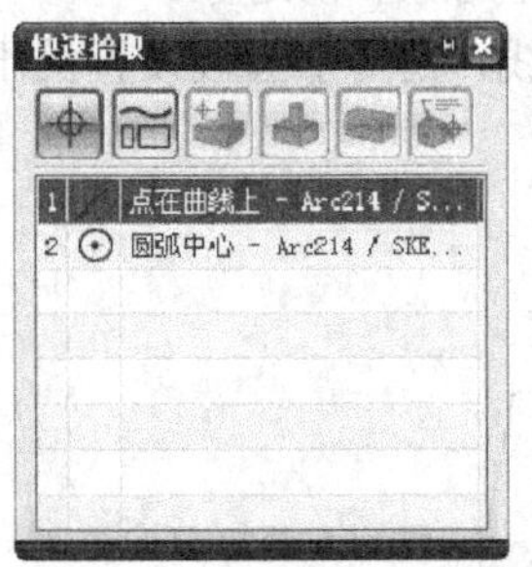

图 1-17 “快速拾取”对话框

工程师提示：

◆ 当光标放置于要选择的对象附近，如果有多个对象将被选中时，光标静止一会儿后将在光标右下方出现三个小点，此时单击左键弹出“快速拾取”对话框，如图 1-17 所示。在对话框中单击要拾取的对象，便可以精确地选择要拾取的对象。

9．修剪曲线

接下来，对多余的圆弧曲线进行修剪。使用快速修剪命令，可以将曲线修剪到任一方向上最近的实际交点或虚拟交点。修剪曲线的步骤如图 1-18 所示：

（1）启动修剪命令。在“直接草图”工具条上，单击“快速修剪”。

（2）修剪曲线。在图形窗口中，拖动鼠标经过内部要去除的曲线，完成曲线的修剪。

工程师提示：

◆ 如果要将曲线延伸，可以使用“快速延伸”命令，该命令将曲线延伸到它与另一条曲线的实际交点或虚拟交点处。

10．标注尺寸

通常，完成几何约束后再标注尺寸，以进一步控制图形的大小。标注尺寸是对草图施加尺寸约束，也称为驱动尺寸，就是在草图上用尺寸驱动图形，使图形随着尺寸的变化而变化。

尺寸约束的类型包括水平、竖直、平行、垂直、角度、直径和半径等尺寸的标注。

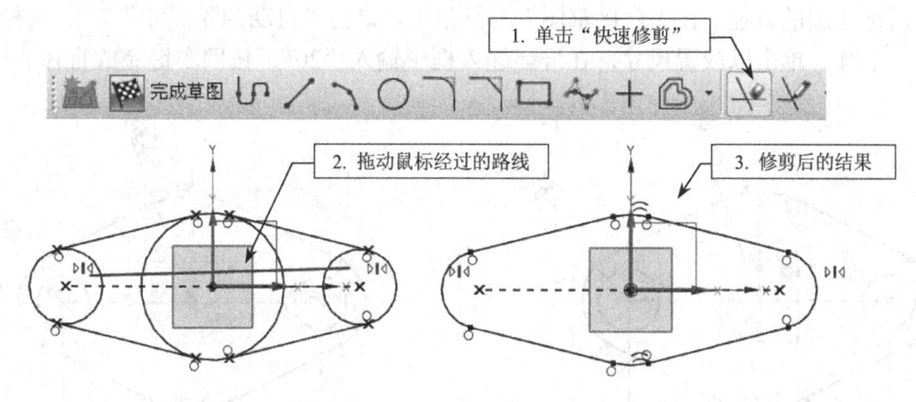

图 1-18 修剪曲线的步骤

（1）标注圆心距尺寸。在“直接草图”工具条上，单击“自动判断尺寸”，或在菜单条上，选择“插入”→“草图约束”→“尺寸”→“自动判断”，在图形窗口中，选择左右两侧圆弧的圆心，单击放置尺寸，在屏显输入框中输入“90”，按回车键完成尺寸标注，如图1-19 所示。

（2）标注圆弧半径。在“直接草图”工具条上，单击“自动判断尺寸”，在图形窗口中，选择中间的圆弧，单击以放置尺寸，在屏显输入框中输入“36”，按回车键完成尺寸标注。按照相同的方法，标注右侧的圆弧半径“16”，如图 1-20 所示。

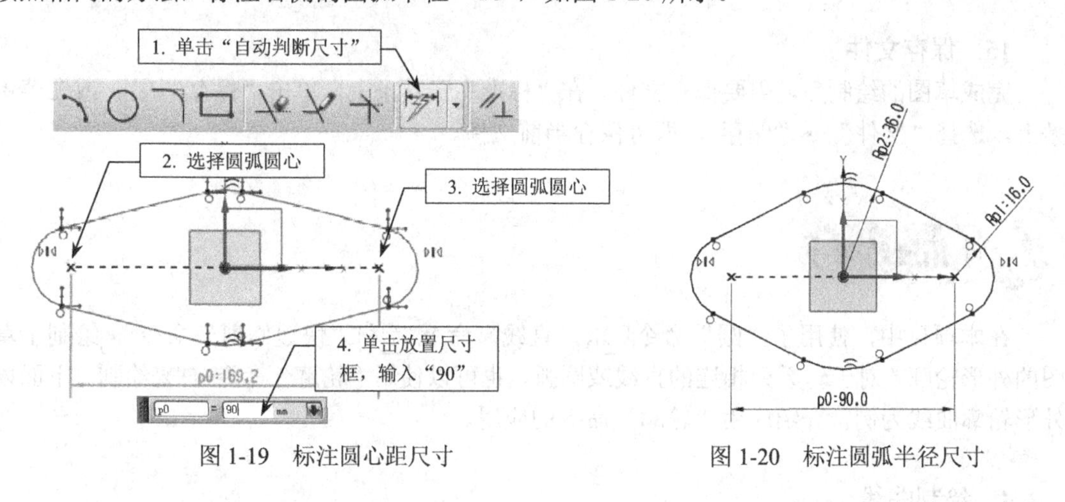

图 1-19 标注圆心距尺寸　　图 1-20 标注圆弧半径尺寸

11．绘制两个整圆

在两侧的圆弧的圆心处绘制两个圆。在“直接草图”工具条上，单击“圆”；将光标移动至 *R*16 圆弧的圆心位置，当出现“圆心”时，单击选中圆心；移动鼠标出现圆，再单击放置圆，完成圆的绘制。按相同的方法绘制另一个圆，如图 1-21 所示。

12．约束两个圆的半径相等

约束两个圆的半径相等。在“直接草图”工具条上，单击“约束”；在图形窗口中，选择两个圆的圆弧；在“约束”对话框中，单击“等半径”，将两者设置为半径相等，如图 1-22 所示。

13．标注尺寸

最后标注圆的直径。在“直接草图”工具条上，单击“自动判断尺寸”，选择刚绘制的任意一个圆，单击以放置尺寸，在屏显输入框中输入“20”，按回车键完成直径的标注。

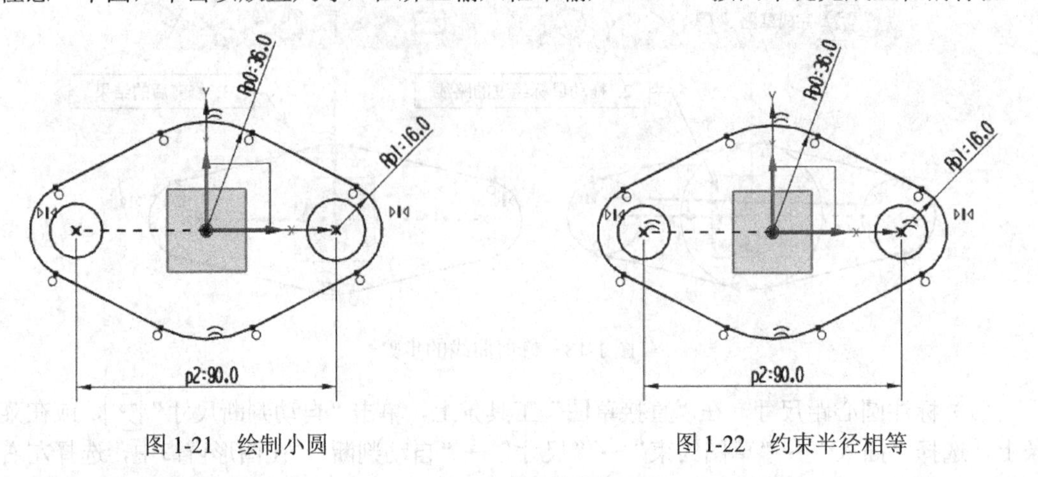

图 1-21 绘制小圆　　图 1-22 约束半径相等

14．退出草图环境

所有的草图曲线绘制完毕后，可以退出草图环境。在“草图”工具条上，单击“完成草图”，退出草图环境。

15．保存文件

完成草图的绘制后，需要保存文件。在“标准”工具条上，单击“保存”，或在菜单条上，选择“文件”→“保存”，即可保存当前文件。

在本项目中，使用了“圆”命令、“直线”命令和“快速修剪”命令绘制了草图的外形轮廓。对于一系列相连的直线或圆弧，也可以使用“轮廓”命令来绘制。下面以外形轮廓曲线为例，介绍应用“轮廓”命令的应用。

1．绘制曲线

选择XY平面作为草图平面，进入草图环境，按照以下步骤绘制曲线：

（1）启动轮廓命令。在“直接草图”工具条上，单击“轮廓”，或在菜单条上，选择“插入”→“草图曲线”→“轮廓”，弹出“轮廓”对话框，如图1-23所示。

（2）绘制第一条直线。在“轮廓”对话框中，单击“直线”；在图形窗口中，在Y轴的左侧单击确定第一条直线的起点，向右上方移动鼠标一段距离，单击确定直线的终点，创建第一条直线。

（3）绘制第一段圆弧。拖动鼠标，或在“轮廓”对话框中，单击“圆弧”，从“直线”类型切换到“圆弧”类型；向右上方移动鼠标，当看到连接圆弧两个端点的辅助线时，单击鼠标，创建一段与直线相切的圆弧。

（4）绘制第二条直线。创建圆弧后，自动切换到“直线”类型；向右下方移动一段距离，当看到相切符号时，单击鼠标，创建第二条直线。

（5）绘制其余圆弧和直线。重复步骤（3）和步骤（4），绘制其余的圆弧和直线。最后，单击第一条直线的起点，封闭整条曲线。

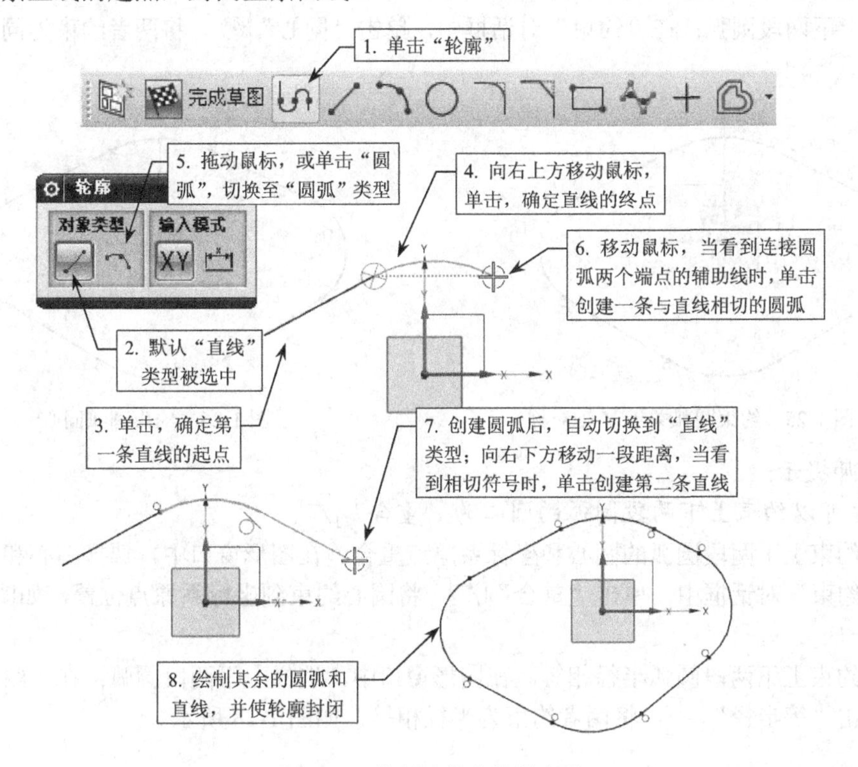

图1-23　绘制连续曲线的步骤

2．设置几何约束

利用以上方法绘制的曲线，还需要进一步设置几何约束，以精确控制草图的形状。

（1）约束直线和圆弧相切。如图1-24（a）所示，最后一条圆弧和第一条直线没有相切，需要进行相切约束的设置。在“直接草图”工具条上，单击“约束”；在图形窗口中，选择未显示相切约束符号的直线和圆弧；在“约束”对话框中，单击“相切”，将两者约束为相切，如图1-24（b）所示。

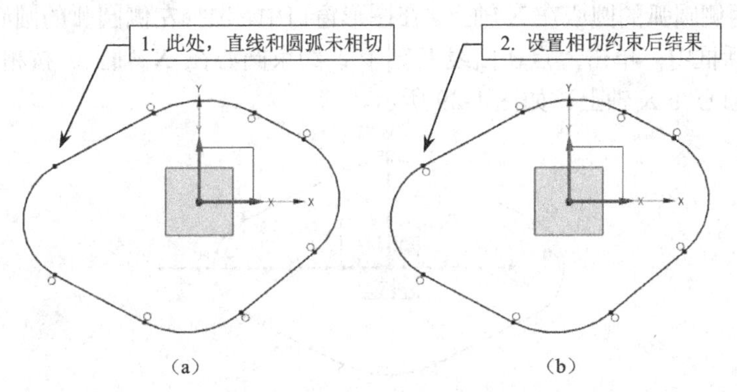

图1-24　约束直线和圆弧相切

（2）约束两侧圆弧关于 Y 轴对称。在“直接草图”工具条上，单击“设为对称”；在图形窗口中，选择两侧的圆弧作为约束对象，选择 Y 轴作为对称中心线，约束左右两侧的圆弧关于 Y 轴对称，如图 1-25 所示。

（3）约束上下两段圆弧同心。在“直接草图”工具条上，单击“约束”；在图形窗口中，选择上下两段圆弧；在“约束”对话框中，单击“同心”，将两者约束为同心，如图 1-26 所示。

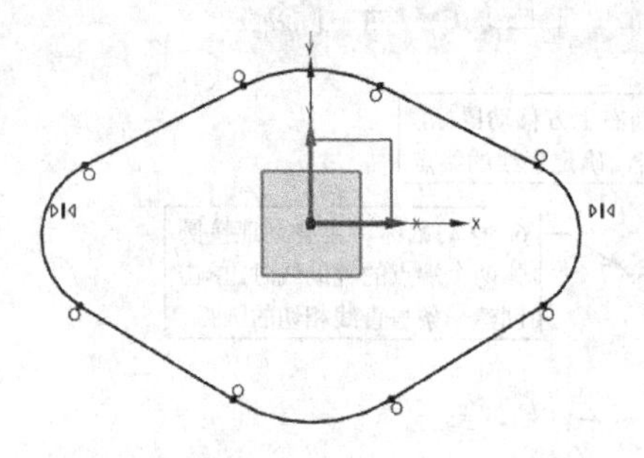

图 1-25 约束圆弧关于 Y 轴对称

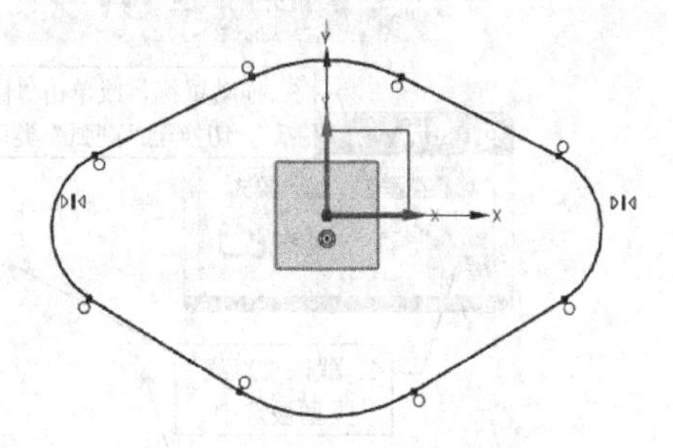

图 1-26 约束圆弧同心

工程师提示：

◆ 也可以约束上下两段圆弧的圆心为“重合”。

（4）约束上下两段圆弧的圆心和坐标系原点重合。在图形窗口中，选择圆心和坐标系原点；在“约束”对话框中，单击“重合”，将圆心约束到坐标系原点位置，如图 1-27 所示。

（5）约束上下两段圆弧半径相等。在图形窗口中，选择上下两段圆弧；在“约束”对话框中，单击“等半径”，将两者约束为半径相等，如图 1-28 所示。

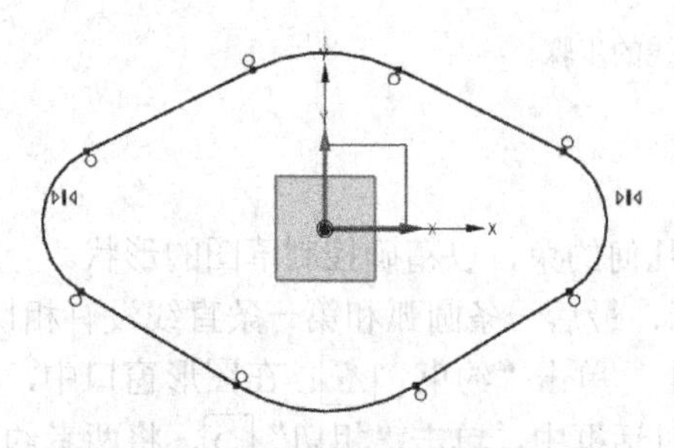

图 1-27 约束圆心和坐标系原点重合

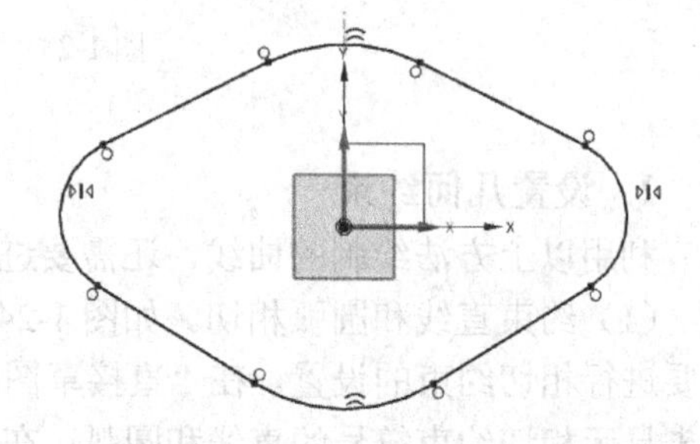

图 1-28 约束圆弧半径相等

（6）约束两侧圆弧的圆心在 X 轴上。在图形窗口中，选择左侧圆弧的圆心，再选择 X 轴；在“约束”对话框中，单击“点在曲线上”，约束圆心在 X 轴上。按相同的方法，再约束右侧圆弧的圆心在 X 轴上，如图 1-29 所示。

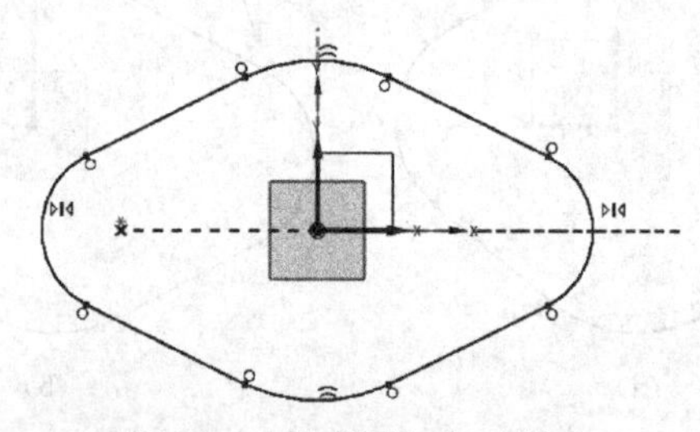

图 1-29 约束圆心在 X 轴上

（7）其它步骤略。

【思考练习】

根据题图 1-1～题图 1-4 所示，绘制草图。

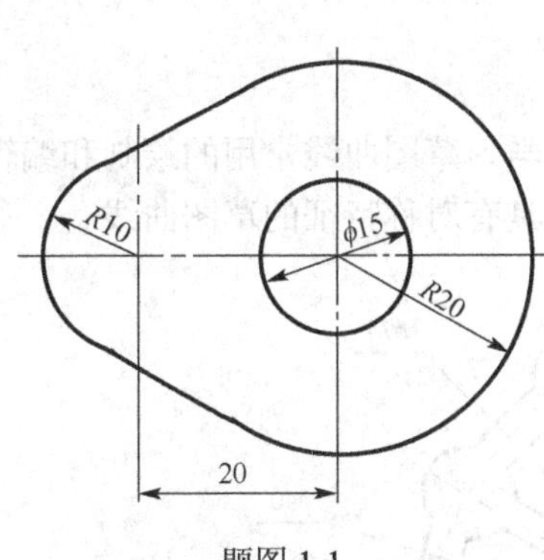

题图 1-1

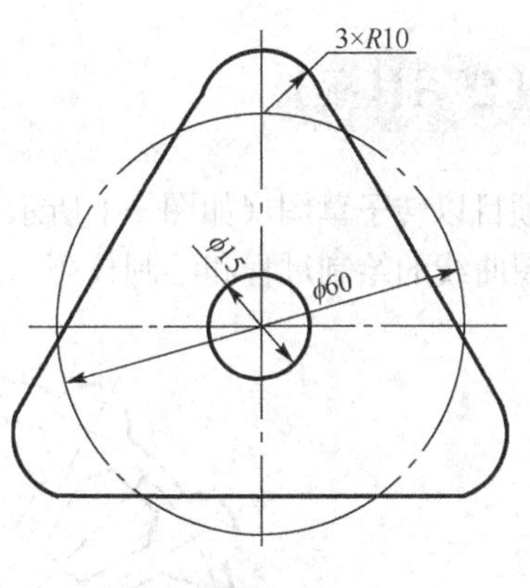

题图 1-2

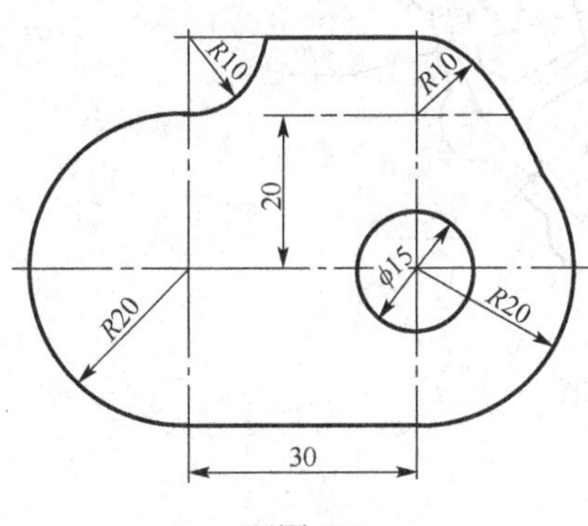

题图 1-3

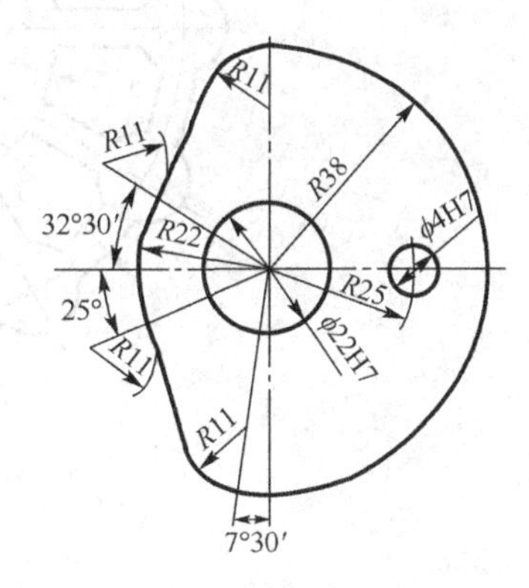

题图 1-4

项目 2　转子草图的绘制

【学习目标】

本项目以转子草图（如图 2-1 所示）为例，继续学习草图曲线常用的绘制和编辑命令，熟悉草图曲线的绘制过程和绘制技巧，从而能够绘制具有对称特征的草图曲线。

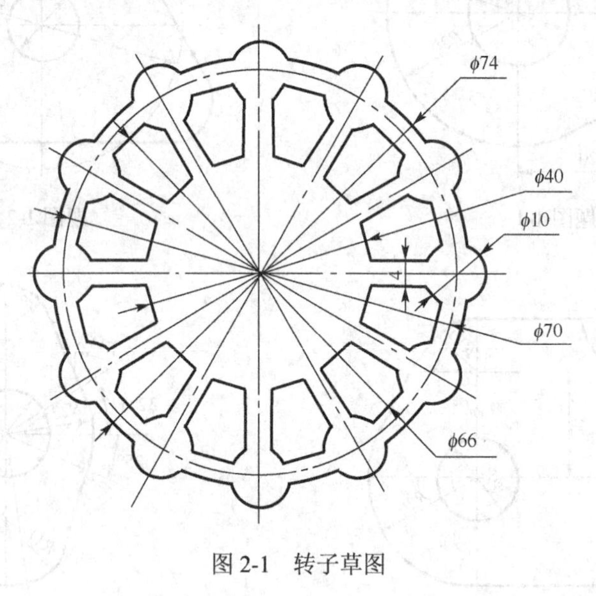

图 2-1　转子草图

【项目分析】

转子草图具有典型中心对称特征：图 2-2（a）所示的曲线在 360° 范围内重复出现 12 次，而该曲线又以 15° 角度线成对称特点。所以，草图的绘制步骤大致是：首先，绘制如图 2-2（b）所示的草图曲线；然后，使用镜像命令得到如图 2-2（a）所示的草图曲线；最后，使用阵列曲线命令完成草图的绘制。

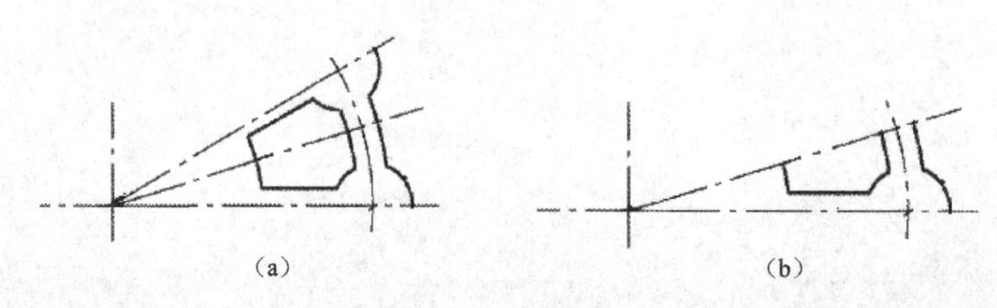

图 2-2　转子草图的绘制思路

【操作步骤】

1．新建文件

新建一个NX文件，名称为“zhuanzi.prt”。进入NX 8标准界面后，显示基准坐标系。

2．快速进入草图环境

（1）启动绘制曲线命令。在“直接草图”工具条上，单击“直线”。

（2）选择草图平面。在图形窗口中，选择基准坐标系的XY平面。

（3）定向视图方向。在图形窗口中单击右键，然后选择“定向视图的草图”，则视图定向至沿Z轴向下方向。

（4）禁用自动标注尺寸。在“直接草图”工具条上，单击“连续自动标注尺寸”，确保“连续自动标注尺寸”已禁用。

3．绘制参考线

（1）绘制直线和圆。在“直接草图”工具条上，单击“直线”，以坐标系原点为起点绘制两条直线；单击“圆”，以坐标系原点为圆心绘制一个圆；再单击“自动判断尺寸”，标注尺寸，如图2-3（a）所示。

（2）转换为参考线。在“直接草图”工具条上，单击右侧的“约束工具下拉菜单”，再单击“转换至/自参考对象”，弹出“转换至/自参考对象”对话框；在图形窗口中，选择直线和圆；单击“确定”，将直线和圆转换为参考线，如图2-3（b）所示。

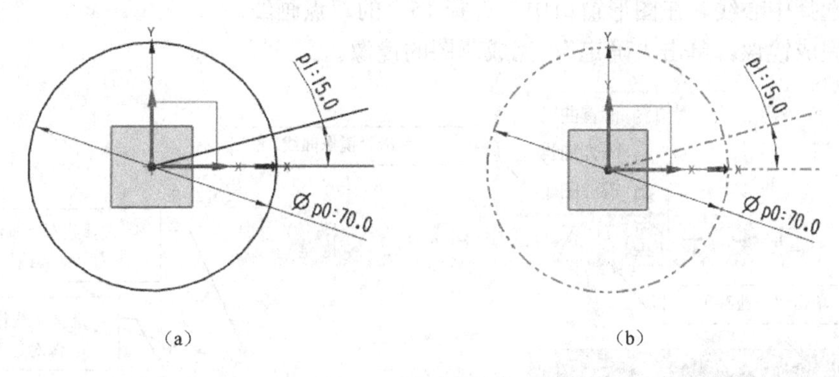

图2-3　绘制参考线

工程师提示：

◆ 使用转换至/自参考对象命令，可将草图曲线从活动转换为参考对象，或将尺寸从驱动转换为参考对象。下游命令不使用参考曲线，并且参考尺寸不控制草图几何图形。默认情况下，NX软件用双点画线线型显示参考曲线。

4．绘制镜像前的曲线

（1）绘制圆弧。在“直接草图”工具条上，单击“圆弧”，或在菜单条上，选择“插入”→“草图曲线”→“圆弧”，弹出“圆弧”对话框；在“圆弧”对话框的“方法”组，单击“中心-两点”，以坐标系原点为圆心绘制三条圆弧；单击“自动判断尺寸”，标注尺寸，如图2-4所示。

（2）绘制直线和圆。在“直接草图”工具条上，单击“直线”，绘制一条直线；单击“圆”，以参考线的交点为圆心绘制一个圆；再单击“自动判断尺寸”，标注尺寸，如图2-4所示。

（3）修剪曲线。在“直接草图”工具条上，单击“快速修剪”，对实线显示的圆弧、圆和直线进行修剪，如图2-5所示。

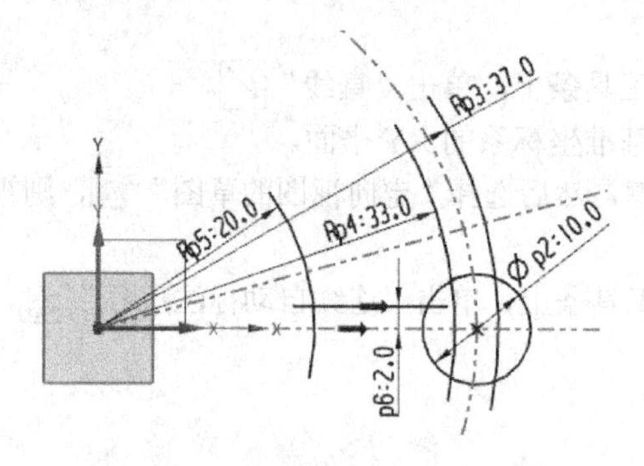

图2-4 绘制圆弧、直线和圆

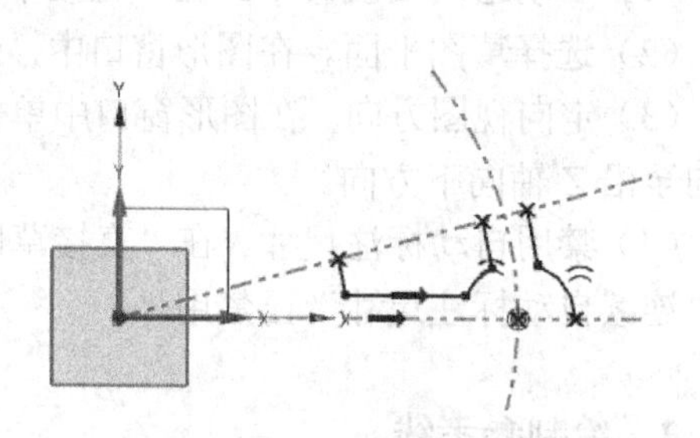

图2-5 修剪曲线

5. 镜像曲线

（1）启动镜像曲线命令。在“直接草图”工具条上，单击“镜像曲线”，或在菜单条上，选择“插入”→“草图曲线”→“镜像曲线”，弹出“镜像曲线”对话框，如图2-6所示。

（2）选择镜像对象。在图形窗口中，选择所有实线显示的曲线。

（3）选择中心线。在图形窗口中，选择15°的双点画线。

（4）完成镜像。单击“确定”，完成草图的镜像。

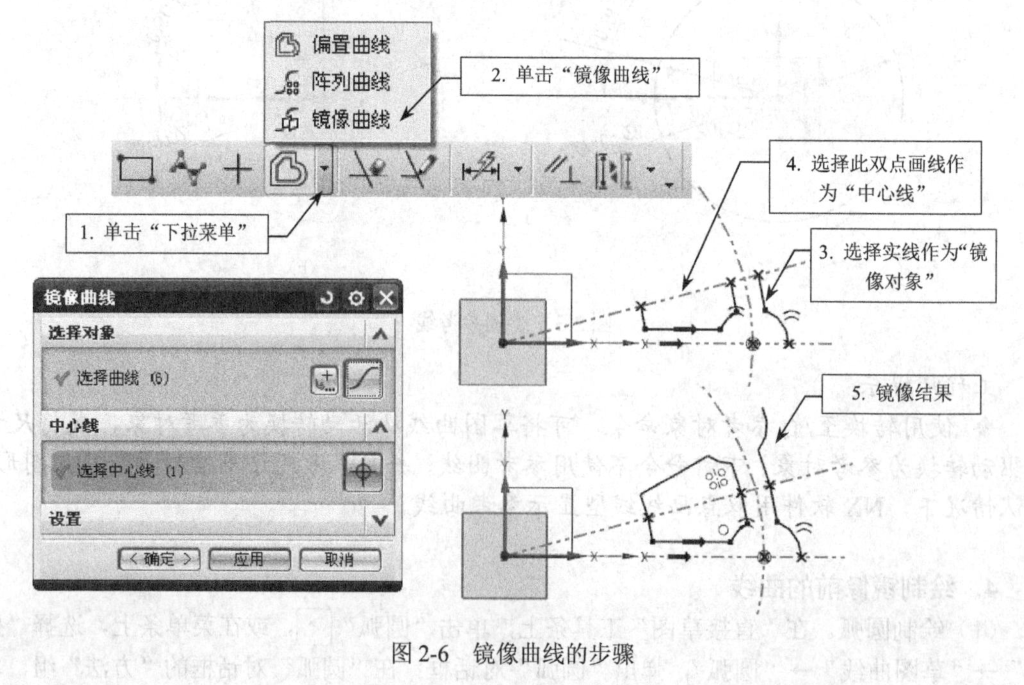

图2-6 镜像曲线的步骤

6．阵列曲线

（1）启动阵列曲线命令。在“直接草图”工具条上，单击“阵列曲线”，或在菜单条上，选择“插入”→“草图曲线”→“阵列曲线”，弹出“阵列曲线”对话框，如图2-7所示。

（2）选择阵列对象。在图形窗口中，选择所有实线显示的曲线。

（3）选择阵列类型。在“阵列曲线”对话框的“阵列定义”组，从“布局”列表中选择“圆形”。

（4）输入阵列参数。在“阵列曲线”对话框的“角度方向”组，从“间距”列表中选择“数量和节距”，在“数量”框中输入“12”，在“节距角”框中输入“30”。

（5）选择旋转点。在“阵列曲线”对话框的“旋转点”组，单击“指定点”区域；在图形窗口中，选择坐标系原点。

（6）完成阵列。单击“确定”，完成草图的阵列。

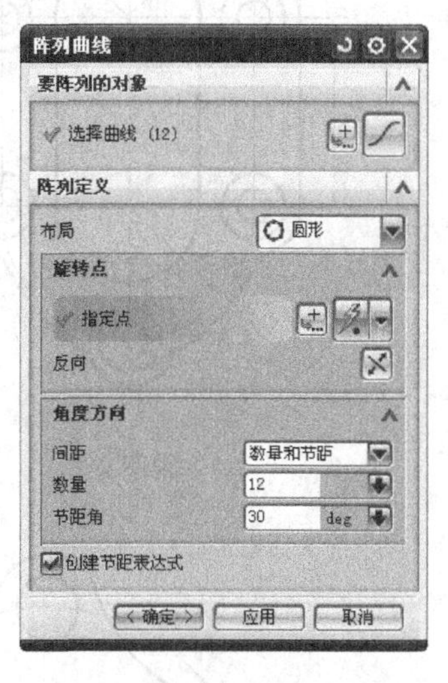

图2-7　“阵列曲线”对话框

7．退出草图环境

此时状态行显示“草图已完全约束”。在“直接草图”工具条上，单击“完成草图”，退出草图环境。

工程师提示：

◆ 在草图中，可以将几何关系以及尺寸关系作为约束，以全面捕捉设计意图。如果启用创建自动判断的约束选项，则每当应用约束时NX 8就会评估草图，以确保这些约束完整且不冲突，并以不同颜色区分约束状态，如表2-1所示。

◆ 当没有要求时，建议完全约束用来定义特征轮廓的草图。尽管不需要完全约束草图也可以创建特征，但最好还是完全约束草图。完全约束的草图可以确保设计更改过程中，草图始终能够保持设计意图。

表2-1　草图约束状态的说明

约束类型	描述
欠约束	欠约束的曲线或点显示自由度箭头。默认情况下，几何图形呈褐色。“状态”消息显示草图需要的约束个数。
完全约束	不显示自由度箭头。默认情况下，几何图形改变为淡绿色。“状态”消息显示草图已完全约束。
过约束	对曲线或顶点应用的约束超过了对其控制所需的约束。默认情况下，几何图形以及与其相关联的任何尺寸变为红色。
约束冲突	约束也会相互冲突。默认情况下，冲突的约束以及冲突中的相关几何图形变为粉红色。

8．保存文件

在“标准”工具条上，单击“保存”，保存当前文件。

根据题图2-1～题图2-4所示，绘制草图。

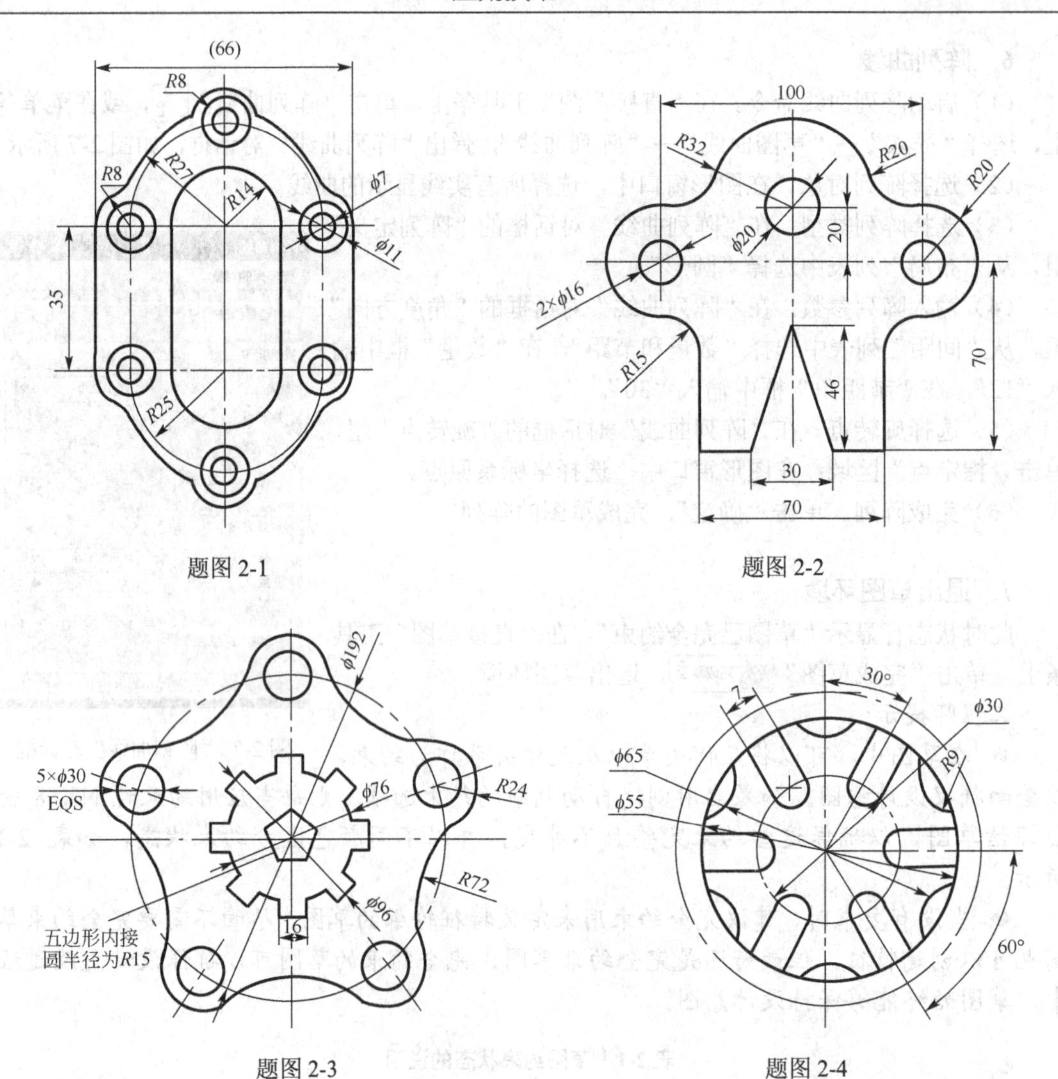

题图 2-1

题图 2-2

题图 2-3

题图 2-4

项目3　轮架草图的绘制

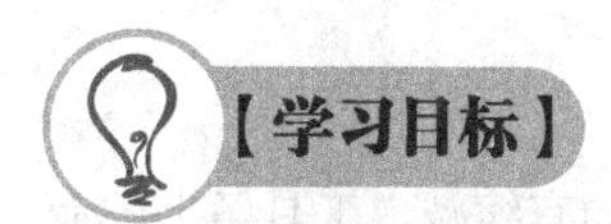

【学习目标】

本项目以轮架草图（如图3-1所示）为例，进一步学习草图曲线常用的绘制和编辑命令，从而能够绘制比较复杂的草图曲线。

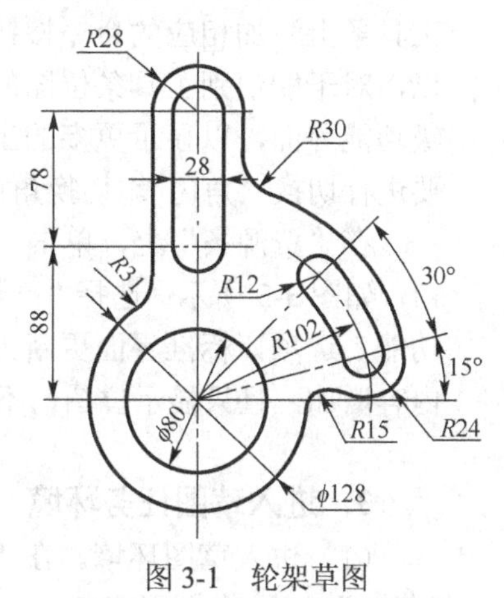

图3-1　轮架草图

【项目分析】

图3-1所示草图比较复杂，由中部、右部和上部等三个部分组成，每个部分均包括多条直线和圆弧曲线。对于这类草图需要分别绘制各部分，如图3-2（a）所示，最后进行倒圆角，将所有曲线连接起来，如图3-2（b）所示。

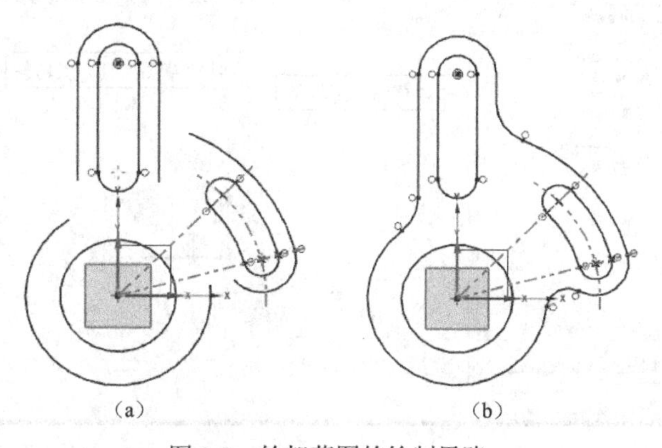

图3-2　轮架草图的绘制思路

1. 新建文件

新建一个NX文件，名称为“lunjia.prt”。进入NX标准界面后，显示基准坐标系。

2. 切换角色

系统默认的标准界面是基本功能界面：工具条和菜单条的内容均有缩减，工具条上的命令以大图标显示，且每个图标下都带有各自的名称。这种界面比较适合初学者。当需要更多工具条内容时，可以向工具条上添加相应的命令按钮，但这种操作比较麻烦。所以，对于能识别工具条位图的有经验用户，可以切换至高级功能界面，以显示更多的工具条和菜单条内容，这就需要进行切换“角色”。切换角色的步骤如下：

在“资源条”上，单击“角色”，显示“角色”窗口，如图3-3所示；选择“高级”或“具有完整菜单的高级功能”选项，标准界面更新为高级功能界面：工具条上的内容增加，且只显示位图，不显示文本。

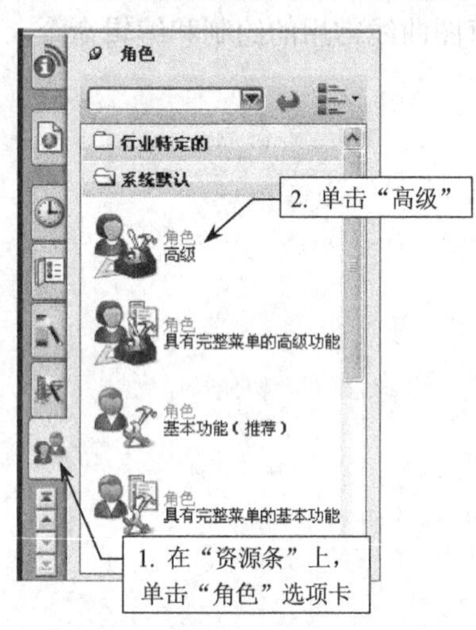

图3-3 “角色”资源条

3. 进入草图任务环境

（1）进入草图环境。在“直接草图”工具条上，单击“草图”；在图形窗口中，选择XY平面作为草图平面，进入草图环境。

（2）打开草图任务环境界面。在“直接草图”工具条上，单击“在草图任务环境中打开”，进入草图任务环境界面，如图3-4所示。

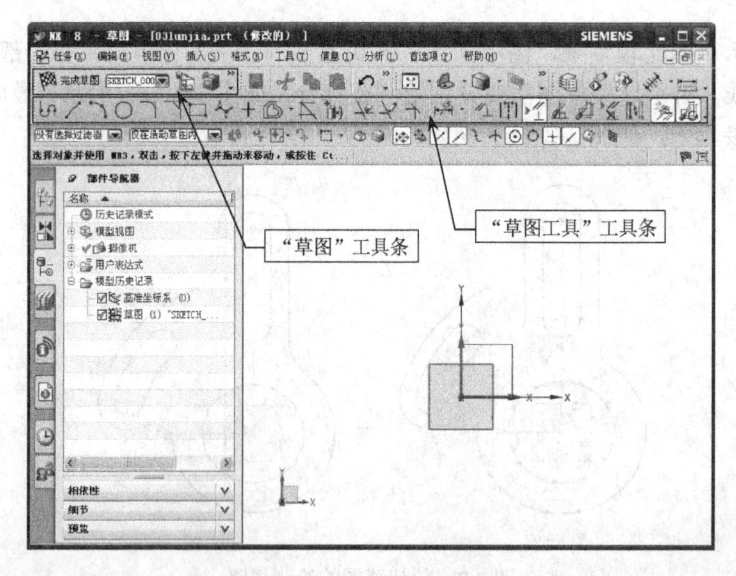

图3-4 草图任务环境界面

（3）禁用自动标注尺寸。在“草图工具”工具条上，单击“连续自动标注尺寸”，确保“连续自动标注尺寸”已禁用。

4．绘制参考线

（1）绘制直线和圆弧。在“草图工具”工具条上，单击“直线”和“圆弧”，绘制曲线；再单击“自动判断尺寸”，标注尺寸，如图3-5所示。

（2）转换为参考线。在“草图工具”工具条上，单击“转换至/自参考对象”，将直线和圆弧转换为参考线。

5．绘制右部曲线

（1）绘制圆弧。在“草图工具”工具条上，单击“圆弧”，绘制六段圆弧曲线；再单击“约束”，约束相连的圆弧“相切”，如图3-6所示。

（2）修剪曲线。在“草图工具”工具条上，单击“快速修剪”，对圆弧交点以外的部分进行修剪；再单击“自动判断尺寸”，标注圆弧半径，如图3-7所示。

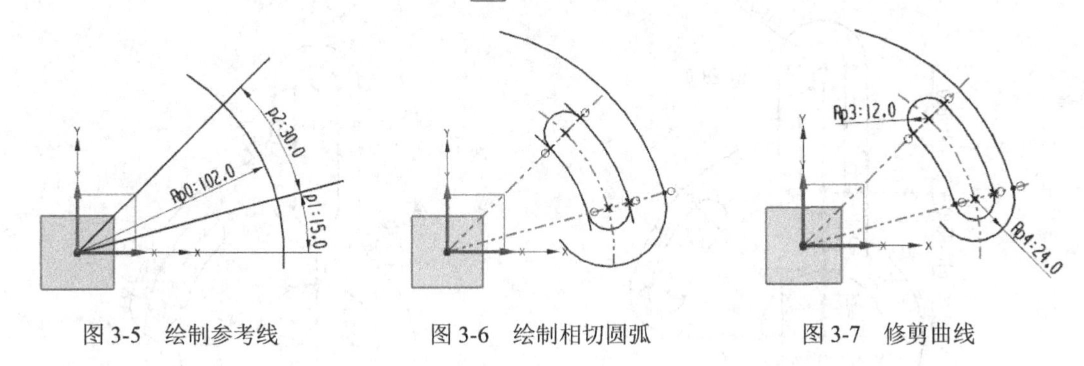

图3-5　绘制参考线　　图3-6　绘制相切圆弧　　图3-7　修剪曲线

6．绘制中部曲线

在“草图工具”工具条上，单击“圆”和“圆弧”，以坐标原点为圆心，绘制圆和圆弧，如图3-8所示。

7．绘制上部曲线

（1）绘制曲线。单击“轮廓”，绘制上部曲线，如图3-9所示。

（2）设置约束。单击“约束”，约束相连的圆弧“相切”，约束上部两个半圆“同心”，约束圆弧的圆心和Y轴“点在曲线上”，如图3-9所示。

（3）标注尺寸。单击“自动判断尺寸”，标注尺寸，如图3-10所示。

8．倒圆角

（1）倒圆角。在“草图工具”工具条上，单击“圆角”，或在菜单条上，选择“插入”→“草图曲线”→“圆角”；在“圆角”对话框的“圆角方法”组中，选择“修剪”方法；在图形窗口中，选择要倒圆角的两段曲线，单击以创建圆角，如图3-11所示。

（2）标注尺寸。单击“自动判断尺寸”，标注圆角半径，如图3-11所示。

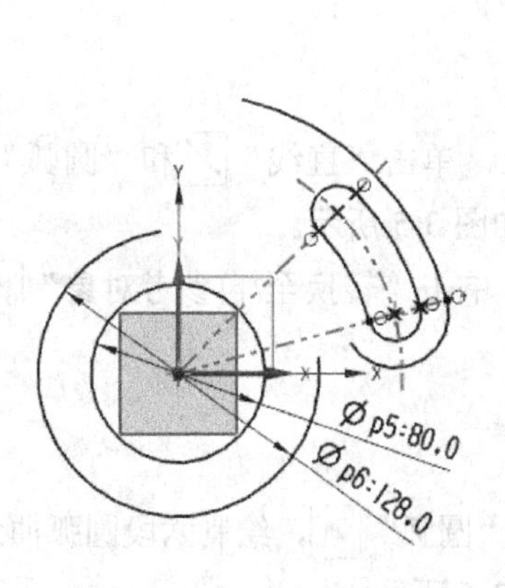

图 3-8 绘制中部圆和圆弧

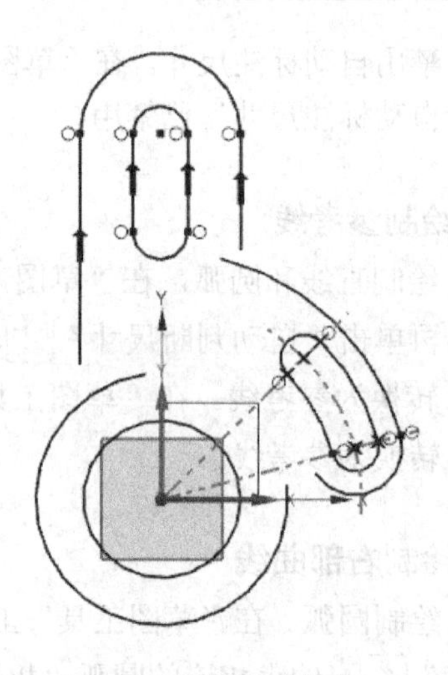

图 3-9 绘制上部曲线

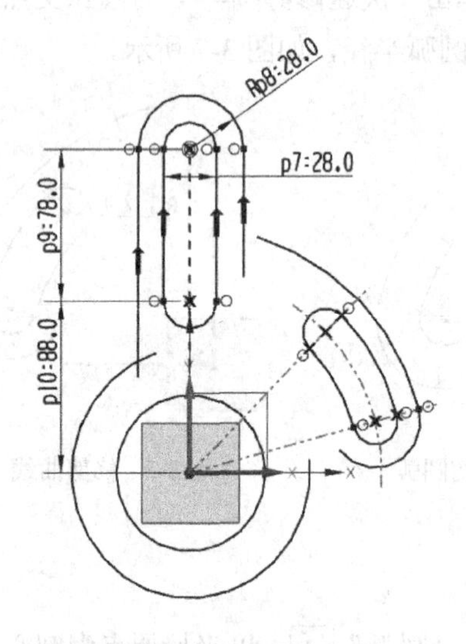

图 3-10 标注上部曲线尺寸

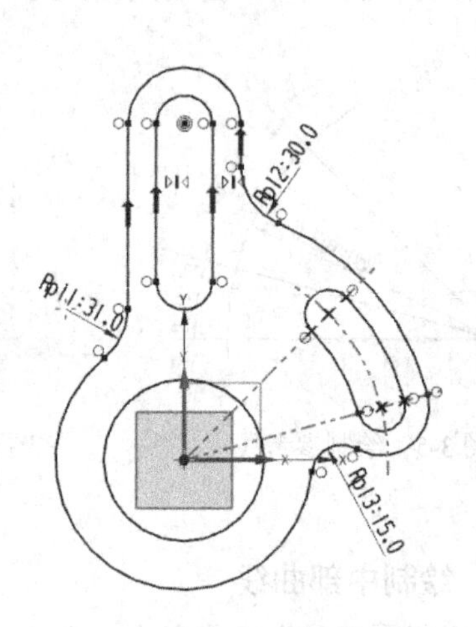

图 3-11 倒圆角

9．退出草图任务环境

确认状态行显示“草图已完全约束”后，在“草图”工具条上，单击“完成草图”[完成草图]，退出草图任务环境，返回到NX标准界面。

10．保存文件

在“标准”工具条上，单击“保存”[保存图标]，保存文件。

【思考练习】

根据题图 3-1～题图 3-4 所示，绘制草图。

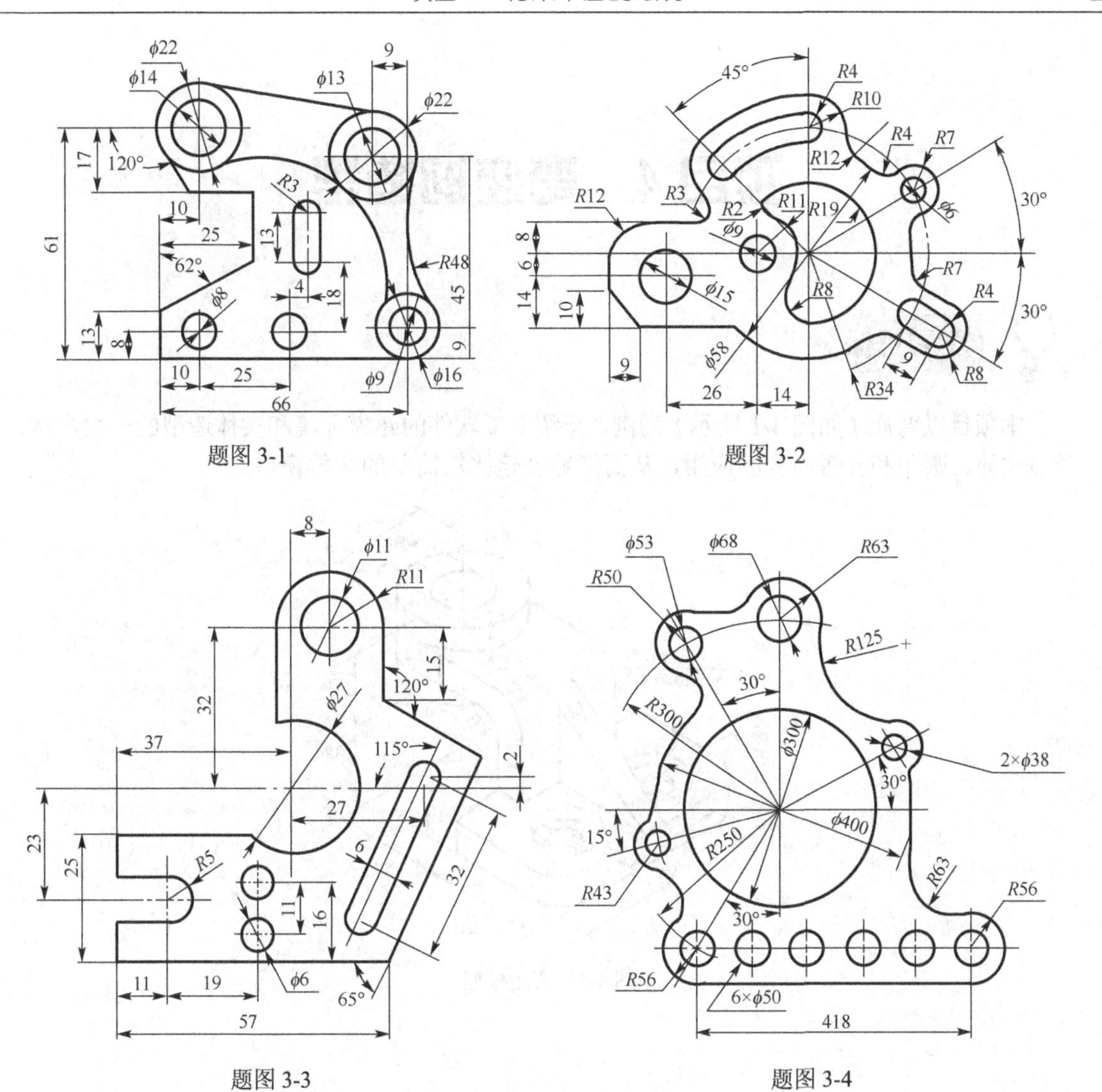

题图 3-1

题图 3-2

题图 3-3

题图 3-4

项目 4　弯座的造型

【学习目标】

本项目以弯座（如图 4-1 所示）为例，介绍 NX 软件的建模环境和实体造型的一般步骤，学习拉伸、圆角和孔等命令的应用，从而能够创建比较简单的实体模型。

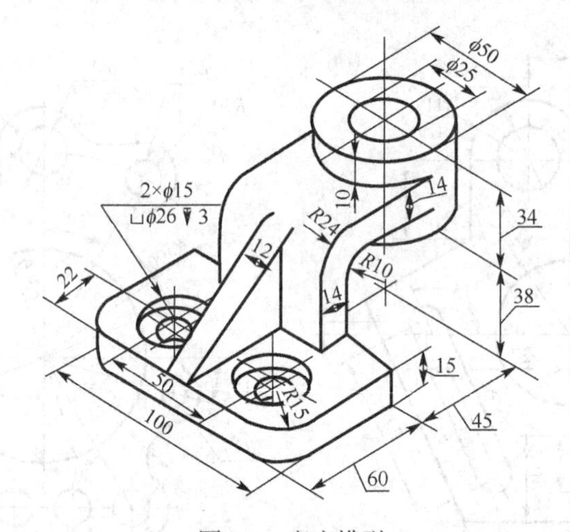

图 4-1　弯座模型

【相关知识】

不论是设计单独的零件还是设计装配中的零件，设计时所遵循的流程都是一样的。在 NX 中设计零件的主要流程如下：

（1）新建文件。为零件模型创建一个空文件。

（2）创建基准。创建基准坐标系和基准平面，以定位建模特征。

（3）创建特征。通常按以下顺序创建特征。首先，从拉伸、回转或扫掠等设计特征开始定义基本形状，这些特征通常使用草图定义截面；然后，添加其它特征以设计模型；最后，添加边倒圆、倒斜角和拔模等细节特征以完成模型。

（4）保存文件。保存创建的模型文件。

【项目分析】

创建模型时，通常最后创建模型的圆角和孔。所以，弯座模型去掉孔、圆角后，可分解为三个部分，如图4-2所示，每个部分都是等截面的实体。

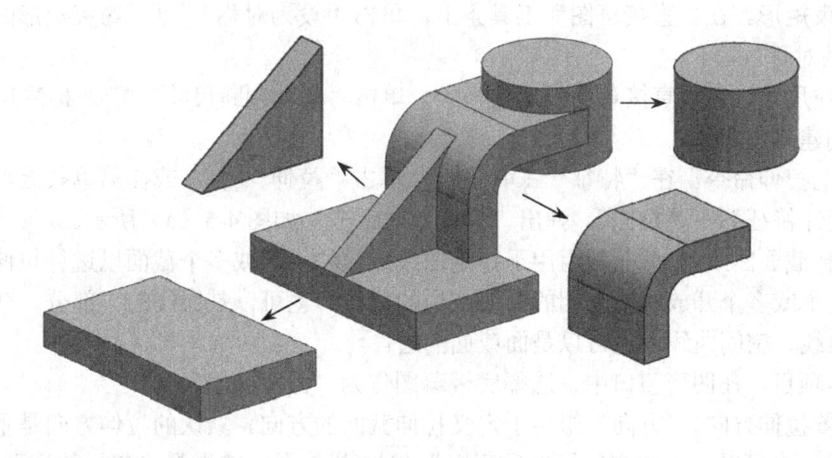

图4-2 弯座的造型思路

在NX软件中，通常使用拉伸命令创建等截面的实体或片体，方法是选择截面曲线，如曲线、边、面、草图或曲线特征的一部分，将它们延伸一段线性距离。如图4-3所示，截面1延伸一段线性距离，生成实体2。

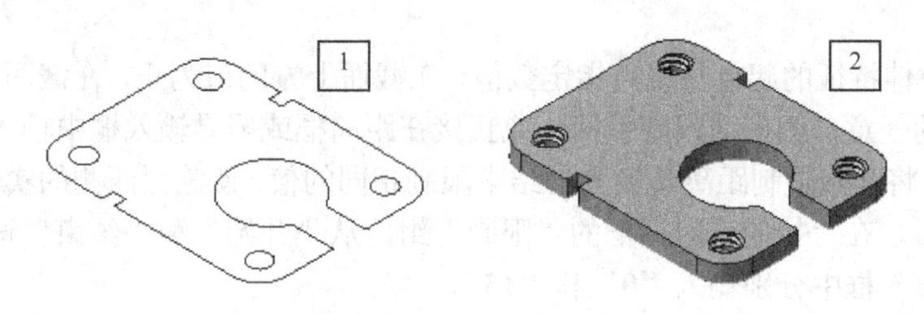

图4-3 拉伸命令应用示例

1. 新建文件

新建一个NX文件，名称为“wanzuo”。进入NX标准界面后，显示基准坐标系。

2. 创建底座

（1）绘制底座草图。在“直接草图”工具条上，单击“草图”；在图形窗口中，选择XY平面进入草图环境；然后绘制草图，如图4-4所示，步骤如下：

① 绘制矩形。在“直接草图”工具条上，单击“矩形”；在“矩形”对话框的“矩形方法”组中，选择“按2点”方法；在图形窗口中，单击确定矩形的两个对角点，

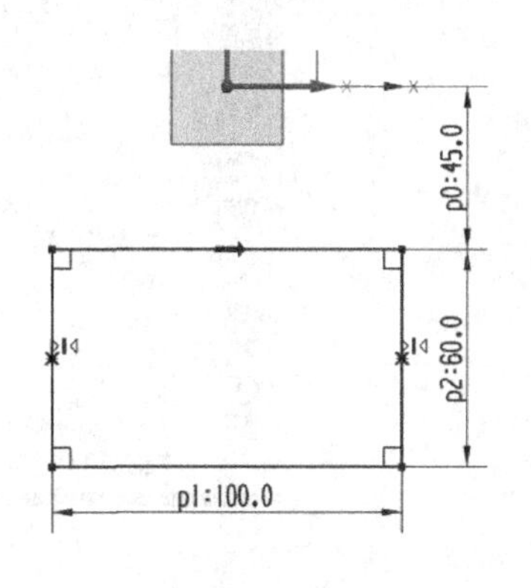

图4-4 底座草图

绘制矩形。

② 约束矩形。在“直接草图”工具条上，单击“设为对称”，约束矩形的两条竖直边关于Y轴对称。

③ 标注尺寸。在“直接草图”工具条上，单击“自动判断尺寸”，标注尺寸。

（2）创建底座实体。

① 启动拉伸命令。在“特征”工具条上，单击“拉伸”，或在菜单条上，选择“插入”→“设计特征”→“拉伸”，弹出“拉伸”对话框，如图4-5（a）所示。

② 选择截面曲线。“截面”组用于指定曲线或边的一个或多个截面以进行拉伸。截面曲线可以是一个或多个开放的或封闭的曲线或边的集合，也可以是曲线的一部分。截面曲线可以是草图曲线、空间曲线，也可以是面或面的边。

对于本项目，在图形窗口中，选择底板草图作为“截面曲线”。

③ 设置拉伸方向。“方向”组用于定义拉伸截面的方向。默认的拉伸方向是垂直于草图平面的方向，也可以从“指定矢量选项列表”选择矢量，或选择“矢量构造器”创建矢量以定义拉伸方向。

对于本项目，保持默认的拉伸方向。

④ 设置限制参数。“限制”组用于定义拉伸特征的起点与终点。从截面起测量，有值、对称值、直至下一个、直至选定、直至延伸部分和贯通等几种方式，值、对称值选项的含义如下：

“值”，为拉伸特征的起点与终点指定数值，在截面上方的值为正，在截面下方的值为负；也可以在截面的任意一侧拖动限制手柄，或直接在距离框或屏显输入框中输入数值。

“对称值”，将开始限制距离转换为与结束限制相同的值，使截面两侧的实体呈对称形式。

对于本项目，在“拉伸”对话框的“限制”组，从“开始”和“结束”选项列表中选择“值”，在“距离”框中分别输入“0”和“15”。

⑤ 完成创建。单击“确定”，完成底座实体的创建，如图4-5（b）所示。

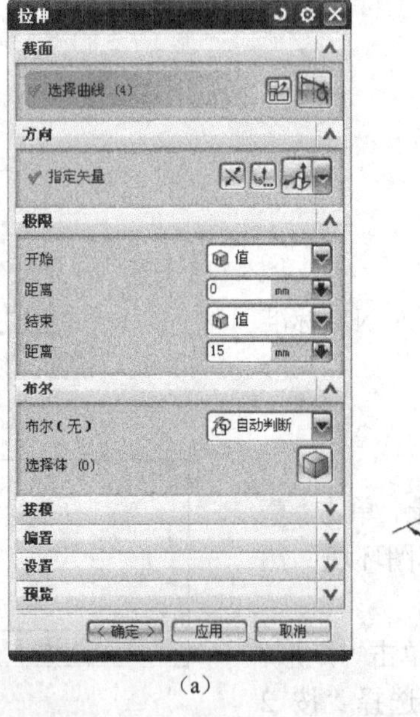

（a）

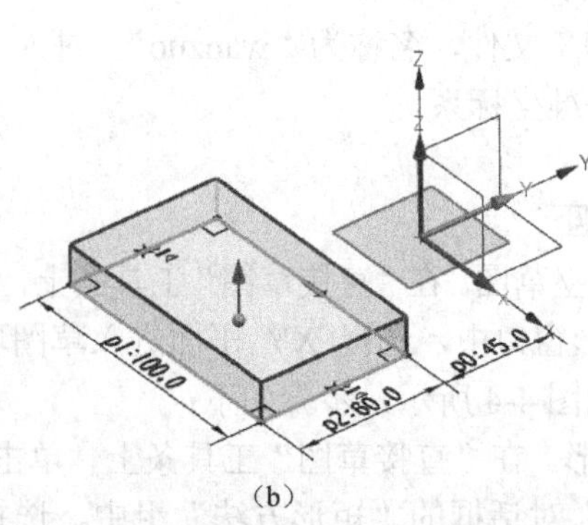

（b）

图4-5 “拉伸”对话框和底座实体

3．创建弯臂

（1）绘制弯臂草图。在“直接草图”工具条上，单击“草图”；在图形窗口中，选择YZ 平面进入草图环境；绘制草图，如图 4-6 所示，步骤如下：

① 绘制曲线。在“直接草图”工具条上，单击“轮廓”；在图形窗口中，绘制曲线，如图 4-7（a）所示。

② 约束曲线。在“直接草图”工具条上，单击“约束”；选择未水平或未竖直的直线，约束为“水平”或“竖直”；选择圆弧和与相连直线，约束为“相切”；选择两段圆弧，约束为“同心”；选择右侧的竖直线和 Y 轴，约束为“共线”；选择中间的竖直线和底板右侧棱边，约束为“共线”；选择下面的水平线和底板上部棱边，约束为“共线”。完成约束的草图如图 4-7（b）所示。

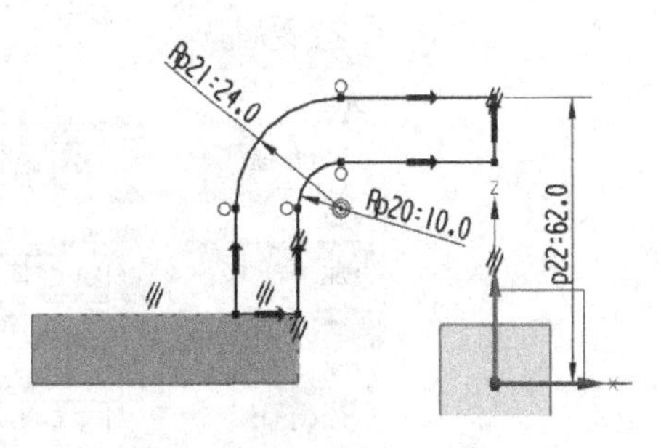

图 4-6　弯臂草图

③ 标注尺寸。在“直接草图”工具条上，单击“自动判断尺寸”，标注尺寸。

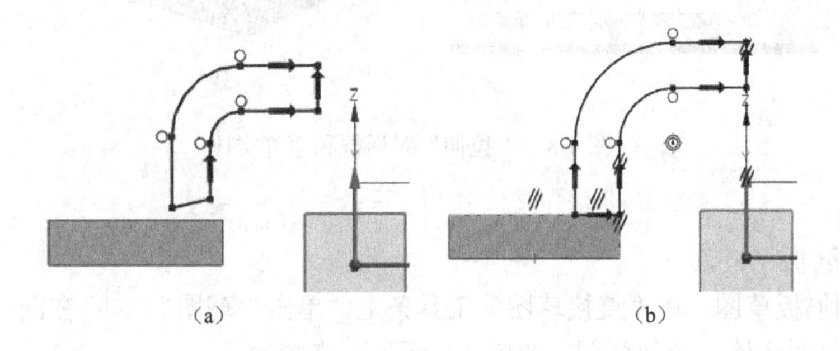

图 4-7　弯臂草图的绘制过程

（2）创建弯臂实体。

① 启动拉伸命令。在“特征”工具条上，单击“拉伸”，弹出拉伸对话框，如图 4-8（a）所示。

② 选择截面曲线。在图形窗口中，选择弯臂草图。

③ 设置拉伸方向。保持默认的拉伸方向。

④ 设置限制参数。在“拉伸”对话框的“限制”组，从“开始”列表中选择“对称值”，在“距离”框中输入“25”。

⑤ 设置布尔方式。“布尔”组用于指定拉伸特征与其所接触的体之间的交互方式，有无、求和、求差、求交和自动判断等几种选项，各选项含义如下：

“无”，将创建独立的拉伸实体；

“求和”，将拉伸体积与目标体合并为单个体；

“求差”，将从目标体移除拉伸体；

“求交”，将创建一个体，其中包含由拉伸特征和与它相交的现有体共享的体积；

“自动判断”，将根据拉伸的方向矢量及正在拉伸的对象的位置来确定概率最高的布尔运算。这是默认选项。

对于本项目，在“拉伸”对话框的“布尔”组，从“布尔”列表中选择“求和”；在图形窗口，选择底板实体。

⑥ 完成创建。单击“确定”，完成弯臂实体的创建，如图 4-8（b）所示。

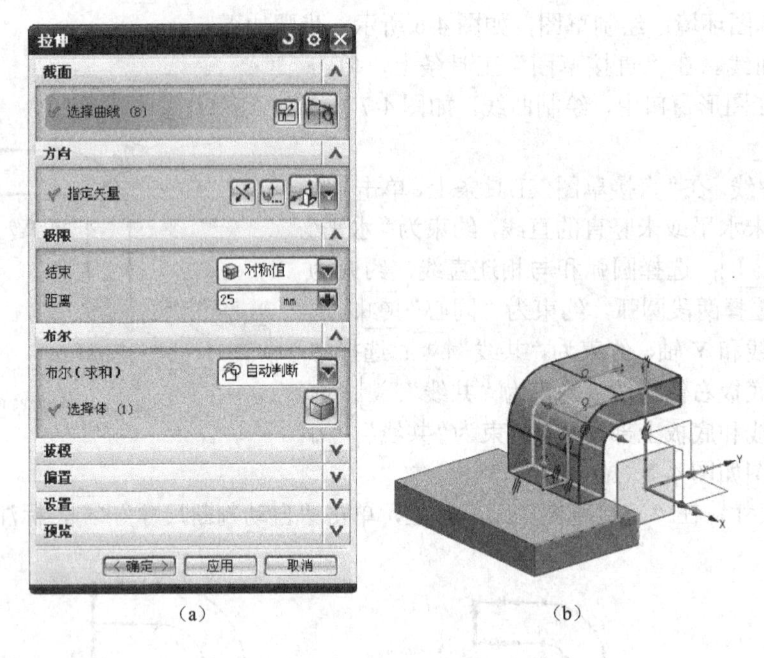

（a） （b）

图 4-8 “拉伸”对话框和弯臂实体

4. 创建筋板

（1）绘制筋板草图。在“直接草图”工具条上，单击“草图”；在图形窗口中，选择 YZ 平面进入草图环境；绘制草图，如图 4-9 所示，步骤如下：

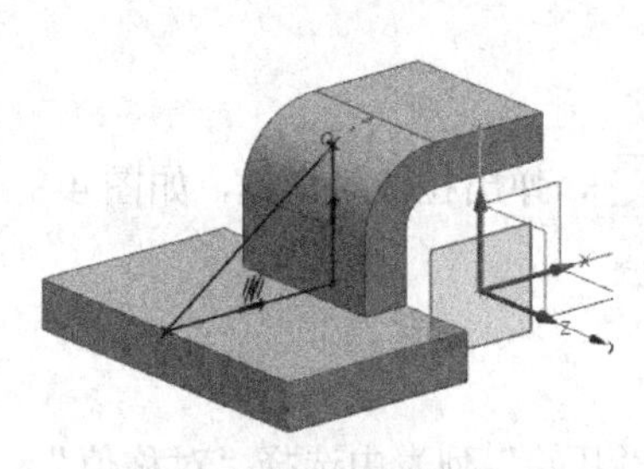

图 4-9 筋板草图

① 绘制曲线。在“直接草图”工具条上，单击“轮廓”；在图形窗口中，绘制三角形，如图 4-10（a）所示。

② 约束曲线。在“直接草图”工具条上，单击“约束”，选择水平线和底板上表面棱边，约束为“共线”；再选择水平线左侧的端点和底板上表面棱边左侧的端点，约束为“重合”。约束后的草图如图 4-10（b）所示。

③ 绘制投影曲线。在“直接草图”工具条上，单击“投影曲线”；在“选择”工具条上，从“曲线规则”列表中选择“单条曲线”；在图形窗口中，选择弯臂实体圆弧棱边，单击“确定”，生成投影曲线，如图 4-10（c）所示；在“直接草图”工具条上，单击“转换至/自参考对象”，选择投影曲线，将其转换为参考对象。

④ 约束曲线。在“直接草图”工具条上，单击“约束”，选择斜线和投影曲线，约束为“相切”，如图 4-10（d）所示；选择竖直线的上端点和投影曲线，约束为“点在曲线上”，完成草图的绘制。

（2）创建筋板实体。

① 启动拉伸命令。在“特征”工具条上，单击“拉伸”。

② 选择截面曲线。在图形窗口中，选择筋板草图。

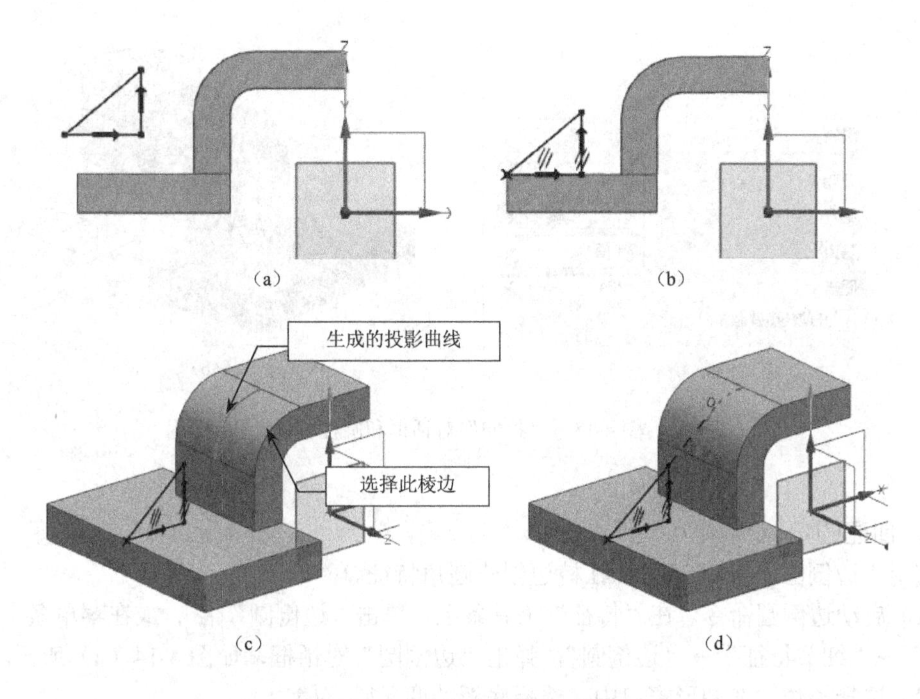

（a）　（b）
（c）　（d）

图4-10　筋板草图的绘制过程

③ 设置极限参数。在“拉伸”对话框的“限制”组中，从“开始”列表中选择“对称值”，在“距离”框中输入“6”。

④ 设置布尔方式。在“布尔”组，从“布尔”列表中选择“求和”；在图形窗口，选择已经创建的实体。

⑤ 完成创建。单击“确定”，完成筋板实体的创建，如图4-11所示。

5．创建圆柱体

（1）绘制圆形草图。选择XY平面作为草图平面进入草图环境，使用“圆”命令，以坐标系原点为圆心绘制圆，直径为“50”，如图4-12所示。

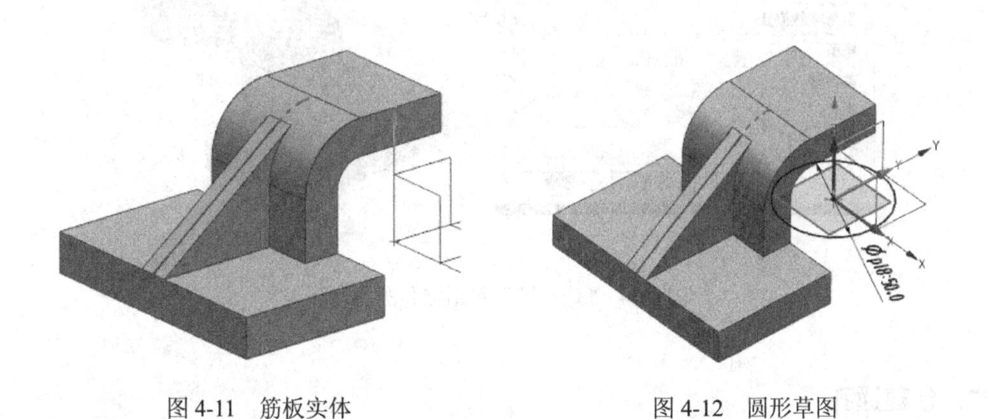

图4-11　筋板实体　　图4-12　圆形草图

（2）创建圆柱实体。单击“拉伸”，选择圆柱草图，按图4-13（a）所示设置限制参数，选择“求和”布尔运算方式，完成圆柱实体的创建，如图4-13（b）所示。

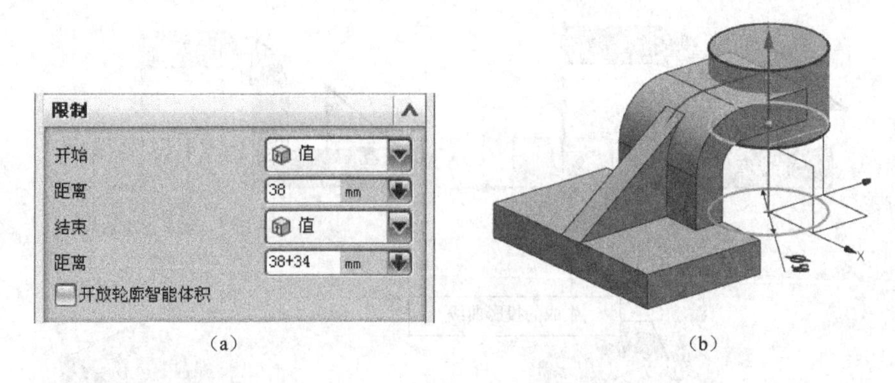

（a） （b）

图 4-13 “拉伸”对话框和圆柱实体

6. 创建圆角

使用“边倒圆”命令可以在棱边创建圆角特征。

（1）启动边倒圆命令。在“特征”工具条上，单击“边倒圆”，或在菜单条上，单击“插入”→“细节特征”→“边倒圆”，弹出“边倒圆”对话框，如图 4-14（a）所示。

（2）选择棱边。在图形窗口中，选择底板的两条竖直棱边。

（3）设置半径参数。在“边倒圆”对话框中，在“半径 1”框中输入“15”。

（4）完成创建。单击“确定”，完成圆角的创建，如图 4-14（b）所示。

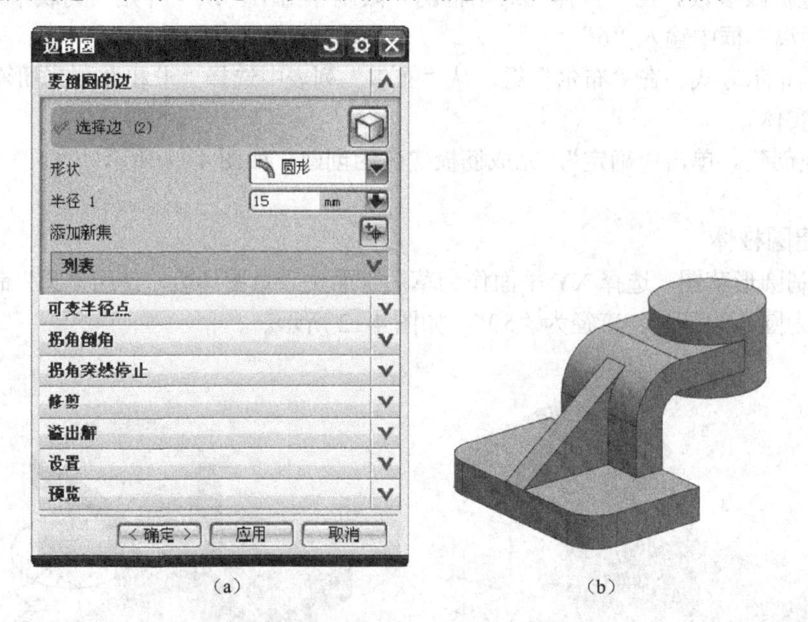

（a） （b）

图 4-14 “边倒圆”对话框和圆角特征

7. 创建通孔

使用“孔”命令可以创建简单孔、沉头孔、埋头孔或锥孔等常规孔，也可以创建螺纹孔、螺钉间隙孔，以及孔系等孔特征。步骤如下：

（1）启动孔命令。在“特征”工具条上，单击“孔”，或在菜单条上，单击“插入”→

“设计特征”→“孔”，弹出“孔”对话框，如图4-15所示。

（2）选择孔的类型。在“孔”对话框中，从“类型”列表中选择“常规孔”。

（3）确定孔的位置。在“选择”工具条上，选中“圆弧中心”；在图形窗口中，单击圆柱棱边以选择圆心。

（4）设置形状和尺寸。在“孔”对话框的“形状和尺寸”组中，从“形状”列表中选择“简单”，在“直径”框中输入“25”，从“深度限制”列表中选择“贯通体”。

（5）完成创建。单击“确定”，完成通孔的创建。

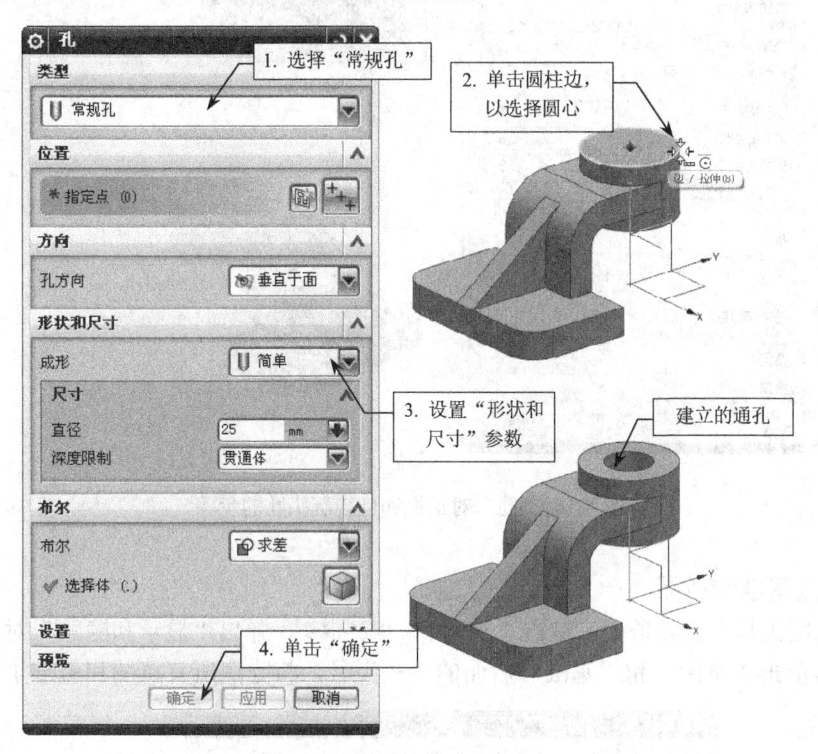

图4-15 “孔”对话框和创建通孔的步骤

8．创建沉头孔

（1）启动孔命令。在“特征”工具条上，单击“孔”，弹出“孔”对话框。

（2）选择孔的类型。在“孔”对话框中，从“类型”列表中选择“常规孔”。

（3）确定孔的位置。在图形窗口中，底板的上表面、筋板的两侧各单击鼠标一次，创建两个点，并进入草图任务环境；在“草图工具”工具条上，单击“设为对称”，约束两个点关于Y轴对称；单击“自动判断尺寸”，标注尺寸，如图4-16所示；单击“完成草图”，退出草图任务环境。

（4）设置形状和尺寸。在“形状和尺寸”组中，从“形状”列表中选择“沉头”，在“沉头直径”框中输入“26”、“沉头深度”框中输入“3”、“直径”框中输入“15”，从“深度限制”列表中选择“贯通体”。

（5）完成创建。单击“确定”，完成沉头孔的创建，如图4-16所示。

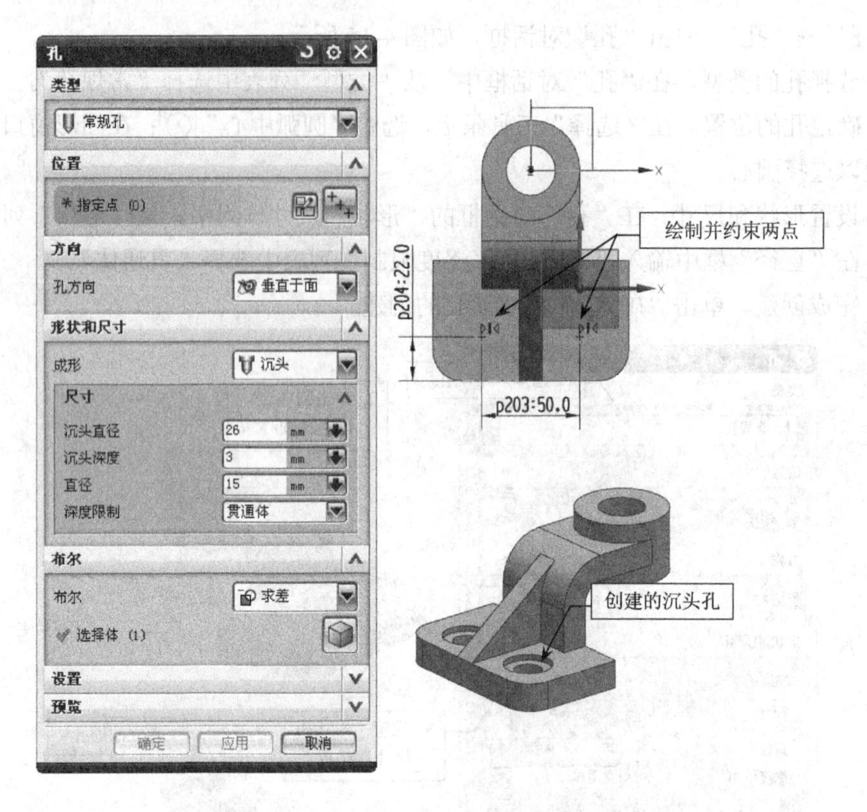

图 4-16 “孔”对话框和创建沉头孔的步骤

9. 隐藏基准和草图

在“实用工具”工具条上，单击“显示和隐藏”，弹出“显示和隐藏”对话框，如图 4-17 所示，单击“草图”和“基准”后面的“－”号，将隐藏所有草图和基准坐标系。

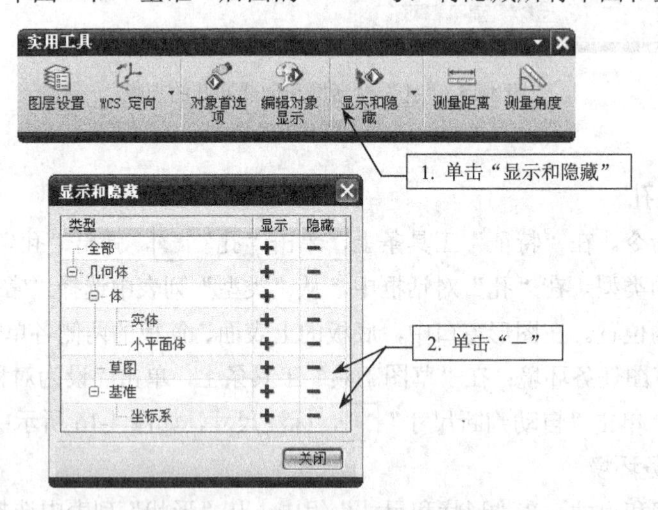

图 4-17 “显示和隐藏”对话框

10. 保存文件

在“标准”工具条上，单击“保存”，保存弯臂文件。

在本项目中，使用拉伸命令、选择封闭的草图曲线创建了实体模型。在 NX 8 软件中，也可以选择开放的曲线创建实体模型。下面以弯座的弯臂和筋板为例，介绍利用开放曲线创建模型的步骤。

1. 创建弯臂实体

（1）绘制弯臂草图。选择 YZ 平面作为草图平面，单击“轮廓”，绘制曲线，再约束曲线并标注尺寸，完成草图的绘制，如图 4-18 所示。

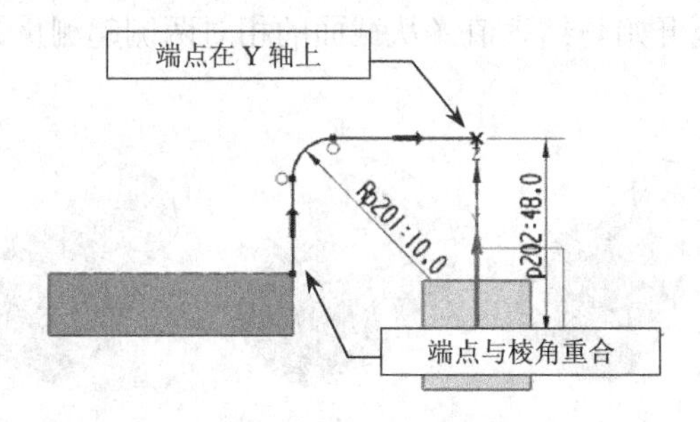

图 4-18　弯臂草图

（2）创建弯臂实体。

① 启动拉伸命令。在“特征”工具条上，单击“拉伸”，弹出“拉伸”对话框，如图 4-19（a）所示。

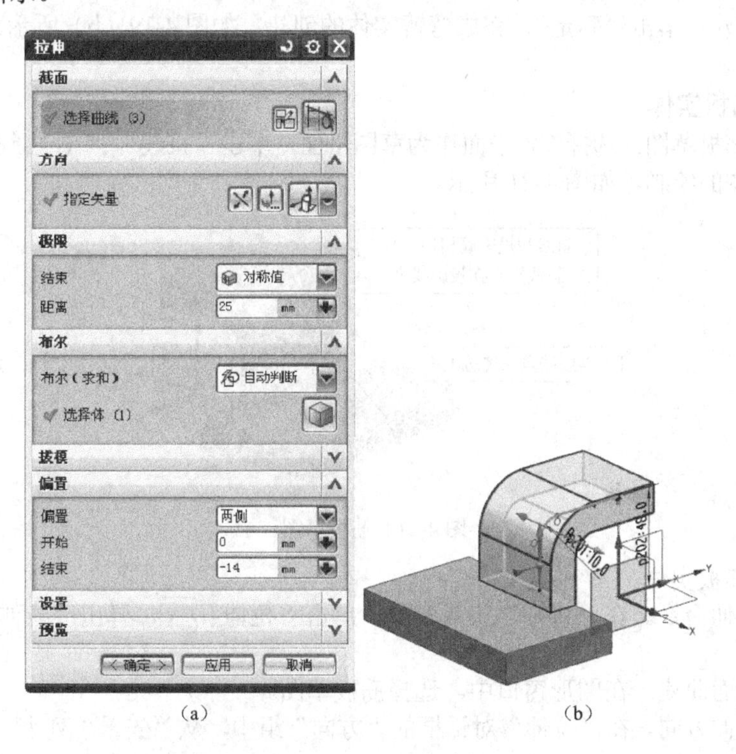

图 4-19　“拉伸”对话框和弯臂实体

② 选择截面曲线。在图形窗口中，选择弯臂草图。

③ 设置拉伸方向。在“拉伸”对话框的“方向”组中，单击右侧的“矢量”列表，选择“XC”选项。

④ 设置限制参数。选择“结束”类型为“对称值”，输入“距离”为“25”。

⑤ 设置布尔方式。选择“布尔”方式为“求和”。

⑥ 设置偏置参数。“偏置”组用于为拉伸特征指定偏置厚度以创建实体特征，有无、单侧、两侧和对称等选项，各选项含义如下：

“无”，不创建也不偏置。

“单侧”，将单侧偏置添加到拉伸特征，如图 4-20（a）所示。这种偏置用于填充孔和创建凸台，从而简化部件的开发。

“两侧”，向具有开始与结束值的拉伸特征添加偏置，如图 4-20（b）所示。

“对称”，向具有重复开始与结束值（从截面的相对两侧起测量）的拉伸特征添加偏置，如图 4-20（c）所示。

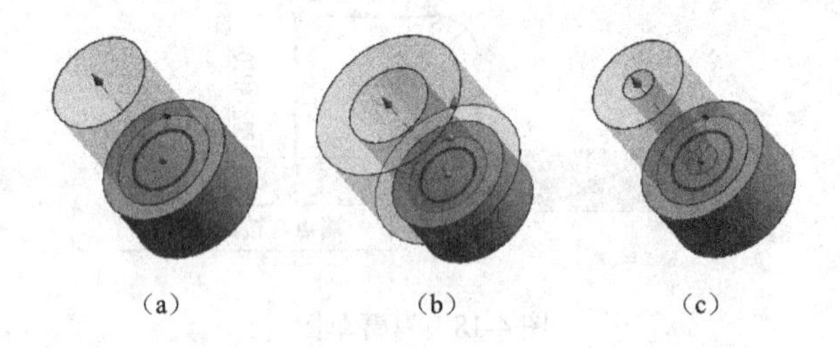

图 4-20 偏置参数示例图

对于本项目，在“拉伸”对话框的“偏置”组中，从“偏置”列表中选择“两侧”，在“开始”与“结束”框中分别输入“0”和“14”。

⑦ 完成创建。单击“确定”，完成弯臂实体的创建，如图 4-19（b）所示。

2．创建筋板实体

（1）绘制筋板草图。选择 YZ 平面作为草图平面，单击“直线”，绘制曲线，再约束曲线，完成草图的绘制，如图 4-21 所示。

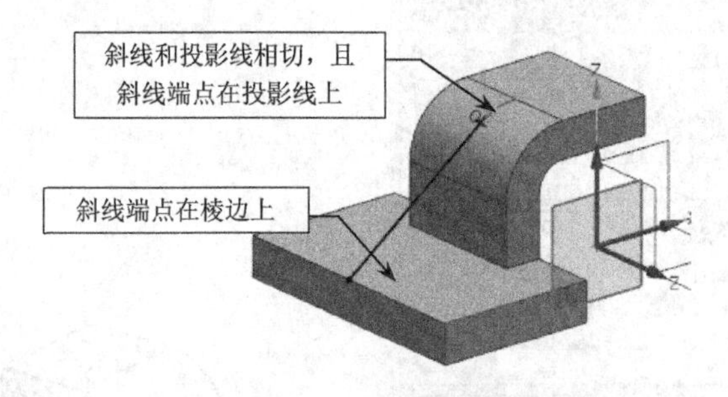

图 4-21 筋板草图

（2）创建筋板实体。

① 启动拉伸命令。在“特征”工具条上，单击“拉伸”，弹出“拉伸”对话框，如图 4-22 所示。

② 选择截面曲线。在图形窗口中，选择筋板草图。

③ 设置拉伸方向。在“拉伸”对话框的“方向”组中，从“矢量”列表中选择“-ZC”选项。

④ 设置偏置参数。在“拉伸”对话框的“偏置”组中，从“偏置”列表中选择“对称”，在“开始”与“结束”框中分别输入“6”与“6”。

⑤ 设置极限参数。在“限制”组类型中，“直至下一个”、“直至选定”、“直至延伸部分”和“贯通”的含义如下：

“直至下一个”，将拉伸特征沿方向路径延伸到下一个体。

“直至选定”，是将拉伸特征延伸到选定的面、基准平面或体。如果拉伸截面延伸到选定的面以外，或不完全与选定的面相交，软件会将截面拉伸到所选面的相邻面上。如果选定的面及其相邻面仍不完全与拉伸截面相交，拉伸将失败，应尝试直至延伸部分选项。

“直至延伸部分”，是在截面延伸超过所选面的边时，将拉伸特征（如果是体）修剪至该面。如果拉伸截面延伸到选定的面以外，或不完全与选定的面相交，软件会尽可能将选定的面进行数学延伸，然后应用修剪。

“贯通”，沿指定方向的路径，延伸拉伸特征，使其完全贯通所有的可选体。

对于本项目，在“拉伸”对话框的“限制”组中，从“开始”列表中选择“值”，在“距离”框中输入“0”，从“结束”列表中选择“直至延伸部分”；在图形窗口中，选择底板表面作为结束的对象。

⑥ 设置布尔方式。在“布尔”组，从“布尔”列表中选择“求和”。

⑦ 完成创建。单击“确定”，创建筋板实体。

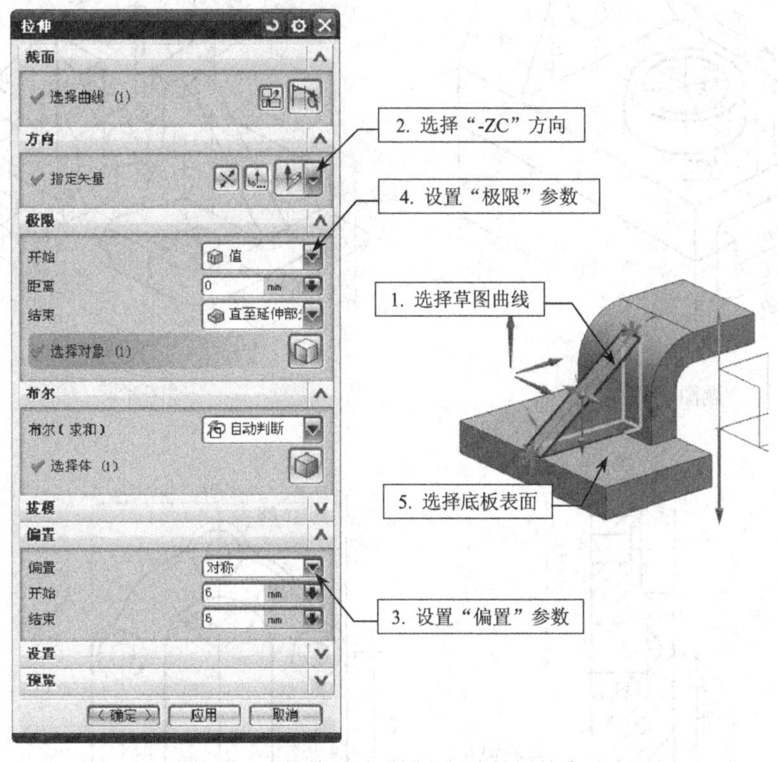

图 4-22 “拉伸”对话框和创建筋板的步骤

【思考练习】

根据题图 4-1～题图 4-5 所示，创建实体模型。

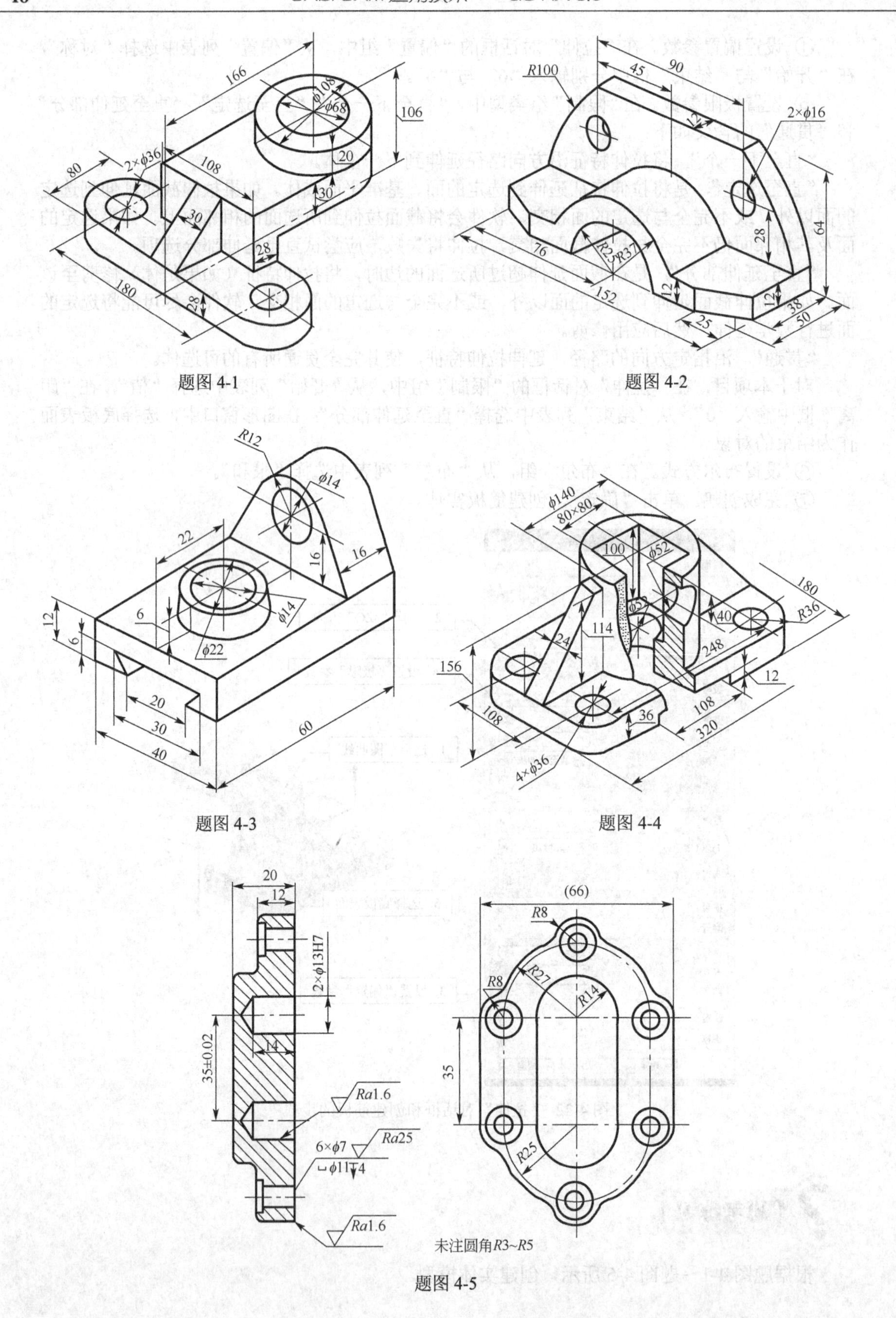

题图 4-1

题图 4-2

题图 4-3

题图 4-4

题图 4-5

项目5　支架的造型

【学习目标】

本项目以支架（如图 5-1 所示）为例，学习布尔命令在实体造型中的应用，同时进一步学习与巩固拉伸、圆角和孔等命令，从而能够创建比较复杂的实体模型。

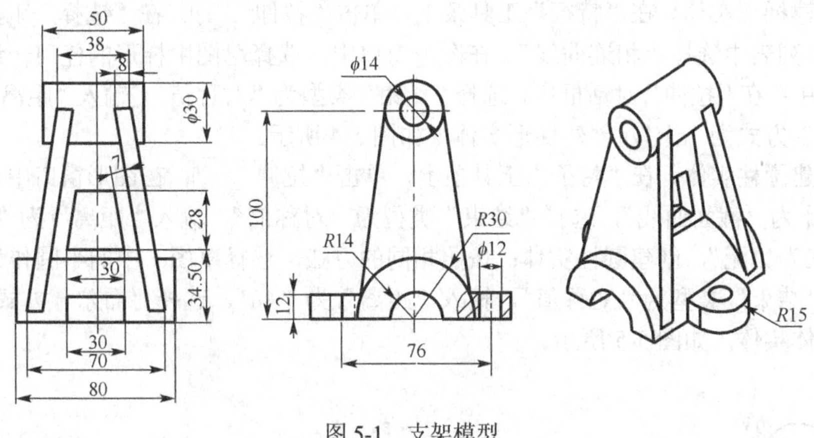

图 5-1　支架模型

【项目分析】

支架模型去掉孔后，可分解为如图 5-2 所示五个部分，除左侧的实体外，其余均为简单等截面的实体，可以使用拉伸命令来创建；对于左侧的这个实体，可以使用拉伸和布尔运算命令来创建，这是本项目的难点。

图 5-2　支架的造型思路

1．新建文件

新建一个NX文件，名称为“zhijia.prt”。进入NX标准界面后，显示基准坐标系。

2．创建梯形、圆柱实体

（1）绘制草图1。选择XZ平面作为草图平面，绘制草图1，如图5-3所示。草图曲线包括一个整圆、一个半圆和一个梯形，整圆和半圆的圆心位于Y轴上，半圆的直径与X轴共线，梯形的斜边与整圆、半圆的圆弧相切。

（2）创建梯形实体。在“特征”工具条上，单击“拉伸”；在“选择”工具条上，从“曲线规则”列表中选择“相连曲线”；在图形窗口中，选择草图中梯形的任何一边，则梯形四边均被选中；在“拉伸”对话框中，选择“结束”类型为“对称值”，输入“距离”为“50”，选择“布尔”方式为“无”，创建梯形实体，如图5-4所示。

（3）创建圆柱实体。在“特征”工具条上，单击“拉伸”；在图形窗口中，选择草图1中的整圆作为“截面曲线”，选择“结束”类型为“对称值”，输入“距离”为“25”，选择“布尔”方式为“无”，创建圆柱实体；按照相同的方法，选择草图1中的半圆作为“截面曲线”，选择“结束”类型为“对称值”，输入“距离”为“40”，选择“布尔”方式为“无”，创建半圆柱体实体，如图5-5所示。

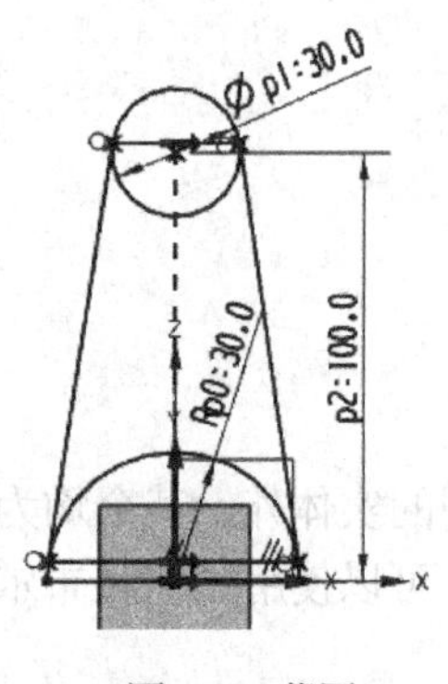

图5-3　草图1

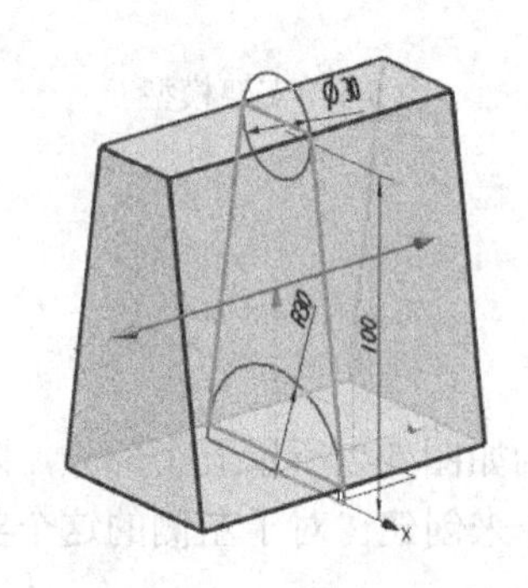

图5-4　梯形实体

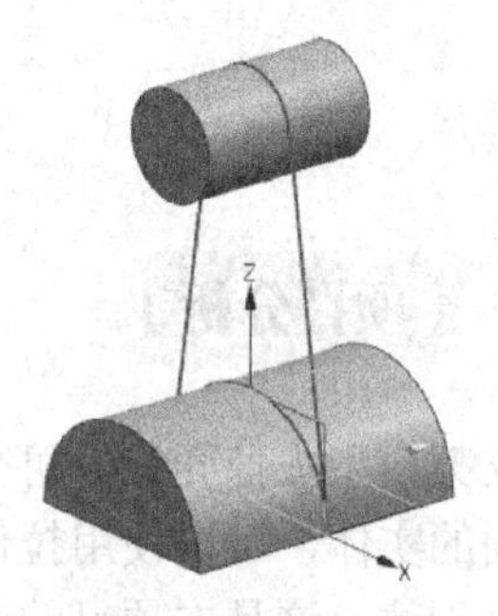

图5-5　圆柱实体

3．创建薄板实体

（1）绘制草图2。选择YZ平面作为草图平面，绘制草图2，如图5-6所示。草图曲线包括六条斜线和四条水平线，六条斜线关于Y轴对称，且同侧的三条斜线平行，两条水平线和梯形实体的棱边共线。

（2）创建薄板实体。在“特征”工具条上，单击“拉伸”；在“选择”工具条上，从“曲线规则”列表中选择“单条曲线”，选中“在相交处停止”；在图形窗口中，选择草图2中的两个菱形曲线的各边；在“拉伸”对话框中，输入“距离”为“50”，选择“布尔”方式为“无”，创建薄板实体，如图5-7所示。

（3）创建中间板实体。在“特征”工具条上，单击“拉伸”；在“选择”工具条上，取消“在相交处停止”；在图形窗口中，选择草图2中的外侧梯形和内部梯形，选择“结束”类型为“对称值”，输入“距离”为“4”，选择“布尔”方式为“无”，创建中间板实体，如图5-8所示。

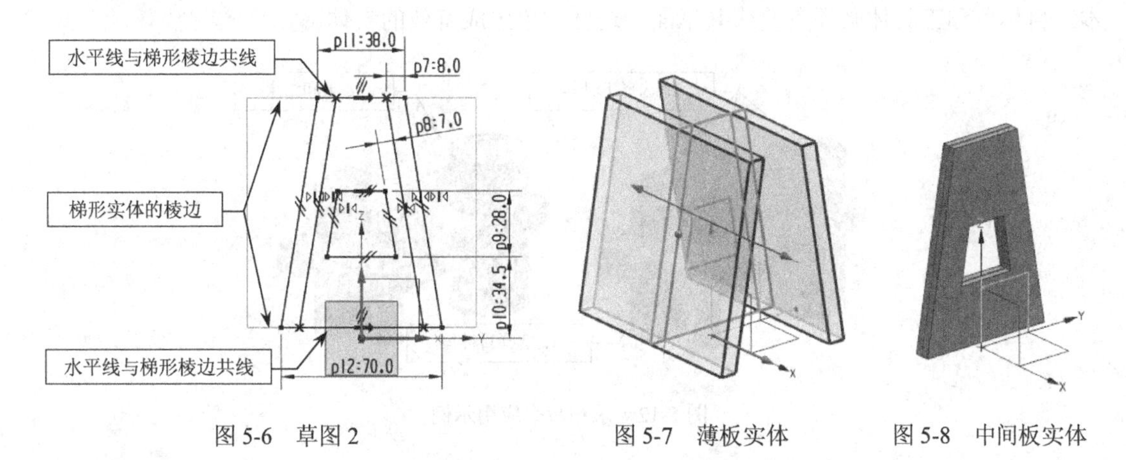

图5-6 草图2　　图5-7 薄板实体　　图5-8 中间板实体

4. 创建底座实体

（1）绘制草图3。选择XY平面作为草图平面，绘制矩形曲线，如图5-9所示。

（2）创建长方体。单击“拉伸”，选择草图3作为“截面曲线”，输入“距离”分别为“0”和“12”，选择“布尔”方式为“无”，创建长方体，如图5-10（a）所示。

（3）创建圆角。单击“边倒圆”，选择长方体的四条竖直棱边，创建 *R*15 的圆角，如图5-10（b）所示。

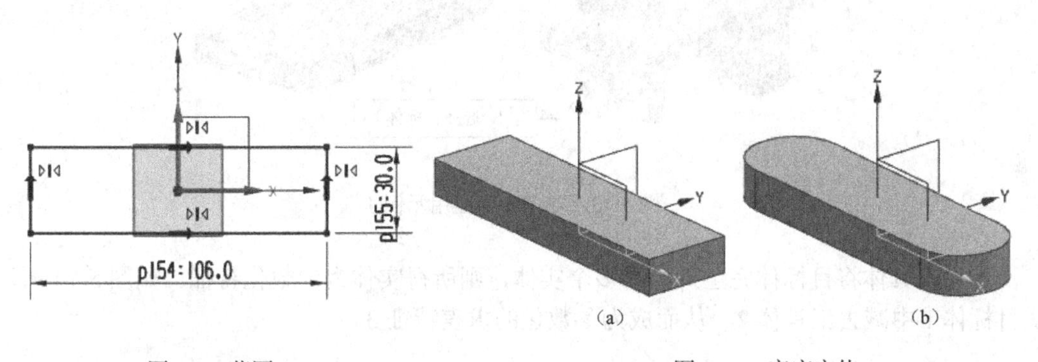

图5-9 草图3　　图5-10 底座实体

5. 创建支撑板

（1）隐藏草图和实体。在“实用工具”工具条上，单击“隐藏”，弹出“类选择”对话框，如图5-11所示；在图形窗口中，选择梯形实体和薄板实体；在“类选择”对话框中，单击“反向选择”；单击“确定”，在图形窗口中只显示梯形实体和薄板实体。

（2）创建支撑板实体。“布尔运算”命令用于实体模型之间的操作，可以创建较为复杂的实体模型，它是利用工具体修改目标体，操作后工具体成为目标体的一部分。布尔运算操作中第一个选择的实体称为目标体，第二个及以后选择的称为工具体。目标体只能有一个，工具体可以有

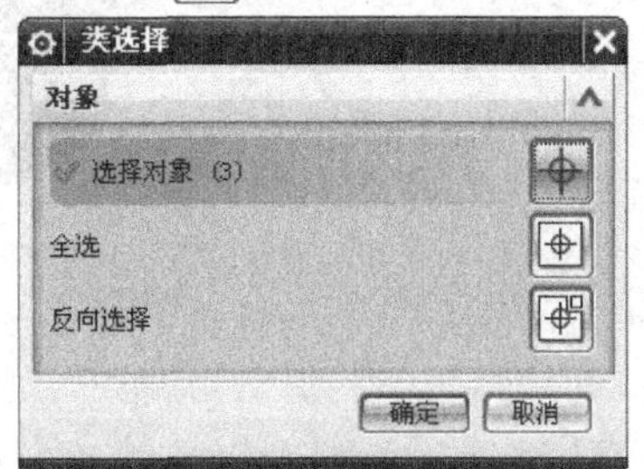

图5-11 “类选择”对话框

多个。工具体和目标体必须接触或相交。“布尔运算”命令包括求和、求差和求交。

“求和”，将两个或多个工具实体的体积组合为一个目标体。如图 5-12 所示，将目标实体 1 与一组工具体 2 相加，形成一个实体 3。还可以随意保存并保留未修改的目标体和工具体副本。目标体和工具体必须重叠或共享面，这样才会生成有效的实体。

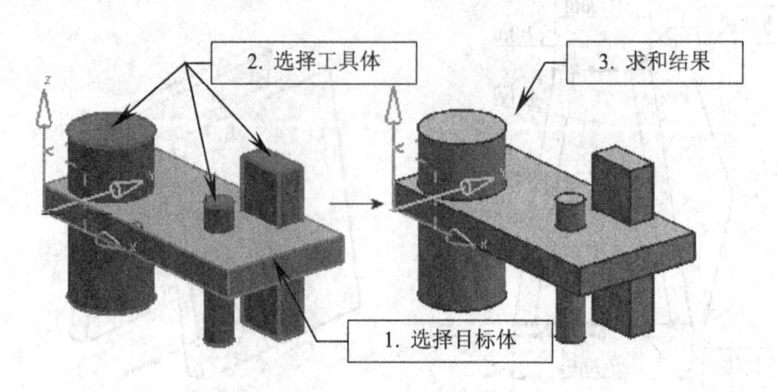

图 5-12 求和命令应用示例

“求差”，从目标体中移除一个或多个工具体的体积。当使用求差命令时，可以选择一组实体作为工具。如图 5-13 所示，将目标实体 1 与一组工具体 2 求差，形成一个实体 3。

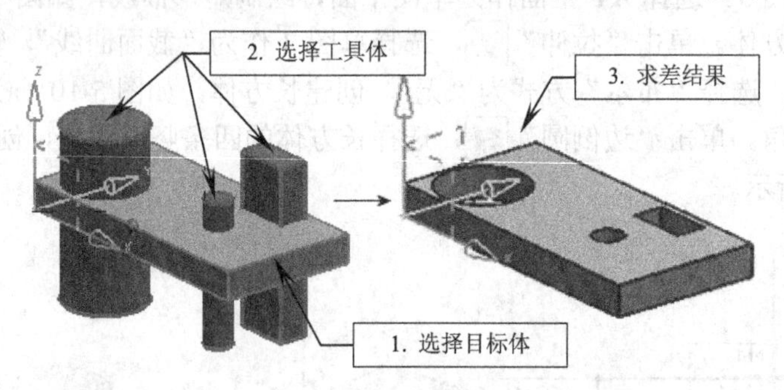

图 5-13 求差命令应用示例 1

如果工具体将目标体完全拆分为多个实体，则所得实体为参数化特征。如图 5-14 所示，从目标体 1 中减去工具体 2，从而成为参数化的求差特征 3。

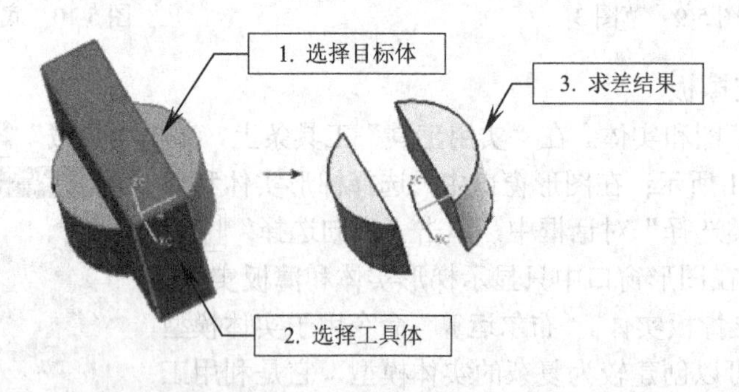

图 5-14 求差命令应用示例 2

“求交”，创建包含目标体与一个或多个工具体的共享体积或区域的体。如果工具体将目标体完全拆分为多个实体，则所得实体为参数化特征。如图5-15所示，目标实体1和一组工具体2相交，形成三个参数化的体3。

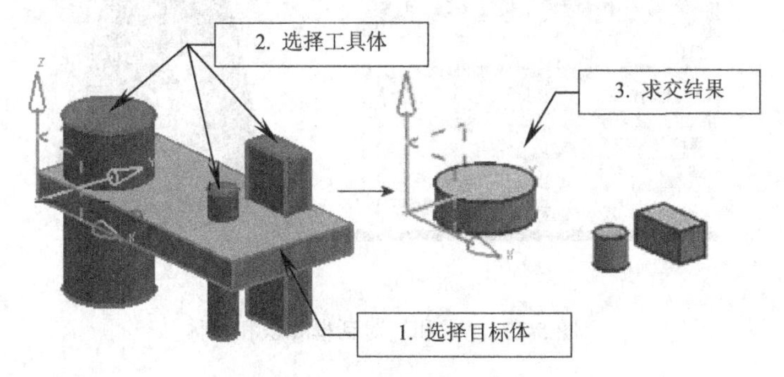

图5-15　求交命令应用示例

对于本项目，使用“求交”命令创建支撑板实体，步骤如下：

① 启动求交命令。在“特征”工具条上，单击布尔运算列表“求和”右侧下拉菜单，选择“求交”，弹出“求交”对话框，如图5-16所示。

② 选择目标体。在图形窗口中，选择梯形实体。

③ 选择工具体。在图形窗口中，选择薄板实体。

④ 完成创建。单击“确定”，完成支撑板实体的创建。

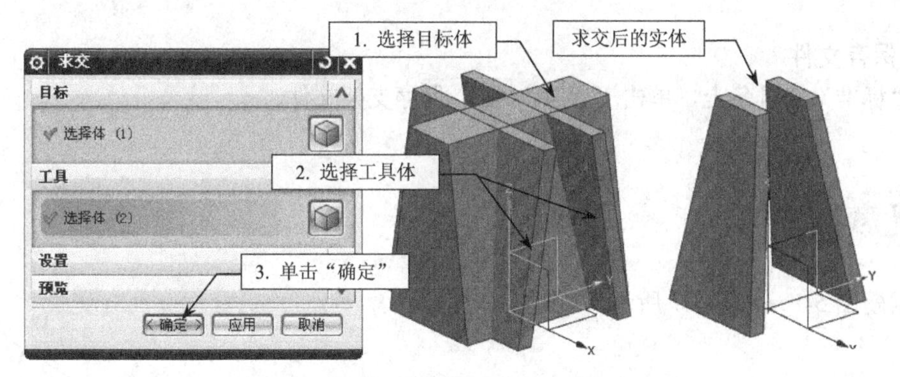

图5-16　“求交”对话框和创建支撑板的步骤

6. 创建求和实体

（1）显示所有实体。在“实用工具”工具条上，单击“显示和隐藏”，弹出“显示和隐藏”对话框，单击“实体”后面的“＋”号，将显示所有实体。

（2）创建求和实体。在“特征”工具条上，单击“求和”，弹出“求和”对话框，如图5-17（a）所示；参照创建求交实体的步骤，选择“目标体”和“工具体”，将所有实体进行求和形成一个实体，如图5-17（b）所示。

7. 创建通孔

（1）创建上部通孔。单击“孔”，选择圆柱体棱边的圆心，创建ϕ14的通孔。

（2）创建凸耳通孔。单击“孔”，选择凸耳棱边的圆心，创建ϕ12的通孔。

（3）创建下部通孔。步骤如下：

① 选择孔的位置点。单击“孔”，选择半圆柱体圆弧棱边的圆心。

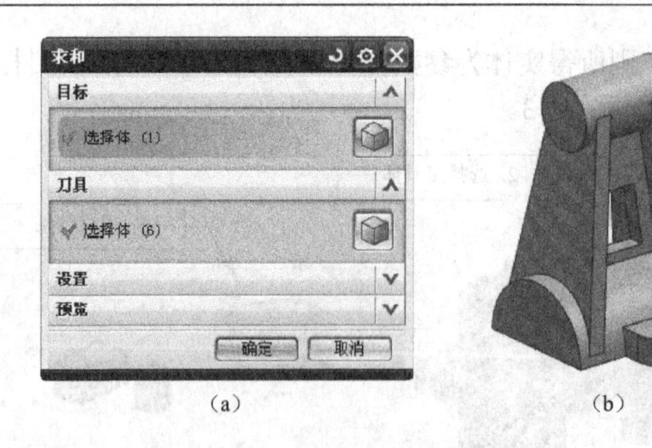

（a）　　　　　　　　　　（b）

图 5-17 “求和”对话框和求和实体

② 确定孔的方向。在“孔”对话框“方向”组中，从“孔方向”列表中选择“沿矢量”选项，单击右侧的“矢量”列表，选择“YC”选项。

③ 创建通孔。输入“直径”为“28”，选择“贯通体”，创建通孔。

工程师提示：

◆ 创建孔时，“孔方向”选项默认为“垂直于面”。在创建下部通孔时，由于孔的位置点是底部棱边的中心，孔的方向默认为垂直于底部平面的方向。这与预期的孔的方向不一致。所以，需要从“孔方向”列表中选择“沿矢量”选项，以进一步指定孔的矢量方向。

8. 保存文件

在“标准”工具条上，单击“保存”，保存支架文件。

【思考练习】

根据题图 5-1～题图 5-7 所示，创建实体模型。

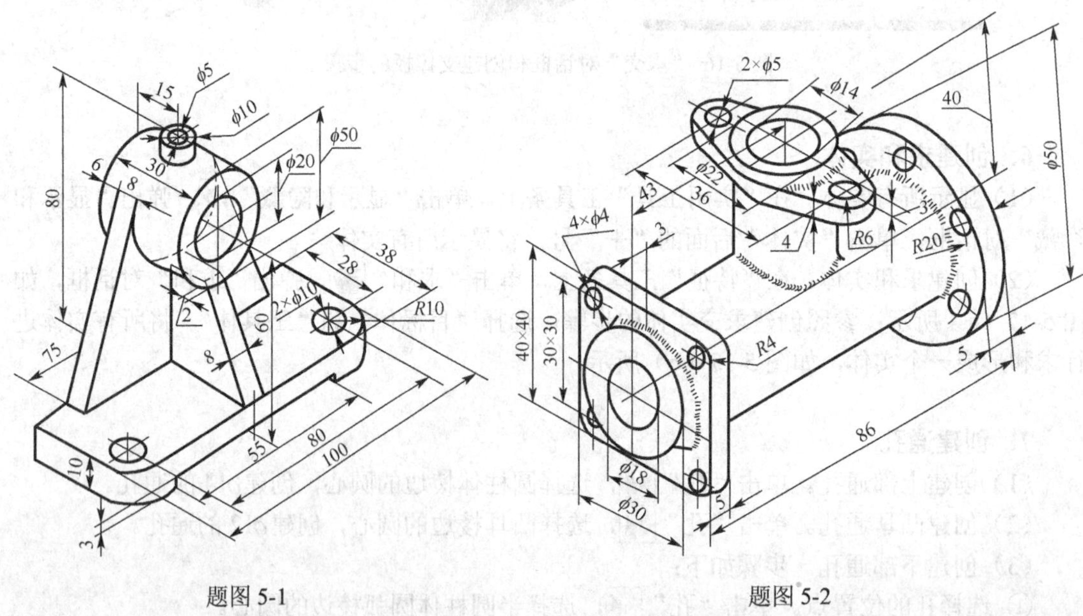

题图 5-1　　　　　　　　　　题图 5-2

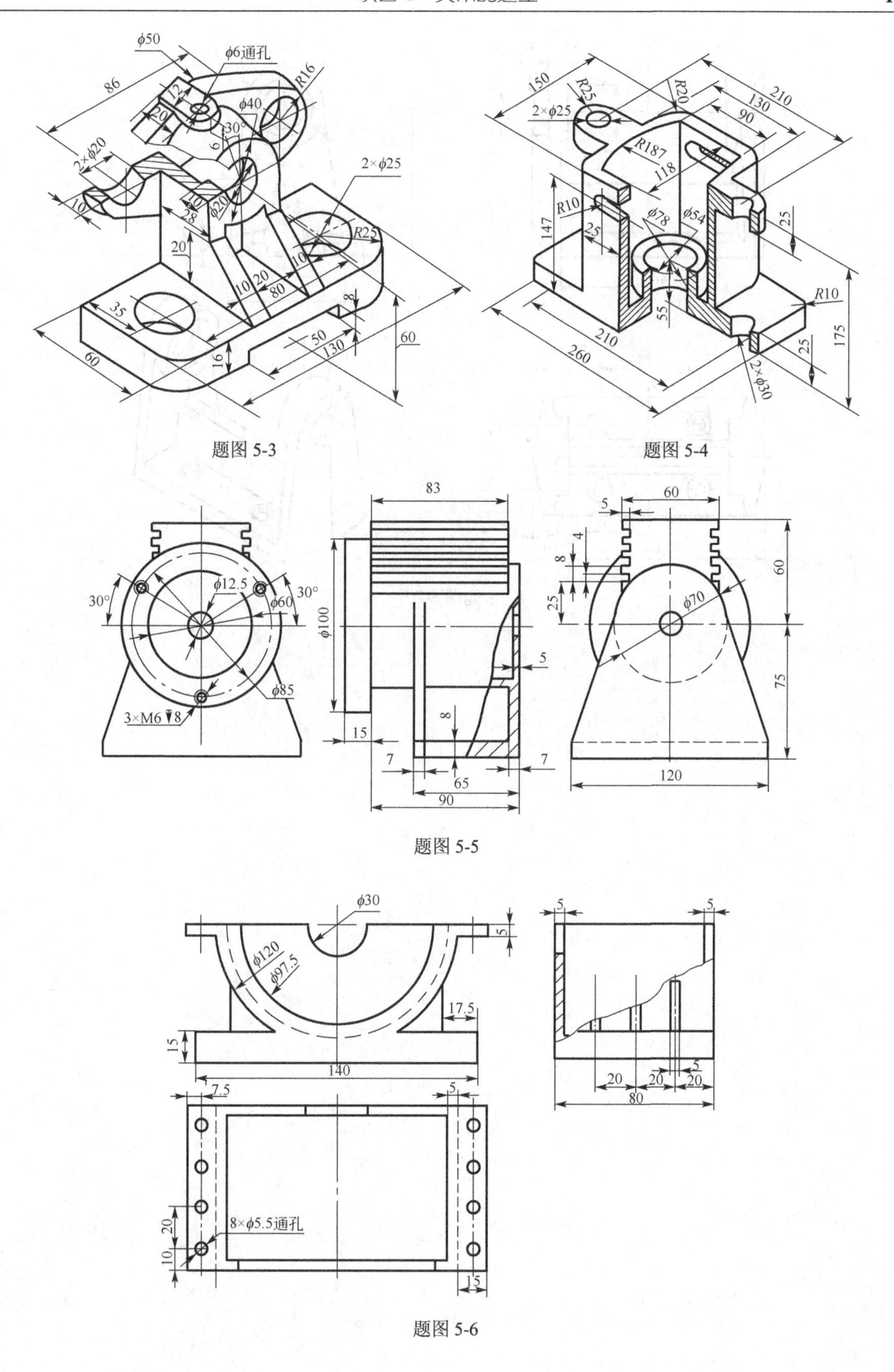

题图 5-3

题图 5-4

题图 5-5

题图 5-6

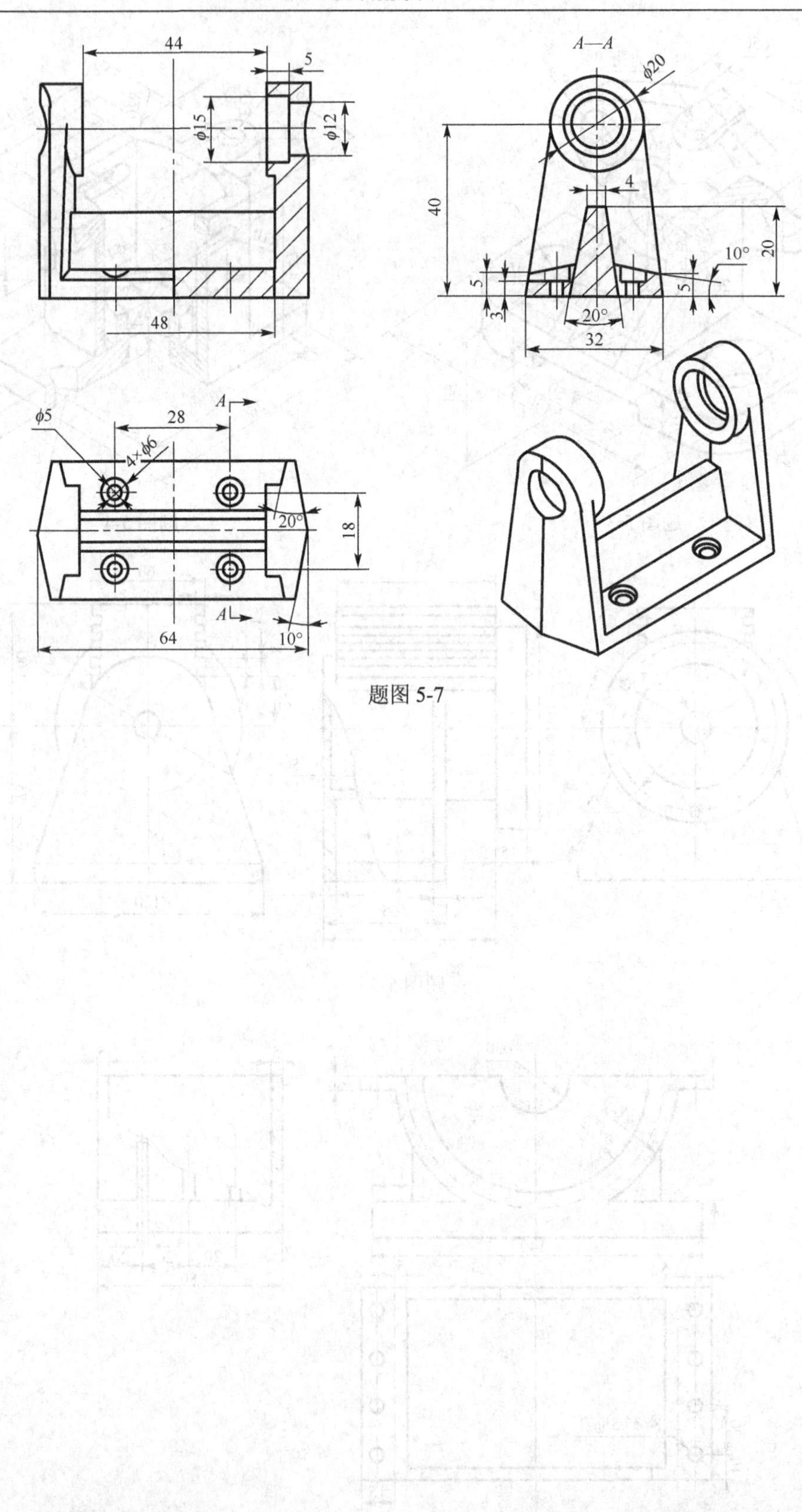

题图 5-7

项目6　齿轮轴的造型

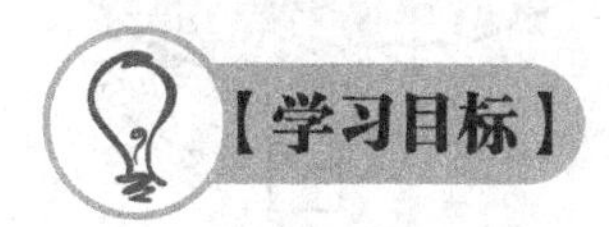

本项目以齿轮轴（如图 6-1 所示）为例，学习旋转、倒斜角和螺纹等命令的应用，学习基准平面的创建，了解 GC 工具箱创建齿轮的方法，同时巩固拉伸、布尔运算等命令，从而能够创建具有旋转特征的实体模型。

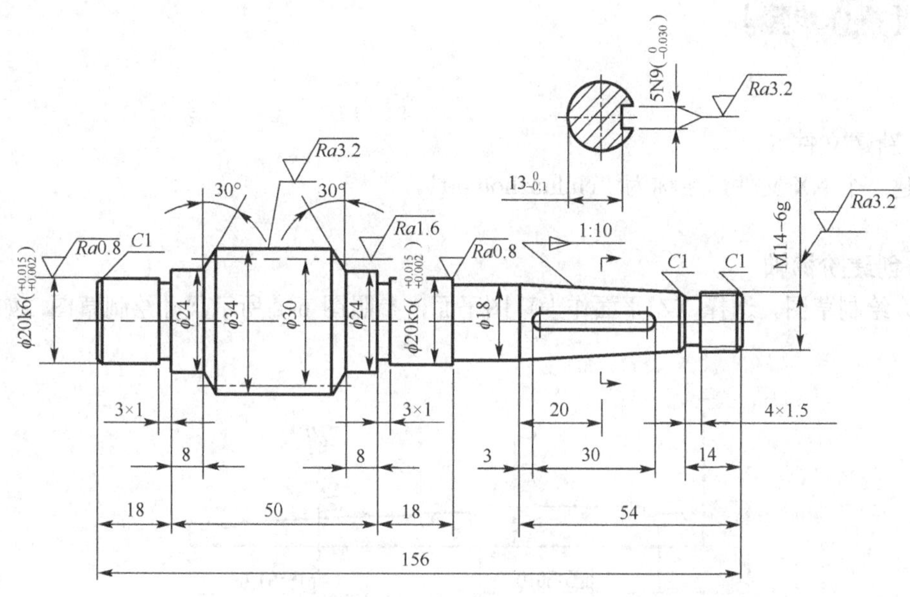

已知：齿轮的齿数 Z=15，模数 m=2，压力角 α=20°。

图 6-1　齿轮轴模型

齿轮轴模型去掉倒角之后，可以分解为四个部分，即阶梯轴、齿轮、螺纹和键槽，如图 6-2 所示。其中，阶梯轴是主体，是典型的回转特征实体。在 NX 软件中，通常使用旋转命令创建具有回转特征的实体或片体，方法是选择曲线、边、面、草图或曲线特征的一部分并将它们绕着一个轴线旋转一定角度。如图 6-3 所示，截面 1 绕轴 2 旋转 0° 到 180°，生成回转体模型。齿轮可以利用 GC 工具箱来创建，键槽可以使用拉伸命令来创建。

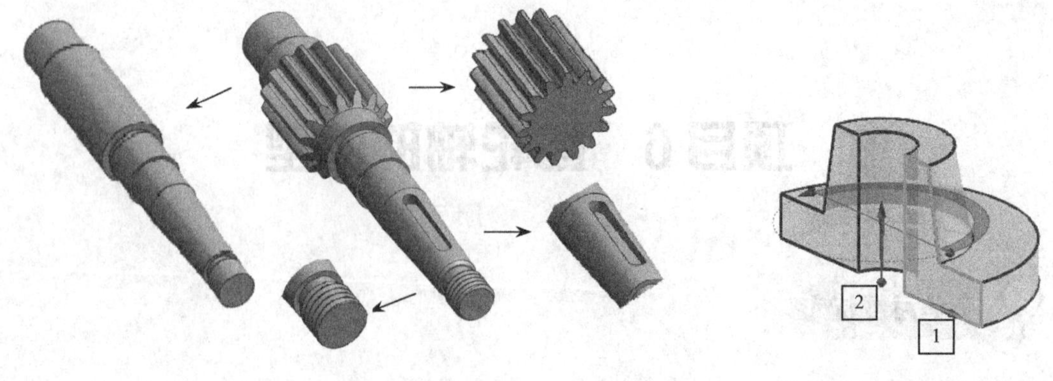

图 6-2 齿轮轴的造型思路　　　　图 6-3 旋转命令应用示例

1．新建文件

新建一个 NX 文件，名称为“chilunzhou.prt”。

2．创建阶梯轴

（1）绘制草图。选择 XZ 平面作为草图平面，参照图 6-1 所示尺寸绘制草图，如图 6-4 所示。

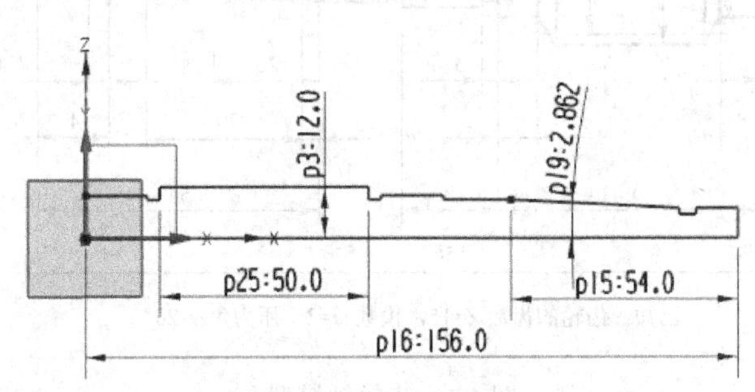

图 6-4 阶梯轴草图

（2）创建阶梯轴。步骤如下：

① 启动旋转命令。在“特征”工具条上，单击“回转”，或在菜单条上，单击“插入”→“设计特征”→“回转”，弹出“回转”对话框，如图 6-5 所示。

② 选择截面曲线。在图形窗口中，选择阶梯轴草图。

③ 指定旋转轴。在图形窗口中，选择草图中尺寸为“156”的直线。

工程师提示：

◆ 旋转轴可以是曲线或边，或基准轴，或一个矢量。旋转轴不得与截面曲线相交，但可以和一条边重合。

④ 设置限制参数。在“限制”组中，从“开始”和“结束”选项列表中选择“值”，在“角度”框中分别输入“0”和“360”。

⑤ 完成创建。单击“确定”，完成阶梯轴的创建。

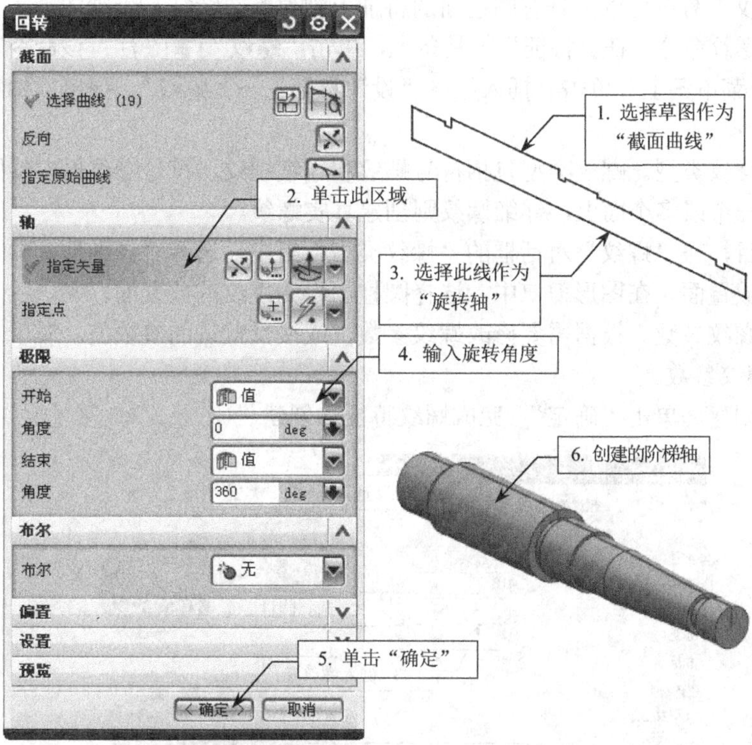

图 6-5 “回转”对话框和创建阶梯轴的步骤

3. 创建倒角

使用“倒斜角”命令可以为棱边创建倒角特征。步骤如下：

（1）启动倒斜角命令。在“特征”工具条上，单击“倒斜角”，或在菜单条上，单击“插入”→“细节特征”→“倒斜角”，弹出“倒斜角”对话框，如图 6-6（a）所示。

（2）选择棱边。在图形窗口中，选择要倒斜角的三条棱边。

（3）设置偏置参数。在“倒斜角”对话框的“偏置”组中，从“横截面”选项列表中选择“对称”，在“距离”框中输入“1”。

（4）完成创建。单击“确定”，完成倒斜角特征的创建，如图 6-6（b）所示。

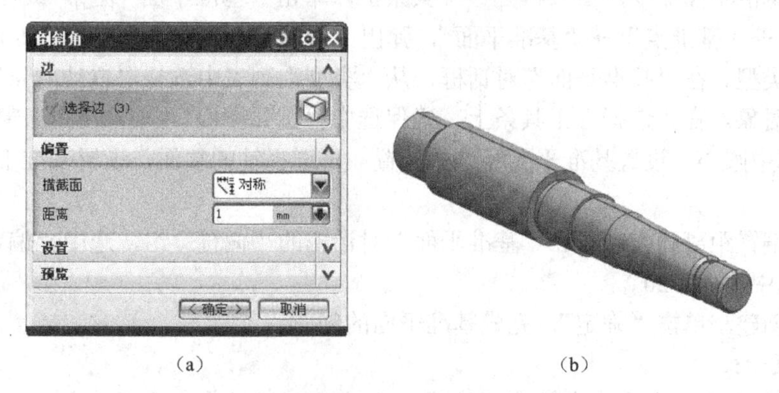

（a）　　（b）

图 6-6 “倒斜角”对话框和倒斜角特征

4．创建螺纹

使用“螺纹”命令可以在具有圆柱面的特征上创建螺纹特征。步骤如下：

（1）启动螺纹命令。在“特征”工具条上，单击“螺纹”（注：该命令需要添加到工具条上），或在菜单条上，单击“插入”→“设计特征”→“螺纹”，弹出“螺纹”对话框，如图6-7所示。

（2）设置螺纹类型。螺纹类型包括符号螺纹和详细螺纹，符号螺纹以虚线圆的形式显示在要攻螺纹的一个或多个面上，详细螺纹则创建真实螺纹。

对于本项目，在“螺纹”对话框的“螺纹类型”组中，选择“详细”。

（3）选择放置面。在图形窗口中，选择圆柱面作为螺纹的放置面。

（4）设置螺纹参数。根据需要修改螺纹参数，或接受默认的参数值。对于本项目，按图6-6所示设置螺纹参数。

（5）完成创建。单击“确定”，完成螺纹特征的创建。

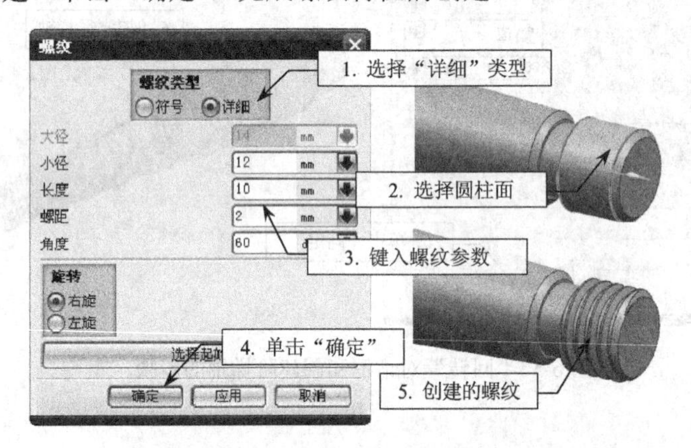

图6-7 “螺纹”对话框和创建螺纹特征的步骤

5．创建键槽

（1）创建基准平面。使用“基准平面”命令可创建平面参考特征，以辅助创建其他特征。创建基准平面的方法有多种，如以自动判断、一定距离、成一角度、平分线、曲线和点、两直线、相切、通过对象、点和方向、曲线上等。其中，以“自动判断”方式是指根据选择的对象，系统自动计算并生成所需的基准平面。步骤如下：

① 启动基准平面命令。在“特征”工具条上，单击“基准平面”，或在菜单条上，单击“插入”→“基准点”→“基准平面”，弹出“基准平面”对话框，如图6-8所示。

② 设置类型。在“基准平面”对话框，从“类型”列表中选择“自动判断”。

③ 选择对象。在“选择”工具条上，确保选中“圆弧中心”；在图形窗口中，选择锥部棱边以选中圆心，设置基准平面经过的位置；再选择轴的端面，设置基准平面和指定平面平行。

④ 设置偏置距离和方向。在“基准平面”对话框的“偏置”组，选中“偏置”复选框，在“距离”框中输入“20”。

⑤ 完成创建。单击“确定”，完成基准平面的创建。

工程师提示：

◆ 对于本项目，是通过选择棱边的圆心和端面创建的基准平面；也可以先选择棱边的圆心，再选择X轴来创建基准平面。

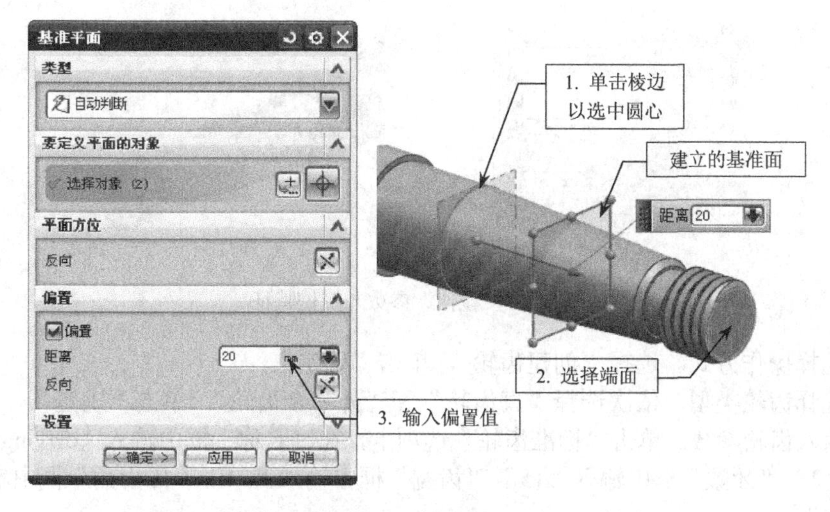

图6-8 “基准平面”对话框和创建基准平面的步骤

（2）绘制草图。步骤如下：

① 选择草图平面。在“直接草图”工具条上，单击“草图”，选择刚才创建基准平面作为草图平面，进入草图环境。

② 创建相交曲线。在“直接草图”工具条上，单击“相交曲线”；在图形窗口中，选择圆锥面，单击“确定”，创建圆锥面和基准平面的相交曲线，如图6-9（a）所示；再单击“转换至/自参考对象”，将其转换为参考线。

③ 绘制矩形草图。在“直接草图”工具条上，单击“矩形”，绘制矩形曲线，并约束矩形两条竖直边关于Y轴对称，再标注尺寸，如图6-9（b）所示。

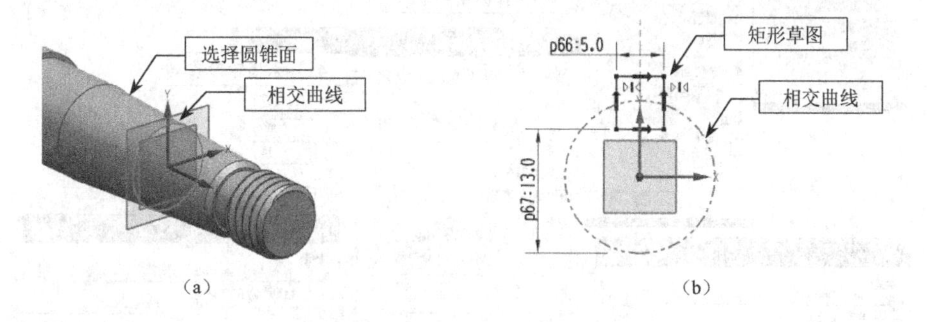

图6-9 键槽草图的绘制过程

（3）创建拉伸特征。单击“拉伸”，选择矩形草图为“截面曲线”，按图6-10（a）所示设置限制和布尔组参数，创建矩形槽。

（4）创建倒角。单击“边倒圆”，选择矩形槽四条竖直棱边，输入圆角半径“2.5”，创建倒角，完成键槽的创建，如图6-10（b）所示。

6．创建圆柱齿轮

使用GC工具箱提供的齿轮建模工具可以快速创建圆柱齿轮、锥齿轮、格林森锥齿轮、奥林康锥齿轮、格林森准双曲线齿轮、奥林康准双曲线齿轮。创建齿轮的步骤如下：

（1）启动齿轮命令。在“齿轮建模”工具条上，单击“圆柱齿轮建模”，弹出“渐开线圆柱齿轮建模”对话框。

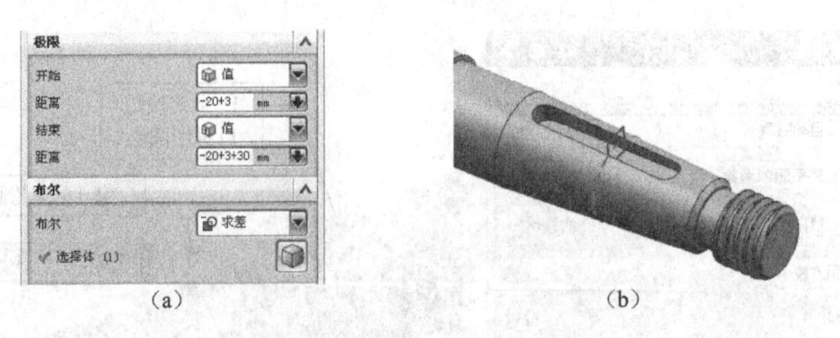

图 6-10 “拉伸”参数与键槽特征

（2）选择操作方式。选择“创建齿轮”，单击“确定”。

（3）选择齿轮类型。依次选择“直齿轮”和“外啮合齿轮”，单击“确定”。

（4）输入齿轮参数。单击“标准齿轮”选项卡，在“名称”框中输入“driving”，“模数”框中输入“2”，“牙数”框中输入“15”，“齿宽”框中输入“34”，“压力角”框中输入“20”，单击“确定”。

（5）指定齿轮轴向。在图形窗口中，选择 X 轴。

（6）指定齿轮位置。在点构造对话框，从“参考”选项列表中选择“WCS”，在坐标值框中输入“26，0，0”。

（7）完成创建。单击“确定”，完成圆柱齿轮的创建，如图 6-11 所示。

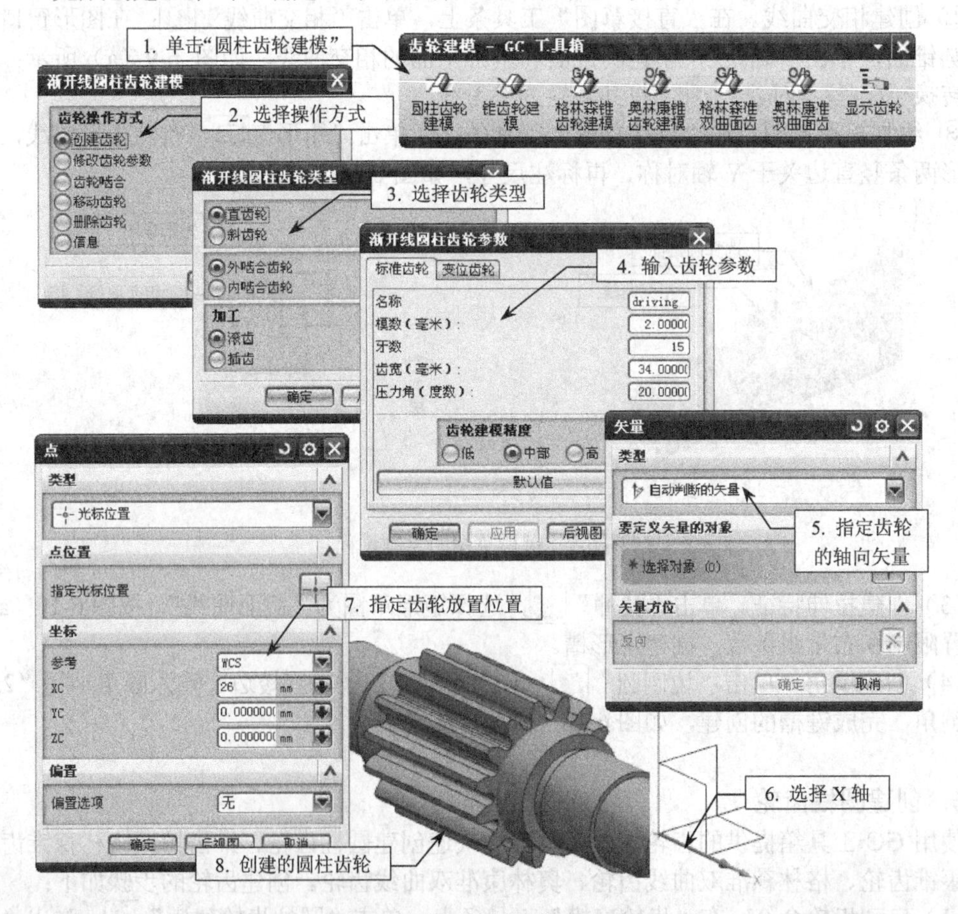

图 6-11 创建圆柱齿轮的步骤

工程师提示：

◆ NX 中国工具箱（NX for China）是 Siemens PLM Software 为了更好地满足中国用户对于 GB 的要求，专为中国用户开发使用的工具箱，它提供了以下的功能：

（1）GB 标准定制，包括常用中文字体、定制的三维模型模板和工程图模板、定制的用户默认设置、GB 制图标准、GB 标准件库、GB 螺纹等。

（2）GC 工具箱（GC Toolkits）为用户提供了一系列的工具，内容覆盖了包括模型设计质量检查工具、属性填写工具、标准化工具、视图工具、制图（注释、尺寸）工具、齿轮建模工具、弹簧建模工具、加工准备工具等。

7．创建齿轮倒角

齿轮端面的倒角不宜使用“倒斜角”命令，可以使用“回转”命令来创建。

（1）绘制草图。

① 绘制曲线。选择 XZ 平面作为草图平面，绘制草图，草图包括一个三角形曲线和一条参考线，然后标注尺寸，如图 6-12（a）所示。

② 创建镜像曲线。在“直接草图”工具条上，单击“镜像曲线”；在图形窗口中，选择三角形曲线作为“镜像对象”，选择参考曲线作为“镜像中心”；单击“确定”，完成镜像曲线的创建。

（2）创建齿轮倒角。

① 启动旋转命令。在“特征”工具条上，单击“回转”。

② 选择截面曲线。在图形窗口中，选择草图曲线作为“截面曲线”。

③ 指定旋转轴。在图形窗口中，选择 X 轴作为“旋转轴”。

④ 设置限制参数。在“回转”对话框的“限制”组中，从“开始”和“结束”列表中选择“值”，在“角度”框中分别输入“0”和“360”。

⑤ 设置布尔方式。在“回转”对话框的“布尔”组中，从“布尔”列表中选择“求差”；在图形窗口中，选择齿轮作为目标体。

⑥ 完成创建。单击“确定”，完成齿轮端面倒角的创建，如图 6-12（b）所示。

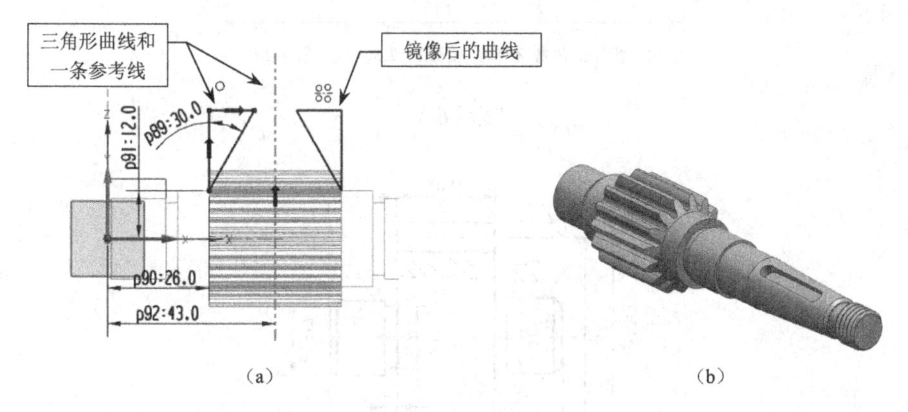

图 6-12　齿轮端面的倒角

8．创建求和实体

在“特征”工具条上，单击“求和”，选择阶梯轴和齿轮进行求和，使之形成一个实体。

9．保存文件

隐藏基准和草图，保存齿轮轴文件。

根据题图 6-1～题图 6-4 所示，创建实体模型。

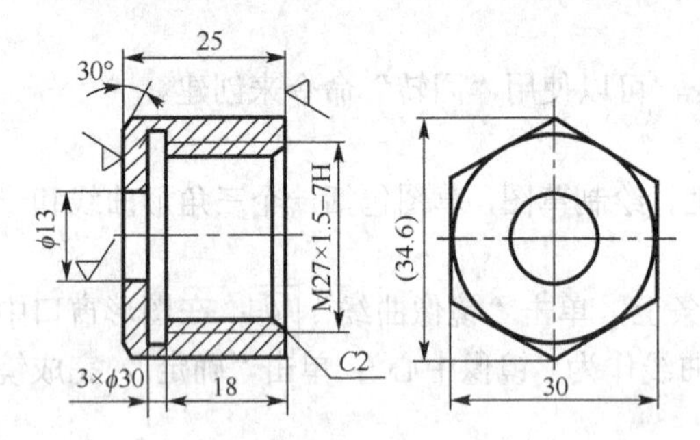

题图 6-1

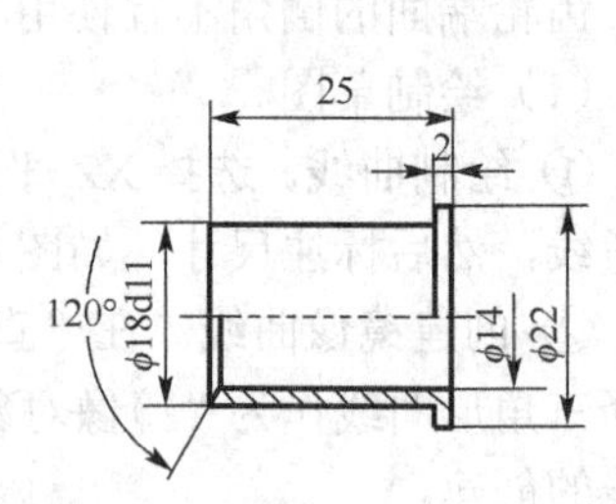

题图 6-2

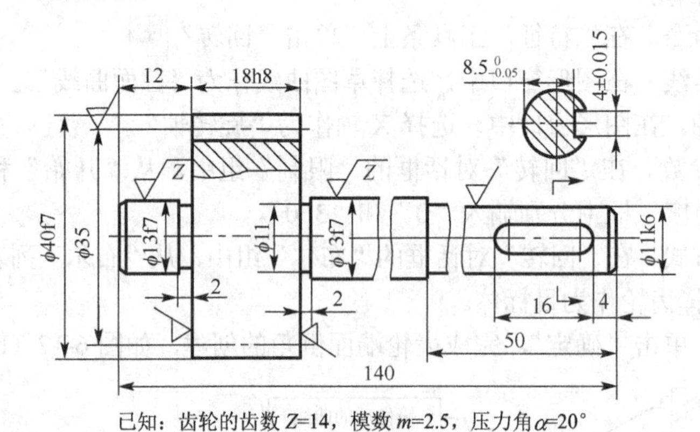

已知：齿轮的齿数 Z=14，模数 m=2.5，压力角 α=20°

题图 6-3

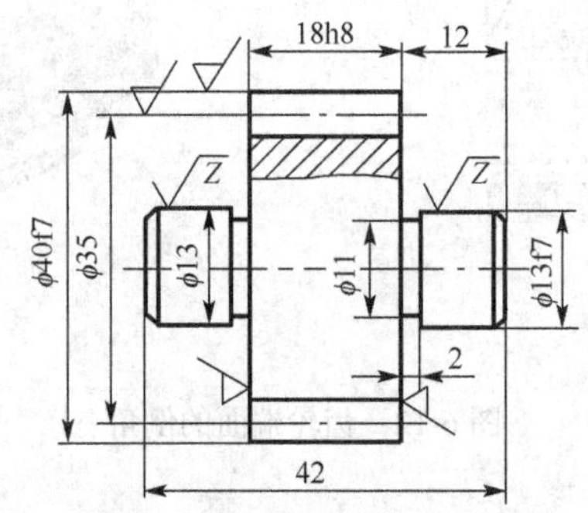

已知：齿轮的齿数 Z=14，模数 m=2.5，压力角 α=20°

题图 6-4

项目7 机壳的造型

【学习目标】

本项目以机壳（如图 7-1 所示）为例，学习阵列特征、抽壳等命令的应用，同时巩固拉伸、旋转、孔和基准平面等命令的应用，掌握实体造型的一般技巧，从而能够创建比较复杂的实体模型。

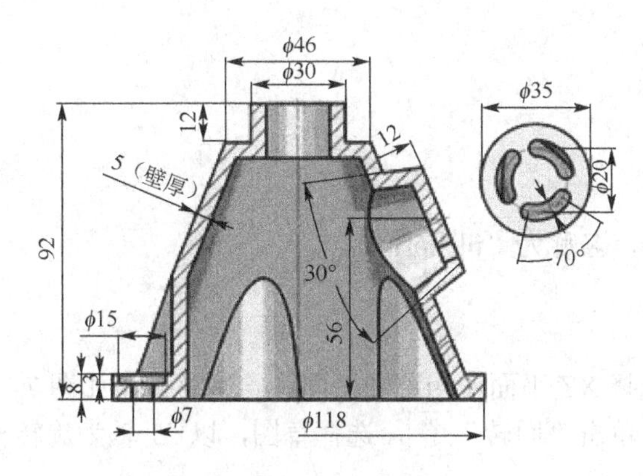

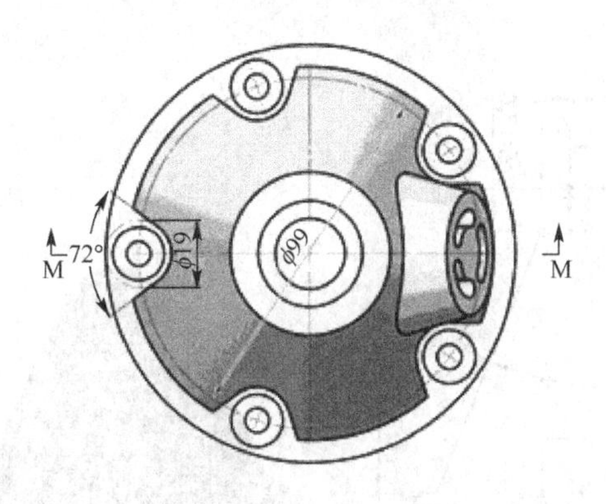

图 7-1 机壳模型

【项目分析】

机壳为典型壳体零件，厚度不均匀，底板厚度为 8mm，侧壁厚度为 5mm。在 NX 软件中，创建壳体零件使用抽壳命令。对于本项目，在抽壳之前，需要创建如图 7-2 所示实体，该实体可分解为回转体、缺口和锥台等三个部分组成；抽壳之后，使用拉伸和孔命令创建各个孔。

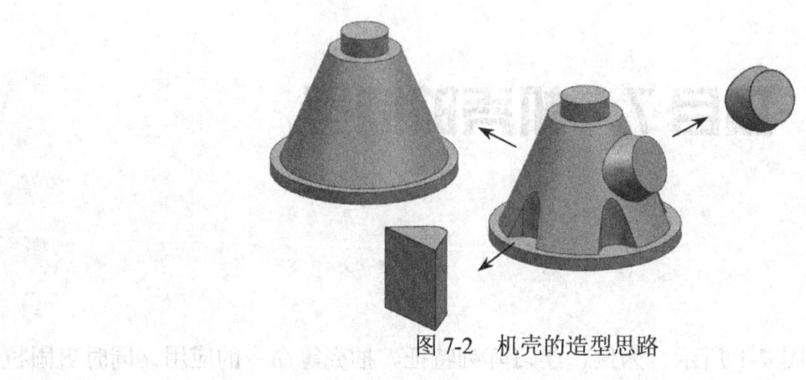

图 7-2　机壳的造型思路

1．新建文件

新建一个 NX 文件，名称为“jike.prt”。

2．创建回转体

（1）绘制草图。选择 XZ 平面作为草图平面，绘制草图，如图 7-3（a）所示。

（2）创建回转体。单击“回转”，选择草图，以 Z 轴为旋转轴，创建回转体，如图 7-3（b）所示。

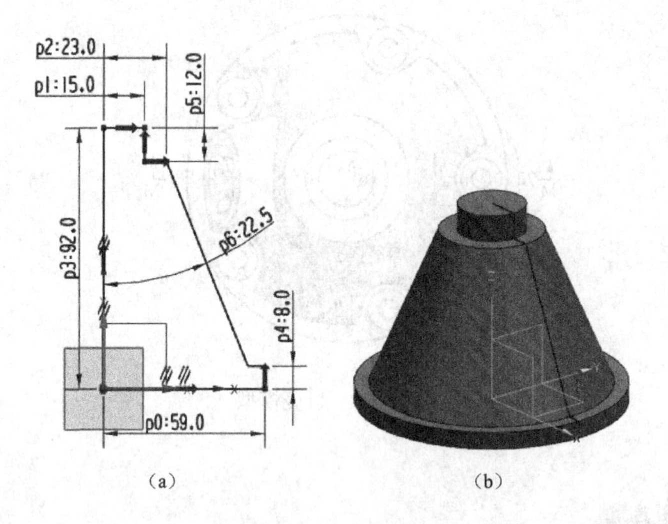

图 7-3　草图和回转体

3．创建底部缺口

（1）绘制草图。选择底板上表面作为草图平面，绘制草图，如图 7-4（a）所示。

（2）创建缺口特征。单击“拉伸”，选择草图，输入“距离”分别为“0”和“12”，选择“布尔”方式为“求差”，创建单个缺口特征，如图 7-4（b）所示。

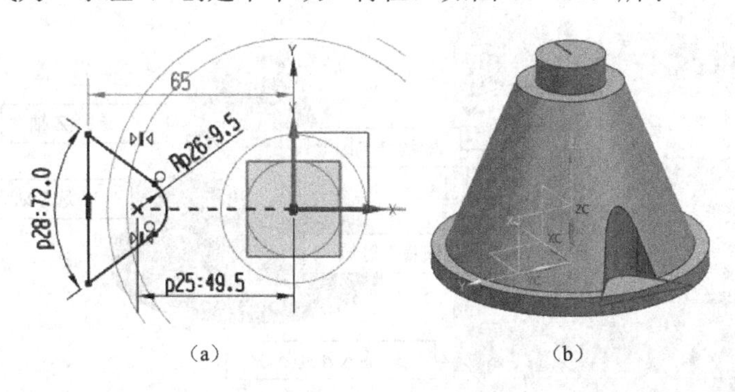

（a） （b）

图 7-4 缺口草图和缺口特征

（3）阵列缺口特征。使用“阵列特征”命令可以将多个重复特征按线性、圆形、多边形等多种形式进行复制或阵列。创建多个缺口特征的步骤如下：

① 启动阵列特征命令。在“特征”工具条上，单击“阵列特征”，或在菜单条上，单击“插入”→“关联复制”→“阵列特征”，弹出“阵列特征”对话框，如图 7-5 所示。

② 选择阵列对象。在图形窗口中，将光标放置于缺口位置，当出现“拉伸”提示时，单击以选择缺口特征。

③ 选择阵列方式。在“阵列特征”对话框“阵列定义”组，从“布局”列表中选择“圆形”。

④ 指定旋转轴。在“阵列特征”对话框“旋转轴”组，单击“指定矢量”区域；在图形窗口中，选择 Z 轴。

⑤ 输入数量和角度。在“阵列特征”对话框“角度方向”组，从“间距”列表中选择“数量和跨距”，在“数量”框中输入“5”，在“跨角”框中输入“360”。

⑥ 完成创建。单击“确定”，完成阵列特征的创建，如图 7-5 所示。

4．创建锥台

锥台为回转体零件，可以使用旋转命令创建，也可以使用拉伸命令并设置拔模斜度来创建。根据图 7-1 中已知条件，宜采用拉伸命令创建。使用拉伸命令创建锥台的关键是绘制草图，包括创建绘制草图的平面和确定草图曲线的中心位置。步骤如下：

（1）创建基准平面。

① 启动基准平面命令。在“特征”工具条上，单击“基准平面”，弹出“基准平面”对话框，如图 7-6 所示。

② 设置类型。在“基准平面”对话框，从“类型”列表中选择“自动判断”。

③ 选择对象。在图形窗口中，选择圆锥表面和 XZ 平面，以建立一个与锥面相切、与 XZ 平面垂直的基准平面。

④ 确定平面方位。在“基准平面”对话框的“平面方位”组中，单击“备选解”，使基准平面位于如图 7-6 所示位置。

⑤ 输入偏置距离。在“基准平面”对话框的“偏置”组，选中“偏置”复选框，在“距离”框中输入“12”，建立一个与锥面相切的基准平面相距 12mm 的基准平面。

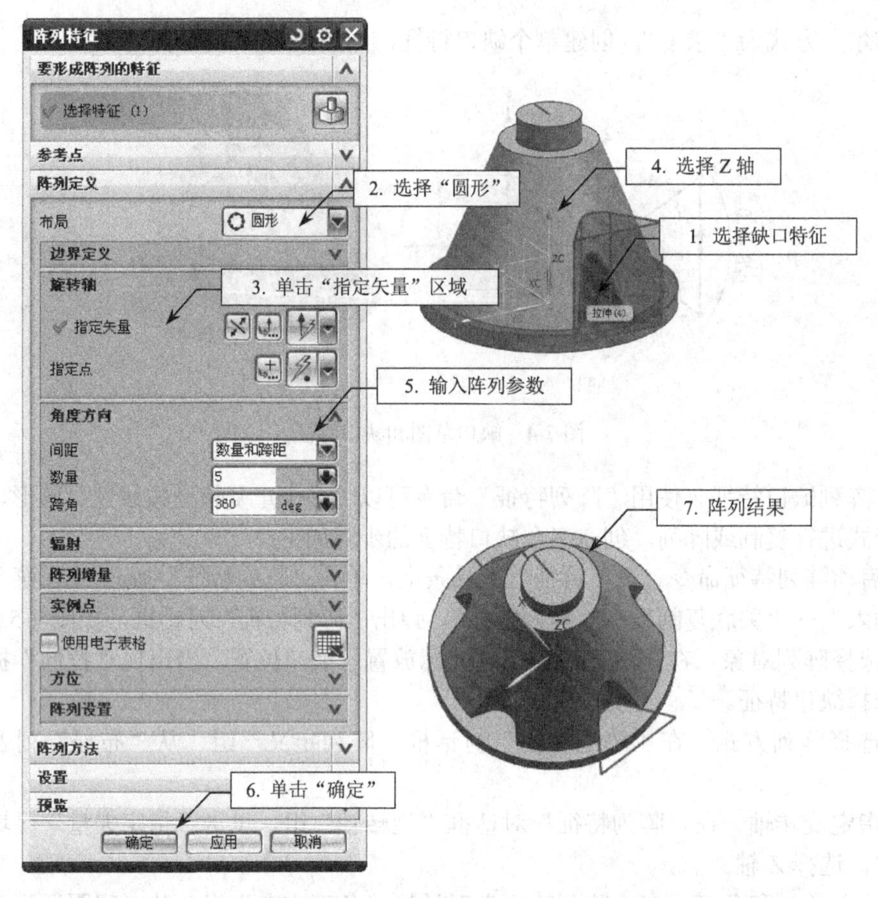

图 7-5 “阵列特征”对话框和创建阵列特征的步骤

⑥ 完成创建。单击“确定”，完成基准平面的创建，如图 7-6 所示。

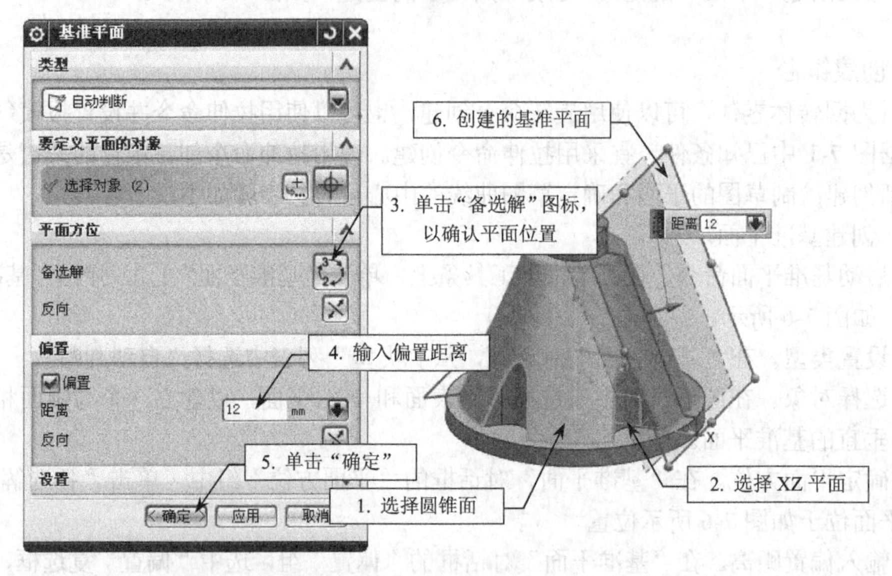

图 7-6 “基准平面”对话框和创建相切基准平面的步骤

（2）绘制锥台草图。步骤如下：

① 绘制辅助线。选择 XZ 平面作为草图平面，绘制直线，如图 7-7 所示。

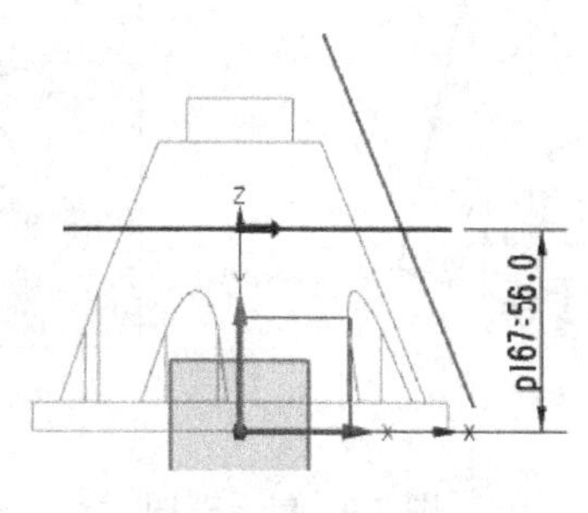

图 7-7　辅助线草图

② 进入草图环境。在“直接草图”工具条上，单击“草图”，弹出“创建草图”对话框，如图 7-8 所示；在图形窗口中，选择刚创建的基准平面；在“创建草图”对话框的“草图方向”组中，从“参考”列表中选择“水平”，单击“选择参考”区域；在图形窗口中，选择基准坐标系的 Y 轴；单击“确定”，进入草图环境。

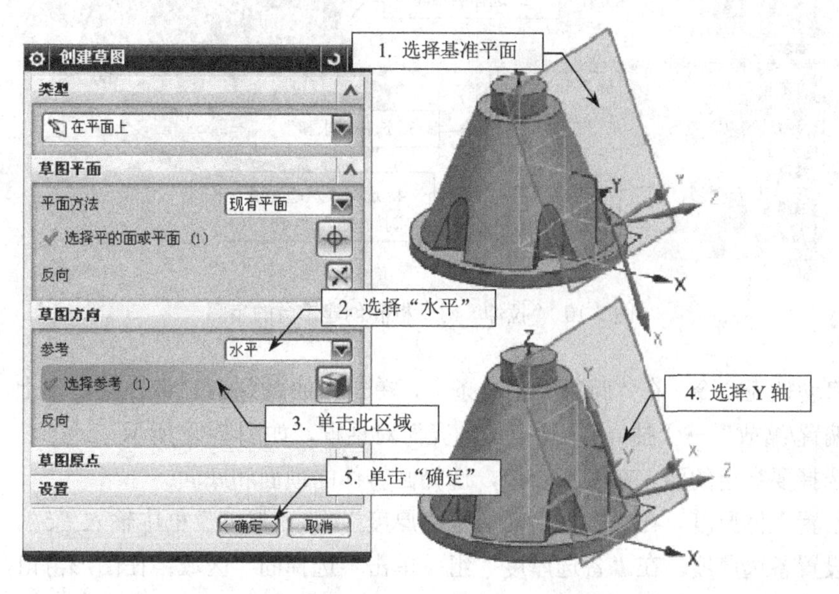

图 7-8 “创建草图”对话框和进入草图环境的步骤

③ 确定圆心的位置。在“直接草图”工具条上，单击“交点”；在图形窗口中，选择辅助线，以创建辅助线和草图平面的交点，如图 7-9（a）所示。

④ 绘制圆形曲线。以刚创建的交点为圆心，绘制整圆，如图 7-9（b）所示。

⑤ 退出草图环境。完成草图曲线的绘制后，单击“完成草图”完成草图，退出草图环境。

（3）创建锥台实体。使用“拉伸”命令，选择圆形草图作为“截面曲线”，按图 7-10 所示设置“限制”和“拔模”参数，创建锥台。

5．创建壳体

使用“抽壳”命令可挖空实体，或通过指定壁厚来绕实体创建壳，也可以对面指派个体厚度或移除个体面。创建壳体的步骤如下：

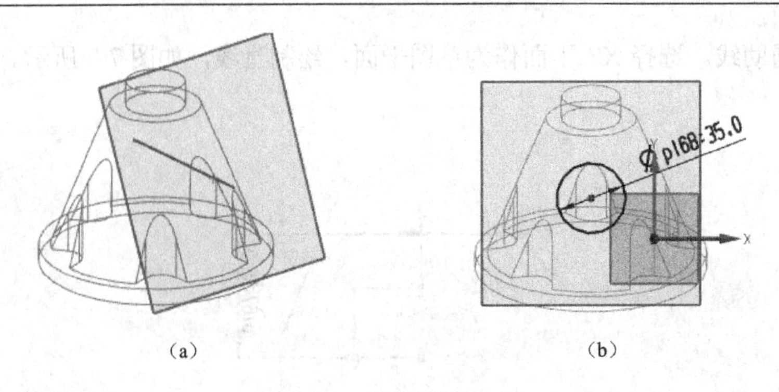

图 7-9　锥台草图

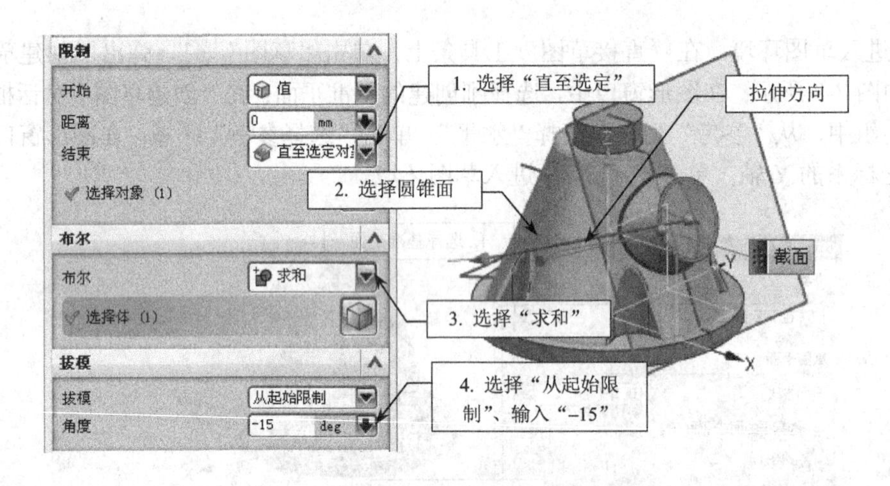

图 7-10 “拉伸”对话框和创建锥台的步骤

（1）启动抽壳命令。在“特征”工具条上，单击“抽壳”，或在菜单条上，单击“插入”→“偏置/缩放”→“抽壳”，弹出“抽壳”对话框，如图 7-11 所示。

（2）选择要穿透的面。在图形窗口，选择回转体的顶面和底面。

（3）设置壳体厚度。在“抽壳”对话框“厚度”组，“厚度”框中输入“5”。

（4）设置备选厚度。在“备选厚度”组，单击“选择面”区域；在图形窗口，选择回转体底板的上表面，在“厚度”框中输入“8”。

工程师提示：

◆ 如果要创建的壳体是均匀的厚度，就不需要设置“备选厚度”参数。

（5）完成创建。单击“确定”，完成壳体的创建。

6. 创建锥台通孔

锥台上的通孔可以使用“拉伸”命令创建，步骤如下：

（1）绘制草图。选择锥台表面作为草图平面，绘制曲线，如图 7-12（a）所示。再单击“阵列曲线”，对已绘曲线进行阵列，创建草图，如图 7-12（b）所示。

（2）创建锥台通孔。单击“拉伸”，选择草图，设置限制参数“开始”为“0”，“结束”为“直至选定”，再选择锥台壳体的内部平面作为“结束”面，创建通孔。

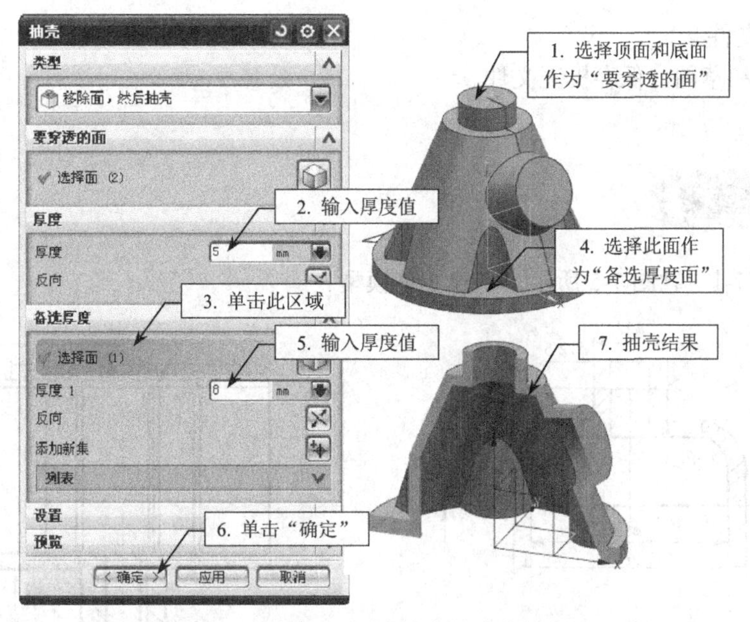

图 7-11　“抽壳”对话框和创建壳体的步骤

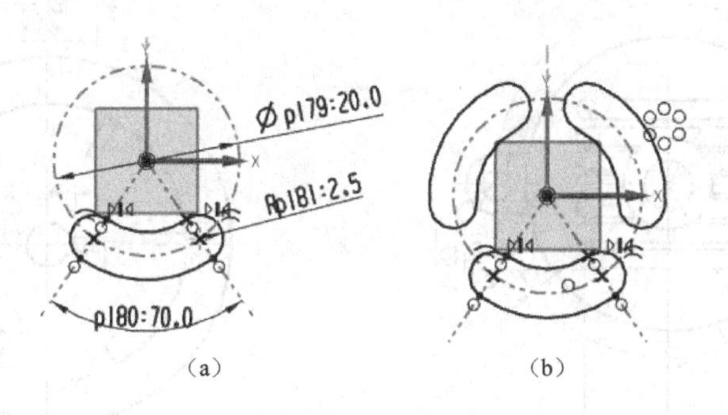

图 7-12　锥台通孔草图

7．创建沉头孔

单击“孔”，选择底部缺口的圆弧棱边以选中圆心，如图 7-13（a）所示；选择“孔的形状”为“沉头孔”，输入“沉头直径”为“15”、“沉头深度”为“3”、“直径”为“7”、“深度限制”为“贯通体”，创建沉头孔，如图 7-13（b）所示。

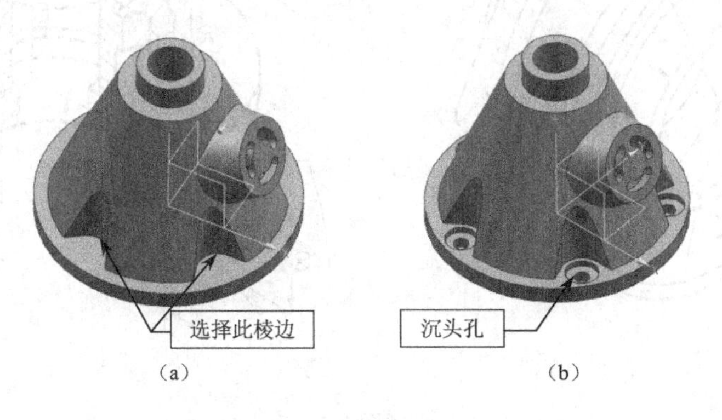

图 7-13　沉头孔特征

8．保存文件

隐藏基准和草图，保存机壳文件。

根据题图 7-1～题图 7-5 所示，创建实体模型。

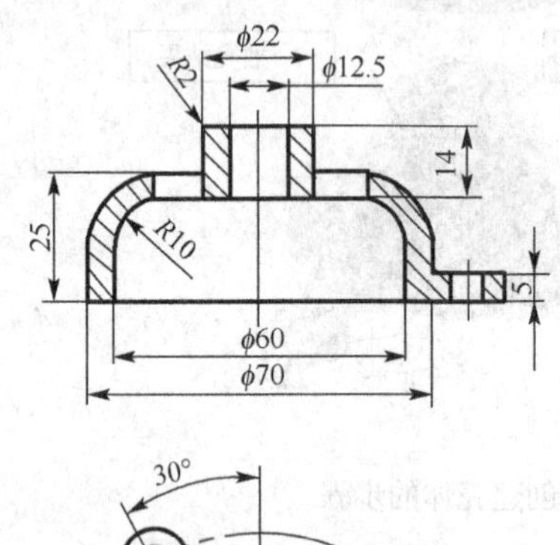

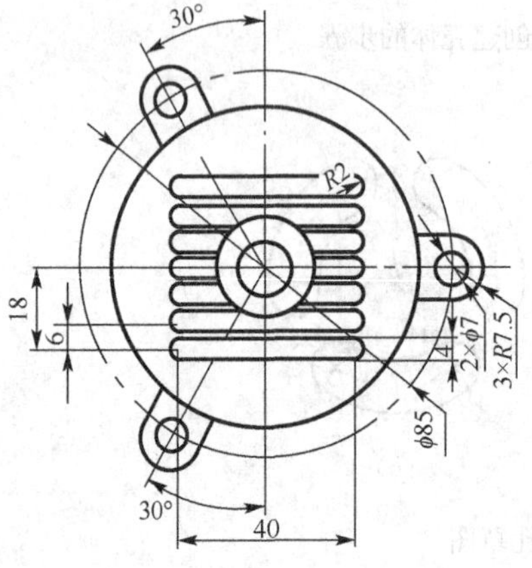

题图 7-1

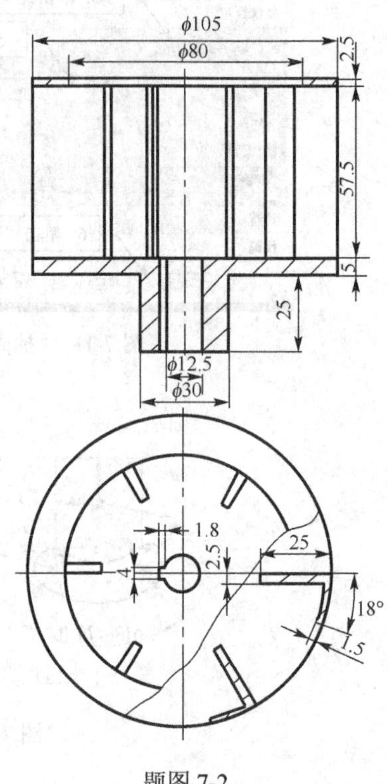

题图 7-2

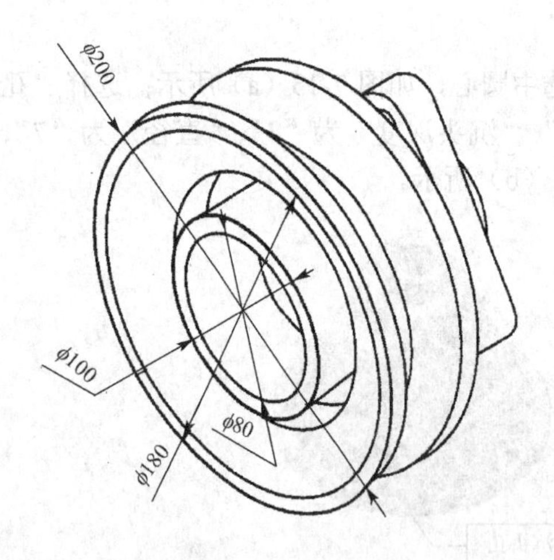

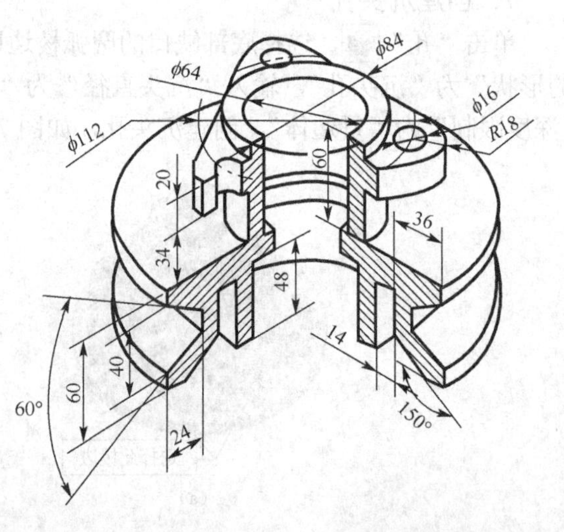

题图 7-3

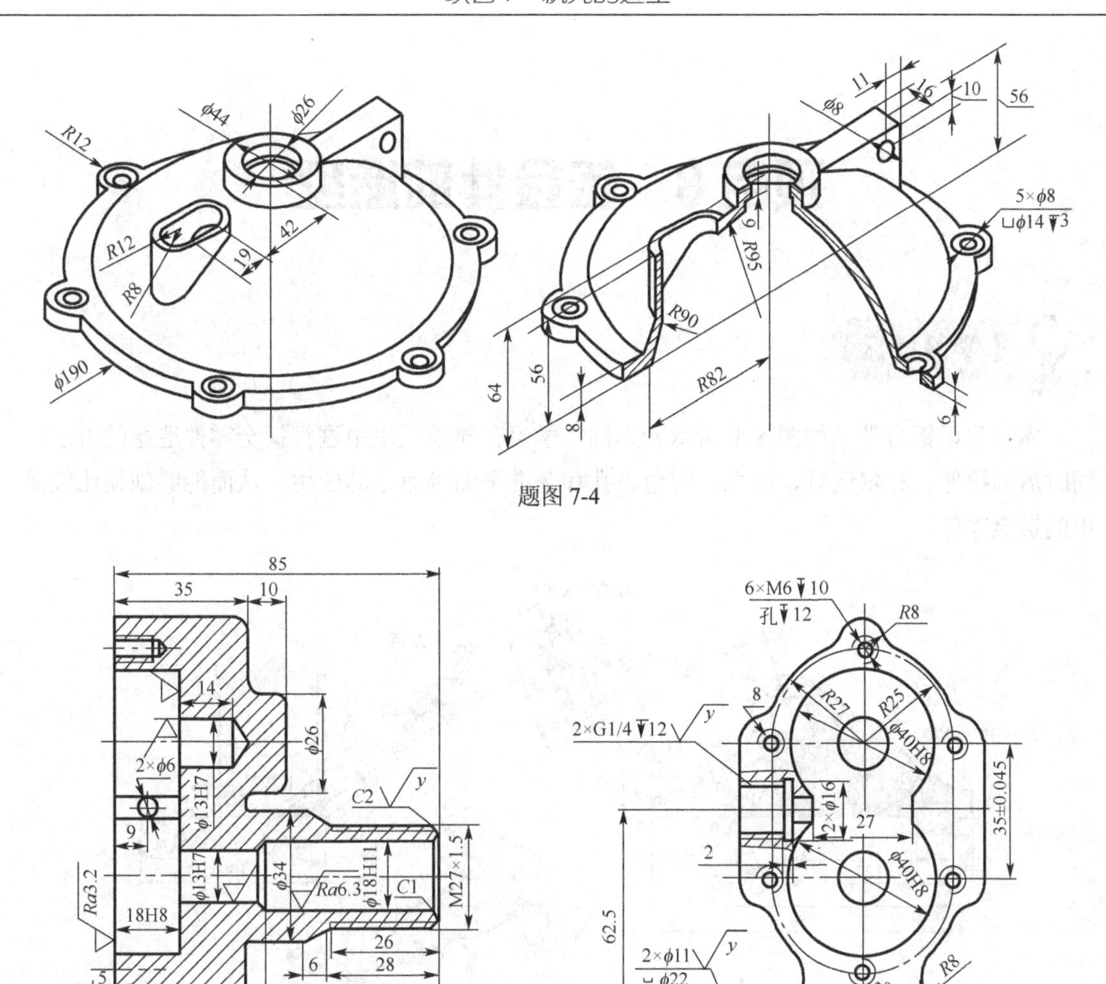
R12
φ44
φ26
R12
R8
19
42
φ190
φ8
11
16
10
56
5×φ8
⌴φ14 ▼3
6
R95
R90
R82
64
56
8
6
85
35
10
14
φ26
2×φ6
φ13H7
9
C2
y
φ13H7
φ34
Ra6.3
φ18H11
C1
M27×1.5
Ra3.2
18H8
26
6
28
46
5
y
44
6×M6 ▼10
孔 ▼12
R8
8
R27
R25
2×G1/4 ▼12
y
φ40H8
35±0.045
2×φ16
27
2
φ40H8
62.5
2×φ11
⌴ φ22
y
R8
30
10
3
40
70
100

题图 7-4

题图 7-5

项目 8　钣金件的造型

本项目以钣金件（如图 8-1 所示）为例，学习在建模模块中进行钣金零件造型的方法，同时巩固拉伸、布尔运算、抽壳、圆角、孔和基准平面等命令的应用，从而能够创建比较简单的钣金零件。

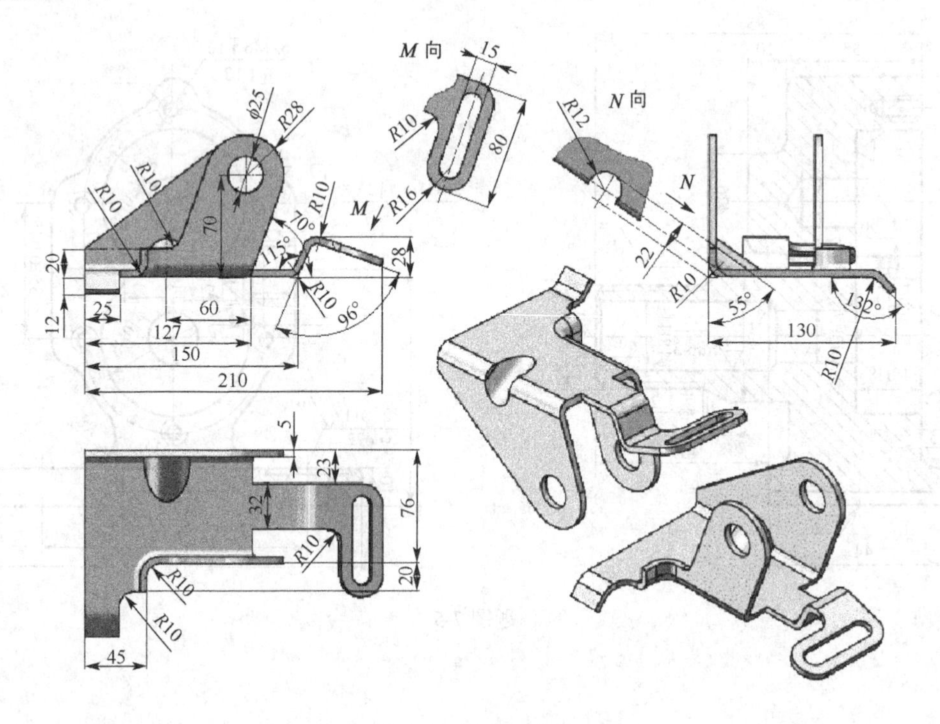

图 8-1　钣金件模型

NX 软件提供了专业的钣金设计模块，在“标准”工具条上，单击“开始”→“NX 钣金”，进入 NX 钣金设计模块，并显示“NX 钣金”工具条，如图 8-2 所示。

利用该模块可以实现如下功能：复杂钣金零件的生成，参数化编辑，定义和仿真钣金零件的制造过程，展开和折叠的模拟操作，生成精确的二维展开图样数据，展开功能可考虑可展和不可展曲面情况，并根据材料中性层特性进行补偿等。

图 8-2 “NX 钣金”工具条

虽然利用钣金设计模块可以创建钣金零件，但该模块的命令比较多，比较适合复杂钣金零件的生成。对于比较简单的钣金零件，也可以在建模模块中创建。

【项目分析】

本项目使用 NX 建模模块创建钣金零件，基本步骤如下：首先，创建基体，如图 8-3（a）所示；然后，进行抽壳，如图 8-3（b）所示；最后，创建其它特征，如图 8-3（c）所示。

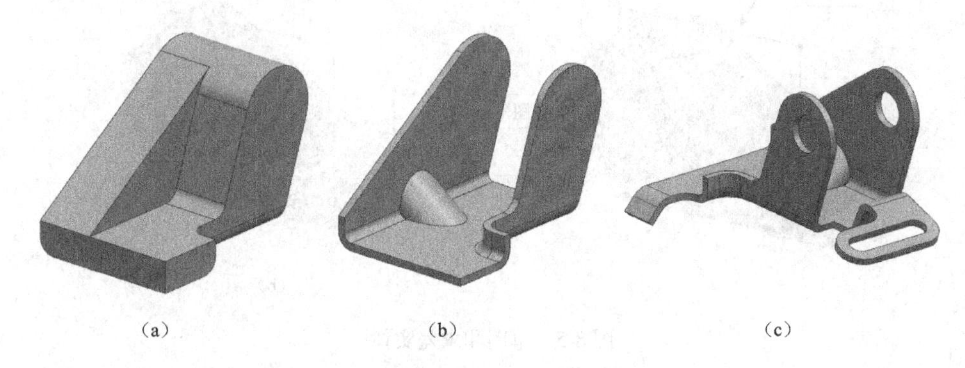

（a）　（b）　（c）

图 8-3 钣金件的造型步骤

【操作步骤】

1．新建文件

新建一个 NX 文件，名称为“banjinjian.prt”。

2．创建基体

（1）创建实体 1。

① 绘制草图。选择 XZ 平面作为草图平面，绘制草图，如图 8-4（a）所示。

② 创建实体。单击“拉伸”，选择草图，确认拉伸方向为“-Y”，拉伸距离为“76”，创建实体，如图 8-4（b）所示。

（2）创建实体 2。

① 绘制草图。选择基体侧面作为草图平面，绘制草图，如图 8-5（a）所示；其中，圆弧与实体 1 的圆弧棱边同心且等半径，斜线与实体 1 的斜边平行，下部的水平线过实体 1 的棱角且和底部棱边平行。

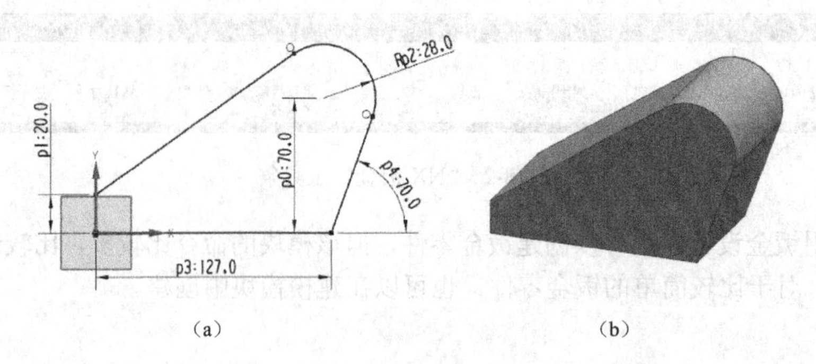

（a） （b）

图 8-4 草图和实体

② 创建求差特征。单击“拉伸”，选择草图，确认拉伸方向为“+Y”，拉伸距离为“38”， 布尔类型为“求差”，创建求差实体，如图 8-5（b）所示。

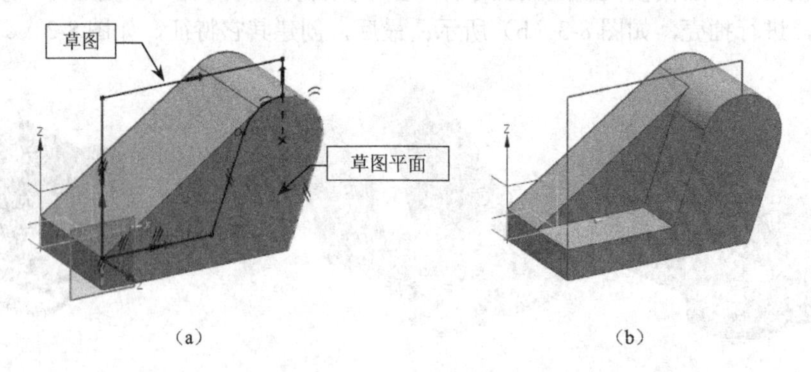

（a） （b）

图 8-5 草图和求差实体

（3）创建实体 3。

① 绘制草图。选择基体底面作为草图平面，绘制矩形，长宽尺寸为“45×20”，如图 8-6（a）所示。

② 创建求和实体。单击“拉伸”，选择草图，确认拉伸方向为“+Z”，拉伸距离为“20”，布尔类型为“求和”，创建求和实体，如图 8-6（b）所示。

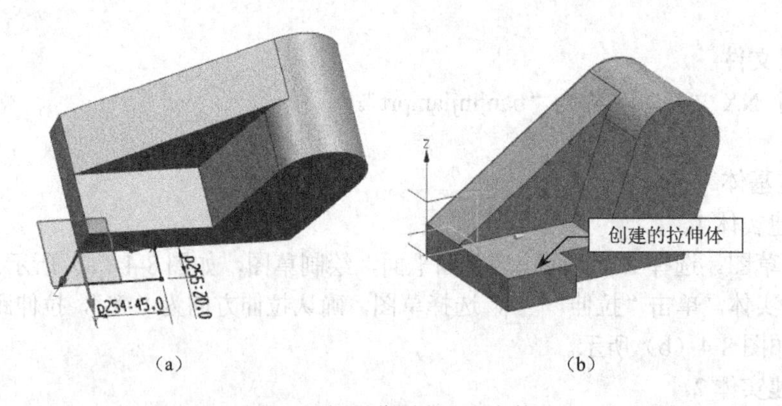

（a） （b）

图 8-6 矩形草图和求和实体

（4）创建缺口特征。使用“拉伸”命令创建缺口特征实体 4，步骤如下：

① 创建基准平面。在“特征”工具条上，单击“基准平面”；在图形窗口中，选择

棱边和侧面；在“角度”框中输入“–35”；单击“确定”按钮，创建与所选平面成35°的基准平面，如图8-7所示。

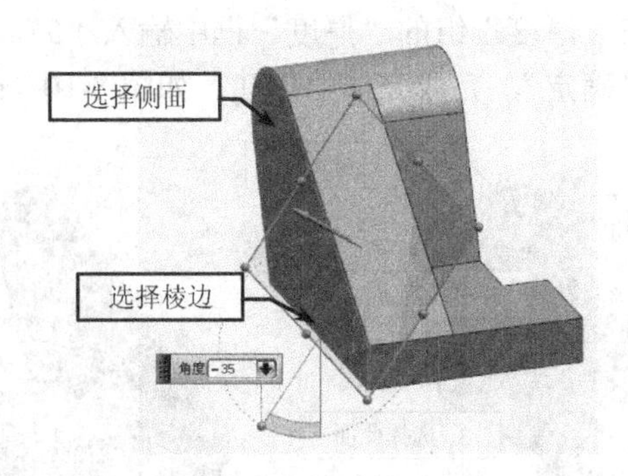

图8-7 创建角度基准平面的步骤

② 绘制草图。选择刚创建的基准平面作为草图平面，绘制草图，如图8-8（a）所示。

③ 创建缺口特征。单击“拉伸”，选择草图，设置“结束”类型为“对称值”，输入“距离”为“50”，选择“布尔”方式为“求差”，创建缺口特征实体，如图8-8（b）所示。

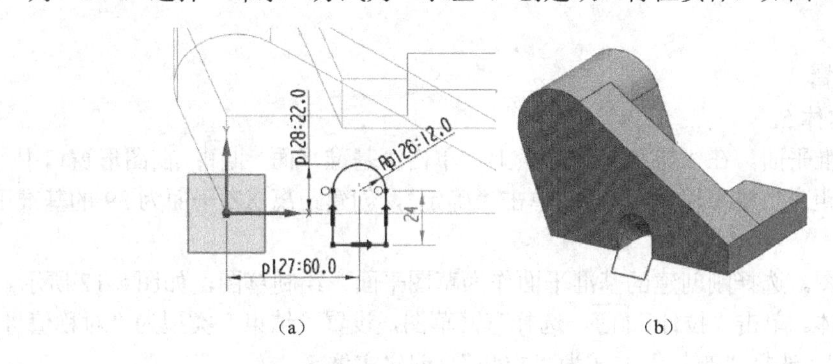

图8-8 缺口草图和缺口特征实体

（5）创建圆角。在“特征”工具条上，单击“边倒圆”，先对图8-9（a）所示棱边倒圆角，再对图8-9（b）所示棱边倒圆角，半径均为“10”。

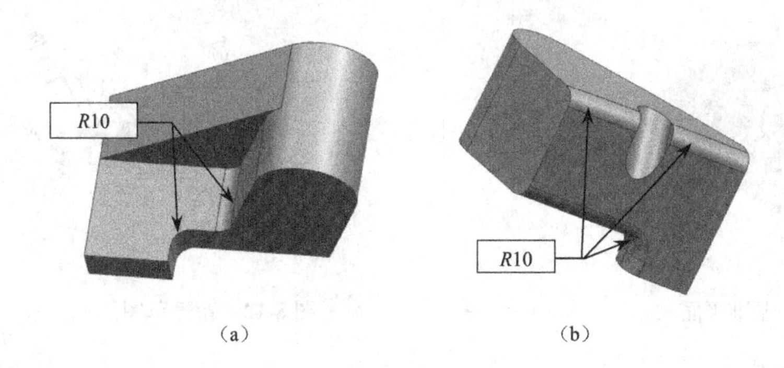

图8-9 圆角特征

3．创建壳体

（1）启动抽壳命令。在“特征”工具条上，单击“抽壳”，弹出“抽壳”对话框。

（2）选择要穿透的面。在选择条“选择意向”区域，从“面规则”列表中选择“相切面”；在图形窗口中，按照图 8-10（a）所示的顺序选择面作为“要穿透的面”。

（3）设置壳体厚度。在“厚度”组的“厚度”框中输入“5”。

（4）完成创建。单击“确定”，完成壳体的创建，如图 8-10（b）所示。

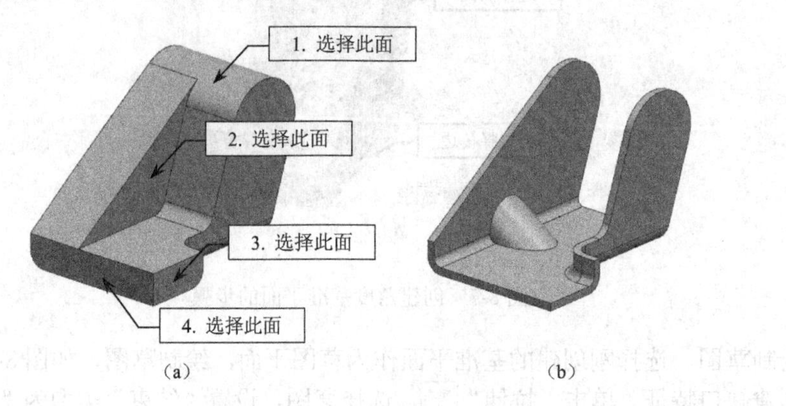

图 8-10　创建壳体的步骤

4．创建弯臂

（1）创建实体 5。

① 创建基准平面。在“特征”工具条上，单击“基准平面”；在图形窗口中，选择 XZ 平面；在“距离”框中输入“39”；单击“确定”，创建距离 XZ 平面为 39 的基准平面，如图 8-11 所示。

② 绘制草图。选择刚创建的基准平面作为草图平面，绘制草图，如图 8-12 所示。

③ 创建实体。单击“拉伸”，选择弯臂草图，设置“结束”类型为“对称值”，输入“距离”为“16”，选择“布尔”方式为“求和”，创建实体 5。

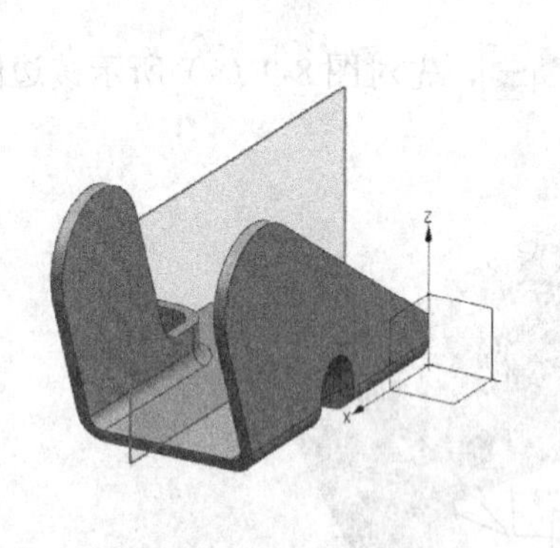

图 8-11　基准平面

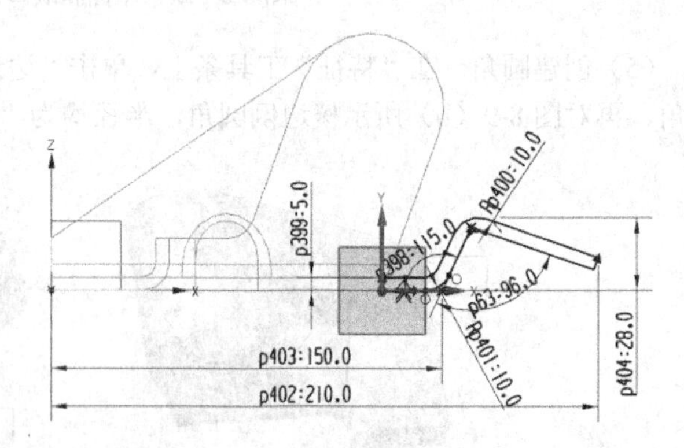

图 8-12　弯臂草图

（2）创建实体 6。

① 绘制草图。选择弯臂上表面作为草图平面，绘制矩形草图，长宽尺寸为“80×32”，如图 8-13 所示。

② 创建实体 6。单击“拉伸”，选择草图，设置“结束”类型为“对称值”，输入“距离”为“5”，选择“布尔”方式为“求和”，创建矩形薄板实体 6。

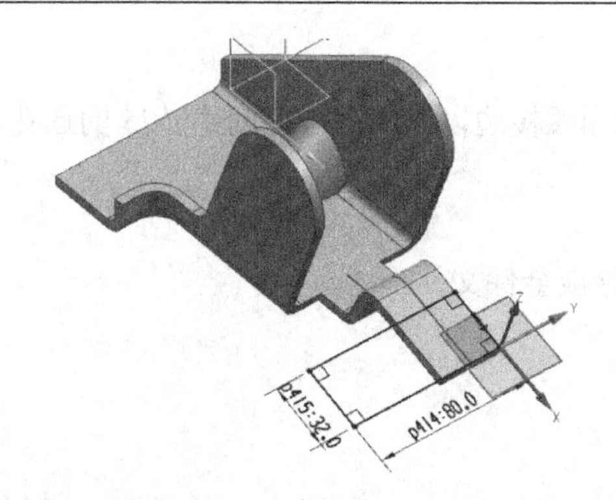

图 8-13　矩形薄板草图

（3）创建圆角。单击“边倒圆”，对图 8-14 所示棱边倒圆角。

（4）创建长条通孔。

① 绘制草图。选择弯臂表面作为草图平面，绘制草图，如图 8-15 所示。

② 创建拉伸体。单击“拉伸”，选择草图，确认布尔类型为“求差”，创建长条通孔。

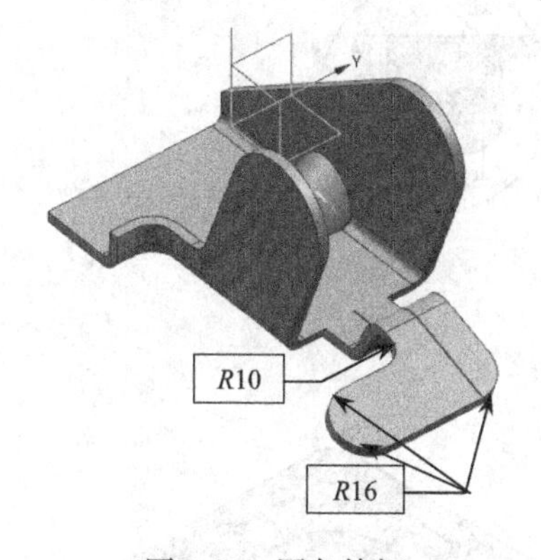

图 8-14　圆角特征

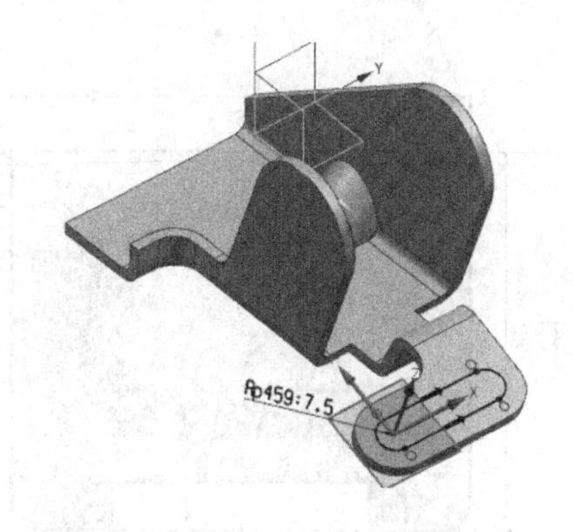

图 8-15　长条通孔草图

（5）创建实体 7。

① 绘制草图。选择 YZ 平面作为草图平面，绘制草图，如图 8-16（a）所示。

② 创建拉伸体。单击“拉伸”，选择草图，确认拉伸为“+X”方向，拉伸距离为“25”，布尔类型为“求和”，创建实体 7，如图 8-16（b）所示。

（6）创建圆角。单击“边倒圆”，对图 8-16（b）所示棱边倒圆角。

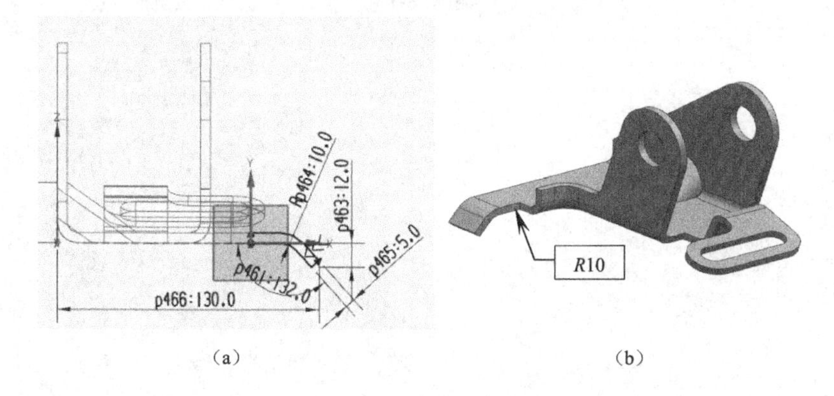

（a）　　（b）

图 8-16　草图与实体 7

5. 创建通孔

单击“孔”，选择圆弧棱边以选中圆心，创建 $\phi 25$ 的通孔，如图 8-16（b）所示。

6. 保存文件

隐藏基准和草图，保存钣金件文件。

【思考练习】

根据题图 8-1 所示，创建实体模型。

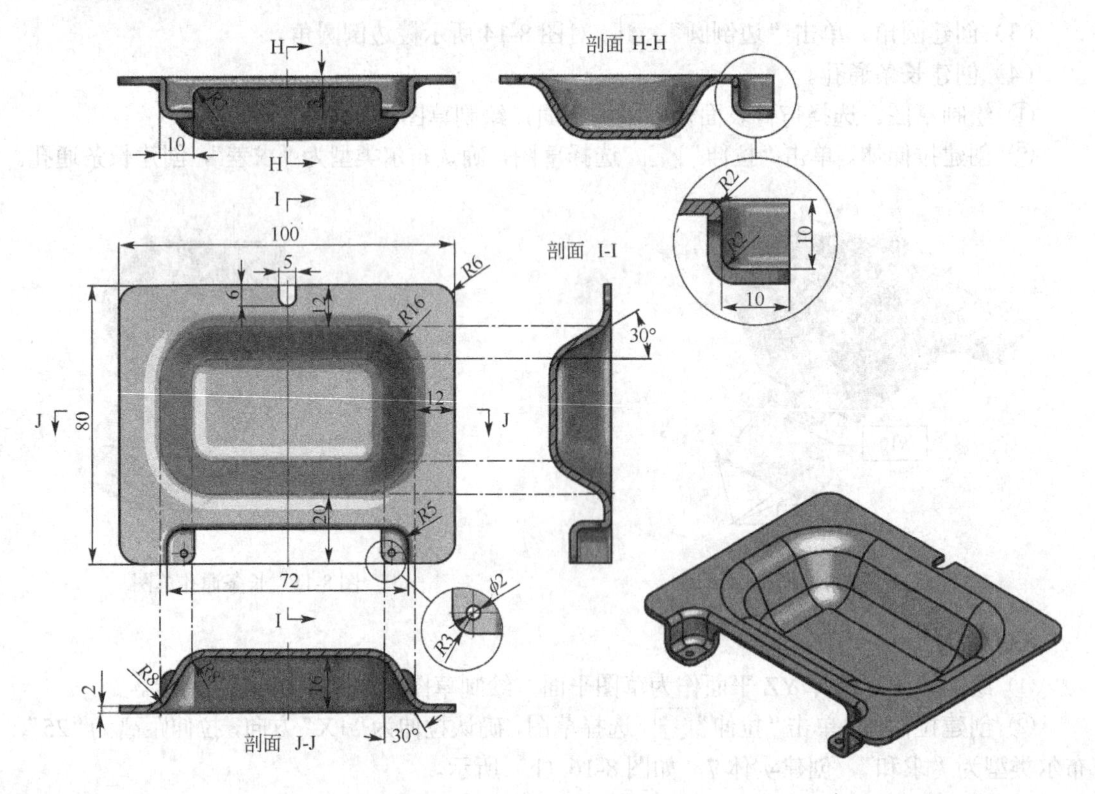

题图 8-1

项目9　网篮的造型

【学习目标】

本项目以网篮（如图 9-1 所示）为例，学习基于路径草图的绘制方法和扫掠、实例几何体命令的应用，同时巩固拉伸、孔和基准平面等命令，从而能够创建比较简单的具有扫掠特征的实体模型。

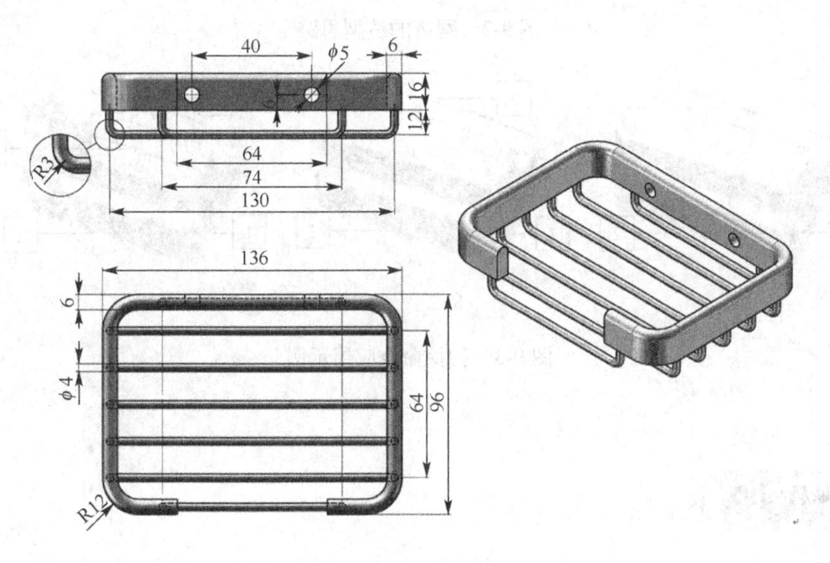

图 9-1　网篮模型

【项目分析】

网篮模型由框架和网梁组成，创建过程如图 9-2 所示。框架为等截面的实体，使用拉伸命令来创建。网梁为扫掠特征实体，使用扫掠命令来创建。相同尺寸的网梁既可以使用“阵列特征”命令来创建，也可以使用“实例几何体”命令创建。

在 NX 软件中，通常使用扫掠命令创建变截面或沿曲线扫掠而生成的实体或片体，方法是一个或多个截面线，将它们沿一条、两条或三条引导线串扫掠。如图 9-3 所示，分别为截面 1 沿引导线 2、引导线 3 和引导线 4 进行扫掠，生成实体。扫掠命令是最基本的造型方法，拉伸和回转命令都是从扫掠命令演变来的，是扫掠命令的特殊情况之一。拉伸命令可以看作是截面曲线沿着直线扫掠而得到的实体或片体，回转命令可以看作是截面曲线沿着圆弧曲线扫掠而得到的实体或片体，而扫掠命令则是沿着曲线（非直线、非圆弧曲线）扫掠而得到的实体或片体。

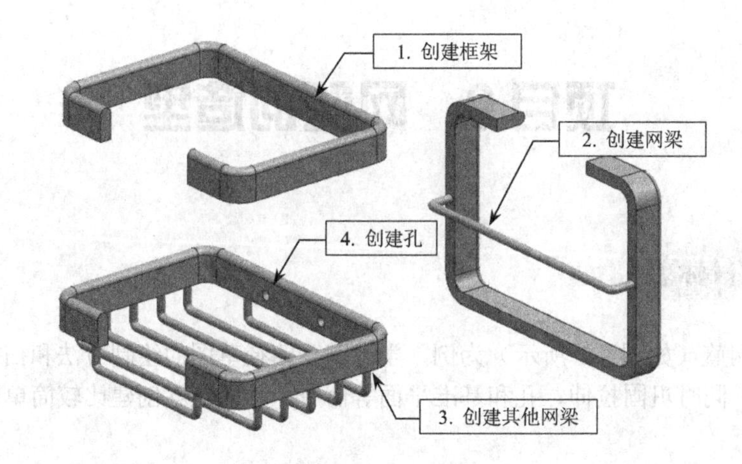

图9-2 网篮的造型思路

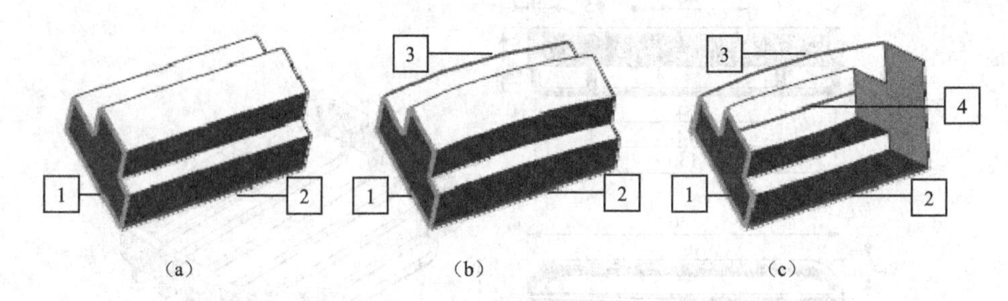

图9-3 扫掠命令应用示例

1．新建文件

新建一个NX文件，名称为“wanglan.prt”。

2．创建框架

（1）绘制草图。选择XY平面作为草图平面，绘制草图，如图9-4（a）所示。

（2）创建拉伸体。单击“拉伸”，选择草图，沿Z向拉伸；在“限制”组中，输入“开始”和“结束”距离为“0”和“16”；在“偏置”组中，设置“偏置”类型为“两侧”，输入“开始”和“结束”为“0”和“6”，偏置方向为草图内侧，创建拉伸体，如图9-4（b）所示。

（3）倒圆角。单击“边倒圆”，对棱边倒圆角$R3$、$R6$、$R12$，如图9-4（c）所示。

3．创建长网梁

（1）绘制引导线。选择XZ平面作为草图平面，绘制草图，如图9-5所示。

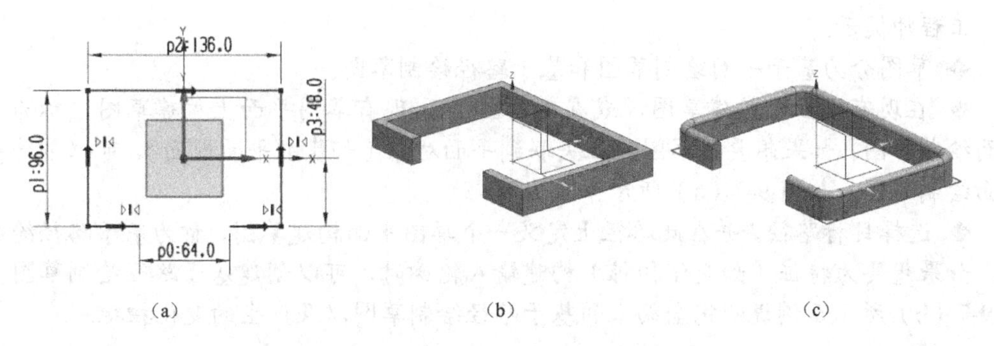

图 9-4　框架实体

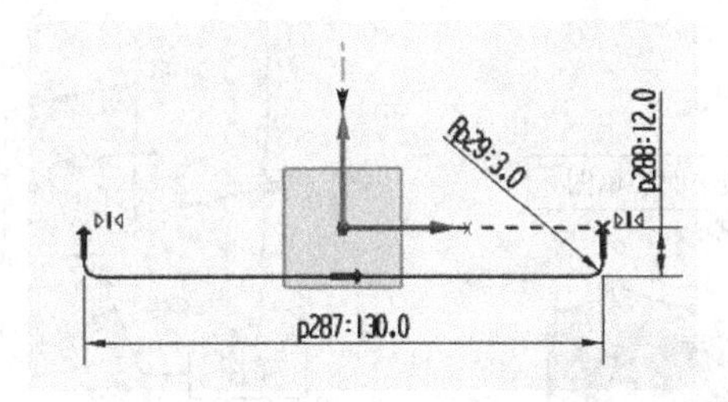

图 9-5　引导线草图

（2）创建基于路径的草图。

① 启动草图命令。在“直接草图”工具条上，单击“草图”，弹出“创建草图”对话框，如图 9-6 所示。

② 选择草图类型。在“创建草图”对话框的“类型”列表中，选择“基于路径”。

③ 选择草图路径。在“选择”工具条上，从“曲线规则”列表中选择“相切曲线”；在图形窗口中，单击引导线的任意位置。

④ 进入草图环境。单击“确定”，进入草图任务环境。

⑤ 绘制草图。以草图坐标系原点为圆心（在引导线上），绘制直径为“4”的圆形草图。

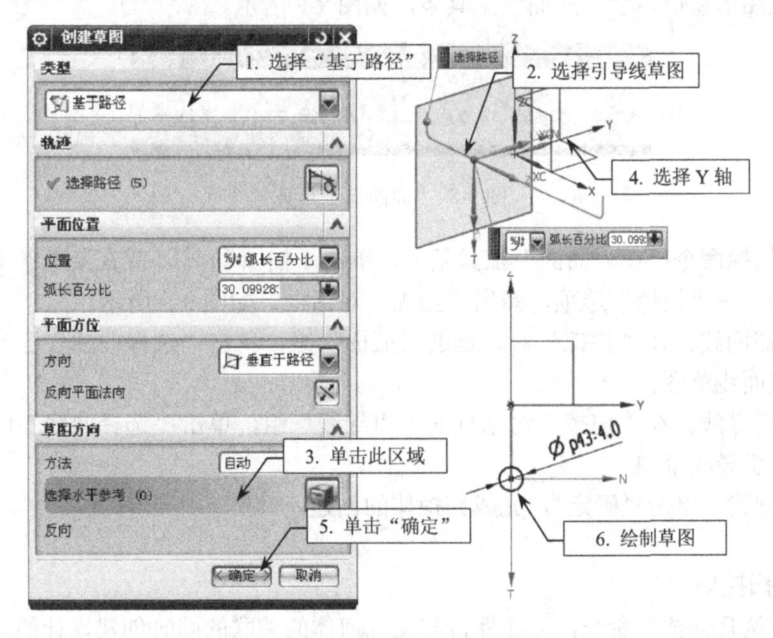

图 9-6　绘制基于路径草图的步骤

工程师提示：

◆ 草图分为基于平面绘制草图和基于路径绘制草图。

◆ 在现有平面上构建草图，或在新草图平面/现有草图平面上构建草图，称为基于平面绘制草图。如果想要将草图特征关联到平面对象（如基准平面或面），可以创建基于平面绘制草图，如图 9-7（a）所示。

◆ 选择目标路径，并在此路径上定义一个草图平面构建草图，称为基于路径绘制草图。如果想要为特征（如变化扫掠）构建输入轮廓时，可以创建基于路径绘制草图。如图 9-7（b）所示示例说明完全约束的基于路径绘制草图以及产生的变化扫掠。

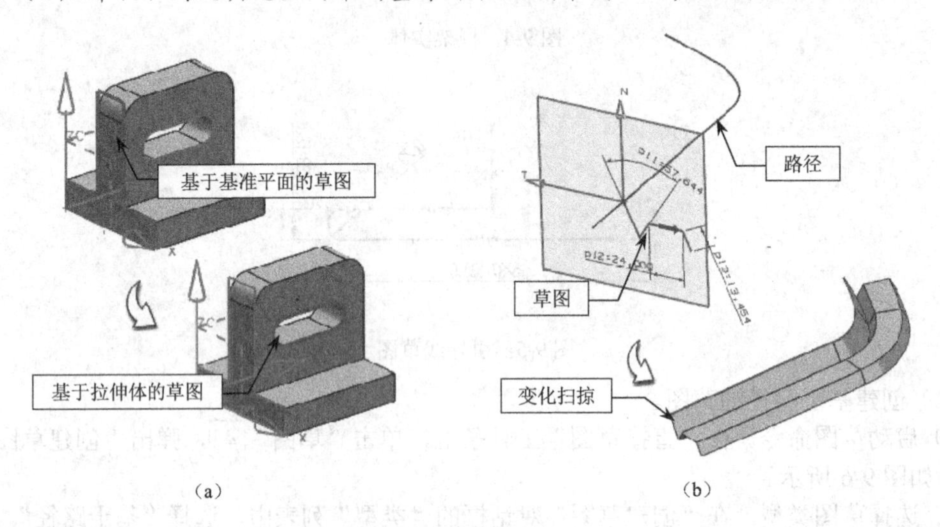

图 9-7 草图的类型

（3）创建网梁实体。

① 显示“曲面”工具条。在工具条区域空白处，单击鼠标右键，在滚动菜单条中选择“曲面”，将在图形窗口显示“曲面”工具条，如图 9-8 所示。

图 9-8 “曲面”工具条

② 启动扫掠命令。在“曲面”工具条上，单击“扫掠”，或在菜单条上，选择“插入”→“扫掠”→“扫掠”选项，弹出“扫掠”对话框，如图 9-9 所示。

③ 选择截面线。在“扫掠”对话框的“截面”组，单击“选择曲线”区域；在图形窗口中，选择截面线草图。

④ 选择引导线。在“扫掠”对话框的“引导线”组，单击“选择曲线”区域；在图形窗口中，选择引导线草图。

⑤ 完成创建。单击“确定”，完成扫掠体的创建。

4. 复制扫掠体

使用“实例几何体”命令，可在保持与父几何体的关联的同时创建设计的副本，以重用于复制几何体与基准对象。可以在镜面、线性、圆形和不规则图样中以及沿相切连续截面创建副本。

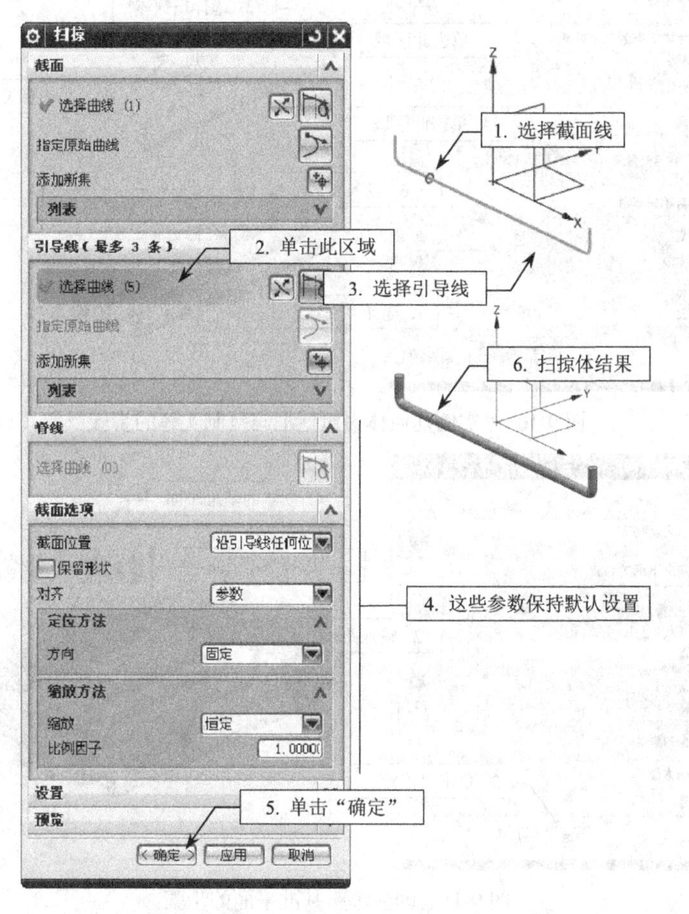

图 9-9 “扫掠”对话框与创建扫掠体的步骤

（1）启动实例几何体命令。在“特征”工具条上，单击“实例几何体”，或在菜单条上，选择“插入”→“关联复制”→“实例几何体”，弹出“实例几何体”对话框，如图 9-10 所示。

（2）选择类型。在“类型”列表中，选择“平移”。

（3）选择对象。在图形窗口中，选择扫掠体。

（4）指定方向。在“实例几何体”对话框的“方向”组中，单击“指定矢量”；在图形窗口中，选择 Y 轴的方向。

（5）输入参数。在“实例几何体”对话框的“距离和副本数”组中，在“距离”框中输入“16”，在“副本数”框中输入“2”。

（6）完成创建。单击“确定”，完成实体的复制。

按相同的方法，复制得到其它网梁。

5. 创建短网梁

（1）创建基准平面。在“特征”工具条上，单击“基准平面”，选择 XZ 平面，建立一个距离 XZ 平面为 45mm 的基准平面，如图 9-11 所示。

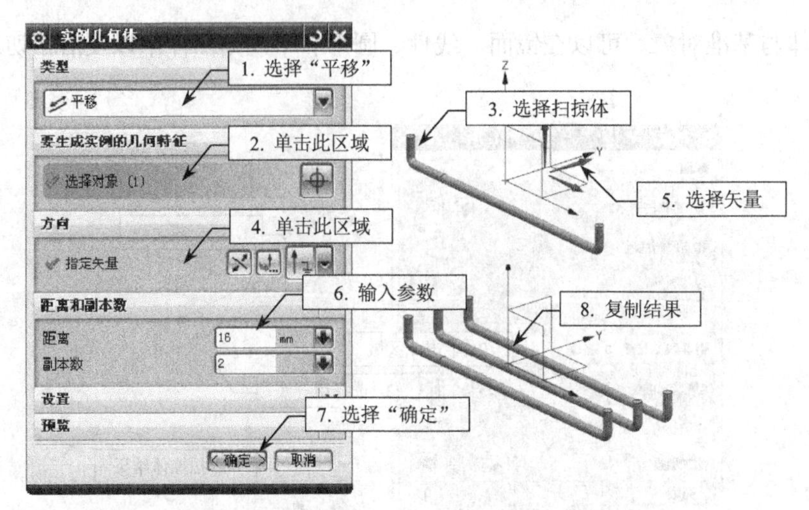

图9-10 “实例几何体”对话框与复制实体的步骤

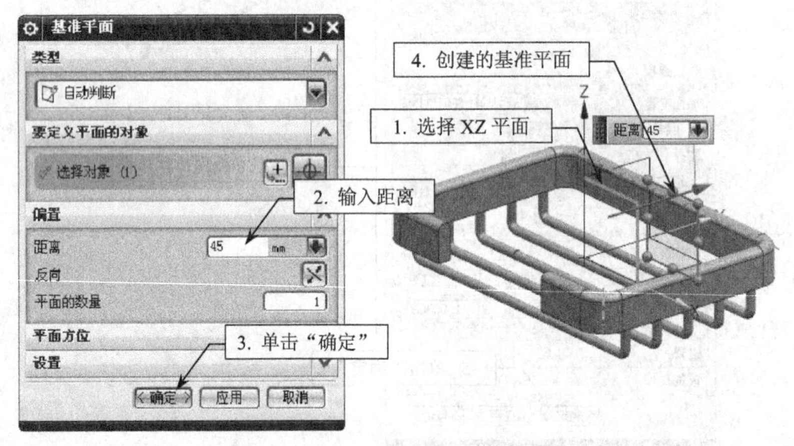

图9-11 创建等距基准平面的步骤

（2）创建短网梁。按照创建长网梁的步骤，创建单个短网梁，再复制得到另一个短网梁，如图9-12所示。

6. 创建通孔

（1）创建求和实体。单击“求和”，选择所有实体进行求和，形成一个实体。

（2）创建通孔。单击“孔”，创建网篮框架上的通孔，孔的位置点草图如图9-13所示。

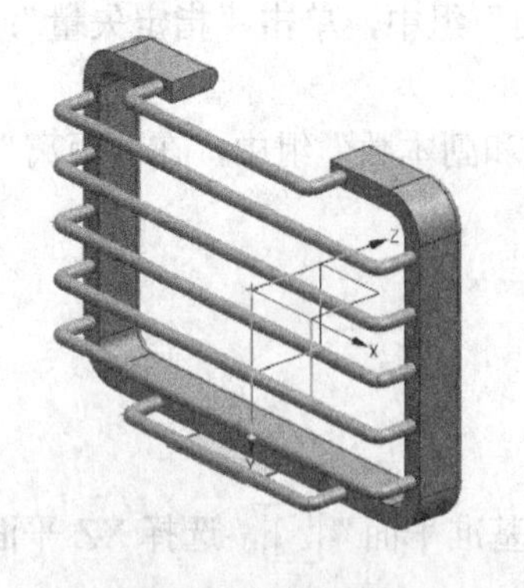

图9-12 较短网梁

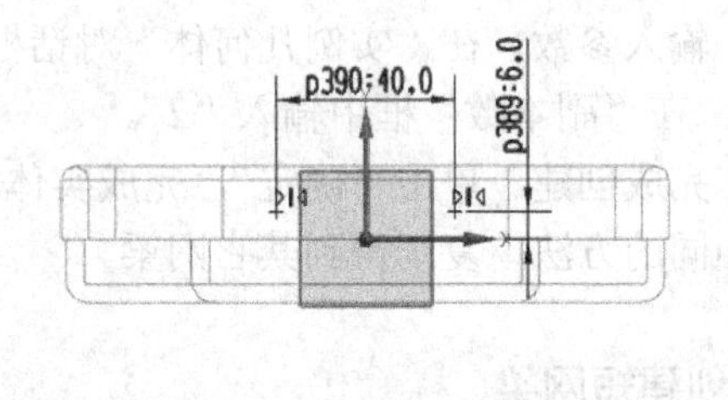

图9-13 孔的位置点草图

7．保存文件

隐藏基准和草图，保存网篮文件。

【思考练习】

根据题图 9-1 ~ 题图 9-3 所示，创建实体模型。

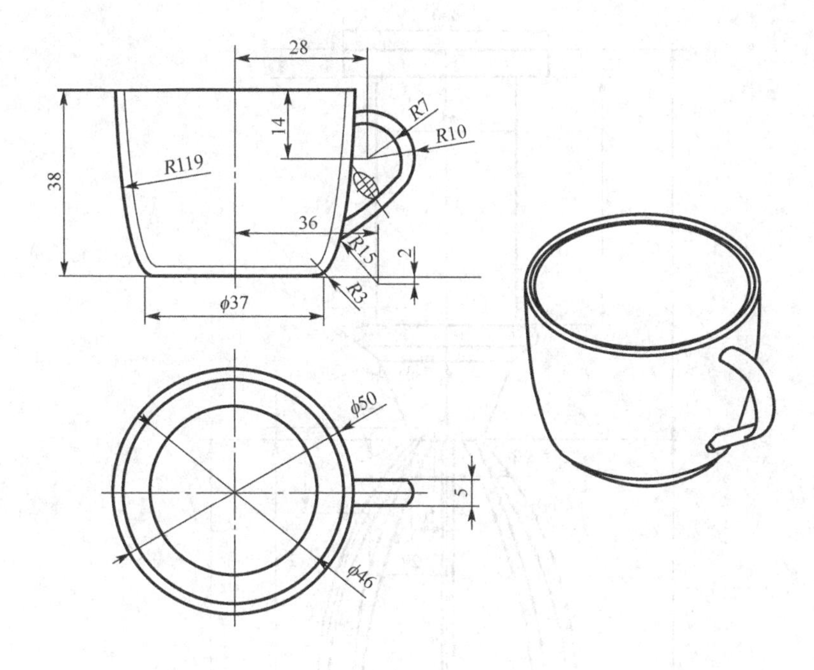

题图 9-1

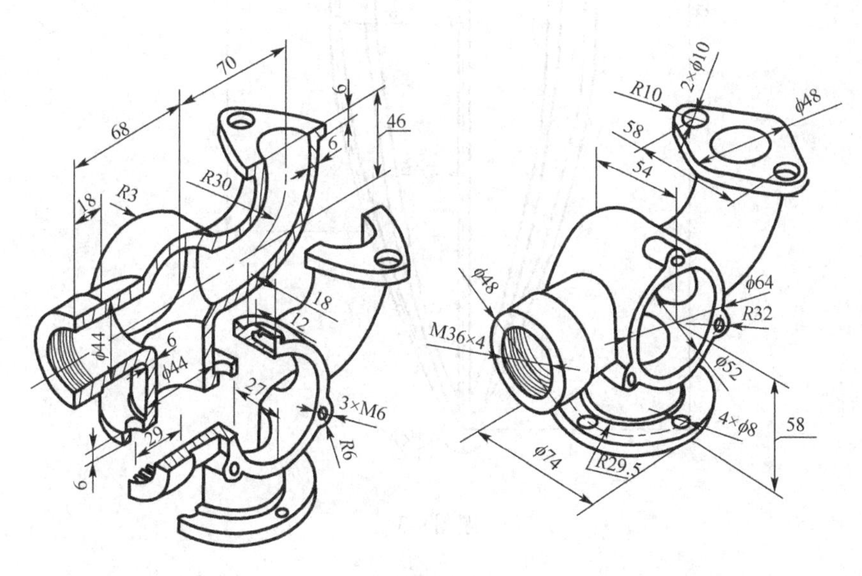

题图 9-2

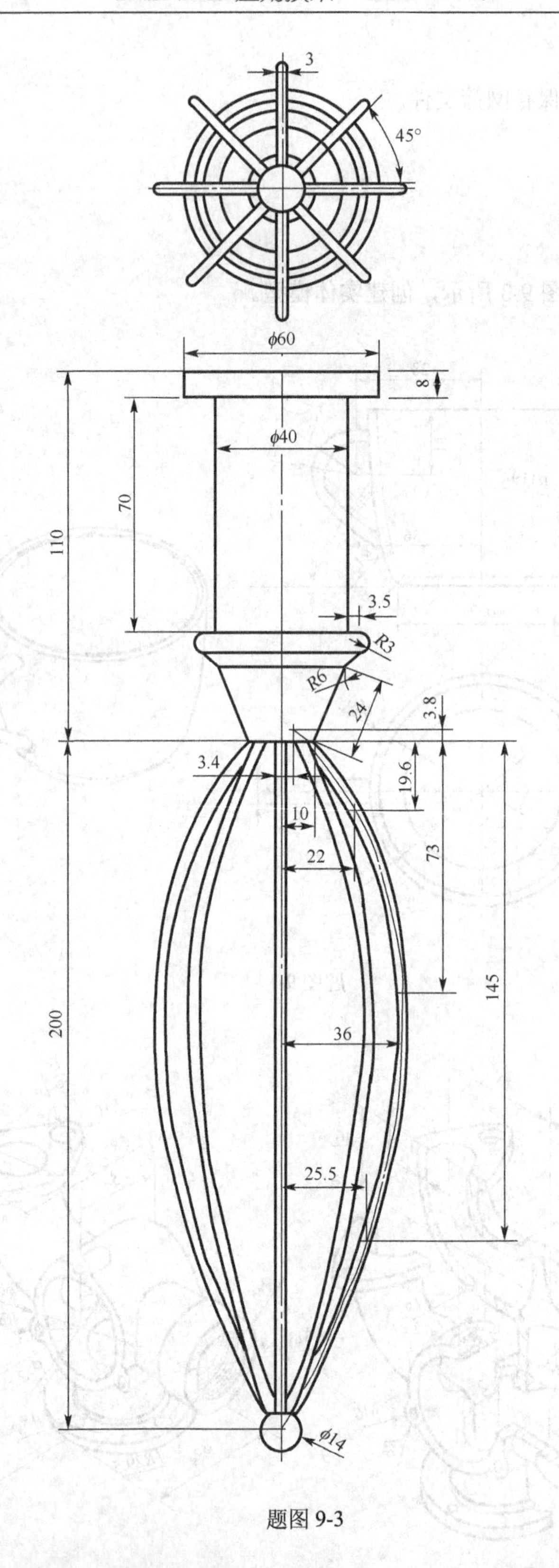
3
45°
ϕ60
8
ϕ40
70
110
3.5
R3
R6
24
3.8
3.4
19.6
10
22
73
145
36
200
25.5
ϕ14

题图 9-3

项目 10　漏斗的造型

本项目以漏斗（如图 10-1 所示）为例，继续学习扫掠命令的应用，同时巩固拉伸、布尔运算、抽壳和基准平面等命令，从而能够创建比较复杂的具有扫掠特征的实体模型。

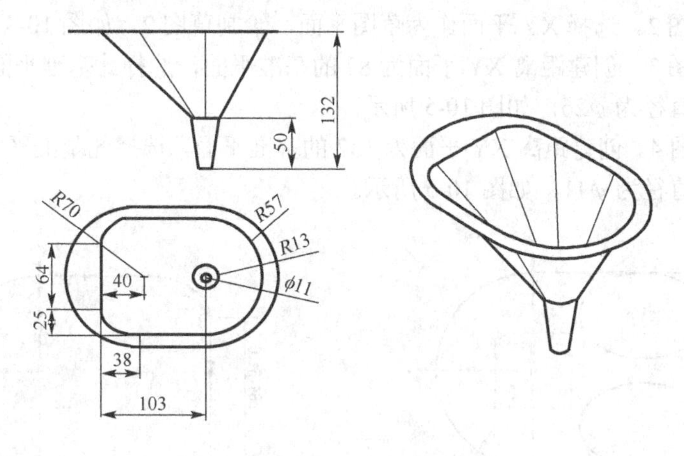

图 10-1　漏斗模型

【项目分析】

漏斗的造型过程如图 10-2 所示，首先要创建漏斗的轮廓线和截面线，然后创建漏斗嘴、漏斗体和漏斗柄，最后创建漏斗壳体。造型的关键是创建漏斗体。

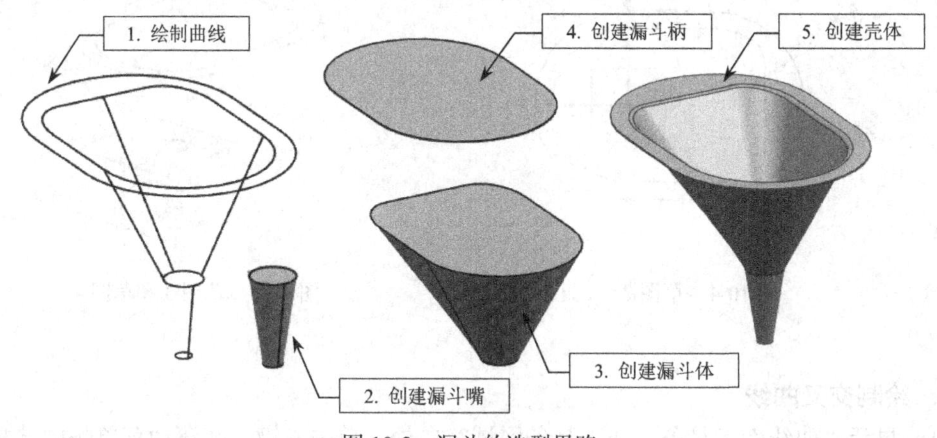

图 10-2　漏斗的造型思路

1. 新建文件

新建一个NX文件，名称为“loudou.prt”。

2. 绘制截面曲线

（1）绘制草图1。选择XY平面作为草图平面，绘制草图1，如图10-3（a）所示。其中椭圆长半轴为38、短半轴为25，且与两条直边相切。再修剪多余曲线，最终草图如图10-3（b）所示。

（2）绘制草图2。选择XY平面作为草图平面，绘制草图2，如图10-4所示。

（3）绘制草图3。创建距离XY平面为82的基准平面，选择此基准平面作为草图平面，绘制圆形草图，直径为ϕ26，如图10-5所示。

（4）绘制草图4。创建距离XY平面为132的基准平面，选择此基准平面作为草图平面，绘制圆形草图，直径为ϕ11，如图10-5所示。

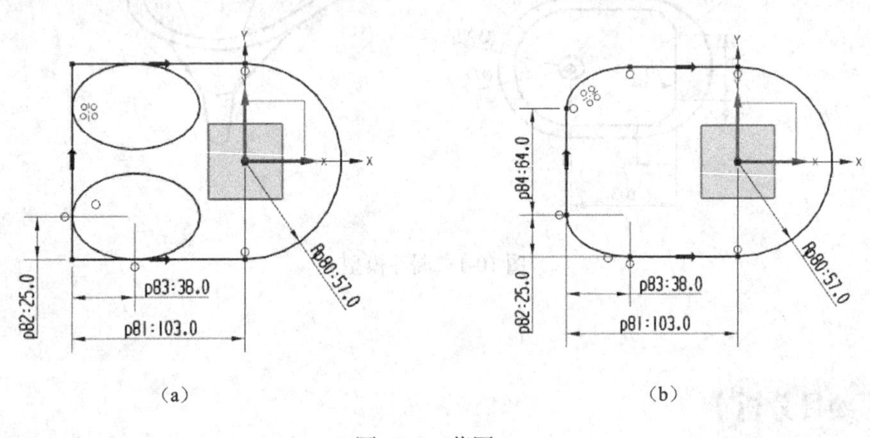

图10-3　草图1

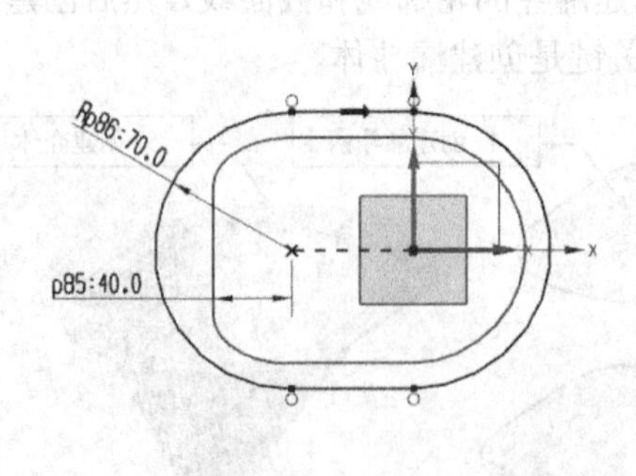

图10-4　草图2

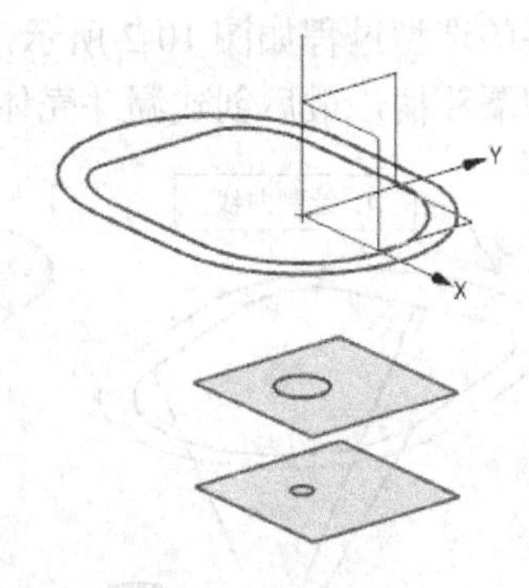

图10-5　草图3和草图4

3. 绘制交叉曲线

（1）显示“曲线”工具条。在工具条区域空白处，单击右键，在滚动菜单条中选择“曲线”，将在图形窗口显示“曲线”工具条，如图10-6所示。

图10-6 “曲线”工具条

（2）启动直线命令。在“曲线”工具条上，单击“直线”，或在菜单条上，选择“插入”→“曲线”→“直线”，弹出“直线”对话框；

（3）确定直线起点。在“选择”工具条上，确认选中了“端点”、“中点”和“象限点”；在图形窗口中，选择草图1直线的中点和草图3圆形的象限点，绘制一条直线，如图10-7（a）所示。按照相同的步骤，再绘制其余直线，如图10-7（b）所示。

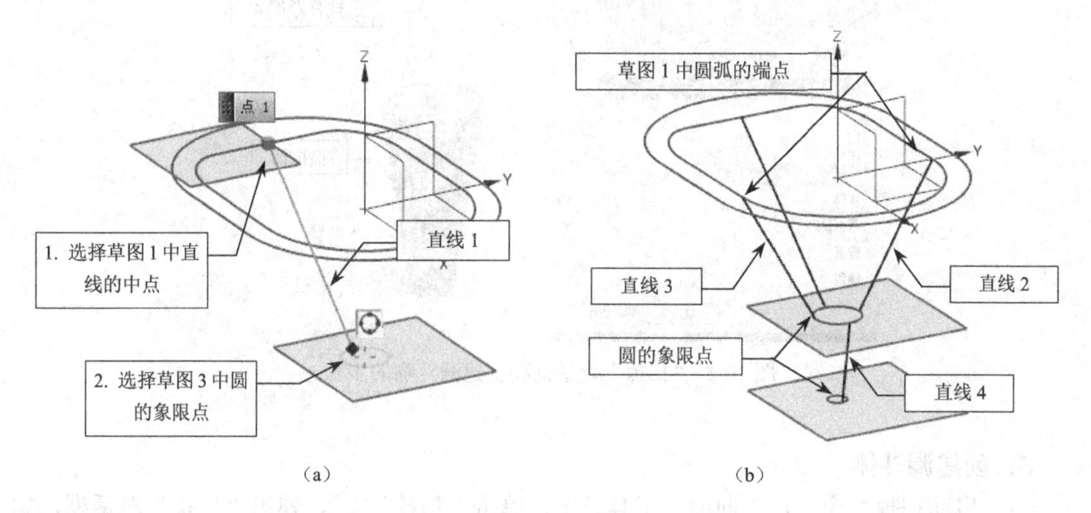

图10-7 空间四条直线

4．创建漏斗嘴

（1）启动扫掠命令。在“曲面”工具条上，单击“扫掠”，弹出“扫掠”对话框，如图10-8所示。

（2）选择截面线。在“扫掠”对话框的“截面”组，单击“选择曲线”；在图形窗口中，选择草图3；单击鼠标中键，或在“扫掠”对话框的“截面”组，单击“添加新集”，完成截面曲线1的选择；再选择草图4，作为截面曲线2。注意，两组截面曲线的箭头方向要一致。

（3）选择引导线。在“扫掠”对话框的“引导线”组，单击“选择曲线”；在图形窗口中，选择草图3和草图4之间的直线4作为引导线。

（4）完成创建。单击“确定”，创建漏斗嘴。

工程师提示：

◆ 这里使用两个截面线、一条引导线创建扫掠体。

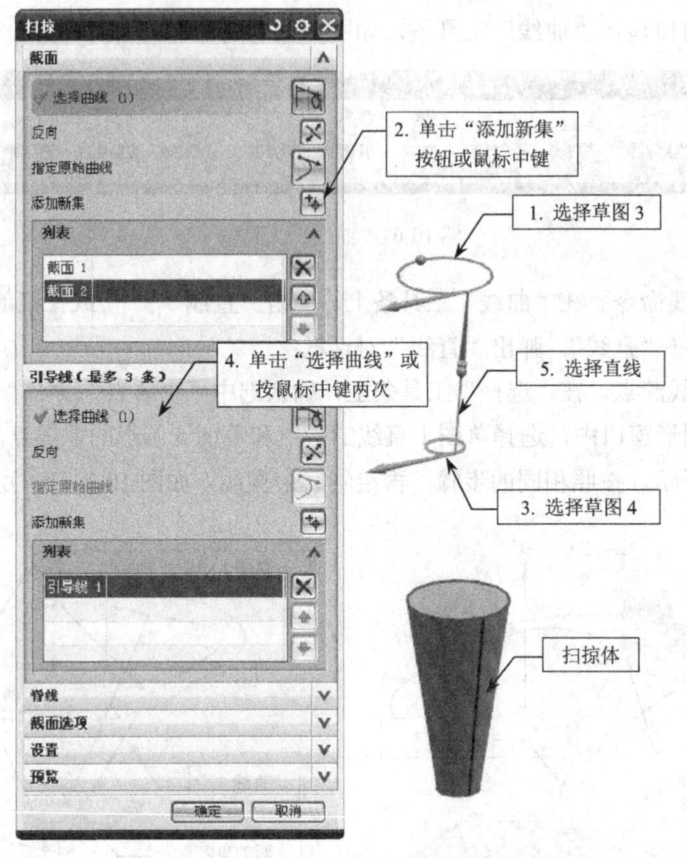

图 10-8 “扫掠”对话框和创建漏斗嘴的步骤

5. 创建漏斗体

（1）启动扫掠命令。在“曲面”工具条上，单击“扫掠”，弹出“扫掠”对话框，如图 10-9 所示。

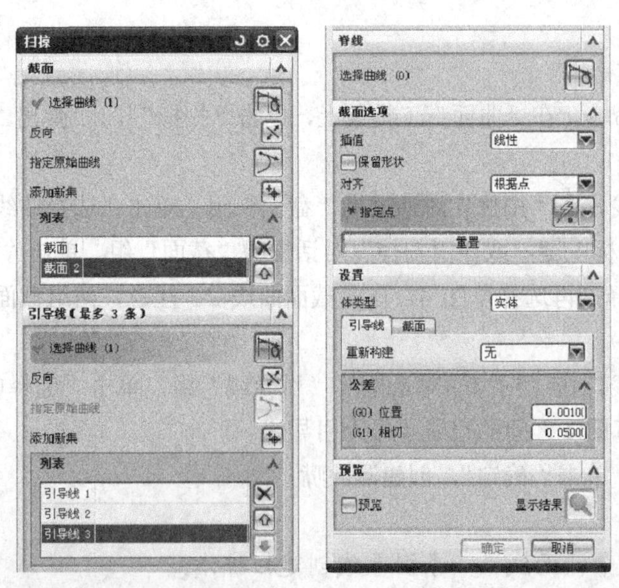

图 10-9 “扫掠”对话框

（2）选择截面线。在图形窗口中，选择草图1和草图3作为两组截面线。注意，每选完一组截面线，须单击“添加新集”或单击鼠标中键以完成选择，而且要确保两组截面曲线的箭头方向一致。

（3）选择引导线。在图形窗口中，选择直线1、直线2和直线3作为三组引导线。注意，每选完一组引导线，须单击“添加新集”或单击鼠标中键以完成选择。

（4）设置对齐方式。在“扫掠”对话框的“截面选项”组中，从“对齐”列表中选择“根据点”，将显示系统默认的对齐位置，如图10-10所示。

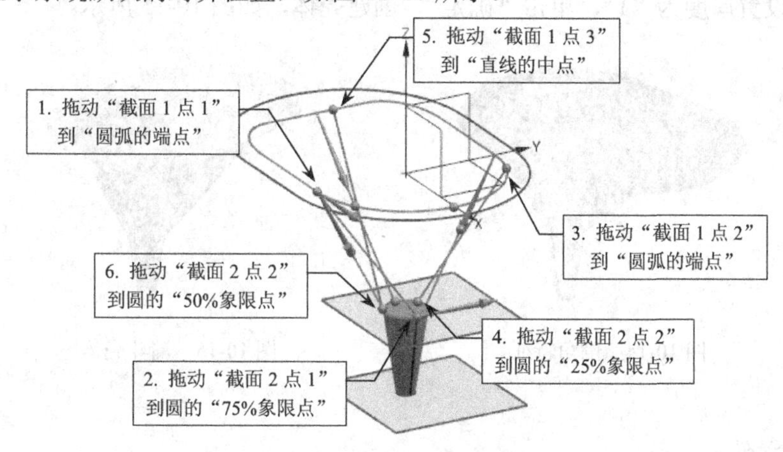

图10-10　设置对齐位置的步骤

按照以下步骤，重新调整对齐位置，最终结果如图10-11所示。

① 选择“截面1点1”并拖动到“圆弧的端点”，选择“截面2点1”拖动到圆的“75%象限点”，也可以在屏显输入框中输入“75”，以精确移动该点。

② 选择“截面1点2”并拖动到“圆弧的端点”，选择“截面2点2”拖动到圆的“25%象限点”，也可以在屏显输入框中输入“25”，以精确移动该点。

③ 选择“截面1点3”并拖动到“直线的中点”，选择“截面2点3”拖动到圆的“50%象限点”，也可以在屏显输入框中输入“50”，以精确移动该点。

（5）完成创建。单击“确定”，创建漏斗体，如图10-12所示。

工程师提示：

◆ 这里使用两个截面线、三条引导线创建扫掠体。

6．创建漏斗柄

在“特征”工具条上，单击“拉伸”，选择草图2，沿“–Z”方向拉伸“1”，创建拉伸实体，如图10-13所示。

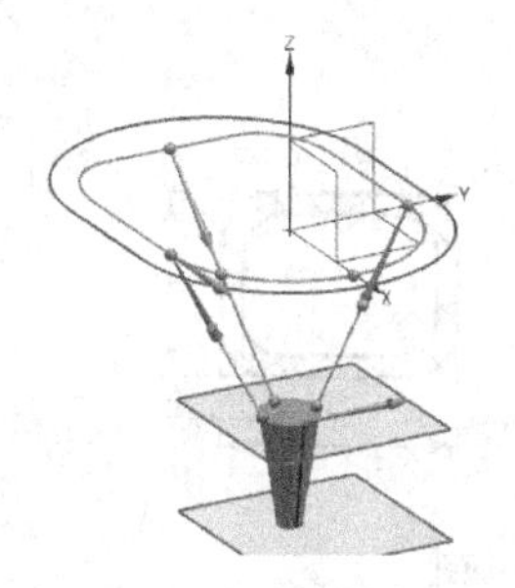

图10-11　设置对齐位置

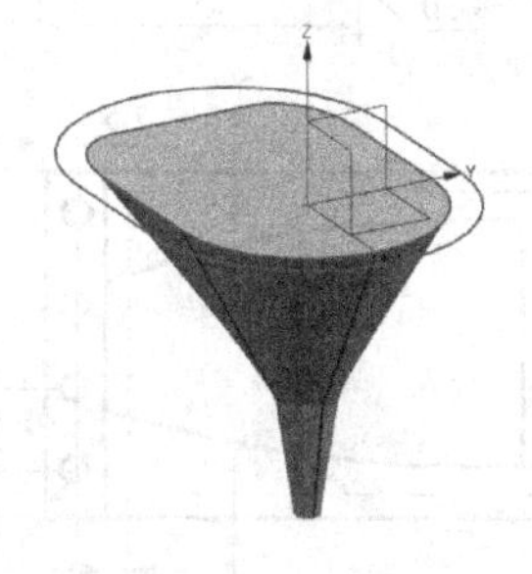

图10-12　漏斗体

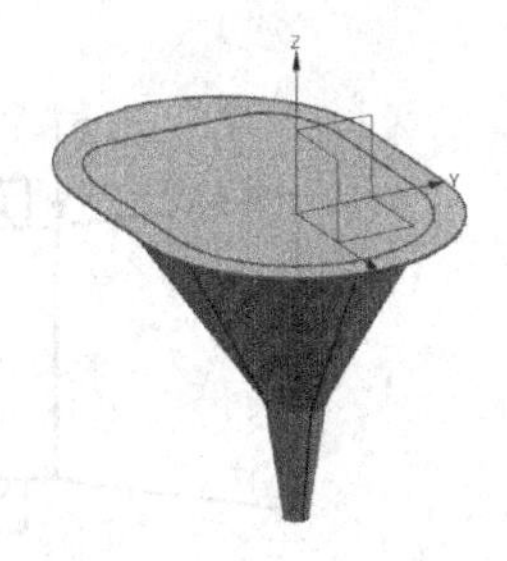

图10-13　拉伸实体

7. 创建漏斗壳体

（1）创建求和实体。在“特征”工具条上，单击“求和”，将三部分实体进行求和，形成一个实体。

（2）创建圆角。在“特征”工具条上，单击“边倒圆”，选择漏斗外侧棱边进行倒圆角为“*R*3”，如图10-14所示。

（3）创建漏斗壳体。在“特征”工具条上，单击“抽壳”，选择顶面和底面作为“要穿透的面”，设置厚度为“1”，单击“确定”，创建壳体，如图10-15所示。

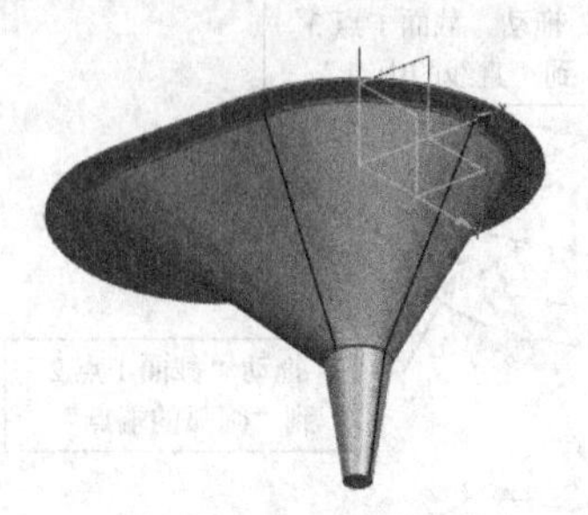

图10-14　倒角特征

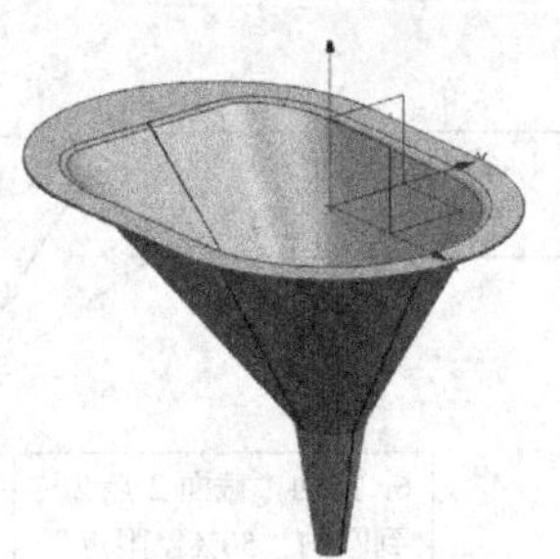

图10-15　漏斗壳体

8. 保存文件

隐藏基准和草图，保存文件并退出NX软件。

【思考练习】

根据题图10-1～题图10-4所示，创建实体模型。

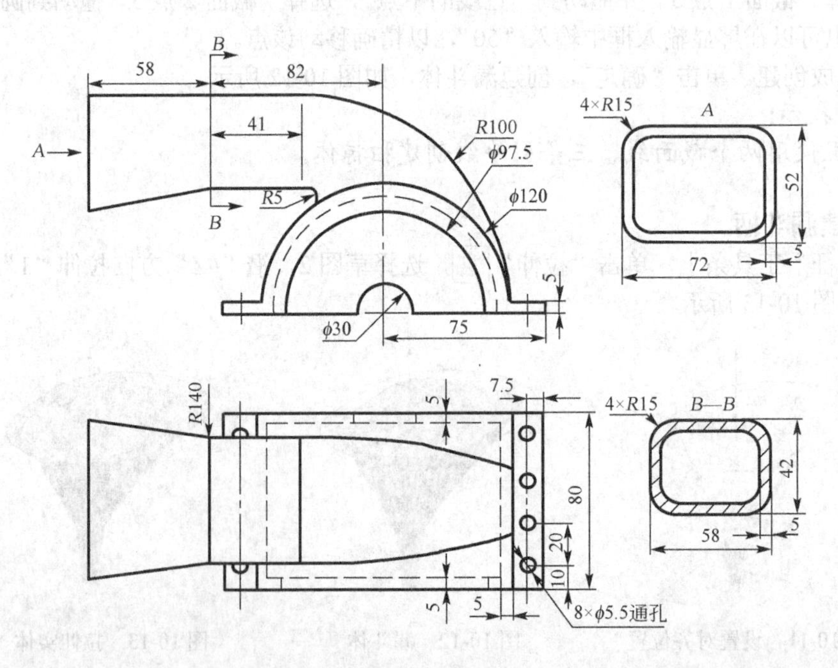

题图10-1

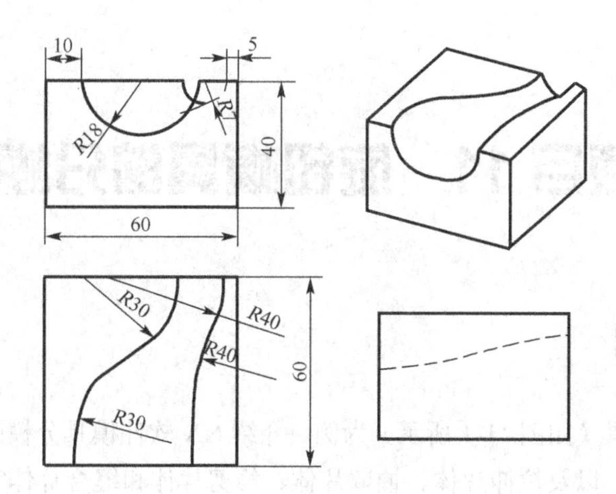

题图 10-2

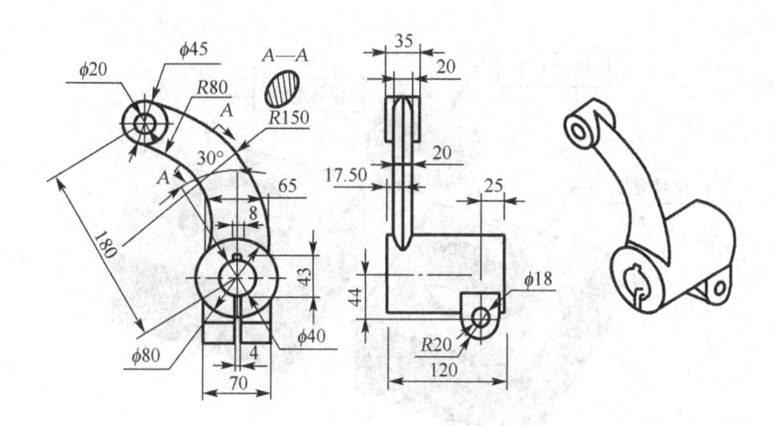

题图 10-3

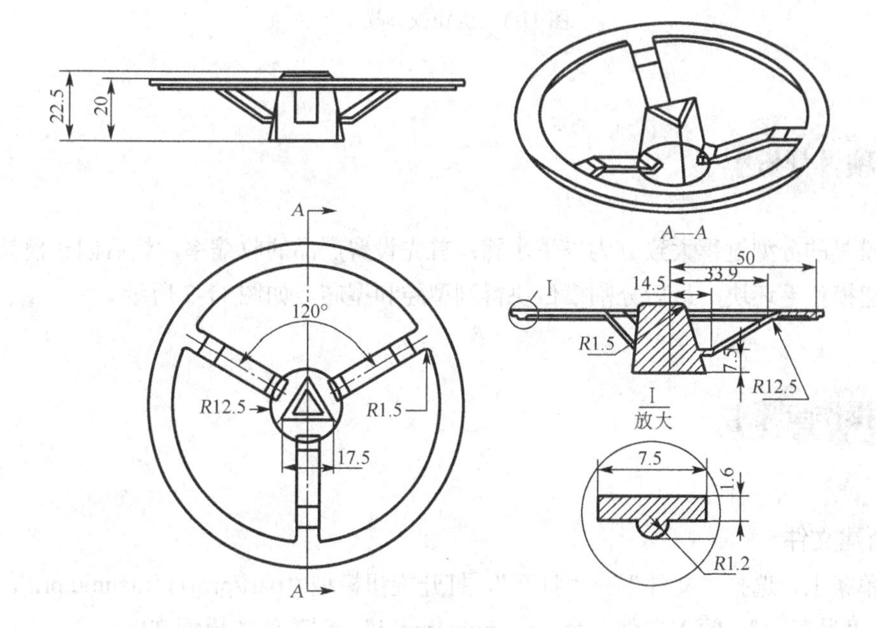

题图 10-4

项目 11　旋钮模具的分模

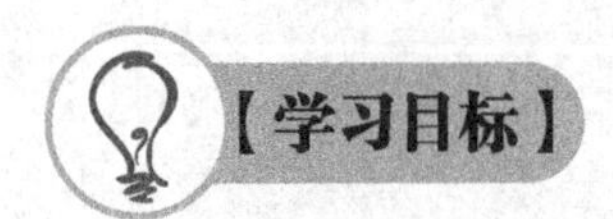

【学习目标】

本项目以旋钮模具（如图 11-1 所示）为例，介绍 NX 软件模具分模的一般步骤，学习缩放体、修剪体等命令，以及拉伸片体、抽取片体、修剪片体和缝合片体等片体操作命令，掌握利用抽取片体、修剪片体和缝合片体等命令创建分型面的方法，从而能够进行比较简单型腔模具的分模。

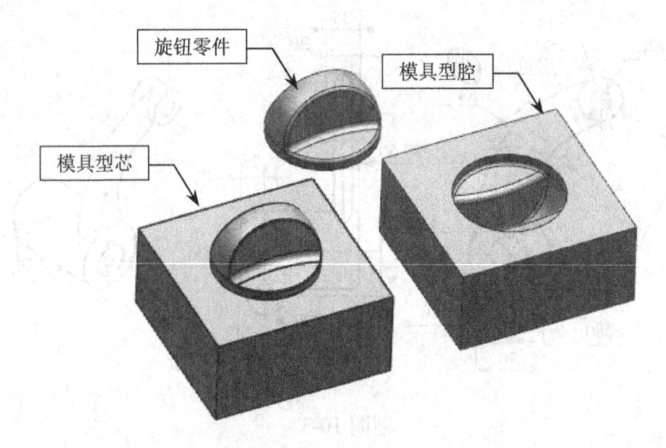

图 11-1　旋钮模具模型

【项目分析】

旋钮模具的分型过程大致分为以下步骤：首先设置产品的收缩率，然后创建模具的分型面，再创建模仁毛坯块，最后分割模仁块得到型腔和型芯，如图 11-2 所示。

【操作步骤】

1．新建文件

在菜单条上，选择“文件”→“打开”，打开旋钮模型“part/proj11/xuanniu.prt”。再选择“文件”→“另存为”，输入文件名为“xuanniu_mold”，创建新的模型文件。

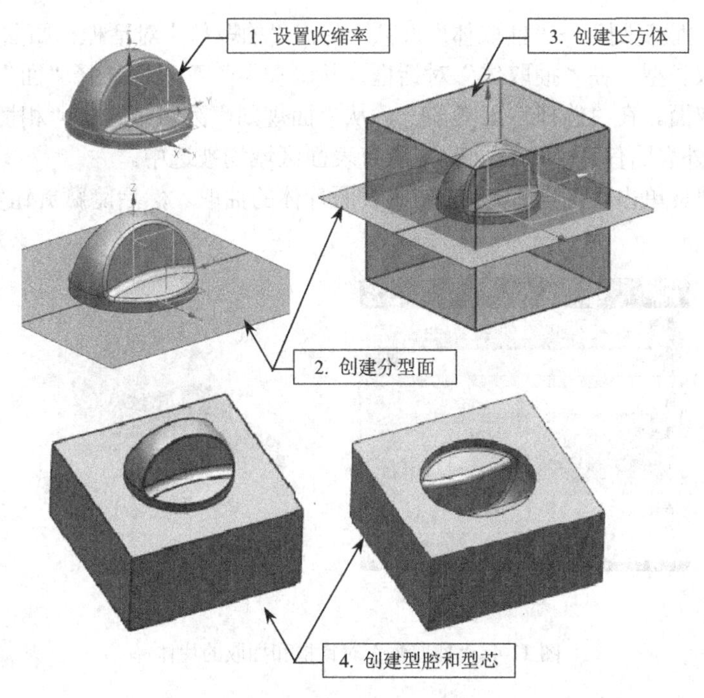

图 11-2 旋钮模具的分模思路

2. 设置收缩率

使用"缩放体"命令可缩放实体和片体，步骤如下：

(1) 启动缩放体命令。在菜单条上，选择"插入"→"偏置/缩放"→"缩放体"，弹出"缩放体"对话框，如图 11-3 所示。

(2) 选择缩放类型。缩放类型有均匀、轴对称和常规三种类型，各类型的含义如下：

"均匀"，是指在所有的方向上均匀地按比例缩放。

"轴对称"，是围绕指定的轴按比例对称缩放。

"常规"，是指在 X、Y 和 Z 方向上用不同的比例进行缩放。

对于本项目，在"缩放体"对话框的"类型"列表中，选择"均匀"。

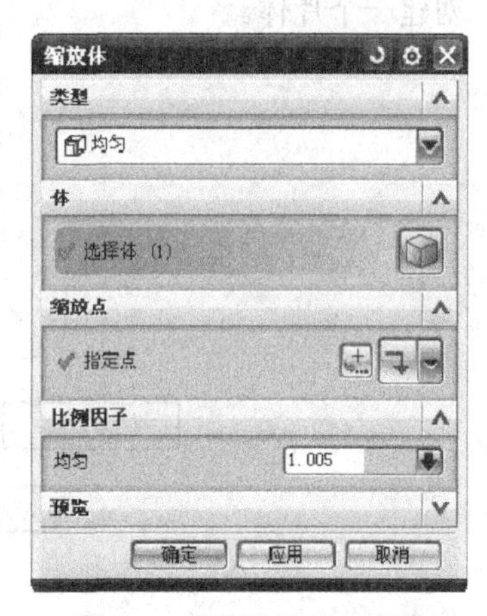

图 11-3 "缩放体"对话框

(3) 选择缩放对象。在图形窗口中，选择旋钮模型。

(4) 指定缩放点。单击坐标系原点作为"缩放点"。

(5) 指定缩放比例。在"缩放体"对话框的"比例因子"组中，在"均匀"框中输入"1.005"。

(6) 完成创建。单击"确定"，完成对旋钮的放大。

3. 创建分型面

(1) 抽取型腔片体。使用"抽取体"命令可以从其它体中抽取面来创建关联体，可抽取面、面区域和整个体。

① 启动抽取体命令。在"特征"工具条上，单击"抽取体"，或者在菜单条上，单

击“插入”→“关联复制”→“抽取体”选项，弹出“抽取体”对话框，如图11-4（a）所示。

② 选择抽取类型。在“抽取体”对话框，从“类型”列表中选择“面”。

③ 选择抽取面。在“选择”工具条上，从“面规则”列表中选择“相切面”；在图形窗口中，单击旋钮外表面任意一个表面，则所有表面区域均被选中。

④ 完成创建。单击“确定”，完成旋钮表面片体的抽取。然后隐藏旋钮实体，如图11-4（b）所示。

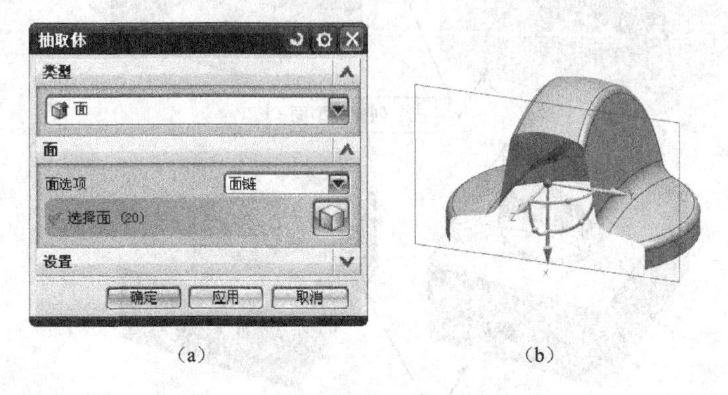

（a） （b）

图11-4 “抽取体”对话框和抽取的片体

（2）创建片体。

① 绘制草图。选择XY平面作为草图平面，绘制一条和Y轴重合的直线，如图11-5所示。

② 创建片体。单击“拉伸”，选择草图，设置沿X轴方向进行对称拉伸，距离为“35”，创建一个片体。

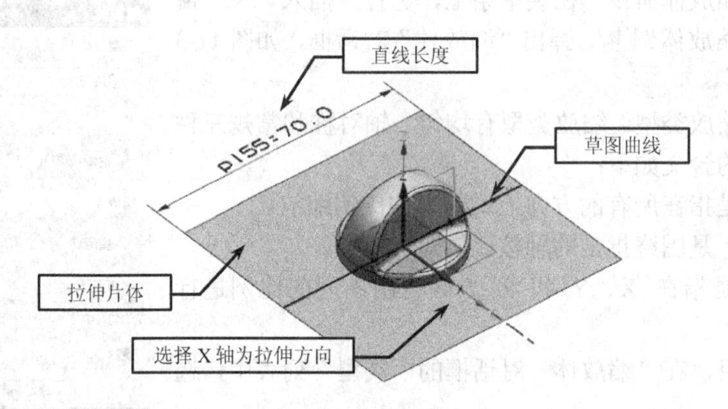

图11-5 创建拉伸片体的步骤

（3）修剪片体。使用“修剪片体”命令可利用相交面、基准平面，以及投影曲线和边对片体进行修剪。

① 启动修剪片体命令。在“特征”工具条上，单击“修剪片体”，或者在菜单条上，单击“插入”→“修剪”→“修剪片体”，弹出“修剪片体”对话框。

② 选择要修剪的片体。在“修剪片体”对话框的“目标”组中，单击“选择片体”区域；在图形窗口中，在要保留的位置，单击拉伸片体。

③ 选择修剪边界。在“修剪片体”对话框的“边界对象”组中，单击“选择对象”区域；在图形窗口中，选择抽取的型腔片体的边缘。

④ 设置保留位置。在“修剪片体”对话框的“区域”组中，选择“保留”选项。

⑤ 完成创建。单击“确定”，完成片体的修剪。在片体的中间产生一个圆孔，如图 11-6 所示。

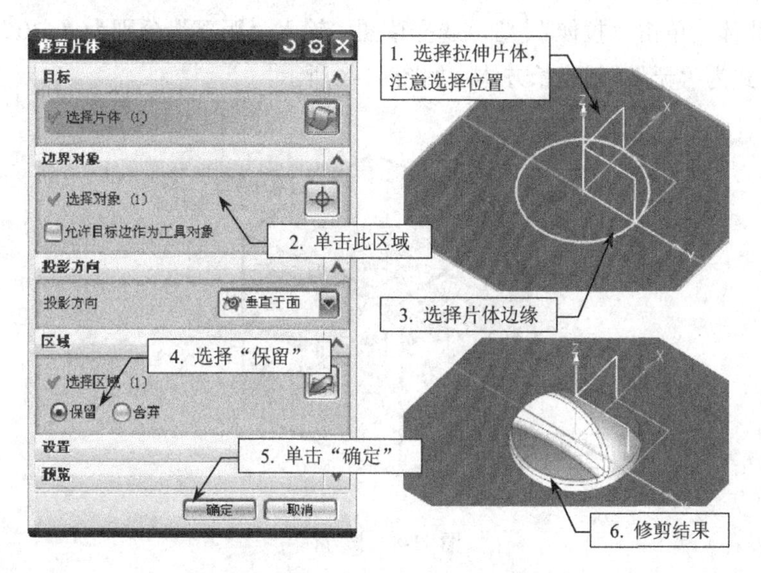

图 11-6 “修剪片体”对话框和修剪片体的步骤

（4）缝合片体。使用“缝合”命令可将两个或更多片体连接成单个新片体。如果这组片体包围一定的体积，则创建一个实体。如果两个实体共享一个或多个公共（重合）面，还可以缝合这两个实体。

① 启动缝合命令。在“特征”工具条上，单击“缝合”，“插入”→“组合”→“缝合”，弹出“缝合”对话框，如图 11-7（a）所示。

② 选择类型。在“缝合”对话框的“类型”列表中选择“片体”。

③ 选择对象。在图形窗口中，选择抽取的片体为“目标”，选择拉伸的片体为“刀具”。

④ 完成创建。单击“确定”，将两个片体缝合为一个片体，以此作为分型面，如图 11-7（b）所示。

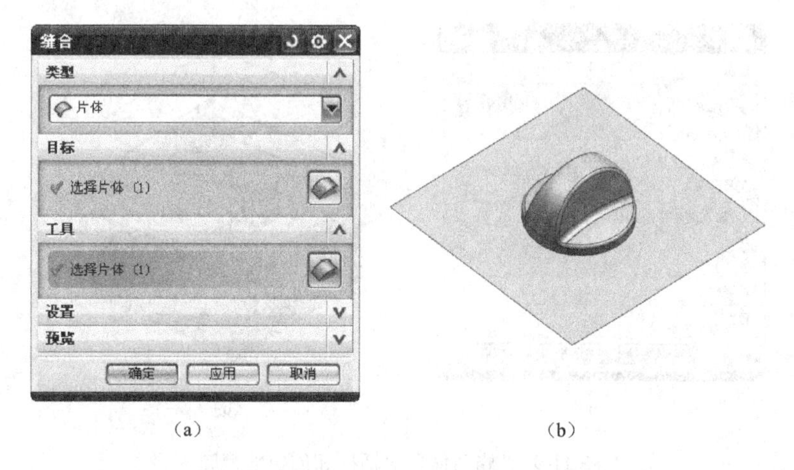

（a） （b）

图 11-7 “缝合”对话框和缝合的分型面

4．创建型腔

（1）创建长方体。

① 绘制草图。选择XY平面作为草图平面，绘制正方形，尺寸为“50×50”。

② 创建片体。单击“拉伸”，选择草图，输入“距离”分别为“-30”和“35”，选择“布尔”方式为“无”，创建长方体，如图11-8所示。

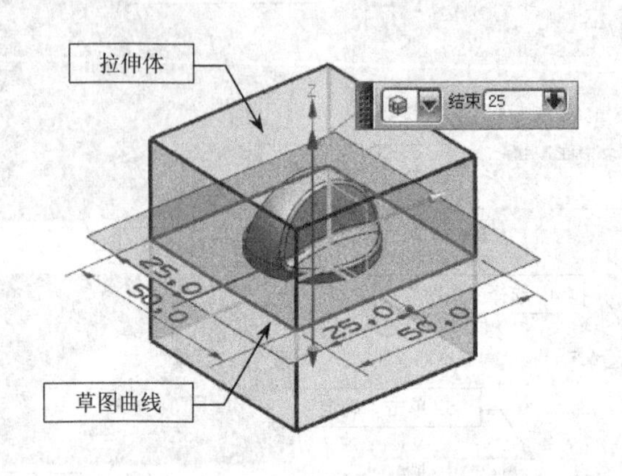

图11-8　长方体

（2）创建型腔。使用“修剪体”可以通过面或平面来修剪一个或多个目标体，使目标体呈修剪面的形状。

① 启动修剪体命令。在“特征”工具条上，单击“修剪体”，或在菜单条上，选择“插入”→“修剪”→“修剪体”，弹出“修剪体”对话框，如图11-9（a）所示。

② 选择修剪的目标。在图形窗口中，选择长方体。

③ 选择修剪的工具。在“修剪体”对话框的“工具”组中，从“工具选项”列表中选择“面或平面”，单击“选择面或平面”；在图形窗口中，选择缝合的曲面。

④ 选择修剪的方向。在图形窗口中，一个矢量指向要移除的目标体部分，如图11-9（b）所示；在“修剪体”对话框的“工具”组中，单击“反向”，更改修剪方向。

⑤ 完成创建。单击“确定”，完成型腔的创建。

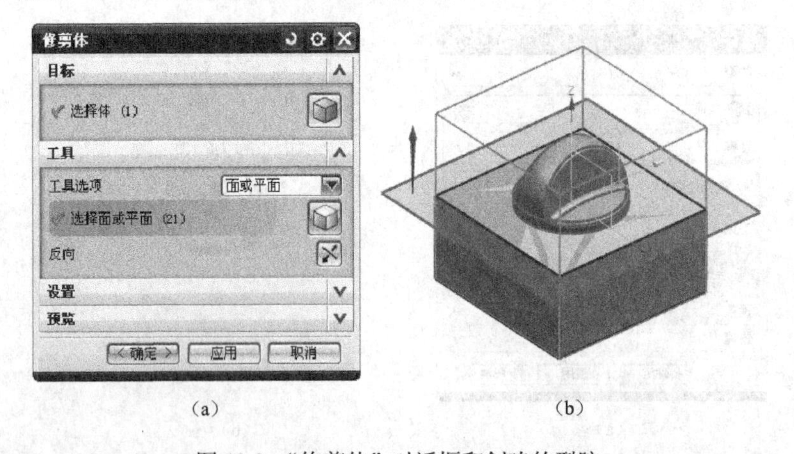

（a）　（b）

图11-9　“修剪体”对话框和创建的型腔

工程师提示：

◆ 和“修剪体”命令相似，“拆分体”命令可将实体或片体拆分为使用一组面或基准平面的多个体。此命令适用于将多个部件作为单个部件建模，然后视需要进行拆分的建模方法。例如，可将由底座和盖组成的机架作为一个部件来建模，随后将其拆分。

5．创建型芯

（1）创建长方体。选择正方形草图，再创建一个长方体。

（2）创建求差实体。在“特征”工具条上，单击“求差”，弹出“求差”对话框；选择长方体作为“目标体”，选择旋钮作为“工具体”；在“设置”组中选择“保存工具”；单击“确定”，创建求差实体。

（3）创建型芯。在“特征”工具条上，单击“求差”，选择求差实体作为“目标体”，选择按钮作为“工具体”，并设置“保存工具”，单击“确定”，完成型芯的创建。

6．保存文件

隐藏基准坐标系和草图，然后保存文件。

【思考练习】

根据题图 11-1 和题图 11-2 所示，先创建实体模型，再进行分模。

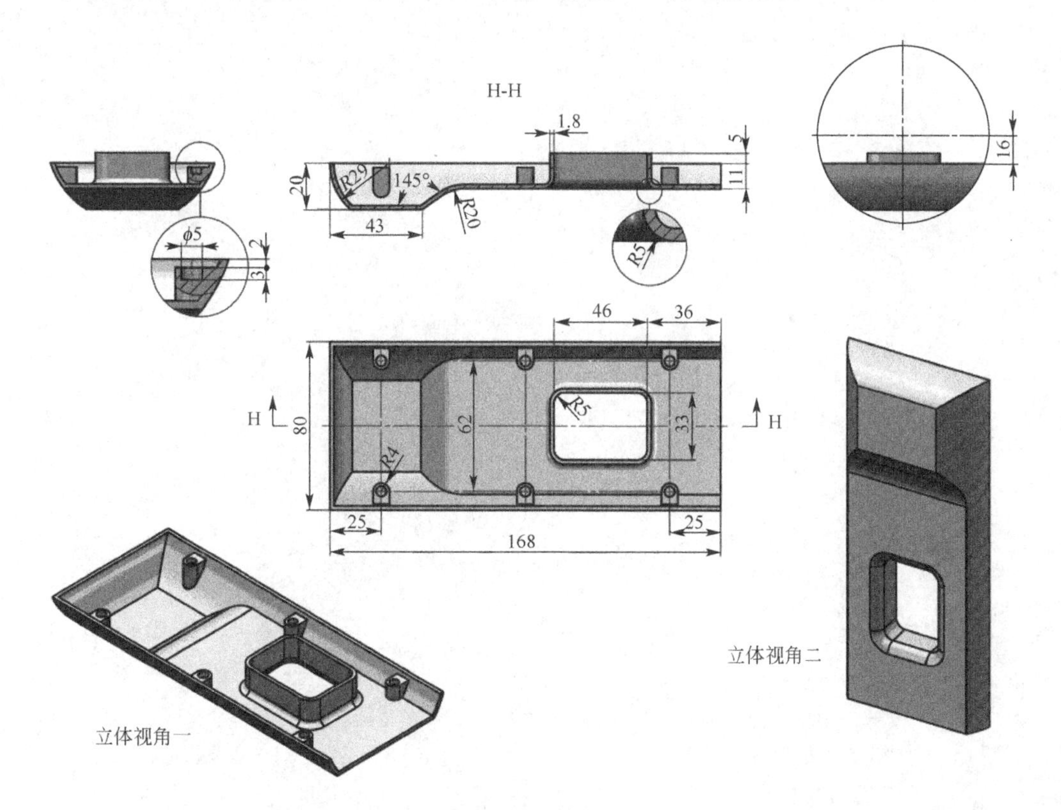

题图 11-1

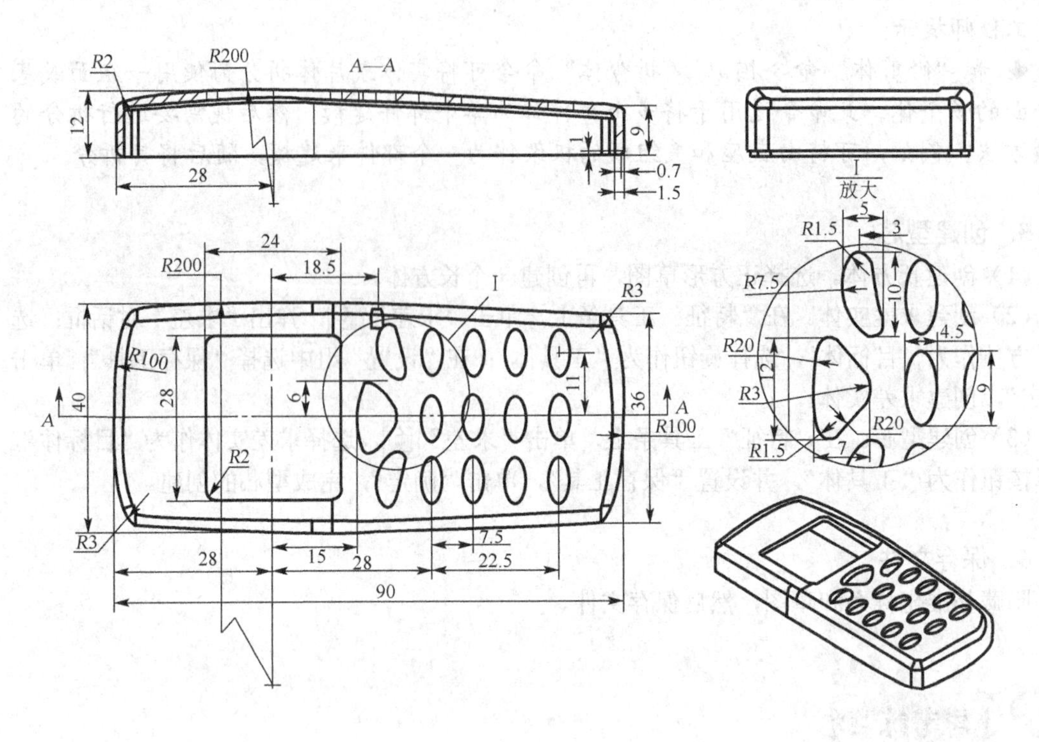
A—A
R2
R200
12
28
9
1
0.7
1.5
I
放大
24
18.5
R200
R3
R100
40
28
6
11
36
A
R100
R2
R3
28
15
28
7.5
22.5
90
5
3
R1.5
R7.5
10
R20
4.5
12
9
R3
R20
R1.5
7

题图 11-2

项目 12　叶片的造型

本项目以叶片（如图 12-1 所示）为例，介绍由曲线、曲面到实体的造型过程，学习通过曲线组命令创建曲面的方法和加厚命令的应用，同时巩固拉伸片体、修剪片体和实例几何体等命令，从而能够创建比较简单的曲面模型。

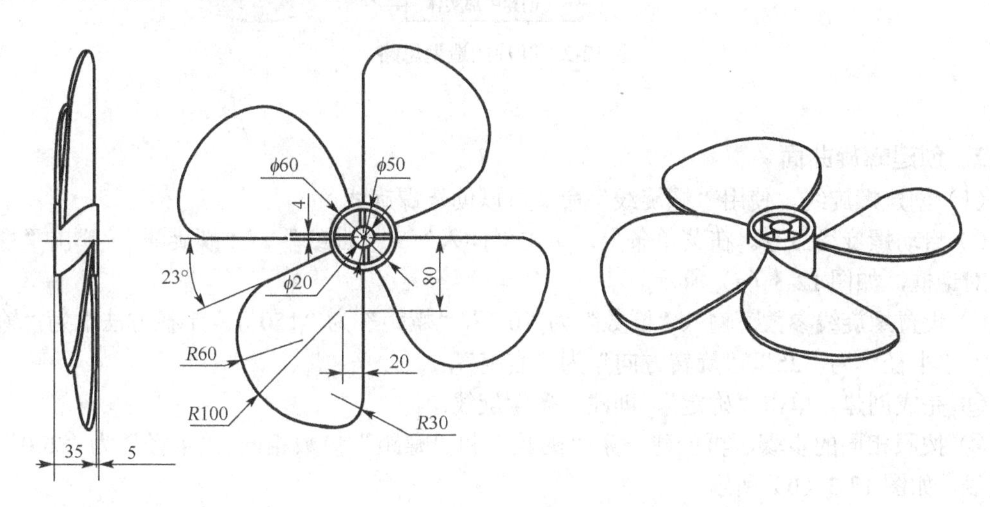

已知：螺旋线高度 30mm，圈数 0.2，叶片厚度 2mm。

图 12-1　叶片模型

叶片的造型过程如图 12-2 所示，造型的关键是创建叶片。叶片为螺旋曲面，所以，首先要创建螺旋线，以此来创建曲面，再通过修剪片体命令裁剪成叶片形状，最后用曲面加厚命令创建叶片实体。

1．新建文件

新建一个 NX 文件，名称为“fan blade.prt”。

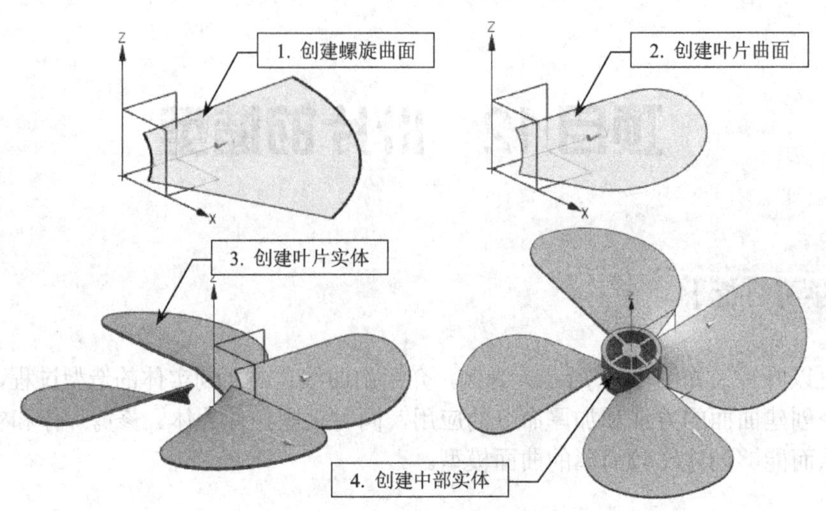

图 12-2　叶片的造型思路

2. 创建螺旋曲面

（1）创建螺旋线。使用“螺旋线”命令可以创建螺旋线。

① 启动螺旋线命令。在菜单条上，单击“插入”→“曲线”→“螺旋线”，弹出“螺旋线”对话框，如图 12-3（a）所示。

② 设置螺旋线参数。输入“圈数”为“0.2”，“螺距”为“150”，“半径方法”为“输入半径”，“半径”为“25”，“旋转方向”为“右旋”。

③ 完成创建。单击“确定”，创建一条螺旋线。

④ 按照相同的步骤，再创建一条“圈数”和“螺距”参数相同、“半径”为“200”的螺旋线，如图 12-3（b）所示。

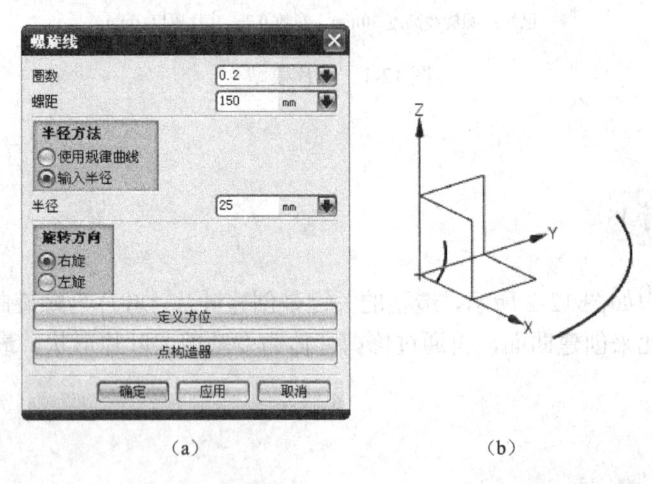

（a）　　（b）

图 12-3　“螺旋线”对话框和创建的螺旋线

（2）旋转复制螺旋线

① 启动实例几何体命令。在“特征”工具条上，单击“实例几何体”，弹出“实例几何体”对话框，如图 12-4 所示。

② 选择类型。在“类型”列表中，选择“旋转”。

③ 选择对象。在图形窗口中，选择刚创建的两条螺旋线。

④ 选择旋转轴。在“旋转轴”组，单击“指定矢量”区域；在图形窗口，选择Z轴。

⑤ 输入角度。在“距离和副本数”组中，在“角度”框中输入“23”，“距离”框中输入“0”，“副本数”框中输入“1”。

⑥ 完成创建。单击“确定”，完成螺旋线的旋转复制。

⑦ 隐藏曲线。隐藏旋转前的两条螺旋曲线。

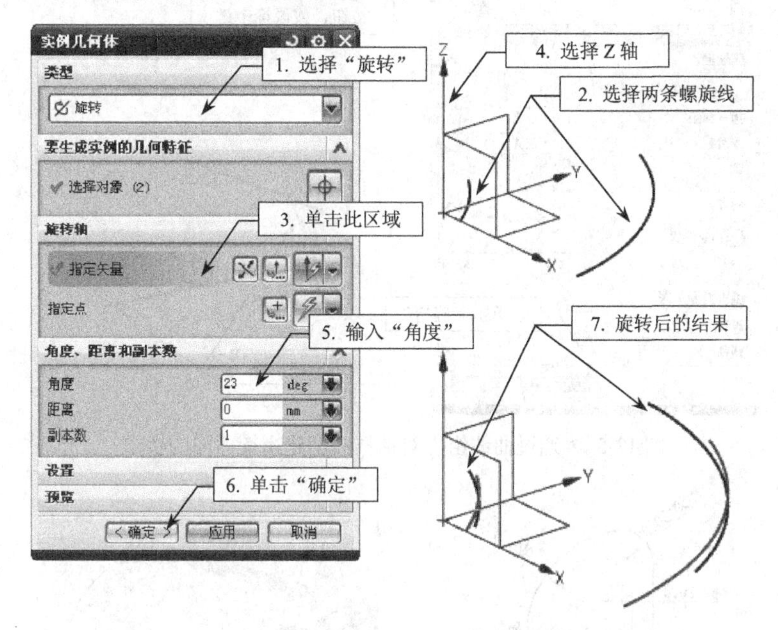

图12-4 “实例几何体”对话框和复制螺旋线的步骤

（3）创建螺旋曲面。使用“通过曲线组”命令可创建穿过多个截面的体，其中形状会发生更改以穿过每个截面。一个截面可以由单个或多个对象组成，并且每个对象都可以是曲线、实体边或实体面的任意组合。

① 启动通过曲线组命令。在“曲面”工具条上，单击“通过曲线组”，或在菜单条上，选择“插入”→“网格曲面”→“通过曲线组”，弹出“通过曲线组”对话框，如图12-5所示。

② 选择截面曲线。在图形窗口中，选择两条螺旋线作为两组截面线。

③ 完成创建。单击“确定”，创建螺旋曲面。

3．创建叶片曲面

（1）创建拉伸曲面。使用拉伸命令创建一个曲面，步骤如下：

① 绘制草图。选择XY平面作为草图平面，绘制草图，如图12-6（a）所示。

② 创建曲面。单击“拉伸”，选择草图曲线，创建高度为40mm的片体，如图12-6（b）所示。

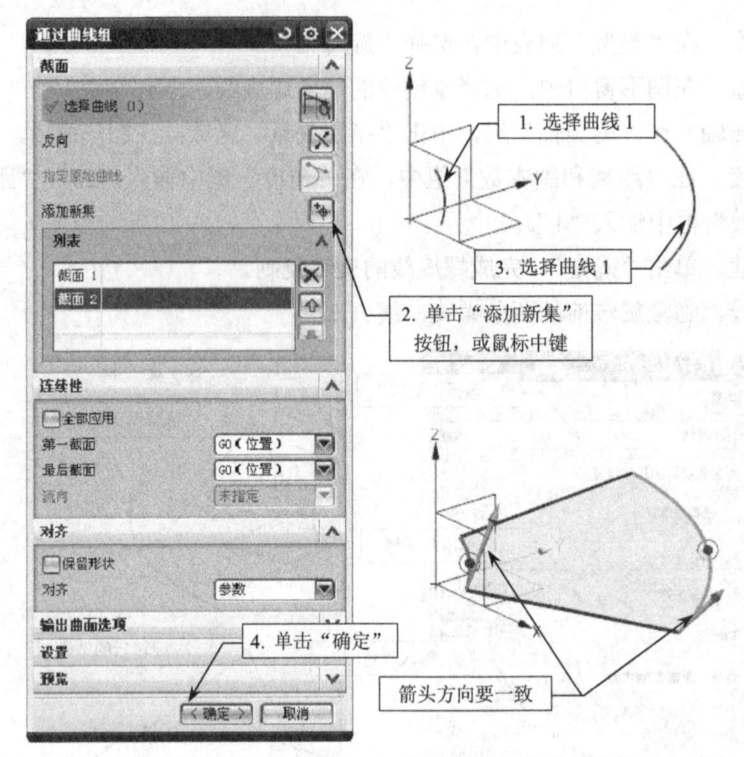

图 12-5　“通过曲线组”对话框和创建螺旋曲面的步骤

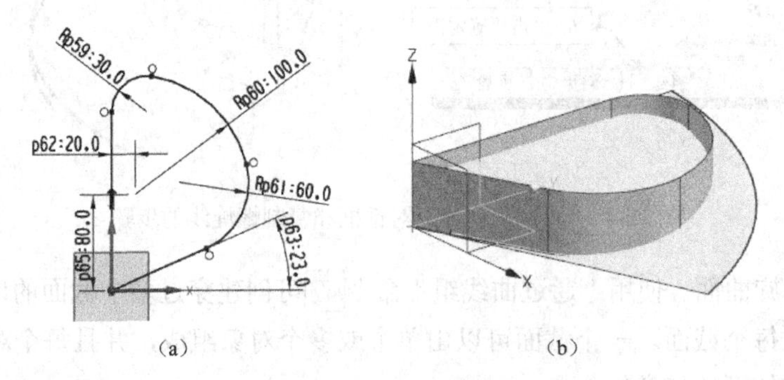

图 12-6　拉伸曲面的草图和片体

工程师提示：

◆ 在“拉伸”对话框的“设置”组中，从“体类型”列表中选择“图纸页”（应该翻译为“片体”），可以创建片体。

（2）修剪叶片曲面。使用“修剪片体”命令创建单个叶片曲面。

① 启动修剪片体命令。在“特征”工具条上，单击“修剪片体”，或在菜单条上，选择“插入”→“修剪”→“修剪片体”，弹出“修剪片体”对话框，如图 12-7 所示。

② 选择要修剪的片体。在“修剪片体”对话框的“目标”组中，单击“选择片体”区域；在图形窗口中，在要保留的区域单击螺旋曲面。

③ 选择修剪边界。在“修剪片体”对话框的“边界对象”组中，单击“选择对象”区域；在图形窗口中，选择拉伸片体。

④ 确定投影方向。在“修剪片体”对话框的“投影方向”列表中，选择“垂直于面”。

⑤ 设置保留位置。在“修剪片体”对话框的“区域”组中，选择“保留”选项。

⑥ 完成创建。单击“确定”，完成叶片曲面的创建。

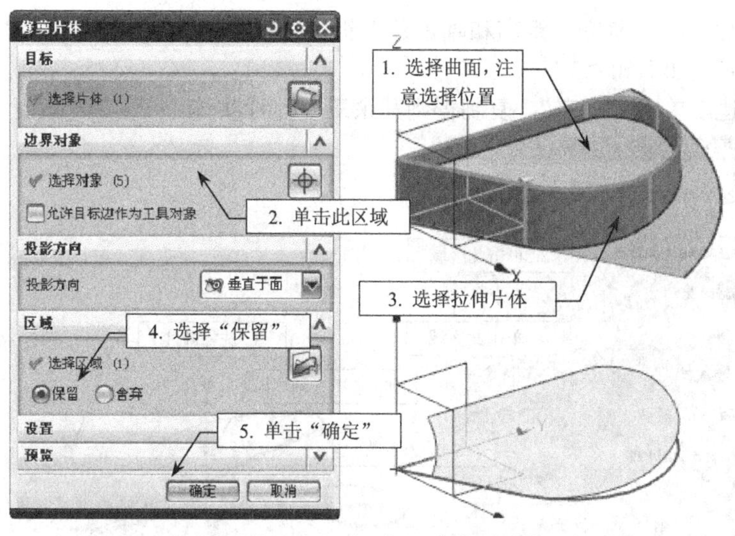

图12-7 “修剪片体”对话框和修剪叶片曲面的步骤

4. 创建叶片实体

使用“加厚”命令可将选定的一个或多个相连面或片体沿着其法向进行偏置以创建实体。

（1）创建单个叶片实体。

① 启动加厚命令。在“特征”工具条上，单击“加厚”，或在菜单条上，选择“插入”→“偏置/缩放”→“加厚”，弹出“加厚”对话框，如图12-8（a）所示。

② 选择对象。在图形窗口中，选择叶片曲面。

③ 输入厚度。在“偏置1”框中输入“2”。

④ 完成创建。单击“确定”，完成叶片实体的创建，如图12-8（b）所示。

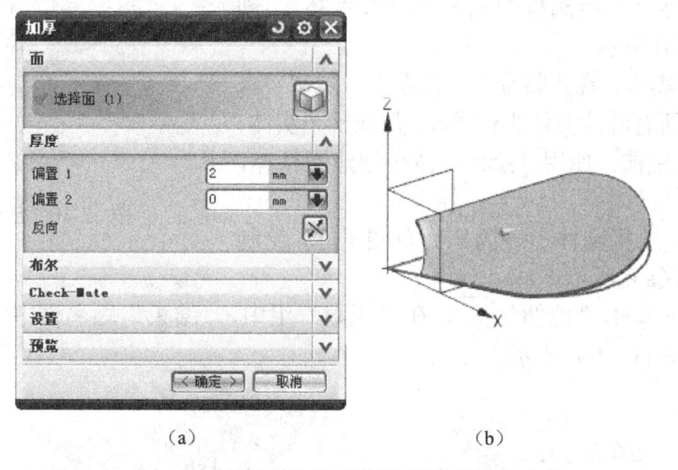

（a） （b）

图12-8 “加厚”对话框和创建的叶片实体

（2）复制叶片实体。使用“实例几何体”命令复制得到其余三个叶片实体。步骤如下：

① 启动实例几何体命令。在“特征”工具条上，单击“实例几何体”，弹出“实例几何体”对话框，如图12-9所示。

② 选择类型。在“类型”列表中，选择“旋转”。

③ 选择对象。在图形窗口中，选择叶片实体。

④ 指定旋转轴。在“旋转轴”组中，单击“指定矢量”；在图形窗口中，选择Z轴。

⑤ 输入参数。在“角度、距离和副本数”组中，在“角度”、“距离”和“副本数”框中分别输入“90”、“0”和“3”。

⑥ 完成创建。单击“确定”，复制得到其余三个叶片实体。

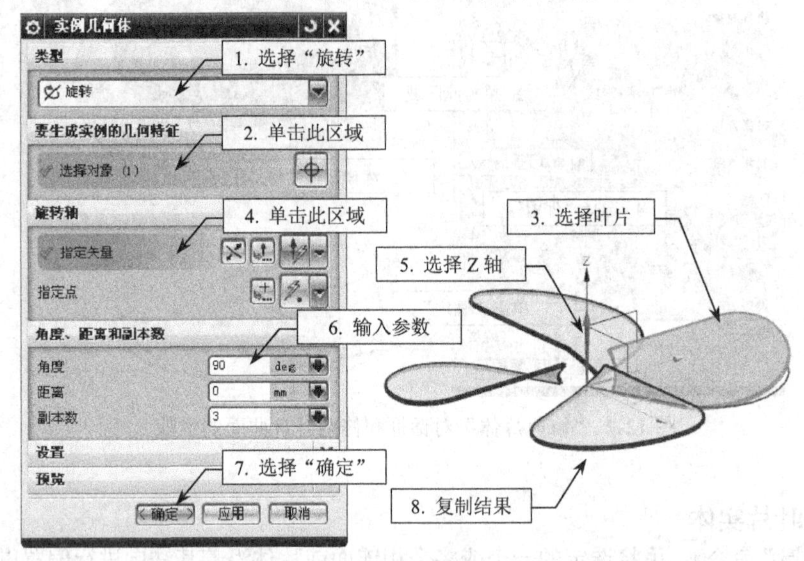

图 12-9 “实例几何体”对话框和复制叶片实体的步骤

5. 创建中部实体

（1）创建圆柱体。

① 绘制草图。选择XY平面作为草图平面，绘制圆形草图，直径为“ ϕ60”。

② 创建圆柱体。单击“拉伸”，在“极限”组中，“开始”和“结束”距离框中输入“–5”、“35”，创建圆柱，如图12-10所示。

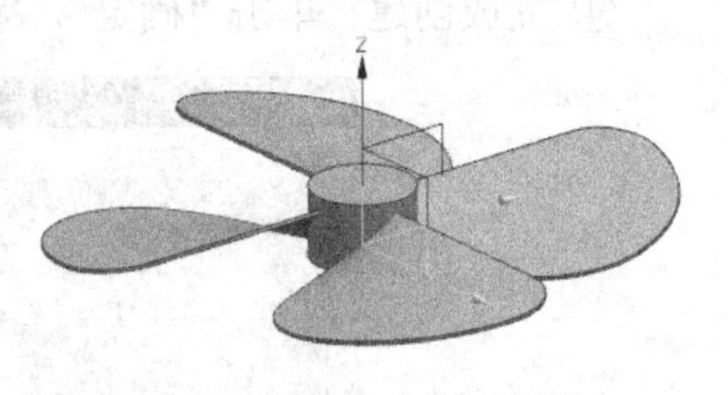

图 12-10 创建的圆柱体

（2）创建求和实体。在“特征”工具条上，单击“求和”，将圆柱和所有叶片实体进行求和，形成一个实体。

（3）创建内部空槽。使用“拉伸”命令创建圆柱体，步骤如下：

① 绘制草图。选择圆柱上表面作为草图平面，绘制草图，如图12-11（a）所示。

② 创建空槽。单击“拉伸”，在“极限”组中，“结束”距离框中输入“35”，创建内部空槽，如图12-11（b）所示。

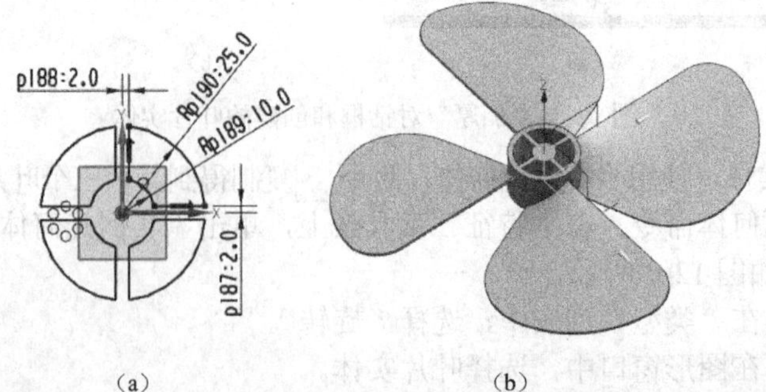

图 12-11 内部实体特征

6．保存文件

隐藏基准和草图，保存叶片文件。

【思考练习】

根据题图12-1和题图12-2所示，创建实体模型。

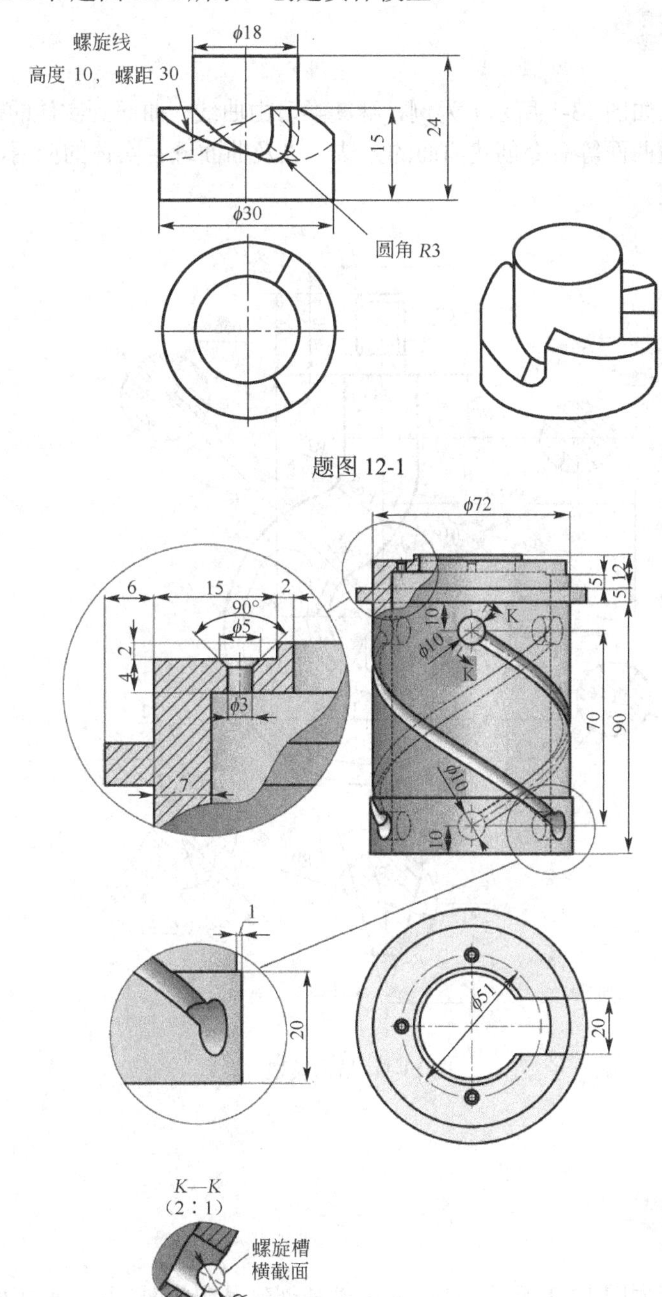

题图12-1

题图12-2

项目13 吊钩的造型

【学习目标】

本项目以吊钩（如图 13-1 所示）为例，继续学习由曲线、曲面到实体的造型过程，学习通过曲线网格、N 边曲面等命令创建曲面的方法，以及曲面缝合实体的应用，从而能够创建比较复杂的曲面模型。

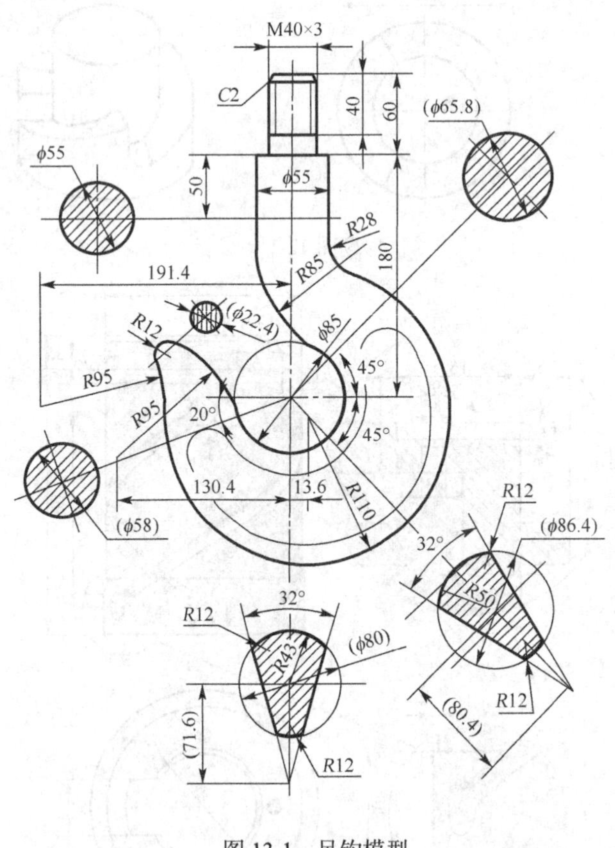

图 13-1　吊钩模型

【项目分析】

吊钩的造型过程如图 13-2 所示，造型的关键是创建吊钩曲面，可以使用网格曲面命令来创建。所以，首先要创建吊钩的轮廓线和截面线，再使用网格曲面命令创建单侧吊钩曲面，然后通过实例几何体命令镜像创建另一侧的曲面，最后用缝合命令创建吊钩实体。

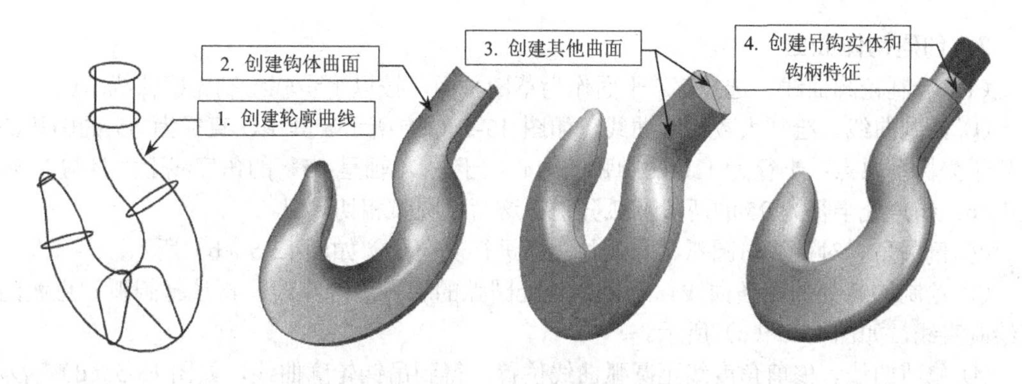

图 13-2 吊钩的造型思路

通过曲线网格命令使用成组的主曲线和交叉曲线来创建曲面，如图 13-3 所示。需要注意的是每组曲线都必须连续，各组主曲线必须大致平行，且各组交叉曲线也必须大致平行。网格必须为四边形网格，可以是规则四边网格，如图 13-4（a）所示，也可以是不规则四边网格，如图 13-4（b）所示，但不允许有三边网格、五边网格和多边网格，如图 13-4（c）所示。另外，可以使用点而非曲线作为第一个或最后一个主集。

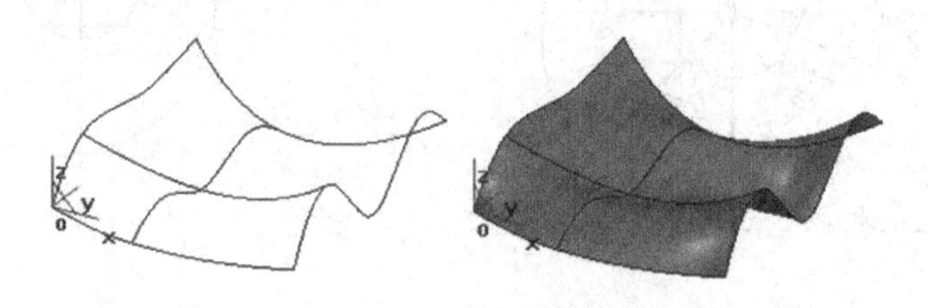

图 13-3 通过曲线网格命令应用示例

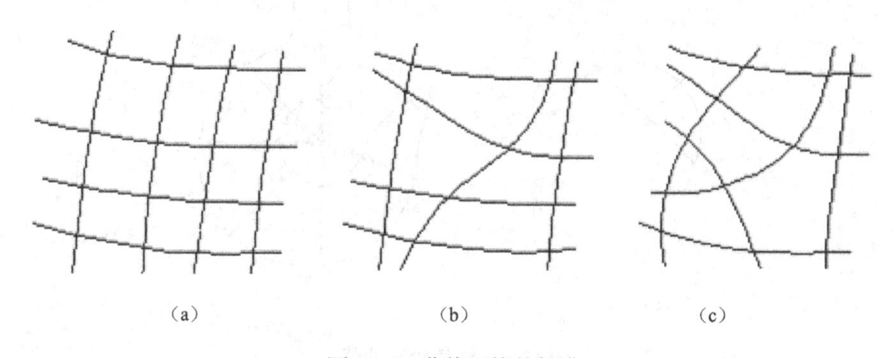

图 13-4 曲线网格的标准

1. 新建文件

新建一个 NX 文件，名称为“diaogou.prt”。

2．创建钩体曲面

（1）绘制轮廓曲线。选择XZ平面作为草图平面，按以下步骤绘制轮廓曲线草图：

① 绘制曲线。绘制大致轮廓曲线，如图13-5（a）所示。其中，直径为85的圆弧的圆心位于坐标系原点；半径为110的圆弧的圆心位于与X轴呈45°的角度线上，且与Y轴相距13.6；钩角处半径为95的两段圆弧分别与这两段圆弧相切。

② 倒圆角。对直线与圆弧、圆弧与圆弧进行倒圆角，如图13-5（b）所示。

③ 绘制钩鼻处的两条曲线。选择钩角处圆弧的端点绘制直线，再选择圆弧和直线的中点绘制直线，如图13-5（c）所示。

④ 修剪曲线。修剪角度线至圆弧曲线位置，得到吊钩轮廓曲线，如图13-5（d）所示。

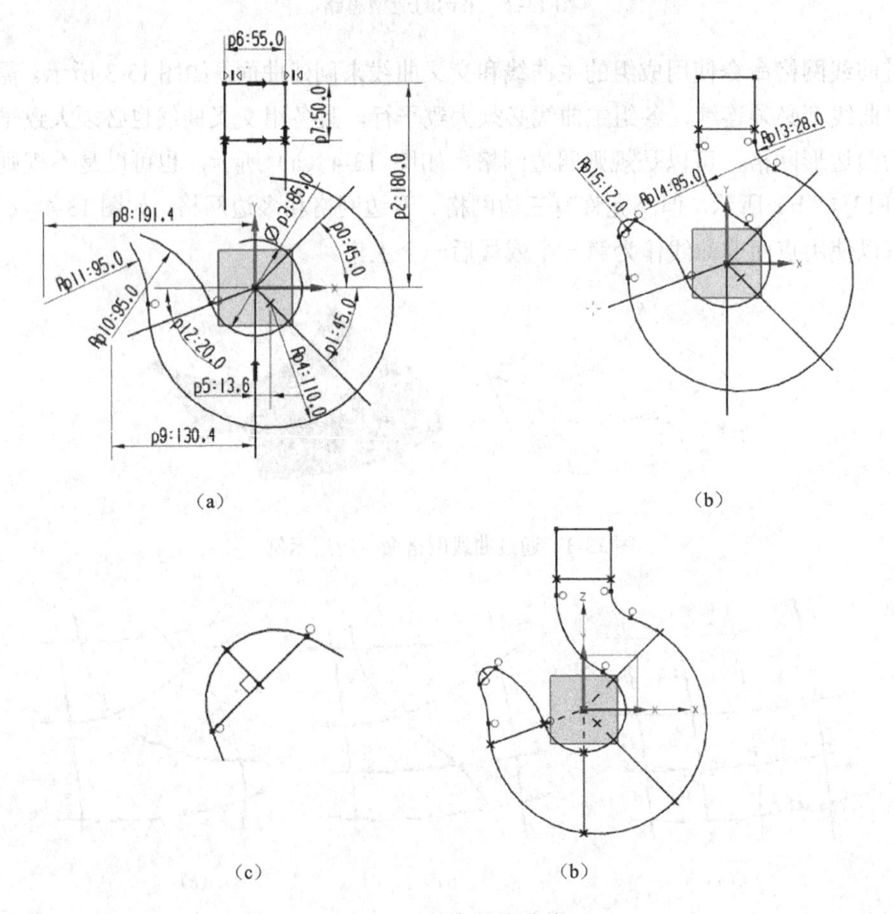

图13-5 钩角轮廓曲线

（2）创建截面曲线。在各条直线位置创建截面曲线，步骤如下：

① 创建基准平面。在“特征”工具条上，单击“基准平面”，选择顶部的直线和XZ平面，创建通过直线且和XZ平面垂直的基准平面1，如图13-6所示。按照相同的方法，创建基准平面2、基准平面3、基准平面4、基准平面5、基准平面6和基准平面7。

② 绘制截面草图1、草图2、草图3、草图6和草图7。选择基准平面1作为草图平面，选择直线中点为圆心、选择直线端点为圆上另一点，绘制圆形，创建草图1，如图13-7所示。按照相同的方法，选择基准平面2、基准平面3、基准平面6和基准平面7，创建草图2、草图3、草图6和草图7。

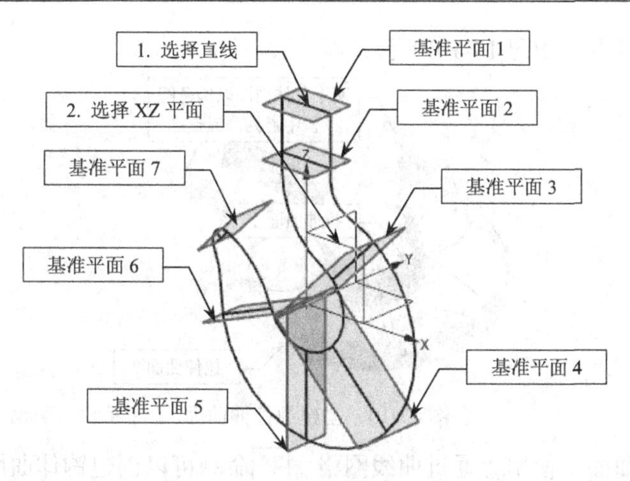

图 13-6 创建的基准平面

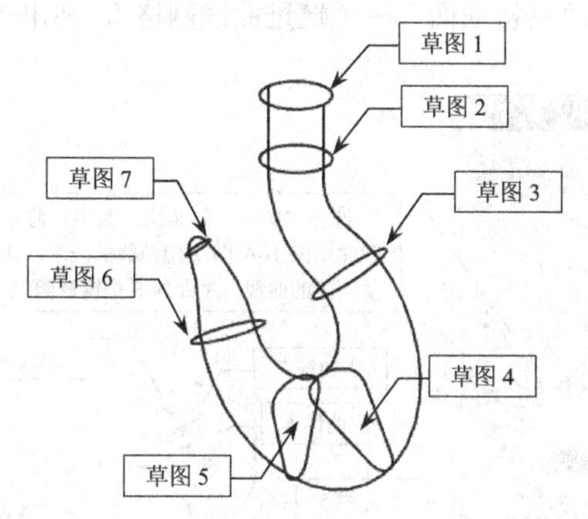

图 13-7 草图 1、草图 2、草图 3、草图 6 和草图 7

③ 绘制截面草图 4 和草图 5。选择基准平面 4 作为草图平面，绘制草图 4，如图 13-8 所示。按照相同的方法，选择基准平面 5 作为草图平面，绘制草图 5，如图 13-9 所示。

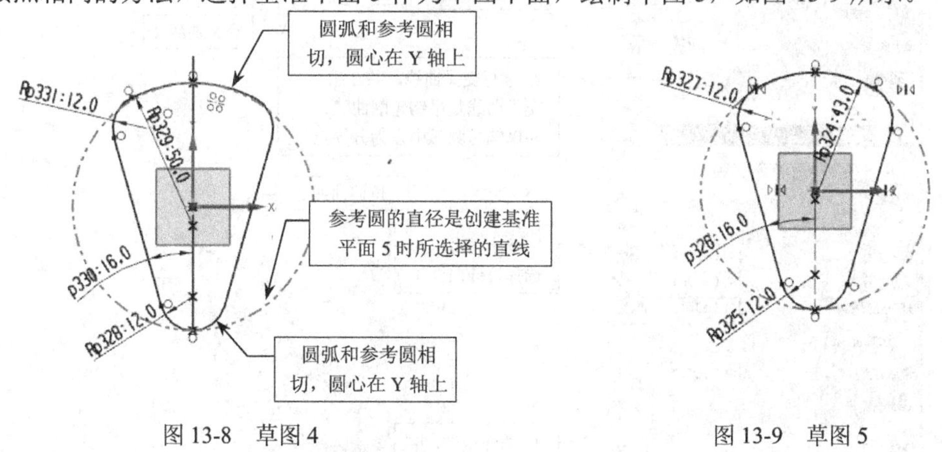

图 13-8 草图 4　　图 13-9 草图 5

（3）创建辅助面。

在“特征”工具条上，单击“拉伸”；在“选择”工具条上，从“曲线规则”列表中选择“单条曲线”，确保选中“在相交处停止”；在图形窗口中，选择轮廓曲线，进行对称拉伸，距离为 20，创建拉伸曲面 1。按照相同的方法，创建拉伸曲面 2。两个辅助曲面以钩鼻圆弧中点为分界点，如图 13-10 所示。

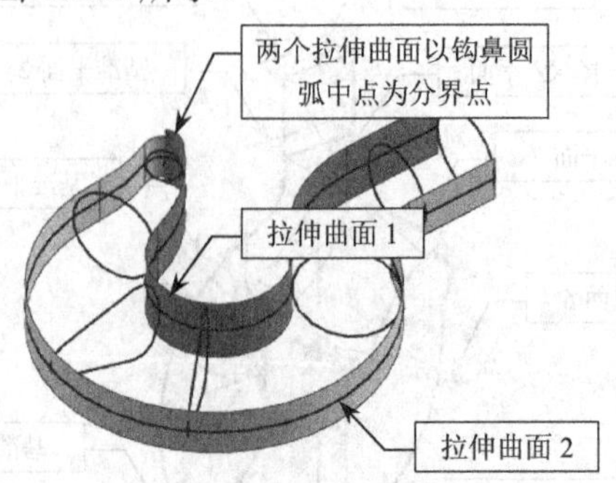

图 13-10　创建的拉伸曲面

（4）创建钩体曲面。使用“通过曲线网格”命令可以创建钩体曲面，步骤如下：

① 启动通过曲线网格命令。在“曲面”工具条上，单击“通过曲线网格”，或在菜单条上，选择“插入”→“网格曲面”→“通过曲线网格”，弹出“通过曲线网格”对话框，如图 13-11 所示。

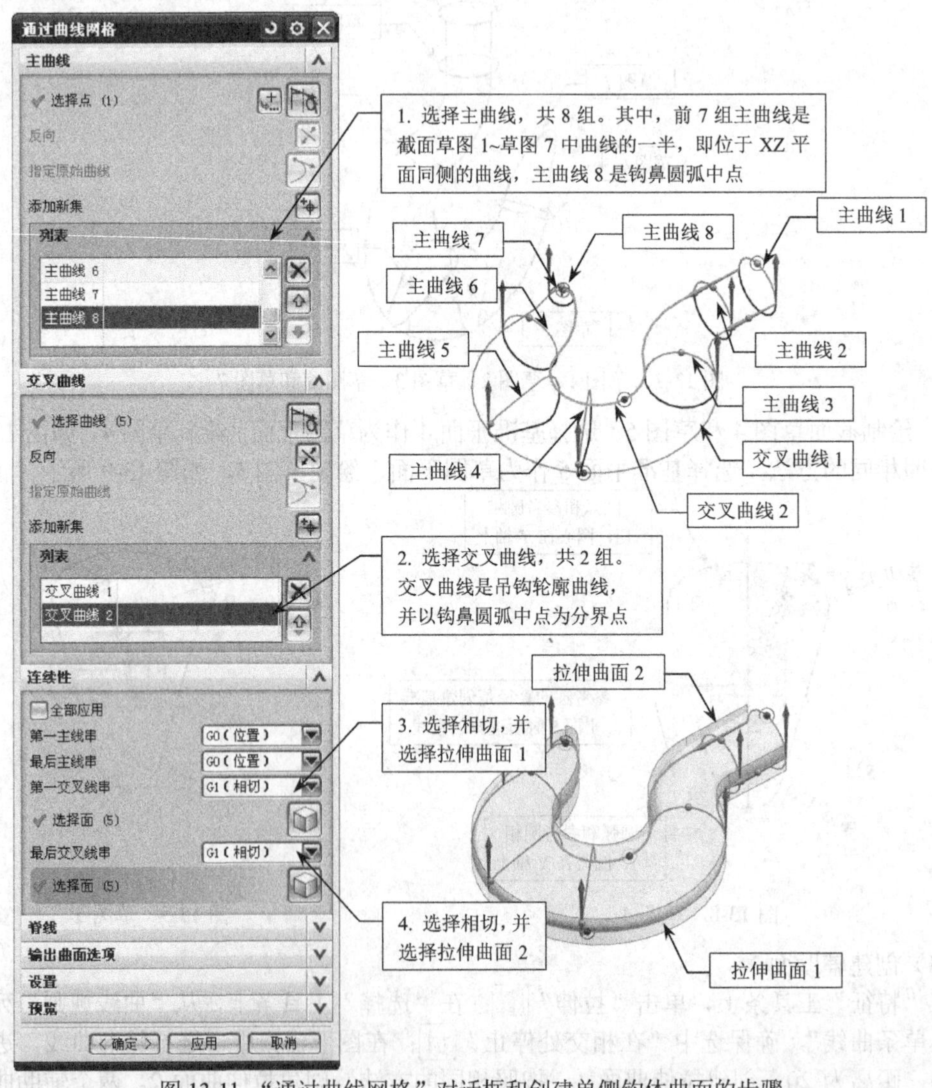

图 13-11　“通过曲线网格”对话框和创建单侧钩体曲面的步骤

② 选择主曲线。在对话框“主曲线”组中，单击“选择曲线”；在“选择”工具条上，从“曲线规则”列表中选择“单条曲线”，选中“在相交处停止”，单击“中点”；在图形窗口中，选择截面草图1作为主曲线1，单击“添加新集”或单击鼠标中键；按照相同的方法，选择截面草图2、截面草图3、截面草图4、截面草图5、截面草图6和截面草图7作为主曲线2、主曲线3、主曲线4、主曲线5、主曲线6和主曲线7；选择钩鼻圆弧中点作为主曲线8。最后，单击鼠标中键两次，完成主曲线的选择。

③ 选择交叉曲线。在对话框“交叉曲线”组，单击“选择曲线”；在图形窗口中，选择轮廓曲线作为交叉曲线1和交叉曲线2。两条交叉曲线以钩鼻圆弧中点为分界点。

④ 设置连续性。在对话框“连续性”组，从“第一交叉线串”列表中选择“G1（相切）”；在图形窗口中，选择拉伸曲面1。从“最后交叉线串”列表中选择“G1（相切）”；在图形窗口中，选择拉伸曲面2。

⑤ 完成创建。单击“确定”，完成单侧钩体曲面的创建。然后隐藏拉伸曲面1和曲面2。

3. 镜像钩体曲面

（1）启动实例几何体命令。在“特征”工具条上，单击“实例几何体”，弹出“实例几何体”对话框，如图13-12所示。

（2）选择类型。在“实例几何体”对话框的“类型”列表中，选择“镜像”。

（3）选择镜像对象。在图形窗口中，选择钩体曲面。

（4）选择镜像平面。在“实例几何体”对话框的“镜像平面”组中，单击“指定平面”；在图形窗口中，选择XZ平面。

（5）完成创建。单击“确定”，创建另一侧的钩体曲面。

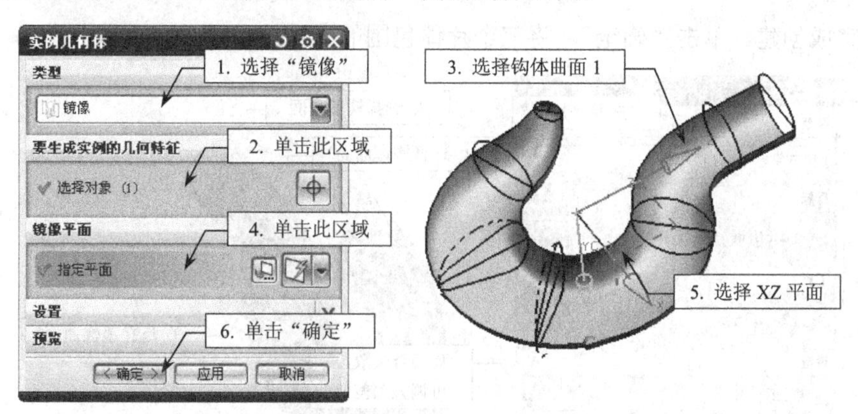

图13-12 “实例几何体”对话框和镜像钩体曲面的步骤

4. 创建钩柄平面

使用“N边曲面”可以创建由一组端点相连的曲线封闭的曲面。使用N边曲面命令创建钩柄平面的步骤如下：

（1）启动N边曲面命令。在“曲面”工具条上，单击“N边曲面”，或在菜单条上，选择“插入”→“网格曲面”→“N边曲面”，弹出“N边曲面”对话框，如图13-13所示。

（2）选择类型。在“N边曲面”对话框的“类型”列表中，选择“三角形”。

（3）选择对象。在“N边曲面”对话框的“外环”组中，单击“选择曲线”区域；在图形窗口中，选择钩柄位置草图1的圆形曲线。

（4）完成创建。单击“确定”，完成钩柄平面的创建。

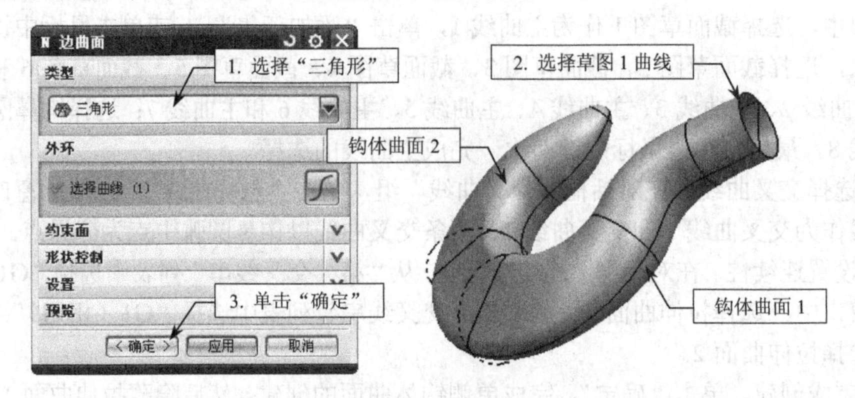

图13-13 “N边曲面”对话框和创建钩柄平面的步骤

5. 创建吊钩实体

使用缝合命令吊钩实体，步骤如下：

（1）启动缝合命令。在“特征”工具条上，单击“缝合”，弹出“缝合”对话框，如图13-14所示。

（2）选择类型。在“缝合”对话框的“类型”列表中选择“片体”。

（3）选择对象。在图形窗口中，选择抽取的钩体曲面为“目标”，选择镜像曲面和钩鼻平面为“工具”。

（4）完成创建。单击“确定”，将三个片体包围的区域缝合为一个实体。

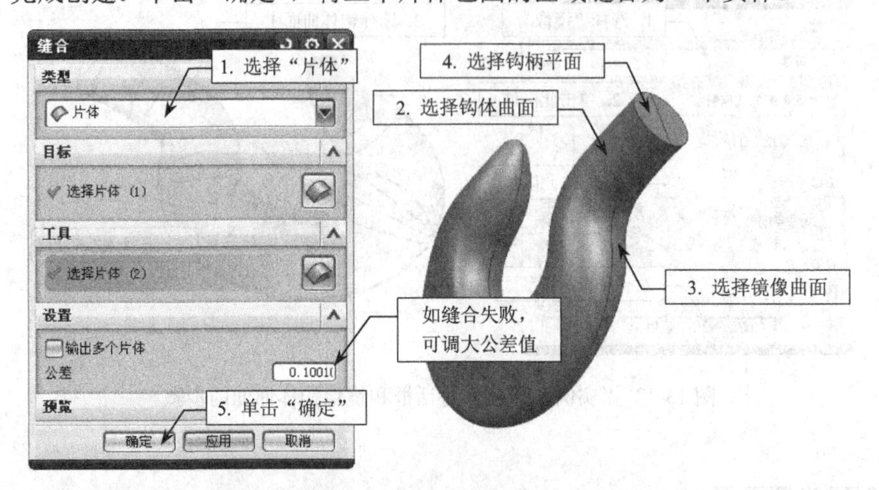

图13-14 “缝合”对话框和创建吊钩实体的步骤

工程师提示：

◆ 如果不能将曲面缝合为实体，可将“缝合”对话框的“设置”组中的公差数值调大。

6. 创建其他特征

继续创建钩柄圆柱体、倒角和螺纹等特征，步骤略。

7．保存文件

隐藏基准坐标系和草图，然后保存文件。

【思考练习】

根据题图13-1所示，创建实体模型。

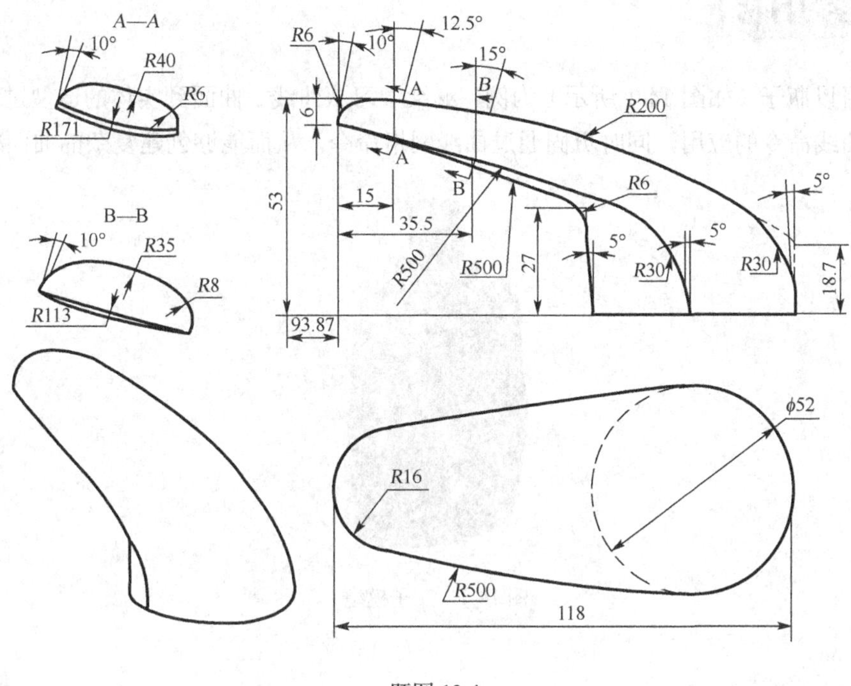

题图13-1

项目 14 瓶子的造型

【学习目标】

本项目以瓶子（如图 14-1 所示）为例，继续学习从曲线、曲面到实体的造型过程，学习艺术样条曲线命令的应用，同时巩固通过曲线网格命令，从而能够创建复杂的曲面模型。

图 14-1 瓶子模型

【项目分析】

瓶子的造型过程如图 14-2 所示：首先创建瓶子的轮廓线和截面线，然后创建瓶子实体，最后创建瓶子的其他特征，如瓶口和壳体等。

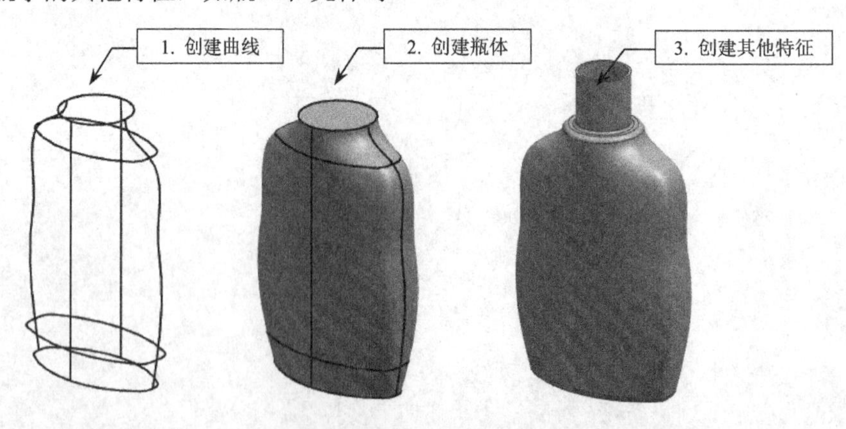

图 14-2 瓶子的造型思路

1．新建文件

新建一个 NX 文件，名称为“pingzi.prt”。

2．绘制截面曲线

（1）创建基准平面。在“特征”工具条上，单击“基准平面”，创建距离 XY 平面分别为 100、88.5、53.5 和 11.5 的基准平面 1、基准平面 2、基准平面 3 和基准平面 4。

（2）绘制草图 1。选择基准平面 1 作为草图平面，绘制草图 1，如图 14-3 所示。

（3）绘制草图 2。选择基准平面 2 作为草图平面，先绘制如图 14-4（a）所示草图，再使用“镜像曲线”命令，绘制草图 2，如图 14-4（b）所示。

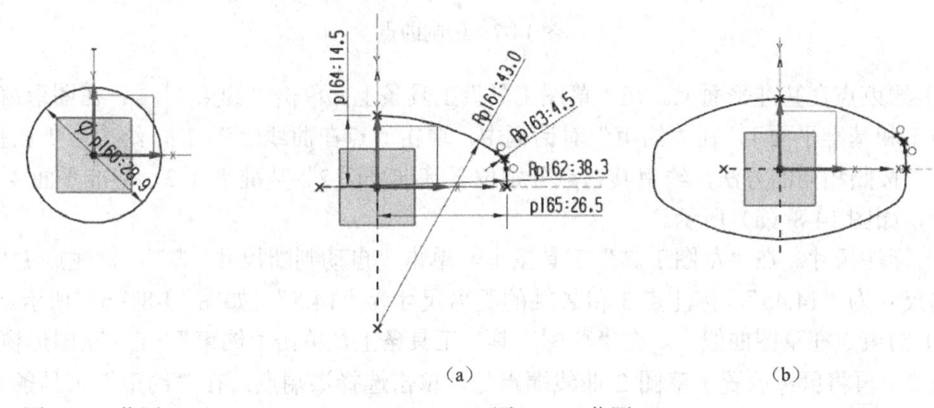

图 14-3　草图 1　　　　图 14-4　草图 2

（4）绘制草图 4。选择基准平面 4 作为草图平面，绘制草图 4，如图 14-5 所示。

（5）绘制草图 5。选择 XY 平面作为草图平面，绘制草图 5，如图 14-6 所示。

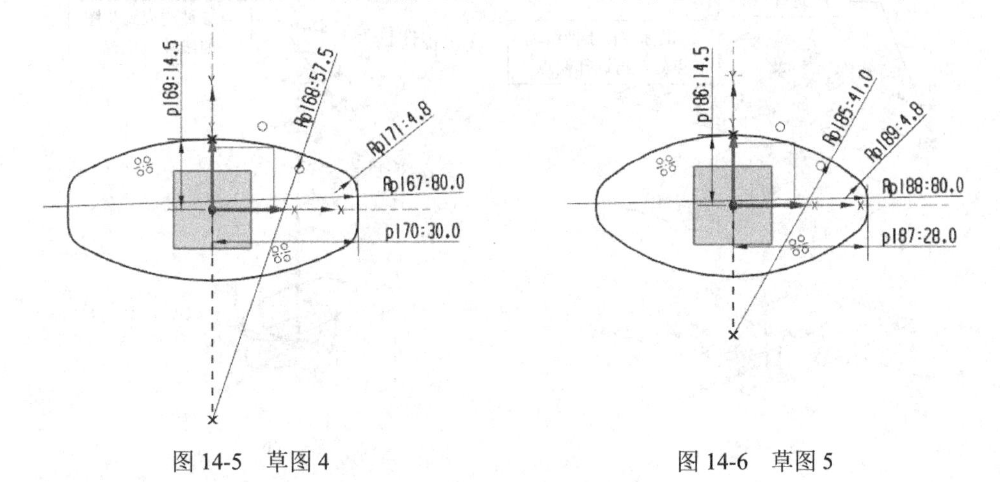

图 14-5　草图 4　　　　图 14-6　草图 5

3．绘制交叉曲线 1 和 3

（1）绘制点。选择 YZ 平面作为草图平面，进入草图环境，绘制点，步骤如下：

① 绘制点。在“草图工具”工具条上，单击“点”[+]，绘制5个点，如图14-7所示。

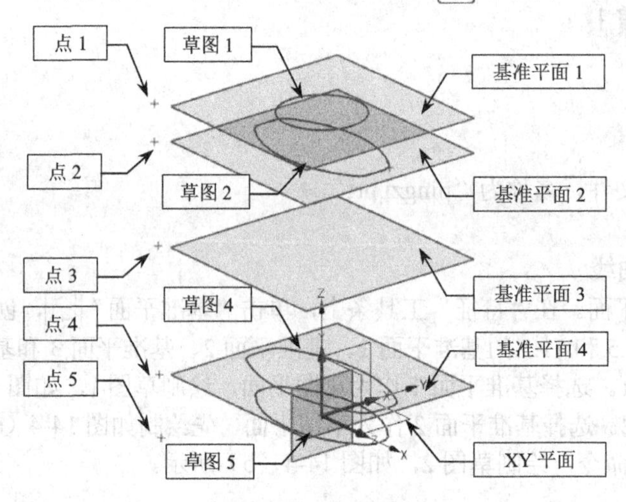

图14-7 绘制的点

② 约束点在基准平面上。在“草图工具”工具条上，单击“约束”；在图形窗口中，选择点1和基准平面1，在“约束”对话框中，单击“点在曲线上”，约束点1在基准平面1上。按照相同的方法，约束其它点分别位于基准平面2、基准平面3，基准平面4和XY平面上，如图14-8（a）所示。

③ 标注尺寸。在“草图工具”工具条上，单击“自动判断尺寸”，标注点1和Z轴的距离尺寸为“14.45”，标注点3和Z轴的距离尺寸为“14.5”，如图14-8（b）所示。

④ 约束点在草图曲线上。在“草图工具”工具条上，单击“约束”；在图形窗口中，选择点2，再将鼠标放置于草图2曲线端点处，单击选择该端点；在“约束”工具条上，单击“重合”，约束点2在草图2曲线上。按照相同的方法，约束点4在草图4曲线上，约束点5在草图5曲线上，如图14-8（b）所示。

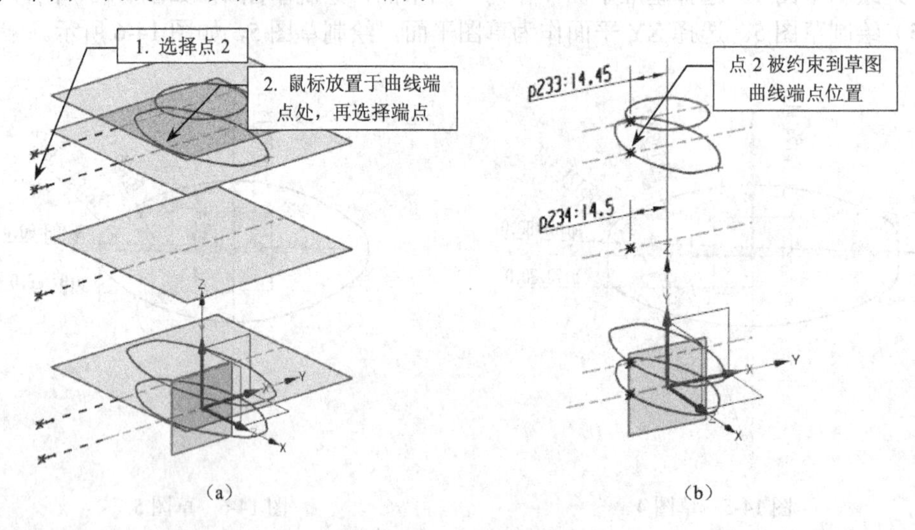

图14-8 约束点的位置

（2）绘制交叉曲线1。使用“艺术样条”命令绘制交叉曲线1，步骤如下：

① 启动艺术样条命令。在“草图工具”工具条上，单击“艺术样条”，弹出“艺术

样条”对话框，如图 14-9（a）所示。

② 选择样条曲线的类型。在“类型”列表中，选择“通过点”。

③ 选择通过的点。在图形窗口中，依次选择 5 个点。

④ 完成绘制。单击“确定”，完成样条曲线的绘制，如图 14-9（b）所示。

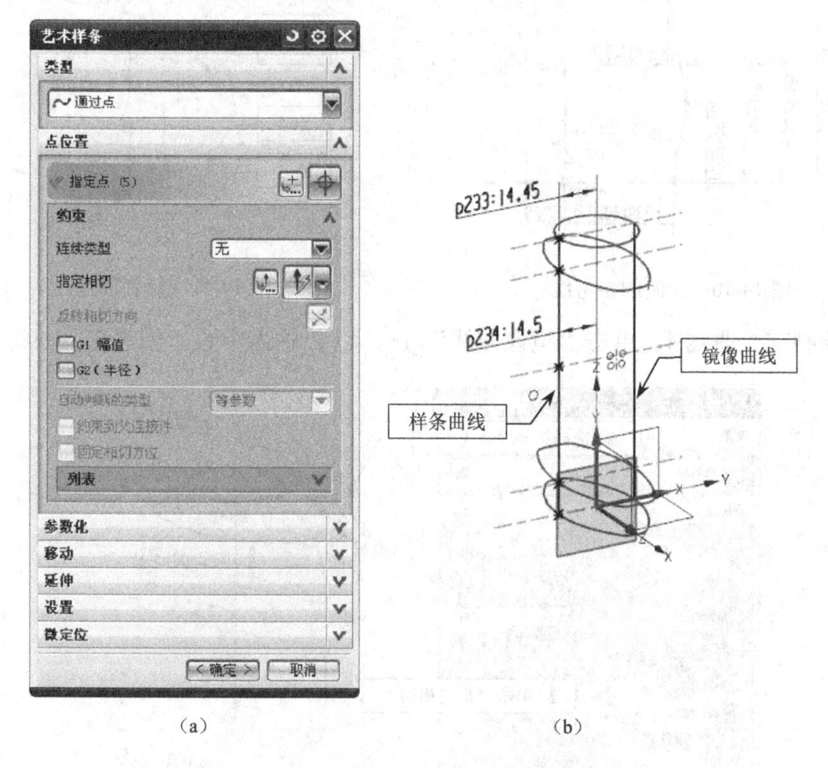

（a） （b）

图 14-9 “艺术样条”对话框和交叉曲线草图

（3）绘制交叉曲线 3。单击“镜像曲线”，以 Z 轴为中心，创建交叉曲线 3。

4．绘制交叉曲线 2 和 4

（1）绘制参考线。选择 XZ 平面作为草图平面，进入草图环境。在“草图工具”工具条上，单击“轮廓”，绘制曲线，如图 14-10 所示。单击“转换至/自参考对象”，将其转换为参考线。

（2）绘制点。单击“点”，绘制 5 个点，如图 14-11 所示，约束各点在基准平面上，并和截面草图曲线的端点重合。

（3）绘制交叉曲线 2。使用“艺术样条”命令绘制交叉曲线 2，步骤如下：

① 初绘样条曲线。在“草图工具”工具条上，单击“艺术样条”，弹出“艺术样条”对话框，在“类型”列表中选择“通过点”；在图形窗口中，选择 5 个点，绘制样条曲线。

② 控制样条曲线的形状。按照图 14-12 所示步骤操作，设置样条曲线在点 1 位置和第一段参考线呈相切关系。按照相同的步骤操作，设置样条曲线在点 3 位置和第三段参考线、在点 5 位置和第五段参考线分别呈相切关系。设置相切关系后，“艺术样条”对话框和样条曲线如图 14-13 所示。

③ 完成绘制。单击“确定”，完成样条曲线的绘制。

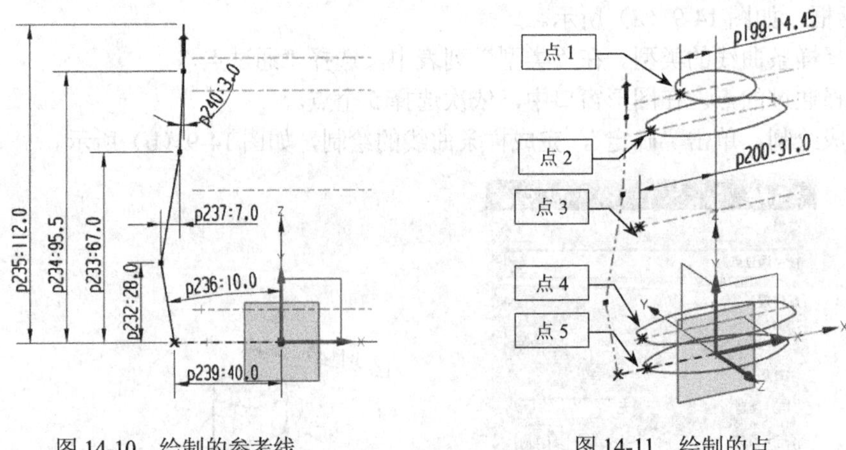

图 14-10 绘制的参考线　　　　图 14-11 绘制的点

（4）绘制交叉曲线4。单击“镜像曲线”，以Z轴为中心，创建交叉曲线4。

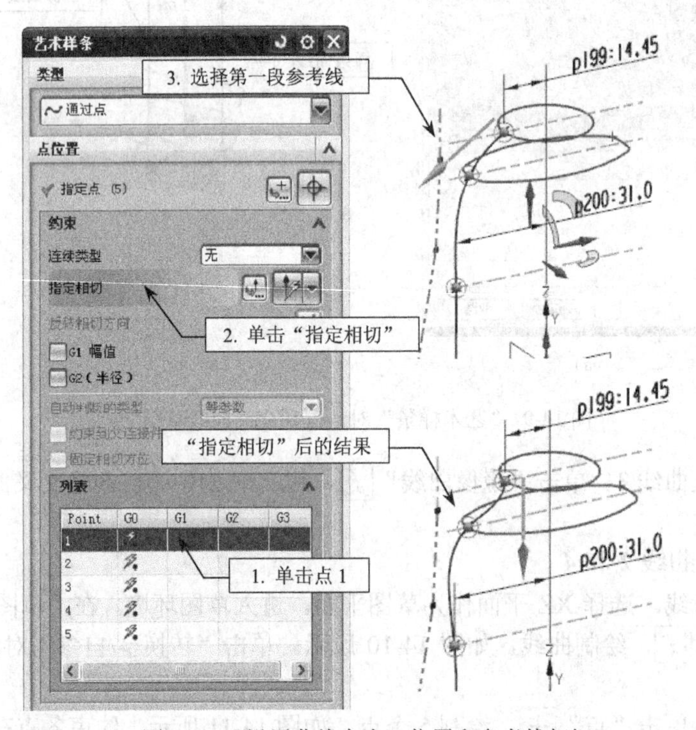

图 14-12 设置曲线在点1位置和参考线相切

5. 创建瓶体

使用“通过曲线网格”命令可以创建瓶体，步骤如下：

（1）启动通过曲线网格命令。在“曲面”工具条上，单击“通过曲线网格”，弹出“通过曲线网格”对话框，如图14-14所示。

（2）选择主曲线。在对话框“主曲线”组中，单击“选择曲线”；在“选择”工具条上，从“曲线规则”列表中选择“相切曲线”；在图形窗口中，选择截面草图1作为主曲线1，单击“添加新集”或单击鼠标中键；按照相同的方法，选择截面草图2、截面草图4和截面草图5作为主曲线2、主曲线3和主曲线4，最后单击鼠标中键两次，完成主曲线的选择，如图14-14所示。

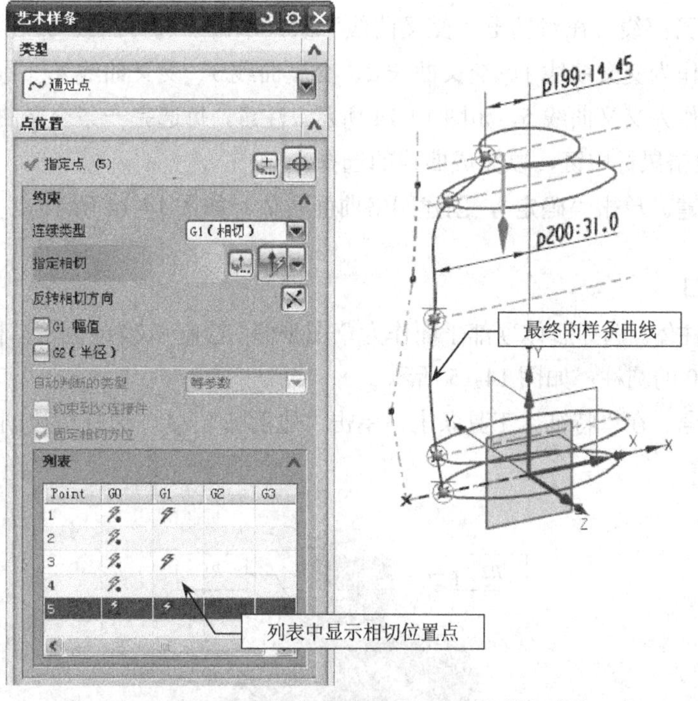

图 14-13 “艺术样条”对话框和绘制的样条曲线

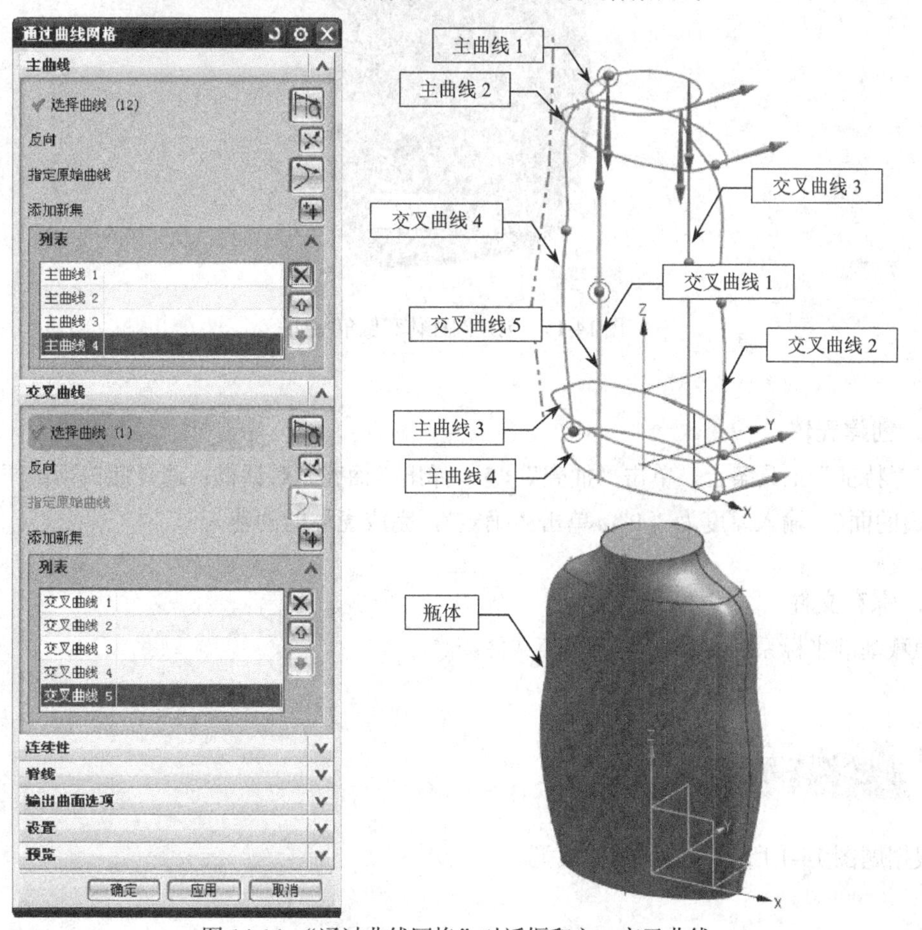

图 14-14 “通过曲线网格”对话框和主、交叉曲线

（3）选择交叉曲线。在对话框“交叉曲线”组，单击“选择曲线”；在图形窗口中，选择四条样条曲线作为交叉曲线1、交叉曲线2、交叉曲线3、交叉曲线4，最后再选择第一次选择的样条曲线作为交叉曲线5，如图14-14所示。注意，每选完一条交叉曲线后，单击“添加新集”或单击鼠标中键，以完成曲线的选择。

（4）完成创建。单击“确定”，创建网格曲面实体，如图14-14所示。

6．创建瓶口

（1）创建圆柱体。选择瓶体顶部平面作为草图平面，绘制ϕ20的圆形草图；单击“拉伸”，创建高度20的圆柱，如图14-15所示。

（2）创建圆角。在“特征”工具条上，单击“边倒圆”，选择棱边创建圆角特征，如图14-15所示。

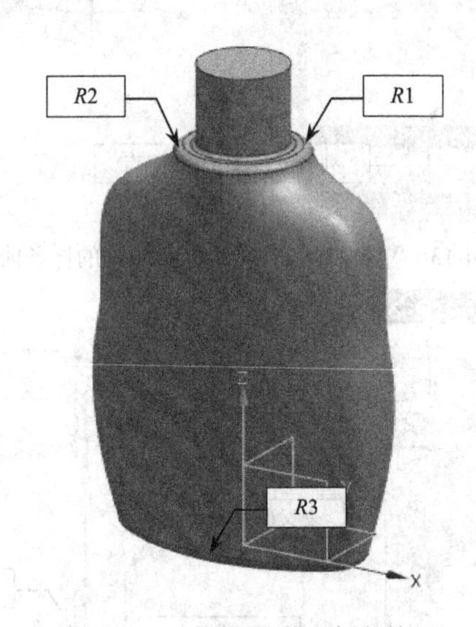

图14-15　创建圆柱体和倒角特征

7．创建壳体

在“特征”工具条上，单击“抽壳”，弹出“抽壳”对话框；选择瓶口顶部平面作为“要穿透的面”，输入厚度为“1”；单击“确定”，完成壳体的创建。

8．保存文件

隐藏基准坐标系和草图，然后保存文件。

根据题图14-1所示，创建实体模型。

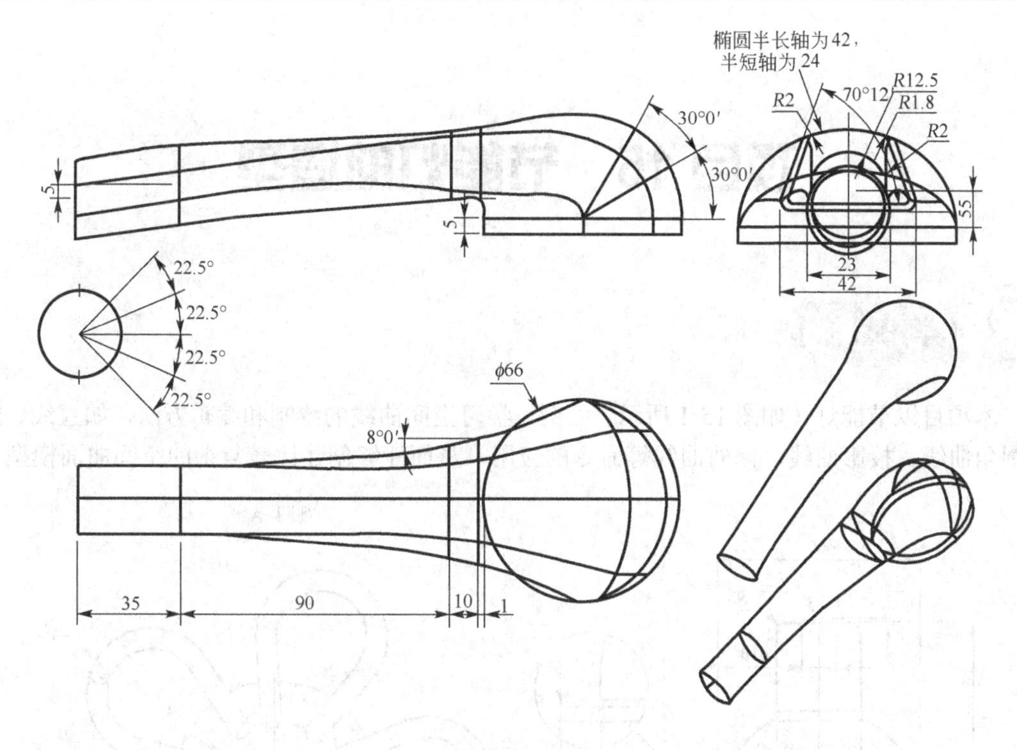
椭圆半长轴为42，
半短轴为24
R12.5
70°12
R1.8
R2
R2
55
23
42
30°0′
30°0′
5
5
22.5°
22.5°
22.5°
22.5°
ϕ66
8°0′
35
90
10
1

题图 14-1

项目 15　节能灯的造型

【学习目标】

本项目以节能灯（如图 15-1 所示）为例，学习空间曲线的绘制和编辑方法，如直线、圆形圆角曲线、投影曲线、修剪曲线等命令的应用，从而能够创建比较复杂的空间曲面模型。

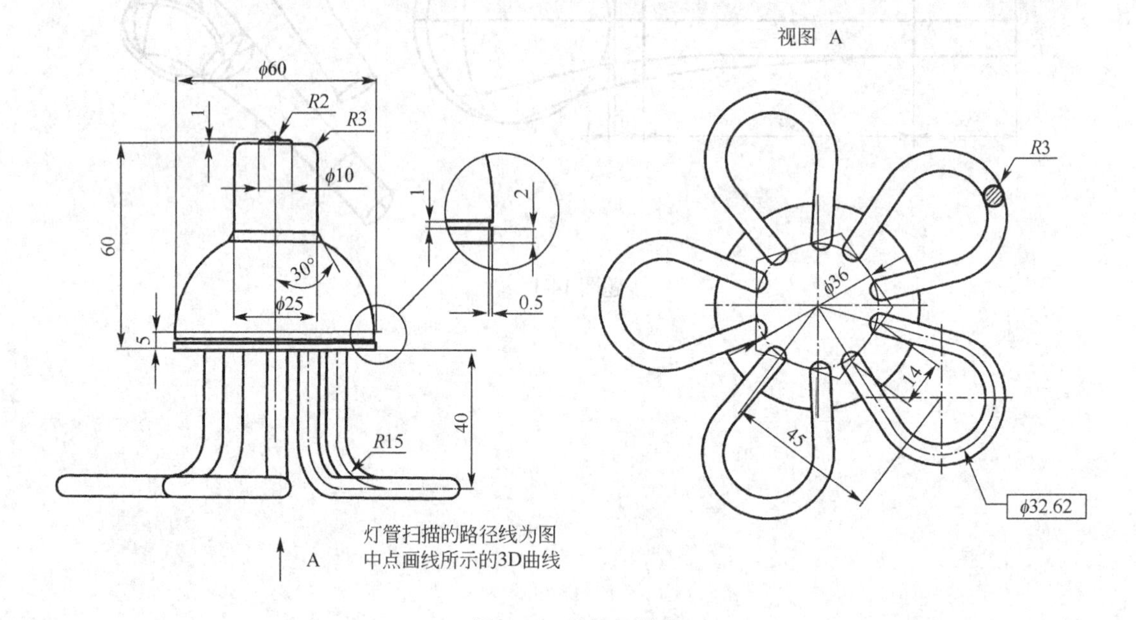

图 15-1　节能灯模型

【项目分析】

节能灯的造型过程比较简单：先创建灯座，再创建灯管，如图 15-2 所示。造型的关键是创建灯管，灯管的难点是绘制空间曲线。

【操作步骤】

1. 新建文件

新建一个 NX 文件，名称为“jienengdeng.prt”。

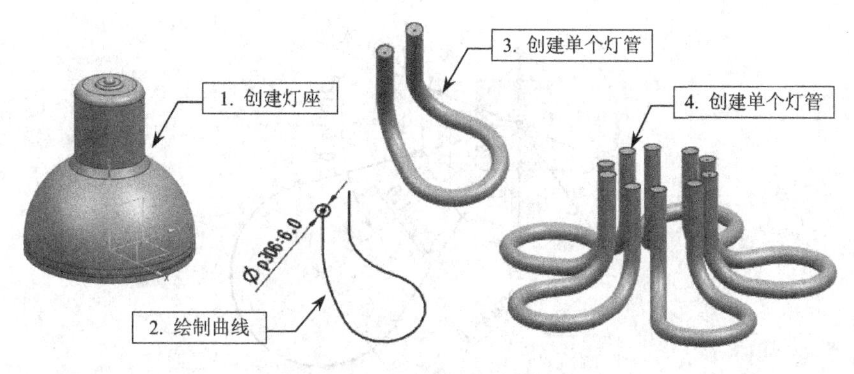

图 15-2　节能灯的造型思路

2. 创建灯座

（1）绘制草图。选择 XZ 平面作为草图平面，绘制草图，如图 15-3（a）所示。

（2）创建灯座。单击“回转”，选择草图，以 Z 轴为旋转轴，创建灯座回转体。

（3）创建圆角。单击“边倒圆”，选择灯座上部的棱边，创建圆角，如图 15-3（b）所示。

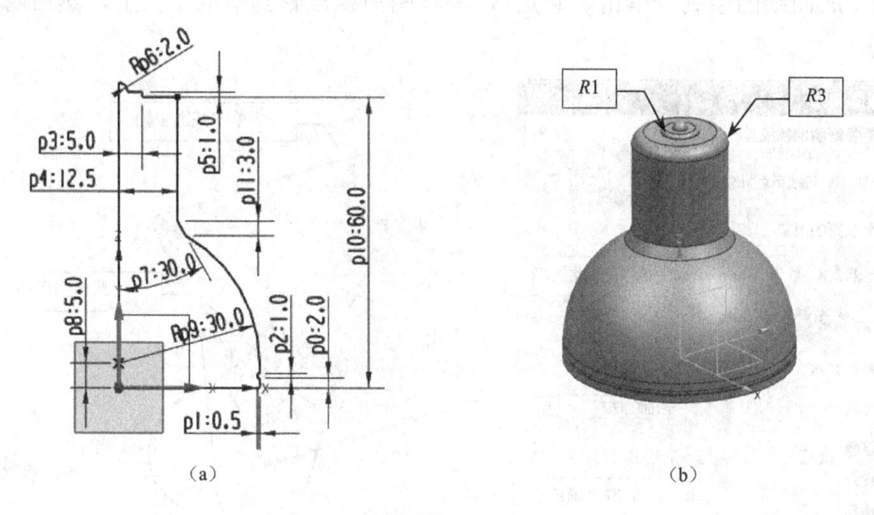

图 15-3　灯座草图和灯座实体

3. 创建灯管引导线

（1）创建基准平面。在“特征”工具条上，单击“基准平面”，创建距离灯座底面为 40 的基准平面。

（2）绘制草图。选择刚创建的基准平面作为草图平面，绘制草图，如图 15-4 所示。

（3）投影曲线。投影曲线命令用于将曲线、边或点投影至面或平面。将刚绘制的草图曲线投影到空间平面上的步骤如下：

① 显示“曲线”工具条。在工具条区域空白处单击右键，在滚动菜单条中选中“曲线”，显示“曲线”工具条。

② 启动投影曲线命令。在“曲线”工具条上，单击“投影曲线”，或在菜单条上，选择

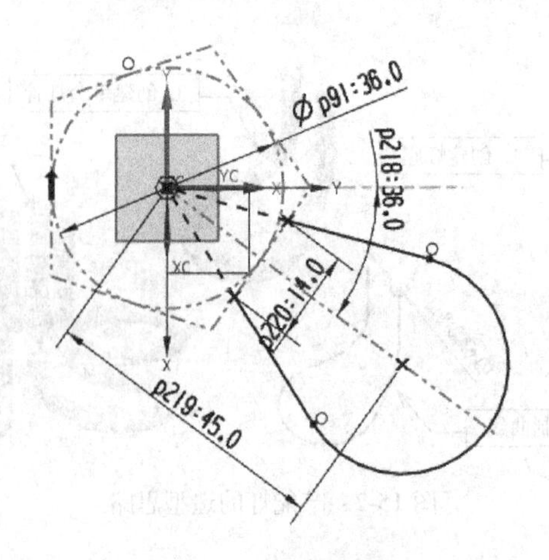

图 15-4 灯管引导线草图

“插入”→“来自曲线集的曲线”→“投影曲线”，弹出“投影曲线”对话框，如图 15-5 所示。

③ 选择要投影的曲线。在图形窗口中，选择草图中三段曲线。

④ 选择投影面。在“投影曲线”对话框中，单击“指定平面”区域；在图形窗口中，选择创建的基准平面。

⑤ 完成曲线的绘制。单击“确定”，将草图曲线投影到基准平面上，然后隐藏原有的草图。

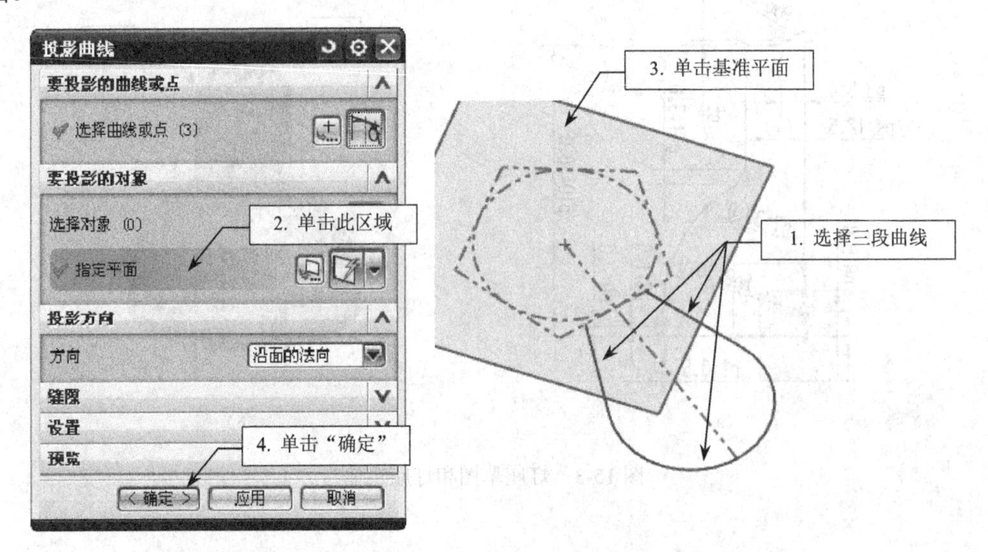

图 15-5 “投影曲线”对话框和创建投影曲线的步骤

（4）绘制直线。

① 启动直线命令。在“曲线”工具条上，单击“直线”，弹出“直线”对话框。

② 选择直线起点。在图形窗口中，选择投影曲线的端点作为直线的起点。

③ 设置直线方向。在“终点或方向”组，从“终点选项”列表中选择“沿 ZC”。

④ 输入直线长度。在“限制”组，“距离”框中输入“40”。

⑤ 完成创建。单击“确定”，绘制一条直线，如图 15-6 所示。

按相同的方法，再绘制另一条直线。

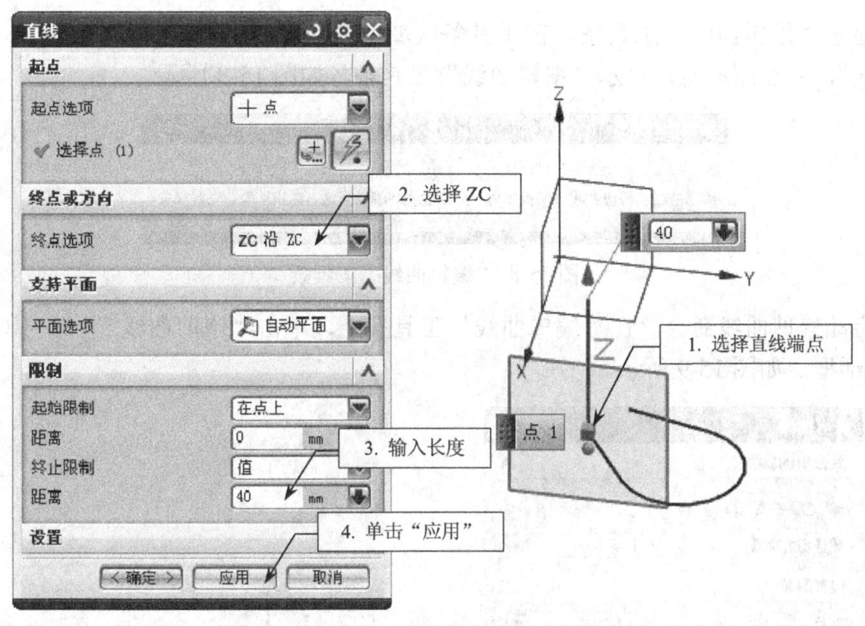

图 15-6 “直线”对话框和绘制直线的步骤

（5）绘制圆角曲线。

① 启动圆角曲线命令。在“曲线”工具条上，单击“圆形圆角曲线”，或在菜单条上，选择“插入”→“来自曲线集的曲线”→“圆形圆角曲线”，弹出“圆形圆角曲线”对话框，如图 15-7 所示。

② 选择直线。在图形窗口中，选择刚绘制的直线；单击鼠标中键，再选择投影曲线中的直线。

③ 输入参数。在对话框的“圆柱”组，从“半径选项”列表中选择“值”，在“半径”框中输入“15”。

④ 完成创建。单击“确定”，完成圆角曲线的绘制。

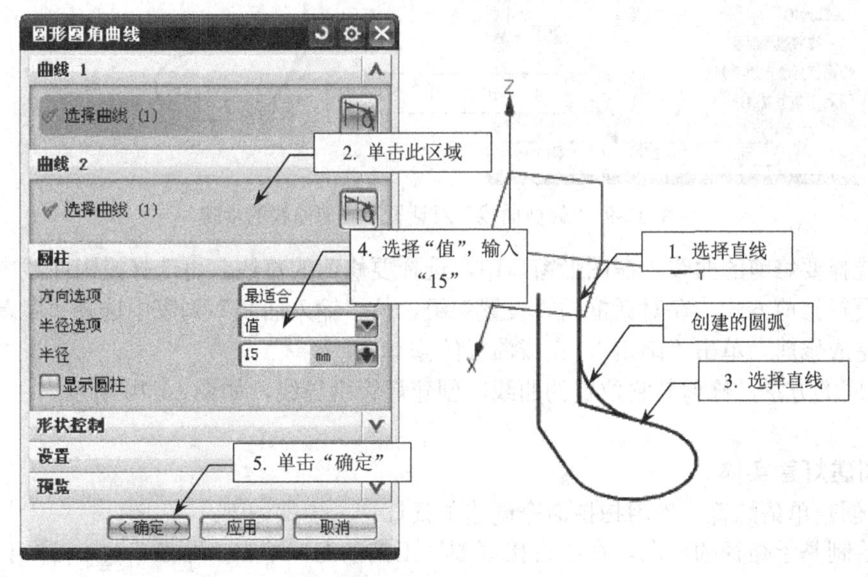

图 15-7 “圆形圆角曲线”对话框和绘制圆角曲线的步骤

（6）修剪曲线。修剪曲线命令用于修剪或延伸曲线到选定的边界对象。

① 显示“编辑曲线”工具条。在工具条区域空白处，单击右键，在滚动菜单条中选择“编辑曲线”，将在图形窗口显示“编辑曲线”工具条，如图15-8所示。

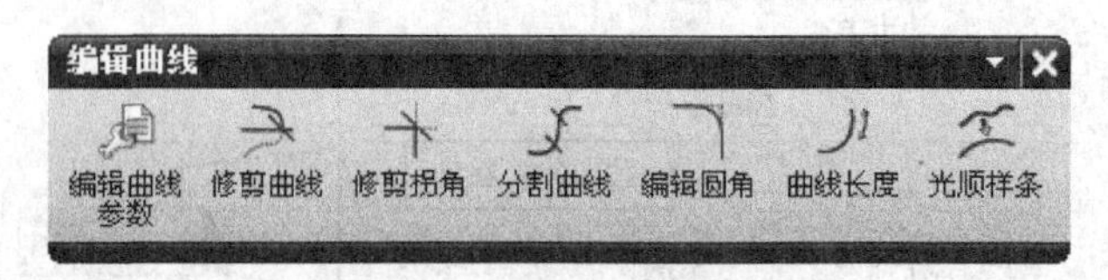

图15-8 “编辑曲线”工具条

② 启动修剪曲线命令。在“编辑曲线”工具条上，单击“修剪曲线”，弹出“修剪曲线”对话框，如图15-9所示。

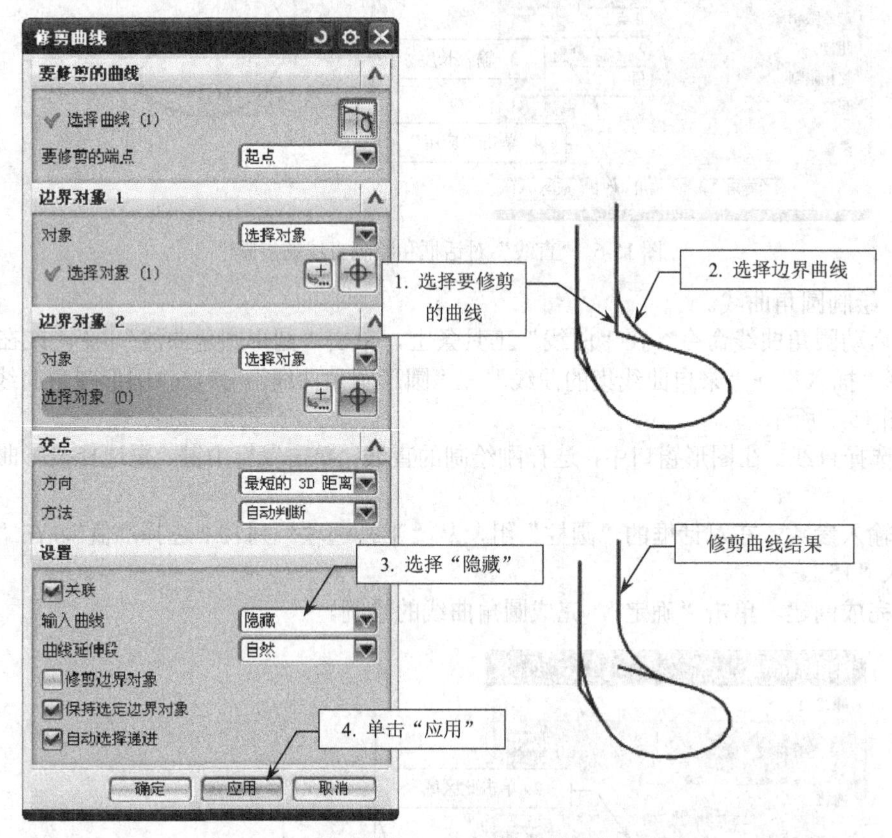

图15-9 “修剪曲线”对话框和修剪曲线的步骤

③ 选择要修剪的曲线。在图形窗口中，选择要修剪的直线，再选择投影曲线中的直线。

④ 设置修剪方式。在对话框的“设置”组，从“输入曲线”列表中选择“隐藏”。

⑤ 完成修剪。单击“确定”，完成曲线的修剪。

按相同的方法，修剪其它位置的曲线，创建灯管引导线，如图15-10所示。

4. 创建灯管实体

（1）创建单条灯管。使用扫掠命令创建单条灯管，步骤如下：

① 绘制基于路径的草图。在“直接草图”工具条上，单击“草图”，弹出“创建草图”对话框；在“类型”列表中，选择“基于路径”；在图形窗口中，选择直线的端点；单击“确定”，进入草图环境。以草图坐标系原点为圆心（在引导线上），绘制直径为6的圆形草图，

如图 15-11 所示。

② 创建扫掠体。在“曲面”工具条上，单击“扫掠”命令，弹出“扫掠”对话框；在图形窗口中，选择圆形草图为截面线，选择空间曲线为引导线；单击“确定”，创建单条灯管，如图 15-12 所示。

图 15-10　灯管引导线

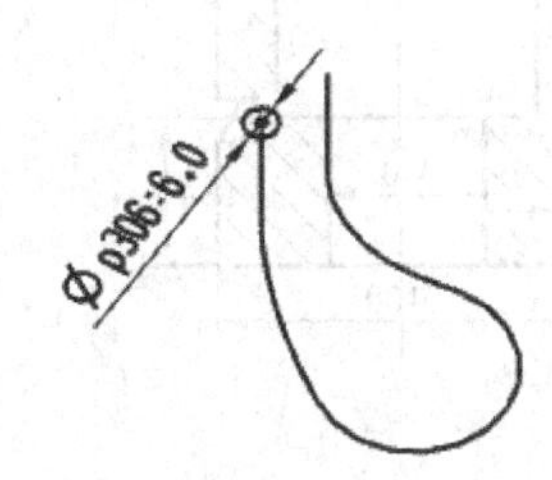

图 15-11　截面草图

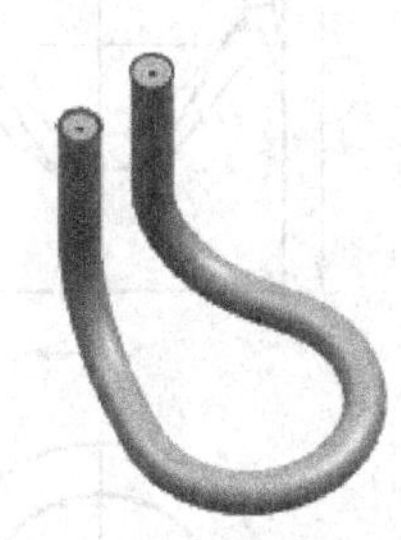

图 15-12　单条灯管实体

（2）复制灯管实体。在“特征”工具条上，单击“实例几何体”，从“类型”列表中选择“旋转”；或单击“阵列特征”，从“布局”列表中选择“圆形”；或在菜单条中，选择“编辑”→“移动对象”，从“运动”列表中选择“角度”，选择单条灯管为复制对象，得到其余四条灯管。

（3）创建求和实体。在“特征”工具条上，单击“求和”，将灯座和灯管求和，形成一个实体。

5. 保存文件

隐藏基准坐标系和草图，然后保存文件。

【思考练习】

1. 根据题图 15-1～题图 15-3 所示，创建实体模型。

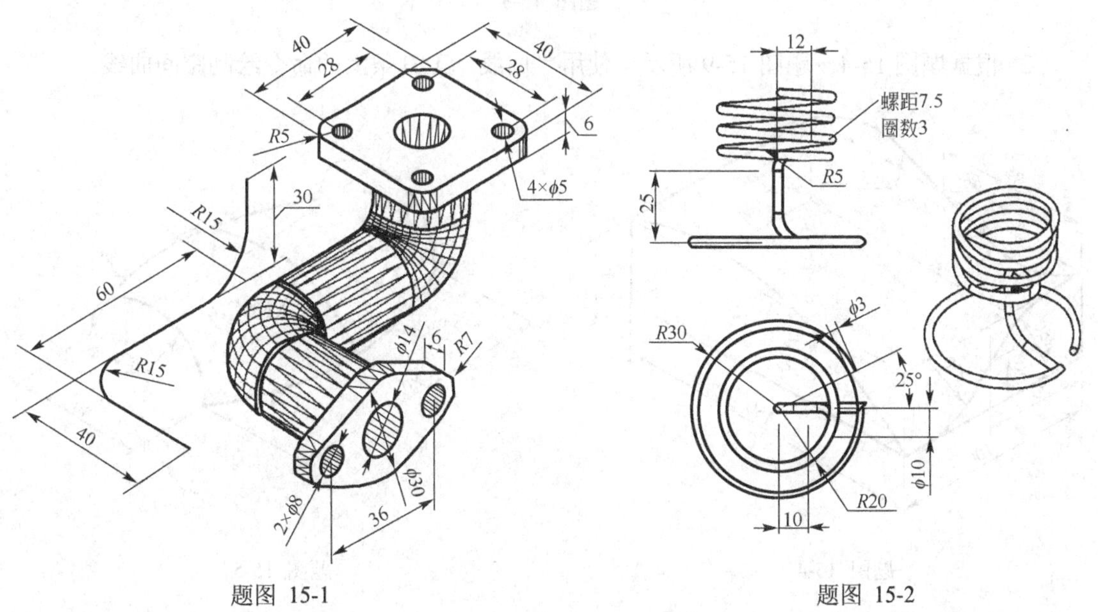

题图 15-1　　　　题图 15-2

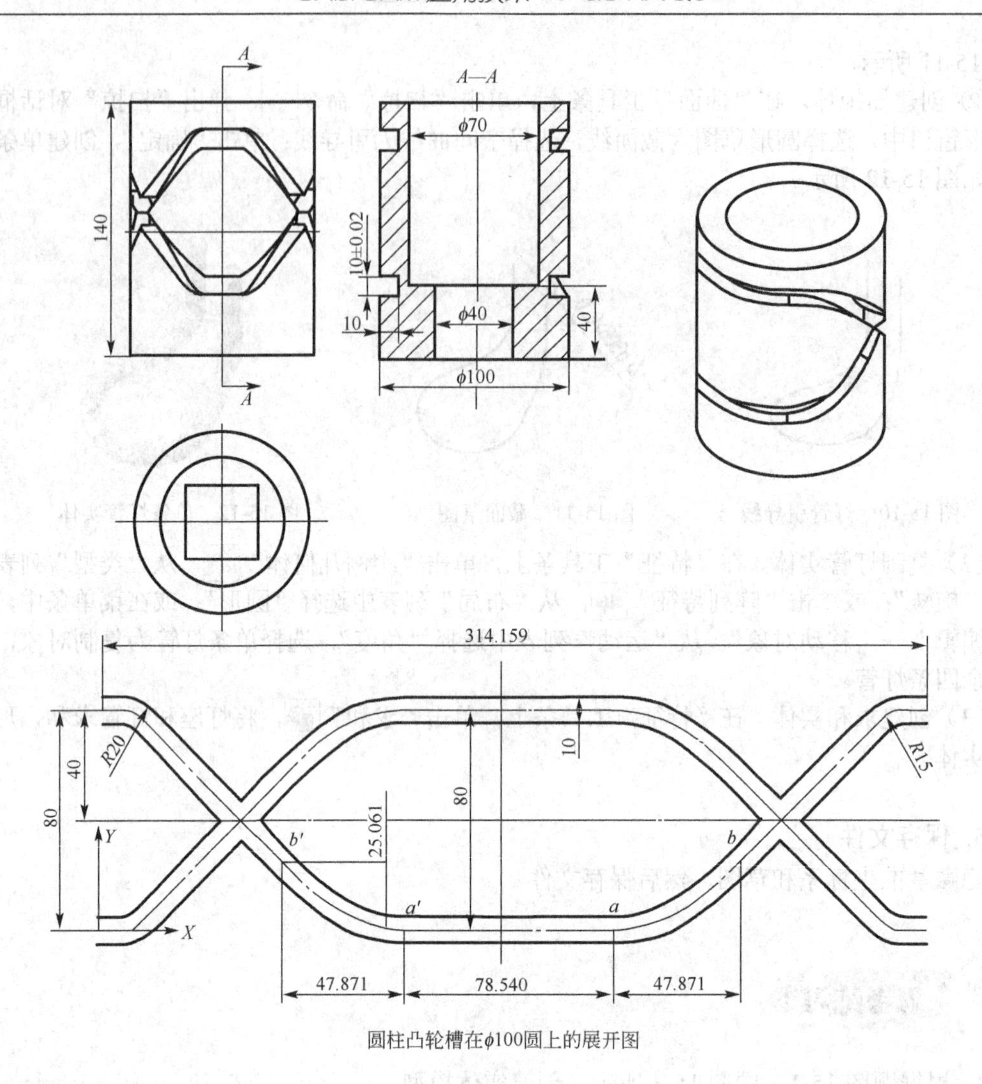

圆柱凸轮槽在ϕ100圆上的展开图

题图 15-3

2. 根据题图 15-4～题图 15-9 所示，使用“曲线”工具条上的命令绘制空间曲线。

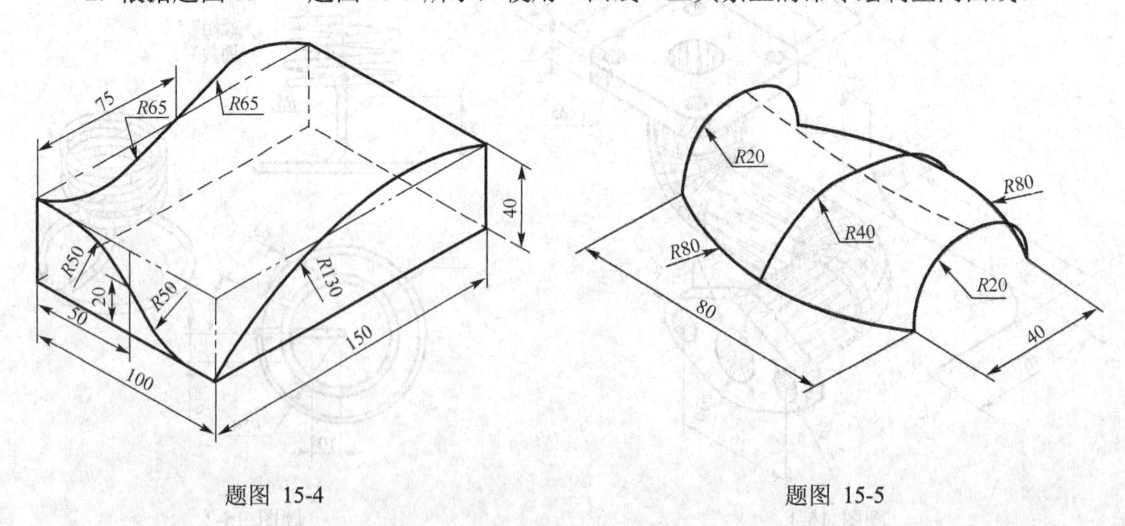

题图 15-4　　题图 15-5

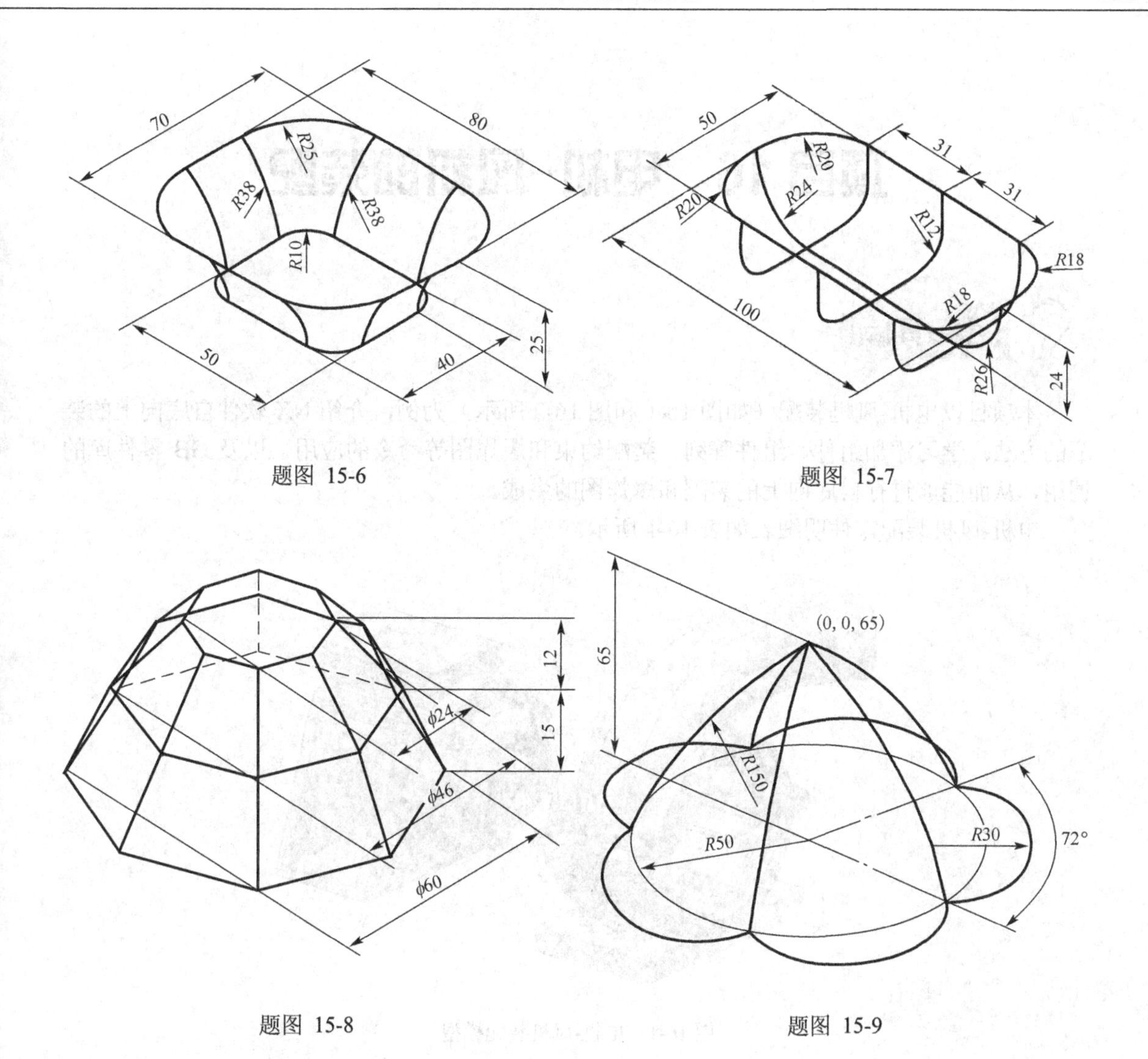

题图 15-6

题图 15-7

题图 15-8

题图 15-9

项目16　电机-风机的装配

本项目以电机-风机装配（如图16-1和图16-2所示）为例，介绍NX软件自底向上的装配的方法，学习添加组件、组件阵列、装配约束和爆炸图等命令的应用，以及GB零件库的调用，从而能够进行自底向上的装配和爆炸图的生成。

电机-风机装配零件明细表如表16-1所示。

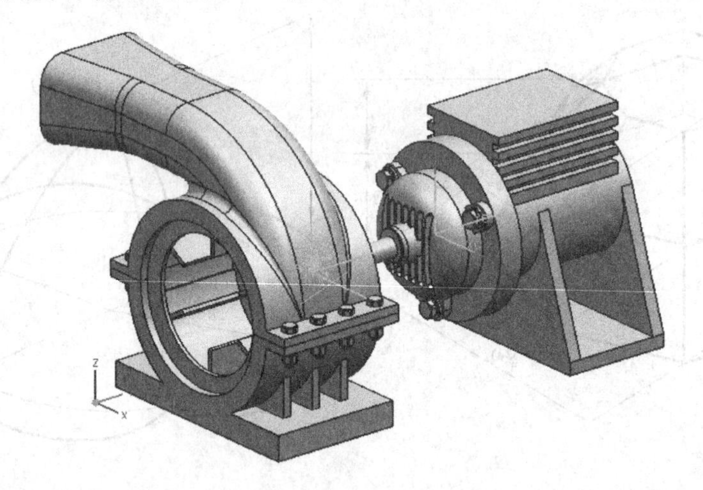

图16-1　电机-风机装配模型

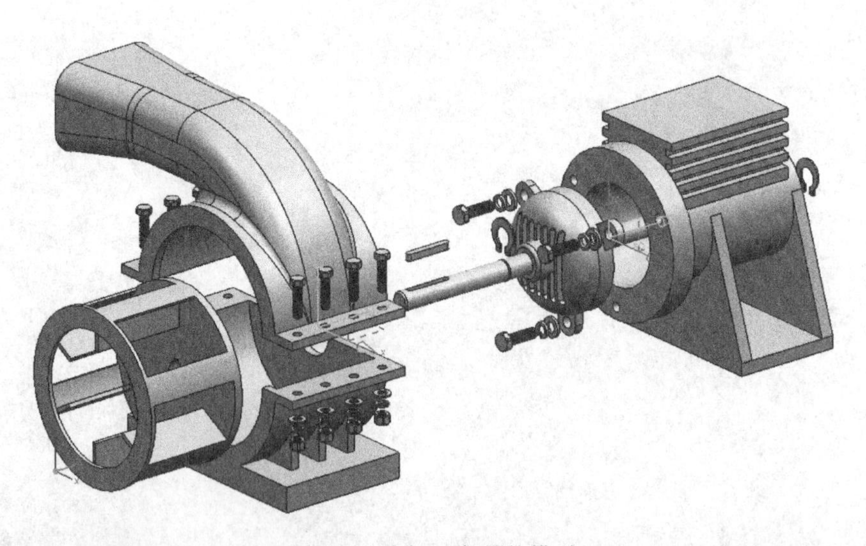

图16-2　电机-风机爆炸模型

表 16-1 电机-风机零件明细表

总装配组成	零件名称		数量	规格
电机子装配	电机体	dianjiti	1	
	电机盖	dianjigai	1	
	轴	zhou	1	
	弹性挡圈	tanxingdangquan	2	
	平垫圈	pingdianquan_6	3	M6
	弹簧垫圈	tanhuangdianquan_6	3	
	螺栓	luoshuan_6	3	M6×20
风机子装配	下箱体	xiaxiangti	1	
	上箱体	shangxiangti	1	
	叶轮	yelun	1	
	平垫圈	pingdianquan_5	8	
	弹簧垫圈	tanhuangdianquan_5	8	
	螺栓	luoshuan_5	8	M5×20
	螺母	luomu_5	8	M5
键	键	jian	1	

装配就是将多个零件按照实际生产流程组装成一个部件或完整产品的过程。

NX 的装配方法包括自底向上的装配、自顶向下的装配和混合装配。自底向上的装配，是先创建每个零件，再组合成子装配，最后生成总装配部件的装配方法。自顶向下的装配，是在装配部件的顶级向下产生子装配和部件（即零件）的装配方法。混合装配，是将自顶向下的装配和从底向上的装配结合在一起的装配方法。

【项目分析】

电机-风机的装配采用自底向上的装配方法，先分别装配电机部件和风机部件，再进行总装配。装配电机部件时，先装配电机体，再装配轴，然后装配电机盖，最后装配紧固零件（平垫圈、弹簧垫圈和螺钉）和弹性挡圈；装配风机部件时，先装配下箱体，再装配叶轮和上箱体，最后装配紧固零件（螺栓、平垫圈、弹簧垫圈和螺母）；在总装配时，先装配电机部件，再装配平键，最后装配风机部件。

一、装配电机部件

1. 新建文件

新建一个 NX 文件，名称为“dianji_asm.prt”。

2. 启动装配模块

在“标准”工具条上，单击“开始”→“装配”，启动装配模块，同时在NX标准界面下方显示“装配”工具条，如图16-3所示。

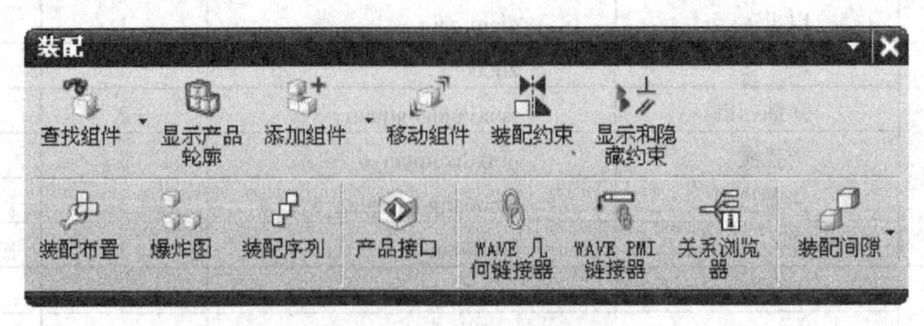

图16-3 “装配”工具条

3. 装配电机体

使用“添加组件”命令可以将一个或多个组件部件添加到工作部件。组件是指装配中所引用的部件，它可以是单个部件（即零件），也可以是一个子装配体。

（1）启动装配命令。在“装配”工具条上，单击“添加组件”，弹出“添加组件”对话框，如图16-4所示。

（2）选择装配组件。单击“打开”，弹出“部件名”对话框，选择电机体“dianjiti.prt”，单击“ok”，返回“添加组件”对话框，并弹出“组件预览”窗口。

（3）设置定位方式。在“添加组件”对话框的“放置”组，从“定位”列表中选择“绝对原点”。

（4）设置引用集。在“添加组件”对话框的“放置”组，保持“引用集”为默认值“模型”。

（5）完成组件装配。单击“确定”，装配第一个零件到当前文件中。

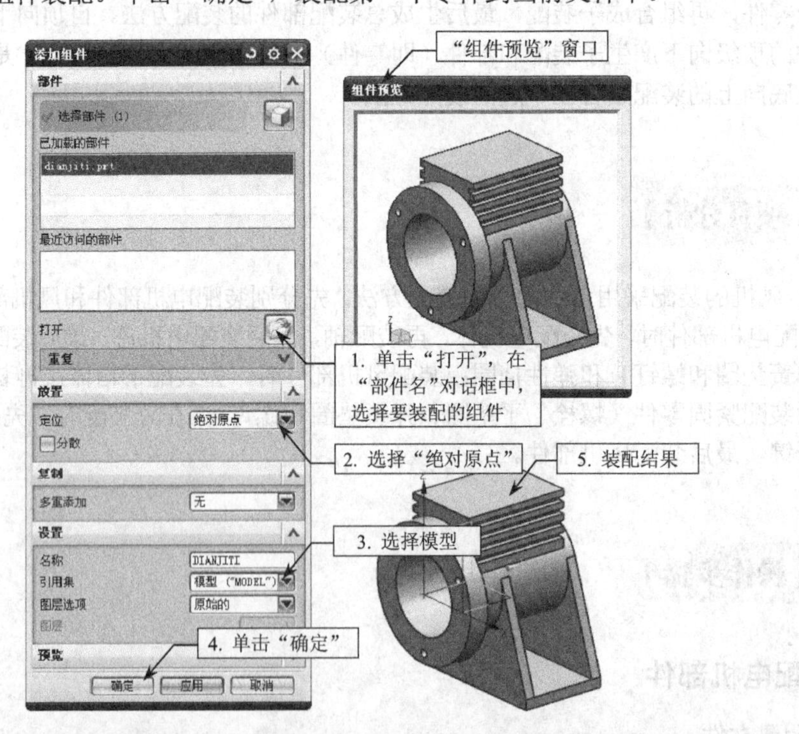

图16-4 “添加组件”对话框和装配电机体的步骤

工程师提示:

◆ 装配第一个组件时，“定位”方式通常选择“绝对原点”；装配第二个及以后的组件时，“定位”方式通常选择“通过约束”。

◆ 装配组件时，“引用集”选项通常选择“模型”，可以减少零件信息量，提高显示效果和速度。

4. 装配轴

（1）添加组件。添加第二个零件，步骤如下：

①启动装配命令。在“装配”工具条上，单击“添加组件”，弹出“添加组件”对话框。

②选择装配组件。单击“打开”，弹出“部件名”对话框，选择轴“zhou.prt”，单击“ok”，返回“添加组件”对话框，并弹出“组件预览”窗口。

③设置定位方式。在“添加组件”对话框的“放置”组，从“定位”列表中选择“通过约束”。

④完成组件添加。单击“确定”，弹出“装配约束”对话框，如图16-5所示。

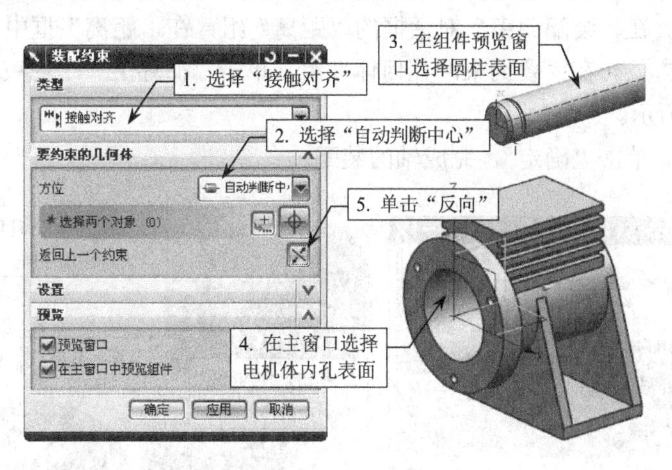

图16-5 “装配约束”对话框和约束轴与孔中心重合的步骤

（2）约束组件。

① 选择约束类型。在“装配约束”对话框，从“类型”列表中选择“接触对齐”；在“要约束的几何体”组，从“方位”列表中选择“自动判断中心”。

② 选择约束对象。在“组件预览”窗口，选择轴的圆柱面；在图形主窗口，选择电机体的内孔表面。

工程师提示:

◆ 选择约束对象时，要先选择预装配的组件，后选择已装配的组件，即先选择“组件预览”窗口中的组件，后选择图形主窗口中的组件。

③ 预览组件。在“装配约束”对话框的“预览”组，选中“在主窗口中预览组件”选项，能够在图形主窗口预览装配的结果，此时轴和电机体的轴心重合，如图16-6（a）所示。

④ 变换组件方位。虽然轴和电机体的轴心已经重合，但轴的方向与实际装配方向相反。在“要约束的几何体”组，单击“返回上一个约束”，使轴的位置反向，如图16-6（b）所示。

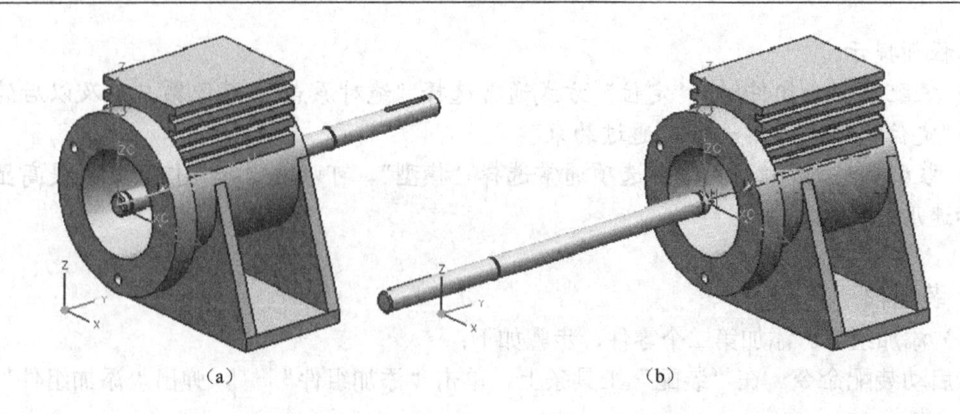

图 16-6 “返回上一个约束”的作用

（3）约束组件。

① 选择约束类型。在“装配约束”对话框中，从“类型”列表中选择“距离”。

② 选择约束对象。在“组件预览”窗口，选择轴的沟槽侧面；在图形主窗口，选择电机体的侧面。

③ 输入距离。在“装配约束”对话框的“距离”组，在“距离”框中输入“0.5”。

④ 变换组件方位。在“要约束的几何体”组，单击“循环上一个约束”，变换轴的位置，如图 16-7 所示。

⑤ 完成约束。单击“确定”，完成轴的装配。

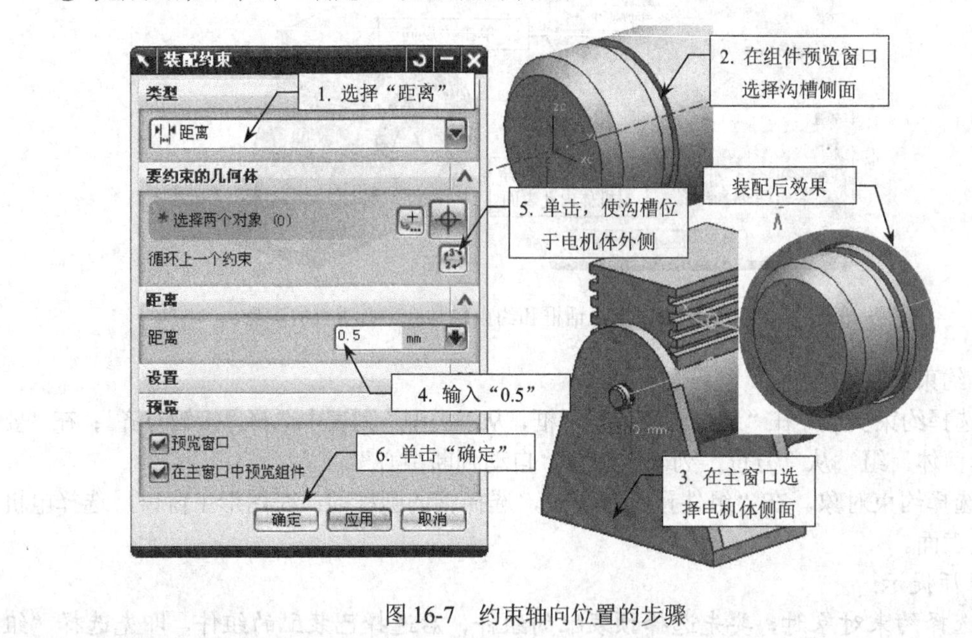

图 16-7 约束轴向位置的步骤

5. 装配电机盖

（1）添加组件。在“装配”工具条上，单击“添加组件”，选择电机盖“dianjigai.prt”文件，选择“通过约束”定位方式，将电机盖添加到当前文件中。

（2）约束组件。步骤如下：

① 在“装配约束”对话框中，选择“接触对齐”→“自动判断中心”约束类型；在图形窗口中，选择电机盖中心孔表面和轴圆柱面，使两者中心重合。

② 在“装配约束”对话框中，选择“接触对齐”→“接触”约束类型；在图形窗口中，选择电机盖底部平面和电机体侧部平面，使两个平面接触。

③ 在“装配约束”对话框中，选择“接触对齐”→“自动判断中心”约束类型；在图形窗口中，选择电机盖固定孔表面和电机体螺钉孔表面，使两者中心重合。

④ 完成约束。单击“确定”，完成轴的装配，如图16-8所示。

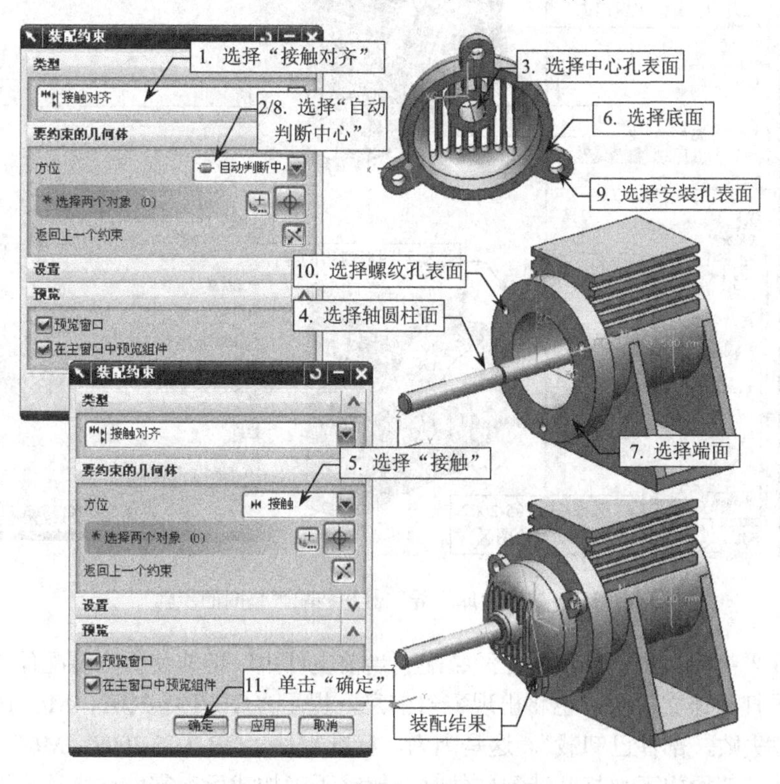

图16-8 约束电机盖位置的步骤

6. 装配平垫圈

通过重用库导航器可以访问NX机械零件库，调用GB标准件库中的轴承、螺栓、螺钉、螺母、销钉、垫片、结构件等共280个常用标准零件，并将其作为组件添加到装配中。

重用库导航器是一个NX资源工具，类似于装配导航器或部件导航器，它以分层树结构显示可重用对象，名称面板、搜索面板、成员选择面板和预览面板。利用重用库导航器添加标准零件的步骤如下：

（1）添加平垫圈。在“资源条”上，单击“重用库”，显示重用库列表，如图16-9所示；在“名称”面板中，选择“GB Standard Prts”→“Washer”→“Plain”；在“成员选择”面板中，选择平垫圈“GB-T95-2002”，并拖动至图形窗口中，弹出“添加可重用组件”对话框；在“主参数”组中，从“大小”列表中选择“M6”；单击“确定”，完成平垫圈的添加。

（2）约束平垫圈。在“装配”工具条上，单击“装配约束”，弹出“装配约束”对话框，选择“接触对齐”→“接触”约束类型；在图形窗口中，选择平垫圈平面和电机盖螺钉过孔平面，使两个平面接触。在“装配约束”对话框中，选择“接触对齐”→“自动判断中心”约束类型；在图形窗口中，选择平垫圈圆柱面和电机盖螺钉过孔圆柱面，使两者中心重合，如图16-9所示。

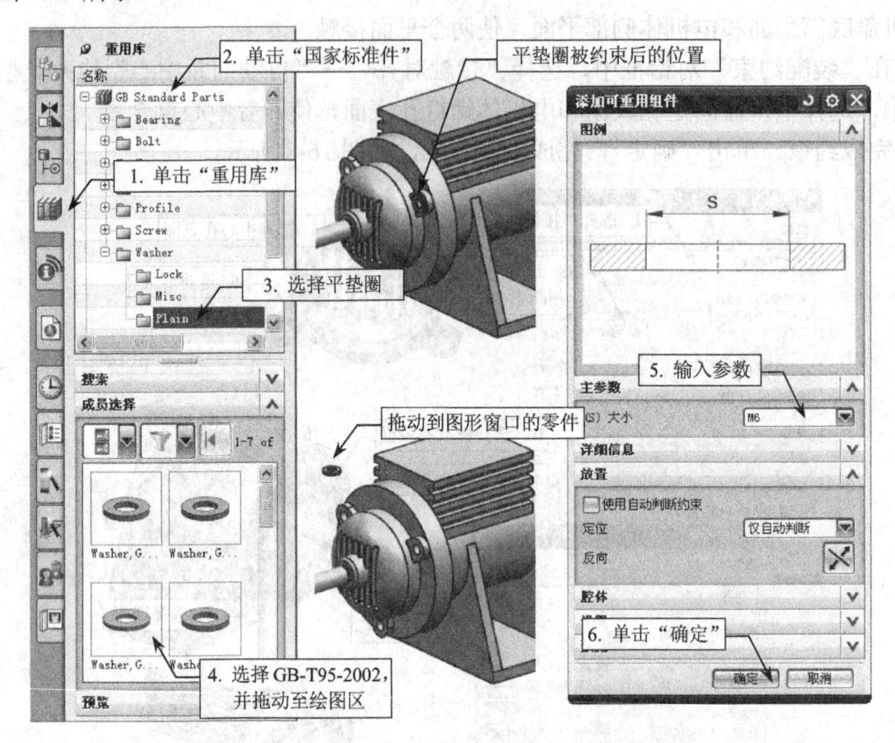

图16-9 “重用库”导航器和装配平垫圈的步骤

（3）保存平垫圈。虽然平垫圈已经装配到当前文件中，但即使保存装配体“dianji_asm”文件，下次再打开该文件时，也将出现警告信息，提示“GB-T95-2002，M6.prt-用当前搜索选项查找文件失败，部件已卸载”。这是因为，标准零件“GB-T95-2002，M6”只是被调用，并没有被保存。若希望下次打开装配文件时，能够正确加载标准零件，必须将该标准零件重命名并保存在硬盘中，建议保存在装配体文件所在的文件夹中。步骤如下：

① 设置组件为工作部件。在“资源条”上，单击“装配导航器”，显示“装配导航器”窗口。在“装配导航器”窗口中，右键单击“GB-T95-2002，M6”，然后选择“设为工作部件”，或直接双击“GB-T95-2002，M6”，将平垫圈“GB-T95-2002，M6”设置为工作部件，如图16-10（a）所示。在图形窗口中，除平垫圈外其余零件均变为淡灰色。在标题栏中，显示平垫圈为“只读”。文件处于“只读”状态，是不能够直接保存的。

② 重命名并另存组件。菜单条上，选择“文件”→“另存为”，弹出“另存为”对话框；选择保存目录为“dianji_asm”文件所在文件夹，输入文件名为“pingdianquan_6”，单击“ok”；再次显示“另存为”对话框，因为装配文件“dianji_asm”不需要重新命名，单击“取消”；弹出“另保存”提示框，单击“Yes”；弹出“另保存为报告”提示框，单击“确定”。

这一系列的操作，将“GB-T95-2002，M6”文件重新命名为“pingdianquan_6”，如图16-10（b）所示。平垫圈被保存在“dianji_asm”文件夹中。

③ 设置装配体为工作部件。在“装配导航器”窗口中，双击“dianji_asm”，将装配体“dianji_asm”设置为工作零件。

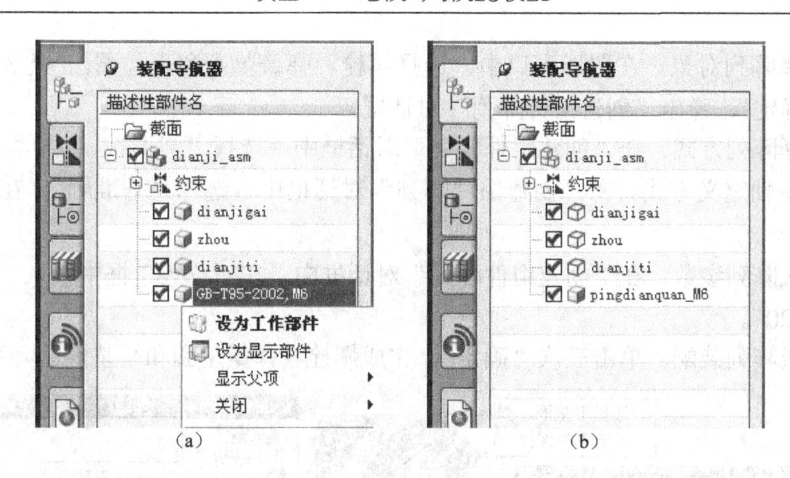

图 16-10 设置组件为工作部件

7. 装配弹簧垫圈

（1）添加弹簧垫圈。在重用库的“名称”面板中，选择“GB Standard Prts”→“Washer”→“Lock”；在“成员选择”面板中，选择弹簧垫圈“GB-T93-87”，并拖动至图形窗口中。在“添加可重用组件”对话框的“主参数”组，从“大小”列表中选择“6”；单击“确定”，添加弹簧垫圈。

（2）约束弹簧垫圈。在“装配”工具条上，单击“装配约束”，弹出“装配约束”对话框，选择“接触对齐”→“自动判断中心”约束类型；在图形窗口中，选择弹簧垫圈圆柱面和平垫圈圆柱面，使两者中心重合。在“装配约束”对话框中，选择“接触对齐”→“接触”约束类型；在图形窗口中，选择弹簧垫圈平面和平垫圈平面，使两个平面接触。

（3）保存弹簧垫圈。参照保存平垫圈的步骤，将弹簧垫圈另存为“tanhuangdianquan_6”。

8. 装配螺栓

（1）添加螺栓。在重用库的“名称”面板中，选择“GB Standard Prts”→“Bolt”→“Hex Head”；在“成员选择”面板中，选择螺栓“GB-/T5780-2000”并拖动至图形窗口中。在“添加可重用组件”对话框的“主参数”组，从“大小”列表中选择“M6”，“长度”列表中选择“20”；单击“确定”，添加弹簧垫圈。

（2）约束螺栓。在“装配”工具条上，单击“装配约束”，弹出“装配约束”对话框，选择“接触对齐”→“自动判断中心”约束类型；在图形窗口中，选择螺栓圆柱面和弹簧垫圈孔圆柱面，使两者中心重合。在“装配约束”对话框中，选择“接触对齐”→“接触”约束类型；在图形窗口中，选择螺栓帽底部平面和弹簧垫圈平面，使两个平面接触，如图 16-11 所示。

（3）保存螺栓。参照保存平垫圈的步骤，将螺栓另存为“luoshuan_6”。

9. 阵列装配其它平垫圈、弹簧垫圈和螺钉

当装配模型中存在一些按照一定规律分布的相同组件时，如呈圆形或矩形排列时，可以先添加一个组件，然后通过组件阵列命令添加其它组件。

（1）启动阵列组件命令。在“装配”工具条上，单击“创建组件阵列”，弹出“类选择”对话框，如图 16-11 所示。

（2）选择阵列对象。在图形窗口中，选择螺栓、弹簧垫圈和平垫圈。“类选择”对话框中，单击“确定”，弹出“创建组件阵列”对话框。

（3）选择阵列方式。在“创建组件阵列”对话框中，选择“圆形”，单击“确定”。

（4）选择轴定义方式。在“创建组件阵列”对话框中，选择“基准轴”，在图形窗口中选择Y轴。

（5）输入阵列参数。在“创建组件阵列”对话框中，在“总数”框中输入“3”，“角度”框中输入“120”。

（6）完成阵列装配。单击三次“确定”，完成螺栓、弹簧垫圈和平垫圈的阵列装配。

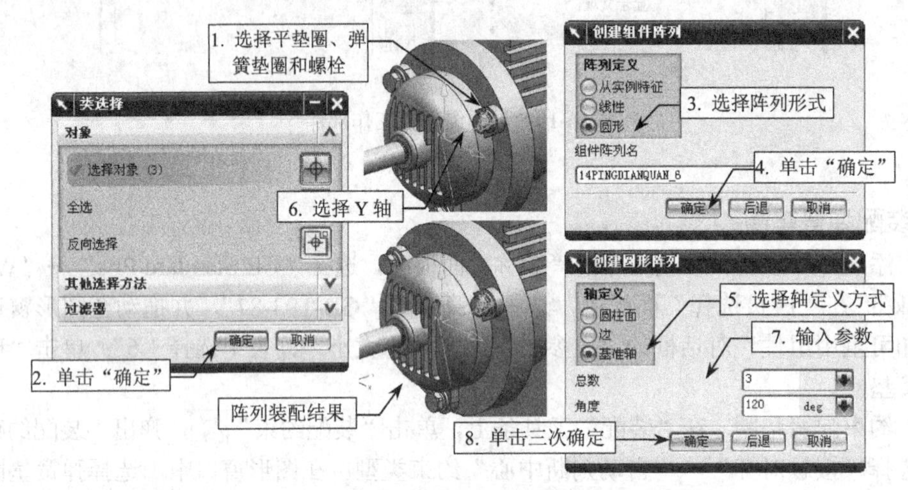

图16-11 “创建组件阵列”对话框和阵列装配的步骤

10. 装配弹性挡圈

添加弹性挡圈，装配于轴的沟槽内，如图16-12所示。

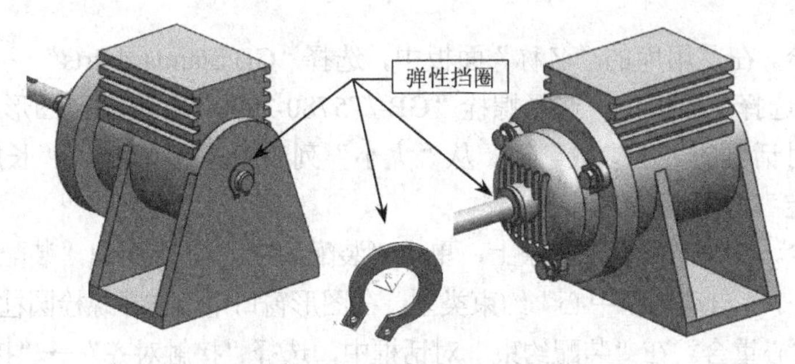

图16-12 弹性挡圈的位置

11. 保存文件

隐藏基准坐标系，然后保存文件。

二、装配风机部件

1. 新建文件

新建一个NX文件，名称为“fengji_asm.prt”。

2. 装配下箱体

参照装配电机体的步骤，装配下箱体。在“装配”工具条上，单击“添加组件”，选择下箱体“xiaxiangti.prt”，选择“绝对原点”定位方式，添加下箱体到当前文件中。

3. 装配叶轮

（1）添加组件。在“装配”工具条上，单击“添加组件”，选择叶轮“yelun.prt”文件，选择“通过约束”定位方式，添加到当前文件中。

（2）约束组件。约束叶轮的步骤如下：

① 在“装配约束”对话框中，选择“接触对齐”→“自动判断中心”约束类型；在图形窗口中，选择叶轮轴部的圆柱面和下箱体中心孔表面，使两者中心重合。

② 在“装配约束”对话框中，选择“中心”→“2对2”约束类型；在图形窗口中，先选择叶轮的两个侧面，再选择下箱体的两个侧面，使两者关于中心对称，如图16-13所示。

③ 完成约束。单击“确定”，完成叶轮的装配。

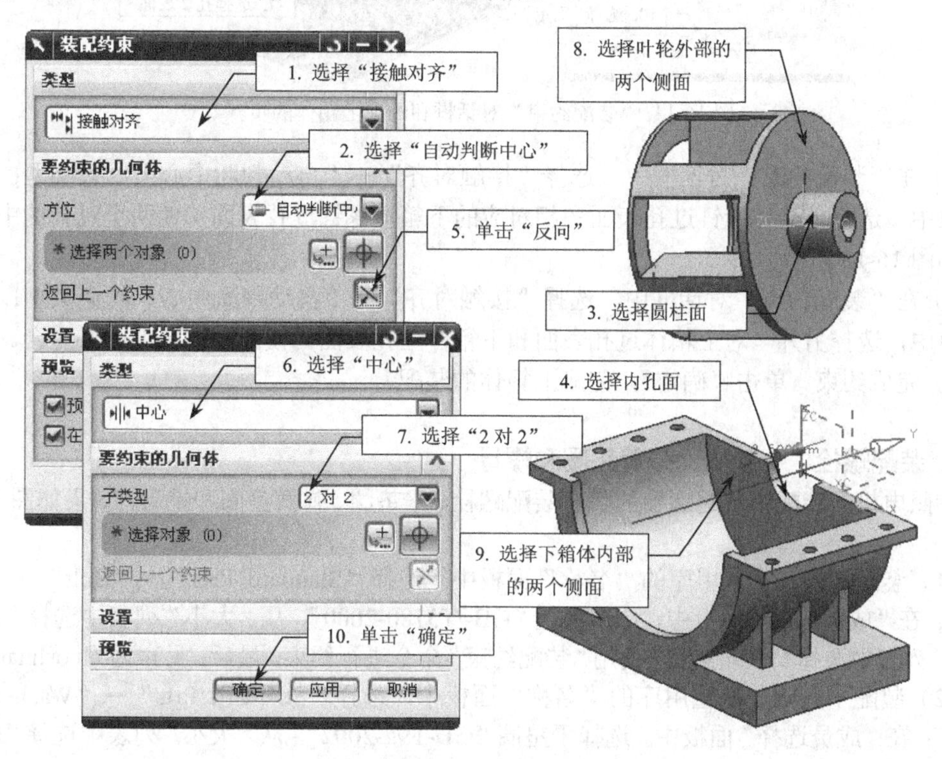

图16-13 “装配约束”对话框和约束叶轮的步骤

4. 装配上箱体

参照装配电机盖的步骤装配上箱体，步骤如图16-14所示。

（1）添加组件。在“装配”工具条上，单击“添加组件”，选择上箱体“shangxiangti.prt”文件，选择“通过约束”定位方式，添加上箱体到当前文件中。

（2）约束组件。约束上箱体的步骤如下：

① 在“装配约束”对话框中，选择“接触对齐”→“接触”约束类型；在图形窗口中，选择上箱体底部平面和下箱体上部平面，使两者的安装平面接触。

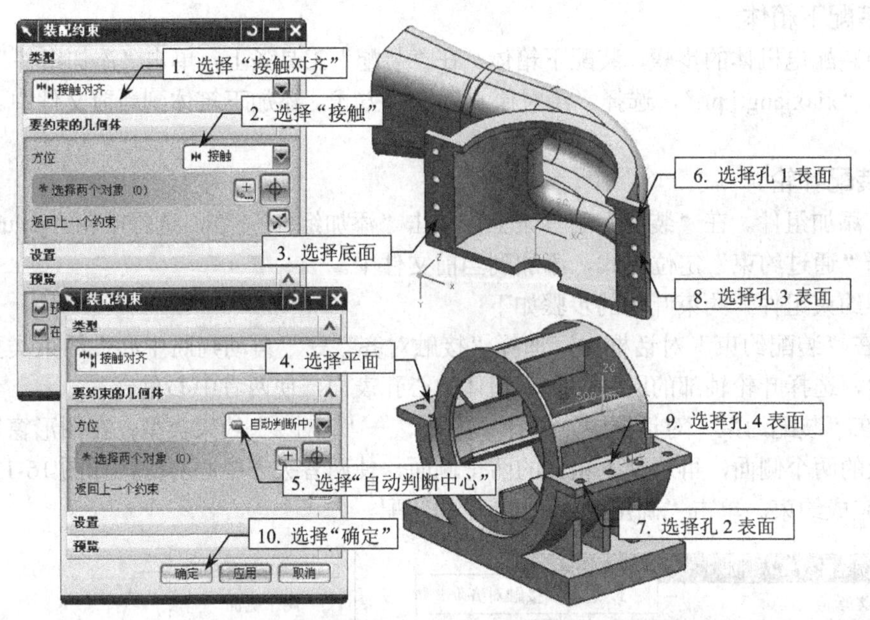

图 16-14 “装配约束”对话框和约束上箱体的步骤

② 在“装配约束”对话框中，选择“接触对齐”→“自动判断中心”约束类型；在图形窗口中，选择上箱体螺钉过孔表面和相对应的下箱体螺钉过孔表面，使两个过孔的中心重合，如图 16-15 所示。

③ 在“装配约束”对话框中，选择“接触对齐”→“自动判断中心”约束类型；在图形窗口中，选择另外一对上箱体过孔表面和下箱体过孔表面，使两个过孔的中心重合。

④ 完成约束。单击“确定”，完成上箱体的装配。

5. 装配螺栓、平垫圈、弹簧垫圈和螺母

参照电机子装配中装配螺栓的步骤装配螺栓、平垫圈、弹簧垫圈和螺母，效果如图 16-15 所示。

（1）装配螺栓。在重用库的“名称”面板中，选择“Standard Prts”→“Bolt”→“Hex Head”；在“成员选择”面板中，选择螺栓“GB-/T5780-2000”，从“大小”列表中选择“M5”，“长度”列表中选择“20”。然后，使用“装配约束”命令进行约束。最后，另存为“luoshuan_5”。

（2）装配平垫圈。在重用库的“名称”面板中，选择“Standard Prts”→“Washer”→“Plain”；在“成员选择”面板中，选择平垫圈“GB-T95-2002”，从“大小”列表中选择“M5”。然后，使用“装配约束”命令进行约束。最后，另存为“pingdianquan_5”。

（3）装配弹簧垫圈。在重用库的“名称”面板中，选择“Standard Prts”→“Washer”→“Lock”；在“成员选择”面板中，选择弹簧垫圈“GB-T93-87”，从“大小”列表中选择“5”。然后，使用“装配约束”命令进行约束。最后，另存为“tanhuangdianquan_5”。

（4）装配螺母。在重用库的“名称”面板中，选择“Standard Prts”→“Nut”→“Hex”；在“成员选择”面板中，选择弹簧垫圈“GB-T41-2000”，从“大小”列表中选择“M5”。然后，使用“装配约束”命令进行约束。最后，另存为“luomu_5”。

6. 阵列装配平垫圈、弹簧垫圈、螺栓和螺母

（1）启动阵列组件命令。在“装配”工具条上，单击“创建组件阵列”，弹出“类选

择”对话框，如图16-15所示。

（2）选择阵列对象。在图形窗口中，选择螺栓、弹簧垫圈、平垫圈和螺母。“类选择”对话框中，单击“确定”，弹出“创建组件阵列”对话框。

（3）选择阵列方式。在“创建组件阵列”对话框中，选择“线性”，单击“确定”。

（4）选择轴定义方式。在“创建组件阵列”对话框中，选择“边”，在图形窗口中选择两条棱边作为XC方向和YC方向。

（5）输入阵列参数。在“创建组件阵列”对话框中，在“总数-XC”框中输入“4”，“偏置-XC”框中输入“20”，在“总数-YC”框中输入“2”，“偏置-YC”框中输入“-135”。

（6）完成阵列。单击四次“确定”，完成螺栓、螺母、弹簧垫圈和平垫圈的阵列装配。

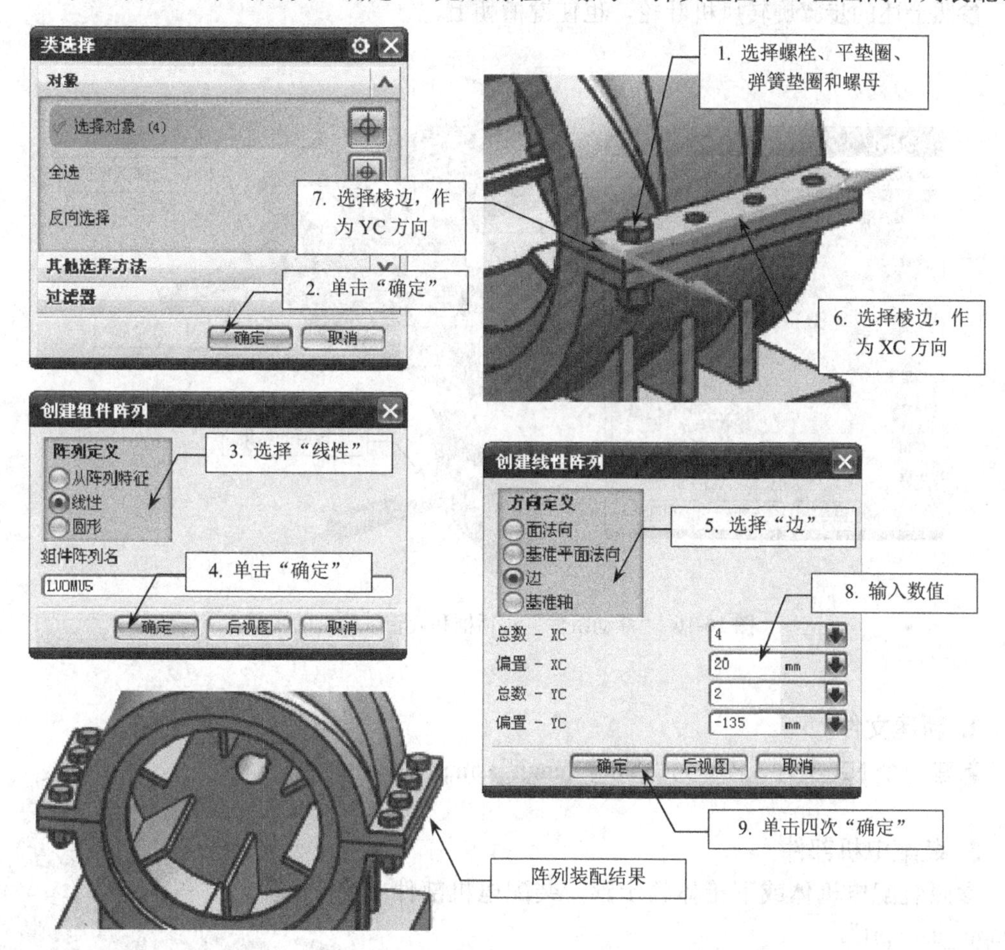

图16-15 “创建组件阵列”对话框和阵列装配的步骤

三、总装配

1. 移动组件

为方便安装，在实际装配时应该使电机部件中的轴和风机部件中的叶轮的键槽朝上，所以要对轴和叶轮进行旋转。使用“移动组件”命令可以在保持原有装配约束的前提下，对已添加的组件重新确定其在装配体中的位置，包括平移、旋转等。

（1）显示打开的文件。在菜单条上，选择“窗口”→“dianji_asm”，显示电机装配模型。

（2）启动移动组件命令。在“装配”工具条上，单击“移动组件”，弹出“移动组件”对话框，如图16-16所示。

（3）选择移动对象。在图形窗口中，选择轴。

（4）选择移动方式。在“移动组件”对话框，从“运动”列表中选择“角度”。

（5）选择旋转轴。在图形窗口中，选择Y轴。

（6）输入旋转角度。在“移动组件”对话框，在“角度”框中输入“-33.1576”。

（7）完成旋转。单击“确定”，完成轴的旋转。

（8）保存文件。

参照上述的步骤旋转风机叶轮，也使键槽朝上。

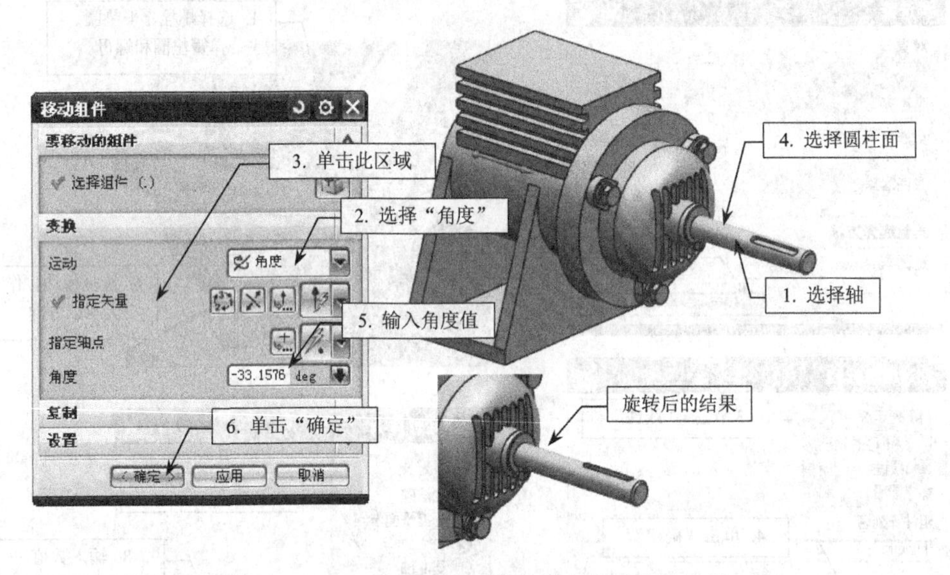

图16-16 “移动组件”对话框和旋转轴位置的步骤

2. 新建文件

新建一个NX文件，名称为“dianji_fengji_asm.prt”。

3. 装配电机部件

参照装配电机体或下箱体的步骤，装配电机部件“dianji _asm.prt”。

4. 装配平键

添加平键“jian.prt”，并将其装配到电机部件的轴上，如图16-17所示。

图16-17 键的装配位置

5. 装配风机部件

（1）添加组件。在“装配”工具条上，单击“添加组件”，选择风机“fengji_asm.prt”文件，选择“通过约束”定位方式，添加到当前文件中。

（2）约束组件。步骤如下：

① 在“装配约束”对话框中，选择“接触对齐”→“自动判断中心”约束类型；在图形窗口中，选择下箱体轴孔表面和轴圆柱面，使两者中心重合。

② 在“装配约束”对话框中，选择“中心”→“2对2”约束类型；在图形窗口中，先选择叶轮键槽的两个侧面，再选择键的两个侧面；然后选择叶轮的两个侧面和键两端的圆柱面，使两者关于中心对称，如图16-18所示。

③ 完成约束。单击“确定”，完成叶轮的装配。

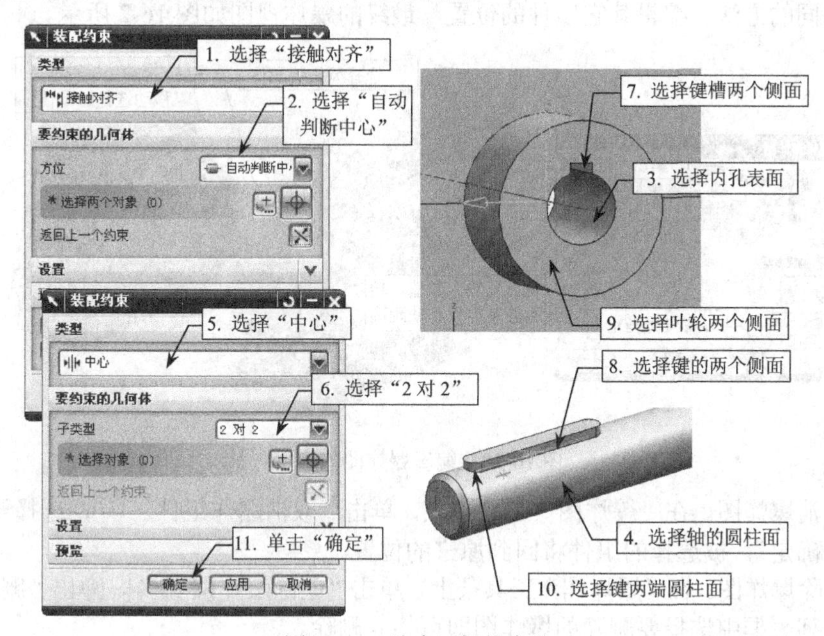

图16-18 约束风机的步骤

6. 创建爆炸图

爆炸图是在装配模型中，组件按装配关系偏离原来位置的拆分图形。创建爆炸图可以方便查看装配中的零件，零件之间的装配关系，以及包含的组件数量。

（1）显示爆炸图工具条。在“装配”工具条上，单击“爆炸图”，弹出“爆炸图”工具条，如图16-19所示。

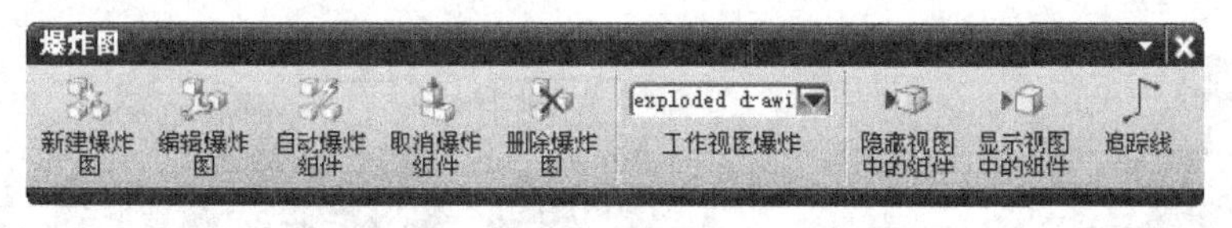

图16-19 “爆炸图”工具条

（2）创建爆炸图。在“爆炸图”工具条上，单击“新建爆炸图”，弹出“创建爆炸图”对话框。在对话框中，输入爆炸图名称或接受默认名称，单击“确定”，创建一个新的爆炸图。

工程师提示：

◆ 创建爆炸图只是新建了一个视图，所生成的爆炸图与原来的装配图没有任何变化，其原因在于没有设置爆炸距离。

（3）编辑爆炸图。采用自动爆炸，一般不能得到理想的爆炸效果，通常利用编辑爆炸图功能调整组件之间的距离。

① 启动编辑爆炸图命令。在“爆炸图”工具条上，单击“编辑爆炸图”，弹出“编辑爆炸图”对话框，如图16-20所示。

② 选择对象。在“编辑爆炸图”对话框中，单击“选择对象”；在图形窗口中，选择风机部件。

③ 移动对象。在“编辑爆炸图”对话框中，单击“移动对象”；在图形窗口中，选择Y轴，并拖动坐标轴箭头移动装配零件，或在“编辑爆炸图”对话框中，在“距离”框中输入“100”。

④ 完成移动。单击“确定”，将风机部件向左侧移动指定的距离。

按照相同的方法，编辑其它零件的位置，最终的爆炸视图如图16-2所示。

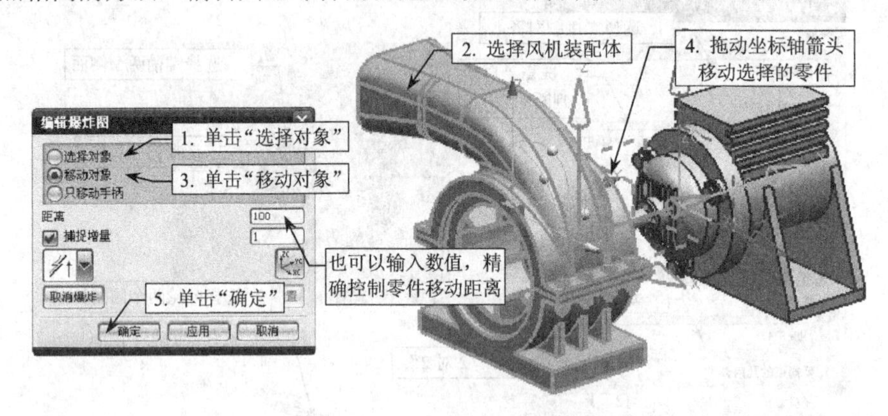

图16-20 编辑爆炸图的步骤

（4）取消爆炸图。在“爆炸图”工具条上，单击“取消爆炸组件”，选择要复位的零件，单击“确定”，被选择的组件将回到原来的位置。

（5）删除爆炸图。在“爆炸图”工具条上，单击“删除爆炸图”，弹出“删除爆炸图”对话框，在列表框中选择要删除的爆炸图即可将其删除。

（6）退出爆炸图。在“爆炸图”工具条下拉菜单中，选择“无爆炸”选项，将退出爆炸图，返回装配环境。

【思考练习】

根据题图16-1、题图16-2和题表16-1所示，创建齿轮泵装配模型，并生成爆炸视图。

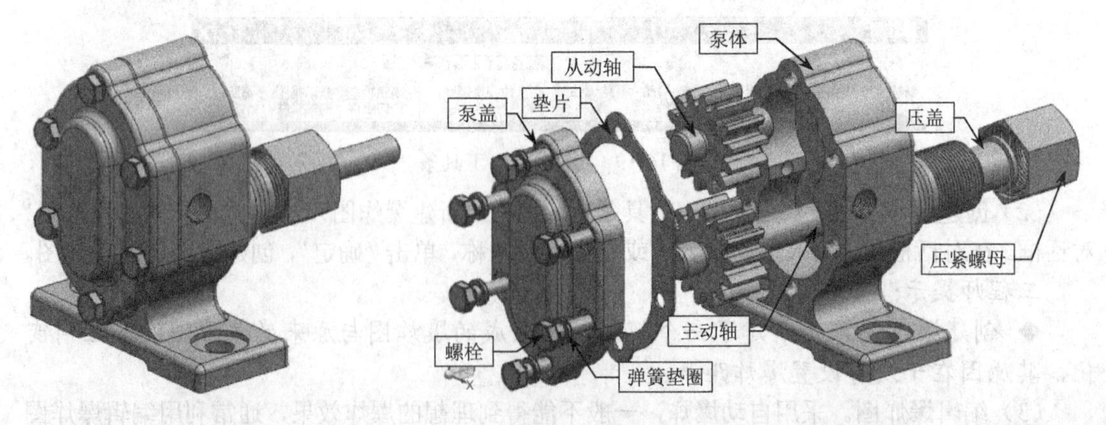

题图16-1 齿轮泵的装配模型　　题图16-2 齿轮泵的爆炸模型

题表 16-1 齿轮泵零件明细表

序号	零件名称	数量	备注
1	泵体	1	题图 7-5
2	泵盖	1	题图 4-5
3	垫片	1	题图 2-1，厚度 1mm
4	主动轴	1	题图 6-3
5	从动轴	1	题图 6-4
6	压紧螺母	1	题图 6-1
7	压盖	1	题图 6-2
8	弹簧垫圈	6	GB/T 97—1983
9	螺栓 M6×20	6	GB/T 5780—2000

项目 17　手机外壳的造型

【学习目标】

本项目以手机外壳（如图 17-1 所示）为例，学习 NX 软件自顶向下的装配设计方法，学习变半径圆角、拔模、替换面、偏置面、偏置曲面等命令的应用，从而能够进行自顶向下的装配和零件的设计。

图 17-1　手机外壳模型

【相关知识】

自顶向下的装配设计有如下两种方法：

方法一：首先创建产品的整体外形，然后分隔产品从而得到各个零部件，再对零部件各结构进行设计。

方法二：首先创建产品中的重要结构，然后将装配几何关系的线与面复制到各零件，再插入新的零件并进行细节的设计。

【项目分析】

手机的造型大致分为以下步骤：首先创建两个基础实体，再利用基础实体分别创建手机的侧壳、底壳和面壳，如图 17-2 所示。

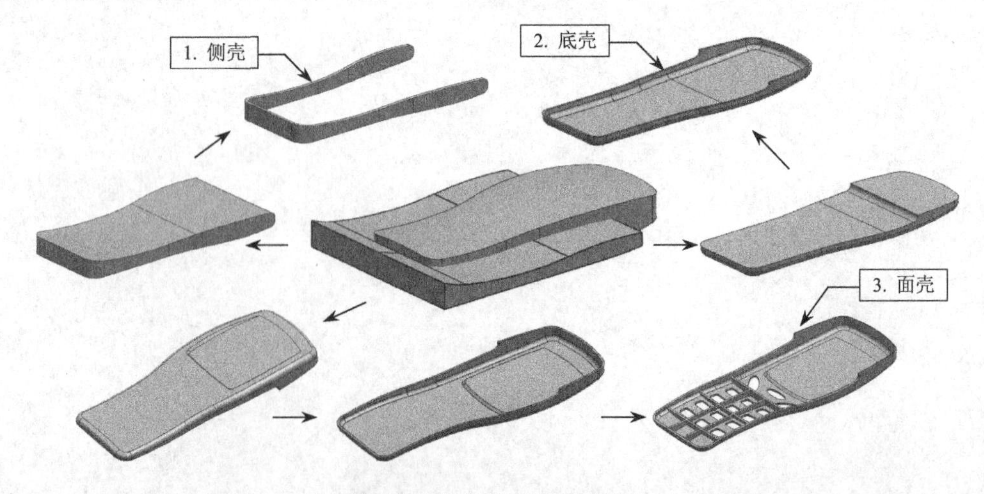

图 17-2　手机外壳的造型思路

一、创建基础实体

1. 新建文件

新建一个 NX 文件，名称为“shouji”。

2. 创建基础实体 1

（1）创建拉伸体 1。

① 绘制草图。选择 XY 平面作为草图平面，绘制草图 1，如图 17-3 所示。

② 创建实体。单击“拉伸”，选择草图，确认拉伸方向为“+Z”，拉伸距离为“50”，创建拉伸体 1。

（2）创建圆角。单击“边倒圆”，对拉伸体 1 的棱边倒圆角，如图 17-4 所示。

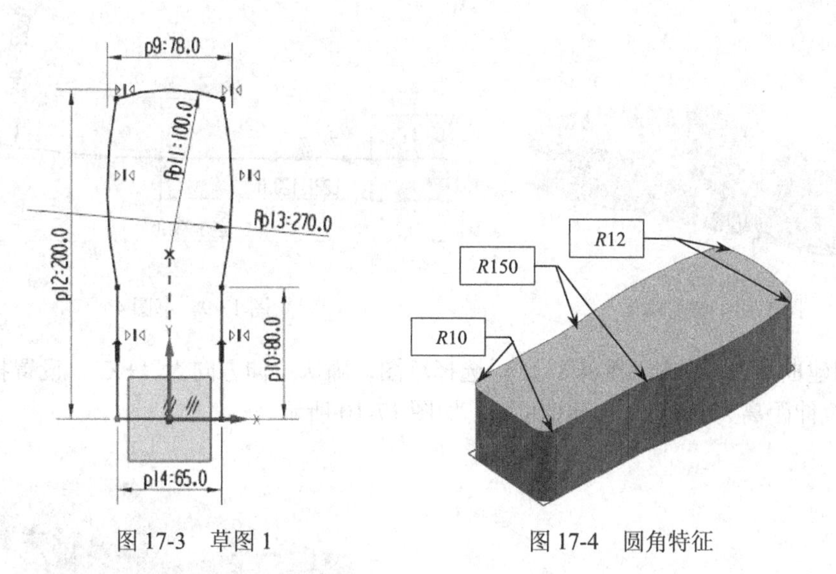

图 17-3 草图 1　　　　图 17-4 圆角特征

（3）创建曲面 1。

① 绘制草图。选择 YZ 平面作为草图平面，绘制草图 2，如图 17-5 所示；选择 XZ 平面作为草图平面，绘制草图 3，如图 17-6 所示。

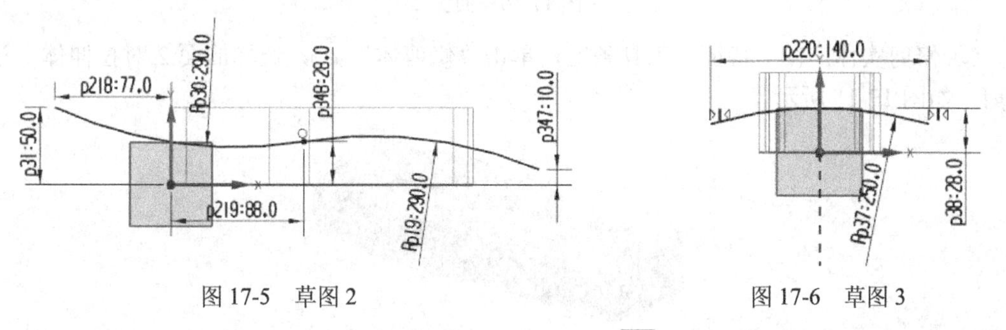

图 17-5 草图 2　　　　图 17-6 草图 3

② 创建曲面。在“曲面”工具条上，单击“扫掠”，选择草图 2 和草图 3 分别作为

截面线和引导线，设置定位方法为“固定”，创建曲面 1，如图 17-7 所示。

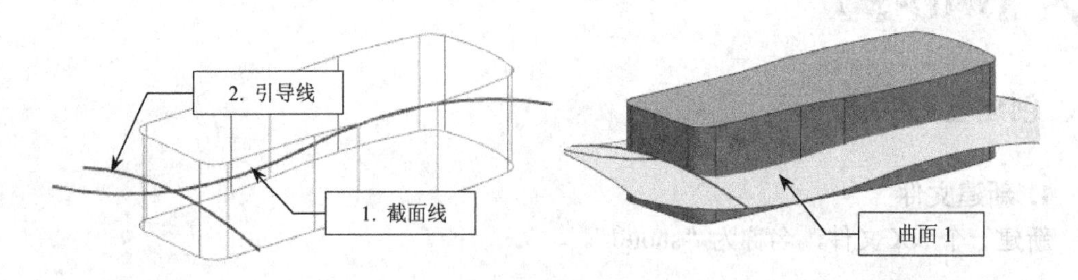

图 17-7　曲面 1

③ 修剪实体。在“特征”工具条上，单击“修剪体”，选择曲面 1 对拉伸体 1 进行修剪，如图 17-8 所示。

（4）创建曲面 2。

① 绘制草图。选择 YZ 平面作为草图平面，绘制草图 4，如图 17-9 所示。

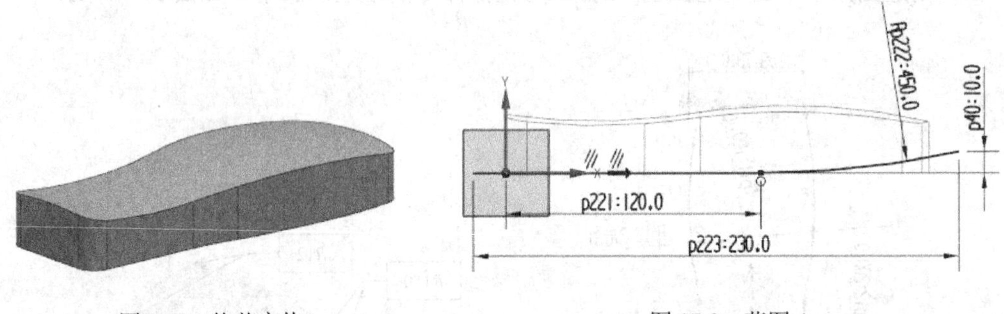

图 17-8　修剪实体　　　　图 17-9　草图 4

② 创建曲面 2。单击“拉伸”，选择草图，确认拉伸方向为“+X”，设置拉伸类型为“对称”，拉伸距离为“50”，创建曲面 2，如图 17-10 所示。

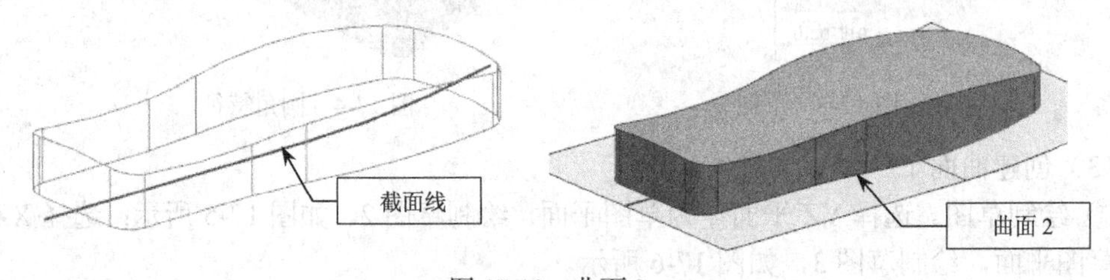

图 17-10　曲面 2

③ 修剪实体。在“特征”工具条上，单击“修剪体”，选择曲面 2 对拉伸体 1 进行修剪，如图 17-11 所示。

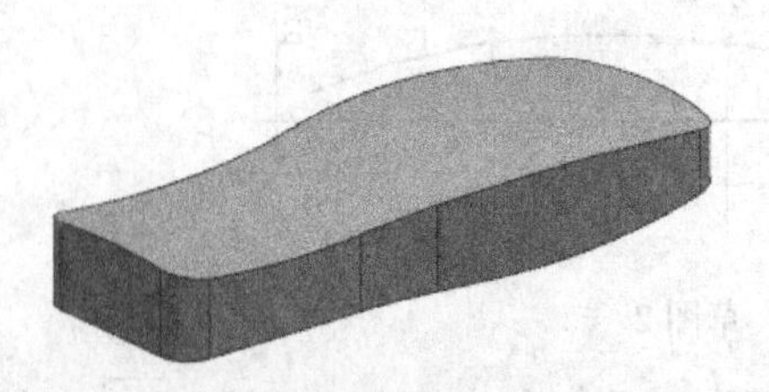

图 17-11　基础实体 1

3. 创建基础实体 2

（1）创建拉伸体 2。

① 绘制草图。选择 YZ 平面作为草图平面，绘制草图 5，如图 17-12 所示。

② 创建实体。单击“拉伸”[icon]，选择草图，确认拉伸类型为“对称”，拉伸距离为“70”，创建拉伸体 2。

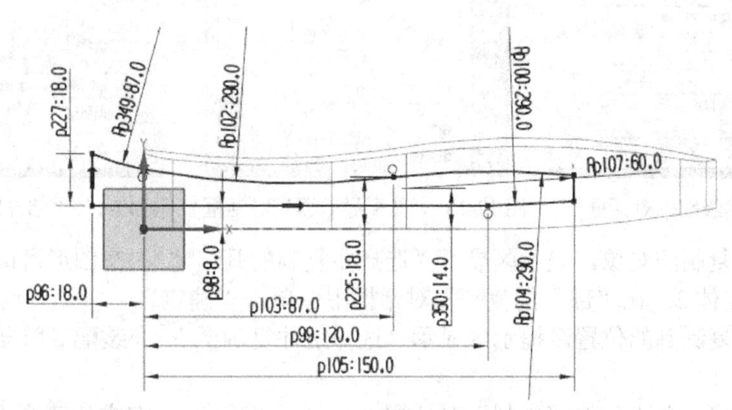

图 17-12　草图 5

（2）创建圆角。单击“边倒圆”[icon]，对拉伸体 2 的两个棱边倒圆角，如图 17-13 所示。

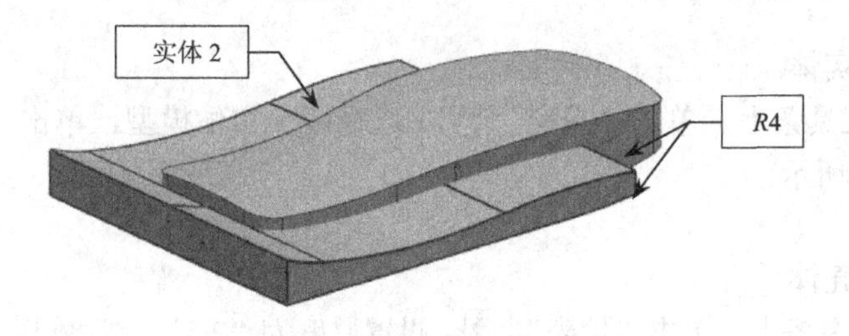

图 17-13　基础实体 2

二、创建侧壳

1. 新建文件

（1）进入几何链接（WAVE）模式。在装配导航器窗口的空白处，单击右键，选择“WAVE 模式”，系统进入几何链接模式。

（2）新建组件。在装配体“shouji”下新建一个装配组件“ceke”。

① 启动新建组件命令。在装配导航器窗口中，右键单击“shouji”，选择“WAVE”→“新建级别”，弹出“新建级别”对话框，如图 17-14 所示。

② 指定保存路径和文件名称。在“新建级别”对话框中，单击“指定部件名”，弹出“选择部件名”对话框；在“选择部件名”对话框中，选择保存路径为“shouji”文件所在的文件夹，输入文件名为“ceke”，单击“ok”，返回到“新建级别”对话框。

③ 完成创建。单击“确定”，完成组件的创建，如图 17-15 所示。

（3）复制几何体。将基础实体 1 和基础实体 2 复制到“ceke”组件中。

① 启动部件间复制命令。在装配导航器窗口中，右键单击“shouji”，选择“WAVE”→“将几何体复制到组件”，弹出“部件间复制”对话框，如图 17-16 所示。

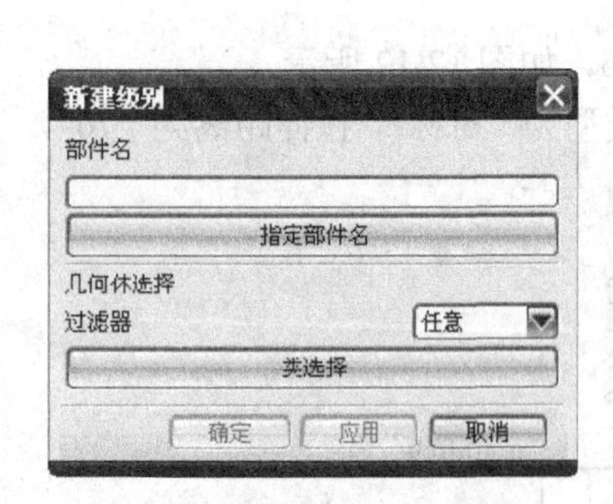

图 17-14 “新建级别”对话框

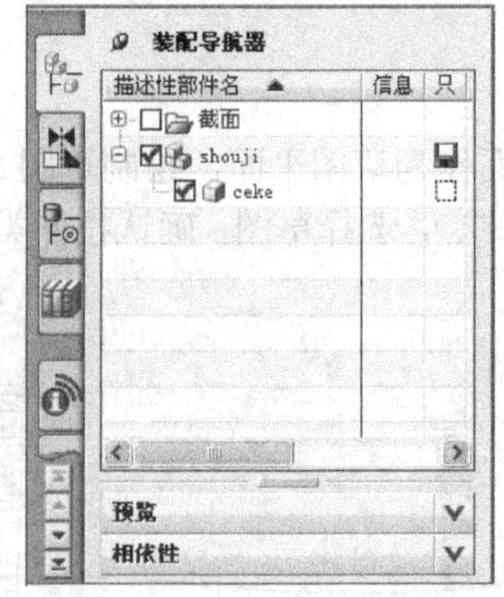

图 17-15 “装配导航器”对话框

图 17-16 “部件间复制”对话框

② 选择要复制的对象。提示区显示“选择要复制的几何体”；在图形窗口中，选择基础实体 1 和基础实体 2；在“部件间复制”对话框中，单击“确定”。

③ 选择要复制到的位置。提示区显示“选择组件复制至”；在装配导航器窗口中，选择组件“ceke”。

④ 完成创建。在“部件间复制”对话框中，单击“确定”，完成几何体的复制。

（4）设为显示部件。在装配导航器窗口中，右键单击“ceke”，选择“设为显示部件”，将“ceke”设为显示部件，同时在图形窗口中显示刚才复制的两个实体。

2. 创建侧壳实体

在“特征”工具条上，单击“求交”，选择两个实体模型，单击“确定”，创建求交实体，如图 17-17 所示。

3. 创建侧壳壳体

在“特征”工具条上，单击“抽壳”，设置厚度为“2.5”，创建侧壳，如图 17-18 所示。

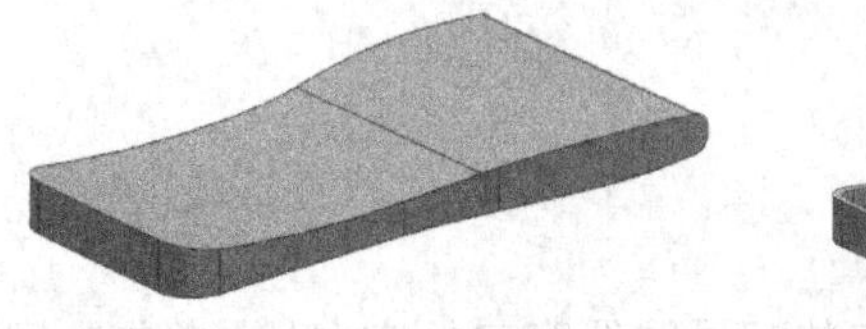

图 17-17 侧壳实体

图 17-18 侧壳

4. 保存文件

在“标准”工具条上，单击“保存”，保存当前文件。

三、创建底壳

1. 新建文件

（1）显示父项。在装配导航器窗口中，右键单击“ceke”，选择“显示父项”→“shouji”，将“shouji”设为显示部件。

（2）新建组件。在装配体“shouji”下新建一个装配组件“dike”。

① 启动新建组件命令。在装配导航器窗口中，右键单击“shouji”，选择“WAVE”→“新

建级别”，弹出“新建级别”对话框。

② 指定保存路径和文件名称。在“新建级别”对话框中，单击“指定部件名”，弹出“选择部件名”对话框；在“选择部件名”对话框中，选择保存路径为“shouji”文件所在的文件夹，输入文件名为“dike”；单击“ok”，返回到“新建级别”对话框。

③ 完成创建。单击“确定”，完成组件的创建。

（3）复制几何体。将基础实体1和基础实体2复制到“dike”组件中。

① 启动部件间复制命令。在装配导航器窗口中，右键单击“shouji”，选择“WAVE”→“将几何体复制到组件”，弹出“部件间复制”对话框。

② 选择要复制的对象。在图形窗口中，选择基础实体1和基础实体2。

③ 选择要复制到的位置。在“部件间复制”对话框中，单击“确定”；在装配导航器窗口中，选择组件“dike”。

④ 完成创建。在“部件间复制”对话框中，单击“确定”，完成几何体的复制。

（4）设为显示部件。在装配导航器窗口中，右键单击“dike”，选择“设为显示部件”，将“dike”设为显示部件，同时在图形窗口中显示刚才复制的两个实体。

2. 创建底壳实体

（1）创建修剪体。

① 启动修剪体命令。在“特征”工具条上，单击“修剪体”，弹出“修剪体”对话框，如图17-19（a）所示。

② 选择修剪的目标。在图形窗口中，选择基础实体1。

③ 选择修剪的工具。在“工具选项”列表中选择“新建平面”，在“指定平面”列表中选择“XC-YC平面”；在图形窗口中，在“距离”框中输入“14”。

④ 选择修剪的方向。确认修剪的方向为去除上面的部分，否则单击“反向”。

⑤ 完成创建。单击“确定”，创建修剪体，如图17-19（b）所示。

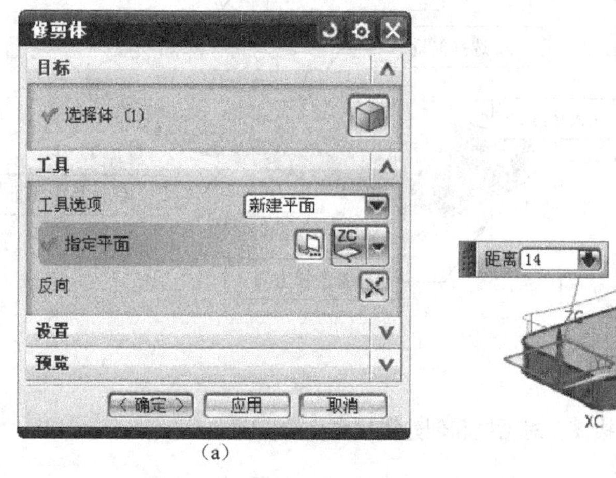

（a）

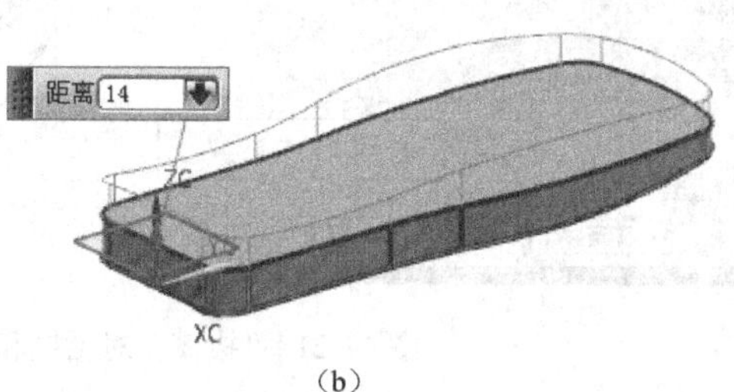

（b）

图17-19　“修剪体”对话框和修剪体

（2）创建拔模斜度。使用“拔模”命令可在面或体上沿指定的矢量方向添加拔模斜度，如图17-20（a）所示，以在塑模部件或模铸部件中使用，从而使得在模具分开时，这些面可以相互移开，而不是相互靠近滑动，如图17-20（b）所示。

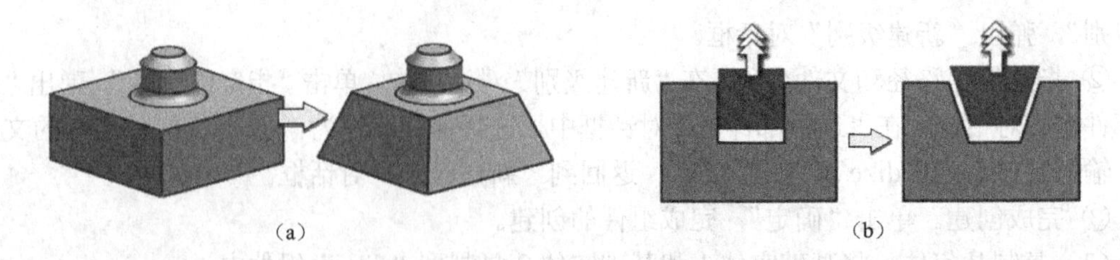

图 17-20 拔模命令示意图

① 启动拔模命令。在“特征”工具条上，单击“拔模”，或在菜单条上，选择“插入”→“细节特征”→“拔模”，弹出“拔模”对话框，如图 17-21 所示。

② 选择拔模类型。从“类型”列表中选择“从平面”。

③ 选择脱模方向。脱模方向是部件为了与模具分离而必须移动的方向。在图形窗口中，选择+Z 方向。

④ 选择固定平面。在图形窗口中，选择上部的平面。

⑤ 选择拔模面。在“选择”工具条上，从“面规则”列表中选择“相切面”；在图形窗口中，选择侧部的一个面，则侧部的所有面均被选中。

⑥ 输入拔模角度。在“角度 1”框中输入“5”。

⑦ 完成创建。确认拔模方向为向内；否则在“脱模方向”组中，单击“反向”；单击“确定”，完成拔模斜度的创建。

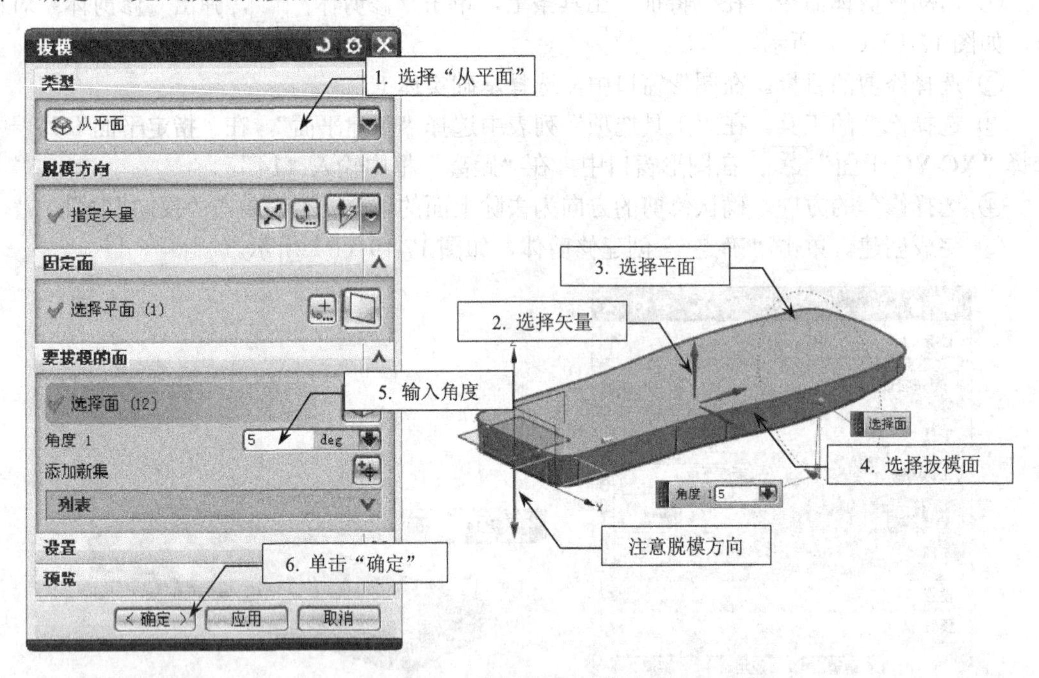

图 17-21 “拔模”对话框和创建拔模斜度的步骤

（3）创建底壳实体。在“特征”工具条上，单击“求差”，选择拔模实体为目标体，选择基础实体 2 为工具体，单击“确定”，创建底壳实体，如图 17-22 所示。

3. 创建底壳壳体

（1）创建圆角。单击“边倒圆”，对底壳下部的棱边倒圆角 *R*6，如图 17-22 所示。

（2）创建底壳壳体。在“特征”工具条上，单击“抽壳”，设置厚度为“1.5”，创建底壳壳体，如图17-23所示。

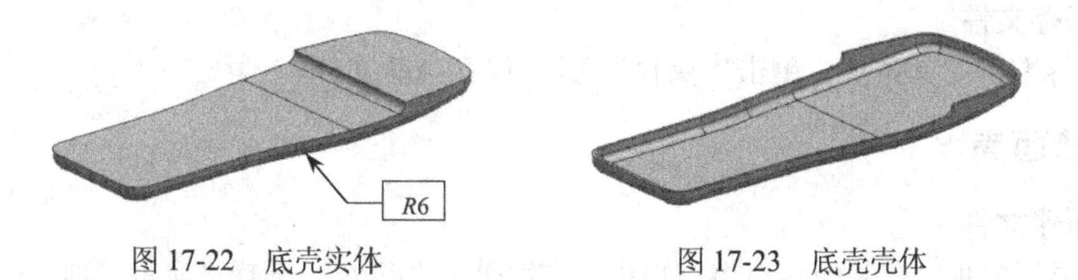

图17-22 底壳实体　　图17-23 底壳壳体

4. 创建底壳卡槽

（1）创建拉伸体。在“特征”工具体上，单击“拉伸”；在“选择”工具条上，从“曲线规则”列表中选择“相切曲线”；在图形窗口中，选择底壳壳体内侧的棱边；在“拉伸”对话框中，设置限制、拔模和偏置参数，如图17-24所示；单击“确定”，创建拉伸体。

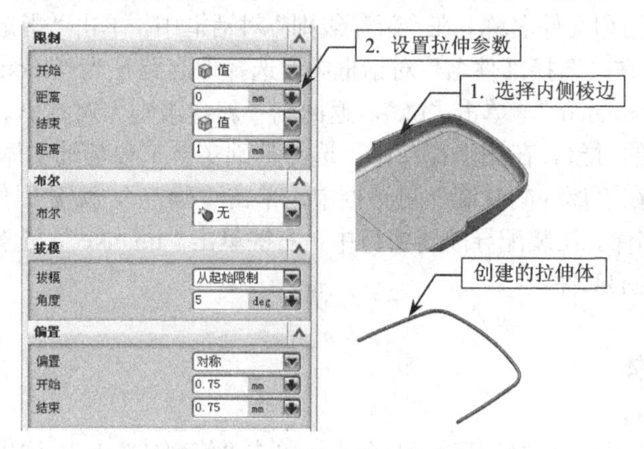

图17-24 拉伸参数和拉伸体

（2）延长拉伸体端面。使用“偏置面”命令可沿面的法向偏置一个或多个面，使体发生变化。

① 启动偏置面命令。在“特征”工具条上，单击“偏置面”，弹出“偏置面”对话框，如图17-25所示。

② 选择要偏置的面。在图形窗口中，选择卡槽拉伸体的两个端面。

③ 输入偏置距离。在“偏置”框中输入“2”。

④ 完成创建。单击“确定”，将卡槽拉伸体沿端面延伸。

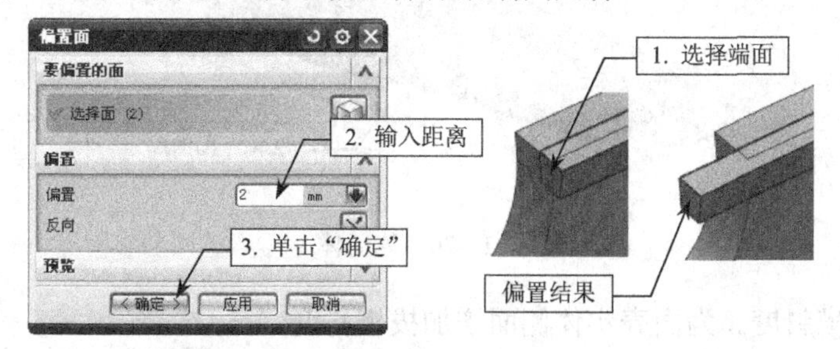

图17-25 “偏置面”对话框和偏置实体面

（3）创建底壳卡槽。在“特征”工具条上，单击“求差”，选择底壳壳体为目标体，选择卡槽拉伸体为工具体，单击“确定”，创建底壳卡槽。

5. 保存文件

在“标准”工具条上，单击“保存”，保存当前文件。

四、创建面壳

1. 新建文件

（1）显示父项。在装配导航器窗口中，右键单击“dike”，选择“显示父项”→“shouji”，将“shouji”设为显示部件。

（2）新建组件，并复制几何体。在装配体“shouji”下新建一个装配组件“mianke”，同时将基础实体1和基础实体2复制到组件“mianke”中。

① 启动新建组件命令。在装配导航器窗口中，右键单击“shouji”，选择“WAVE”→“新建级别”，弹出“新建级别”对话框。

② 指定保存路径和文件名称。在“新建级别”对话框中，单击“指定部件名”，弹出“选择部件名”对话框；在“选择部件名”对话框中，选择保存路径为“shouji”文件所在的文件夹，输入文件名为“mianke”，单击“ok”，返回到“新建级别”对话框。

③ 选择要复制的对象。在图形窗口中，选择基础实体1和基础实体2。

④ 完成创建。在“部件间复制”对话框中，单击“确定”，新建组件并复制几何体。

（3）设为显示部件。在装配导航器窗口中，右键单击“mianke”，选择“设为显示部件”，将“mianke”设为显示部件。

2. 创建面壳实体

（1）创建修剪体。

① 启动修剪体命令。在“特征”工具条上，单击“修剪体”，弹出“修剪体”对话框。

② 选择修剪的目标。在图形窗口中，选择基础实体1。

③ 选择修剪的工具。在“工具选项”列表中选择“新建平面”，在“指定平面”列表中选择“XC-YC平面”；在图形窗口中，在“距离”框中输入“14”。

④ 选择修剪的方向。确认修剪的方向为去除下面的部分，否则单击“反向”。

⑤ 完成创建。单击“确定”，创建修剪体，如图17-26所示。

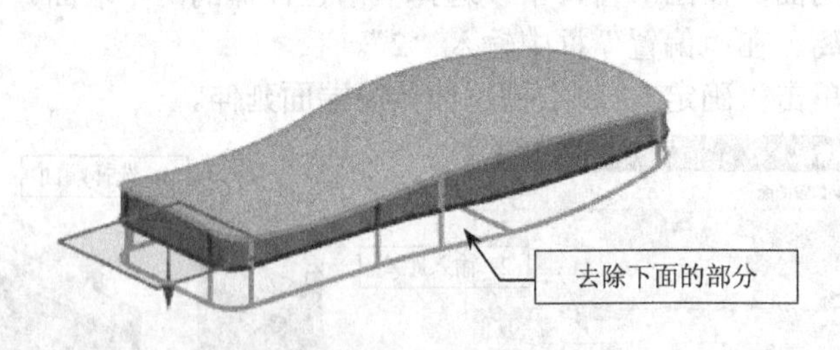

图17-26 修剪体

（2）创建拔模斜度。为面壳实体侧面增加拔模斜度。

① 启动拔模命令。在“特征”工具条上，单击“拔模”，弹出“拔模”对话框，如图17-27所示。

② 选择拔模类型。从“类型”列表中选择“从平面”。

③ 选择脱模方向。在图形窗口中，选择+Z方向。

④ 选择固定平面。在图形窗口中，选择底部的平面。

⑤ 选择拔模面。在“选择”工具条上，从“面规则”列表中选择“相切面”；在图形窗口中，选择侧部的一个面，则侧部的所有面均被选中。

⑥ 输入拔模角度。在“角度1”框中输入“5”。

⑦ 完成创建。确认拔模方向为向内，单击“确定”，完成拔模斜度的创建。

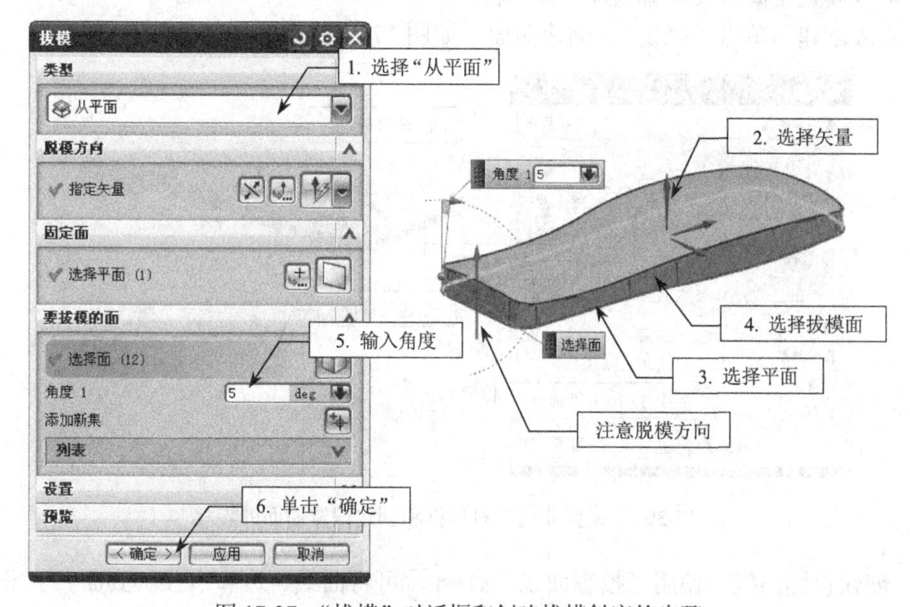

图17-27 “拔模”对话框和创建拔模斜度的步骤

（3）创建面壳实体。在“特征”工具条上，单击“求差”，选择拔模实体为目标体，选择基础实体2为工具体，单击“确定”，创建面壳实体，如图17-28所示。

3. 创建面壳显示屏

（1）绘制草图。选择XY平面作为草图平面，绘制草图6。草图包括两条圆弧和一条直线，如图17-29所示。

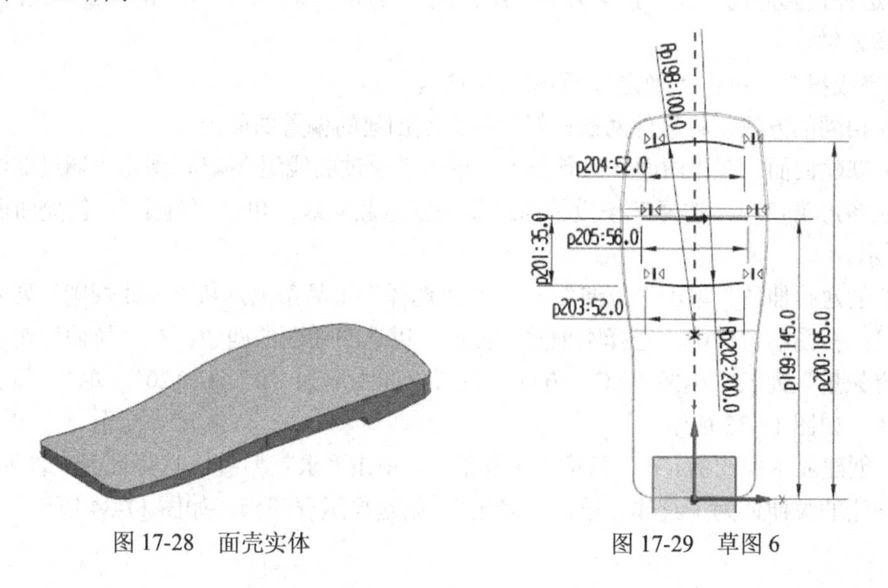

图17-28 面壳实体

图17-29 草图6

（2）创建偏置曲面。使用“偏置曲面”命令可将所选面沿曲面的法向偏置一定距离，创建一个或多个曲面。步骤如下：

① 启动偏置曲面命令。在“特征”工具条上，单击“偏置曲面”，弹出“偏置曲面”对话框。

② 选择要偏置的面。在图形窗口中，选择面壳上表面。

③ 输入偏置距离。在“偏置1”框中输入“2”。

④ 完成创建。单击“确定”，创建曲面，如图17-30所示。

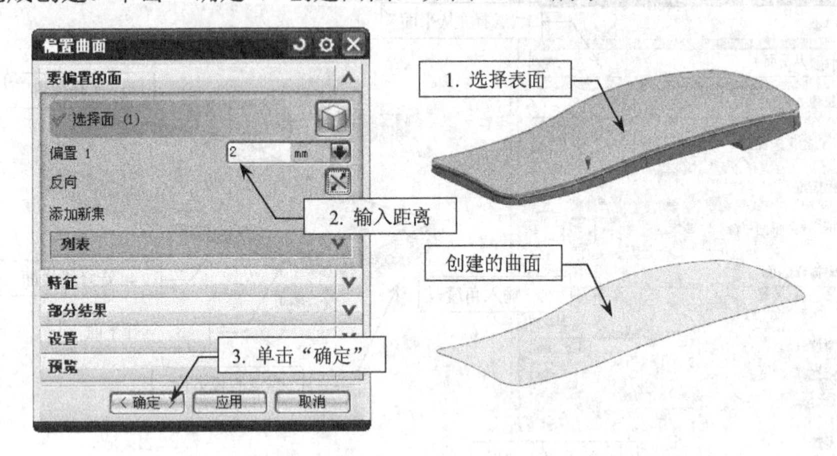

图17-30 “偏置曲面”对话框和创建偏置曲面的步骤

（3）创建投影曲线。使用“投影曲线”命令可将曲线、边和点投影到面、小平面化的体和基准平面上。

① 启动投影曲线命令。在“曲线”工具条上，单击“投影曲线”，弹出“投影曲线”对话框，如图17-31所示。

② 选择要投影的曲线。在“选择”工具条上，从“曲线规则”列表中选择“单条曲线”；在图形窗口中，选择草图6中的曲线1。

③ 选择投影到的曲面。在图形窗口中，选择面壳上部曲面。

④ 选择投影方向。在“投影方向”组，从“方向”列表中选择“沿矢量”；在图形窗口中，选择Z轴。

⑤ 完成投影。单击“确定”，创建投影曲线1。

按照相同的方法，将另外两条曲线投影到刚创建的偏置曲面上。

（4）创建曲面。在“曲面”工具条上，单击“通过曲线组”，弹出“通过曲线组”对话框；在图形窗口中，选择三条投影曲线作为三组截面线；单击“确定”，创建曲面，如图17-32所示。

（5）创建拉伸体。单击“拉伸”；在“选择”工具条上，从“曲线规则”列表中选择“面的边”；在图形窗口中，选择刚创建的曲面，以选中曲面的四边；在“拉伸”对话框中，从“指定矢量”列表中选择“ZC”方向，设置拉伸距离为“0”和“20”；单击“确定”，创建拉伸体，如图17-33所示。

（6）创建显示屏凹槽。在“特征”工具条上，单击“求差”，选择面壳实体为目标体，选择刚创建的拉伸体为工具体，单击“确定”，创建显示屏凹槽，如图17-34所示。

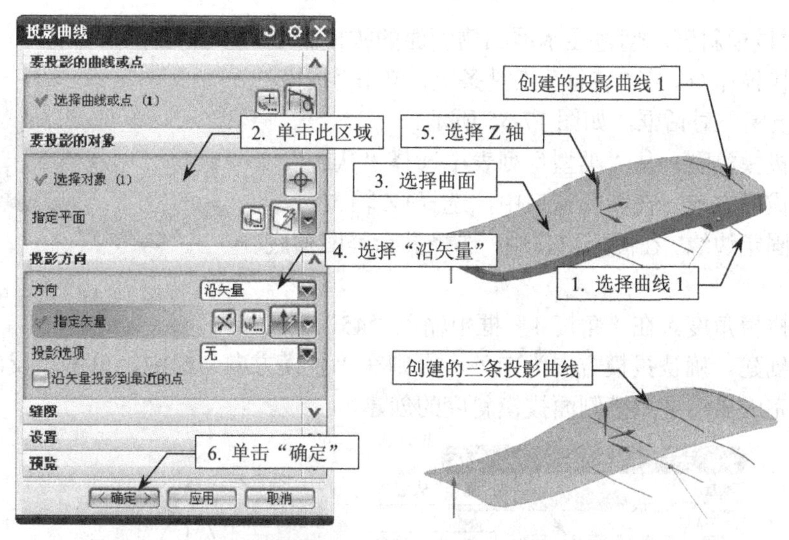

图 17-31　“投影曲线”对话框和创建投影曲线的步骤

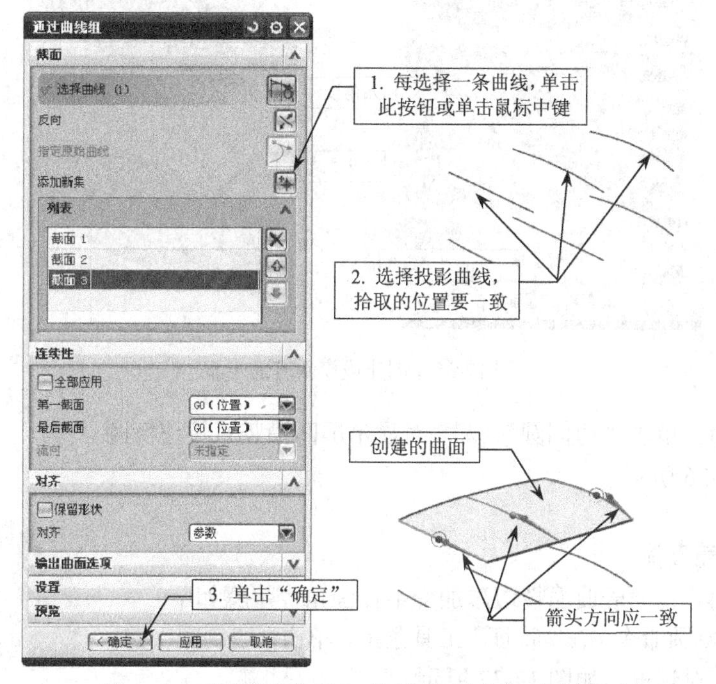

图 17-32　“通过曲线组”对话框和创建曲面的步骤

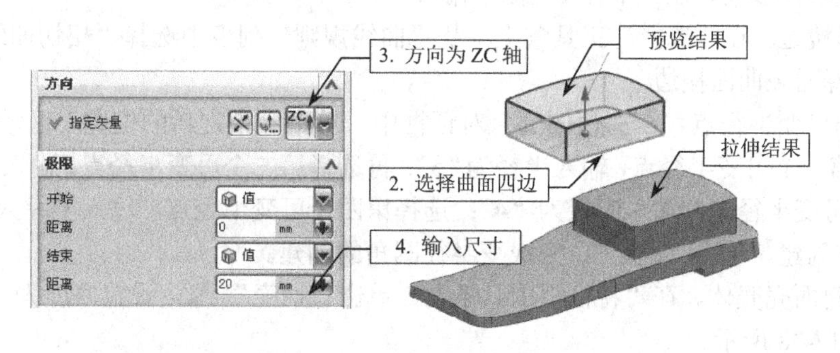

图 17-33　创建拉伸体的步骤

（7）创建拔模斜度。创建显示屏凹槽侧面的拔模斜度，步骤如下：

① 启动拔模命令。在“特征”工具条上，单击“拔模”，弹出“拔模”对话框，如图17-35所示。

② 选择拔模类型。从“类型”列表中选择“从边”。

③ 选择拔模方向。在图形窗口中，选择+Z轴方向。

④ 选择固定边缘。在图形窗口中，选择显示屏凹槽底面的三条边。

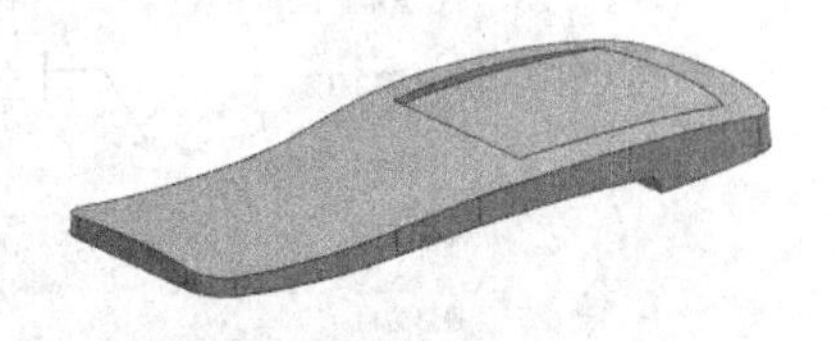

图17-34 显示屏凹槽

⑤ 输入拔模角度。在“角度1”框中输入“45”。

⑥ 完成创建。确认拔模方向为向外，否则在“脱模方向”组中，单击“反向”；单击“确定”，完成显示屏凹槽侧面拔模斜度的创建。

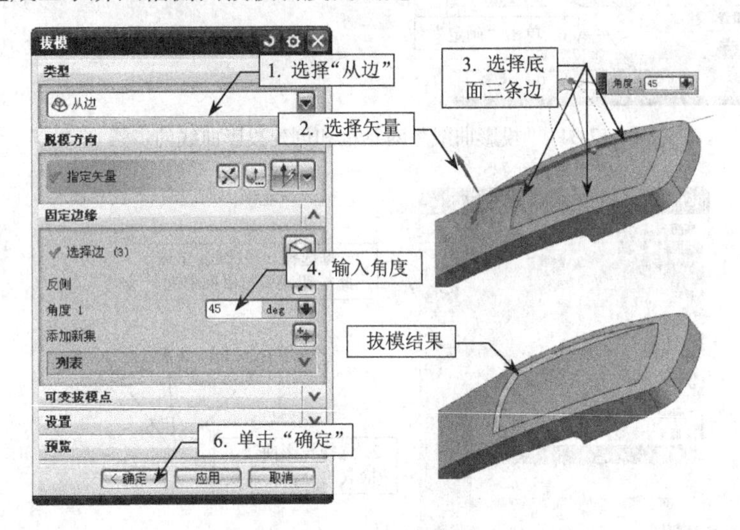

图17-35 创建拔模斜度的步骤

（8）倒圆角。单击“边倒圆”，对显示屏凹槽竖直棱边倒圆角$R5$，如图17-36所示。

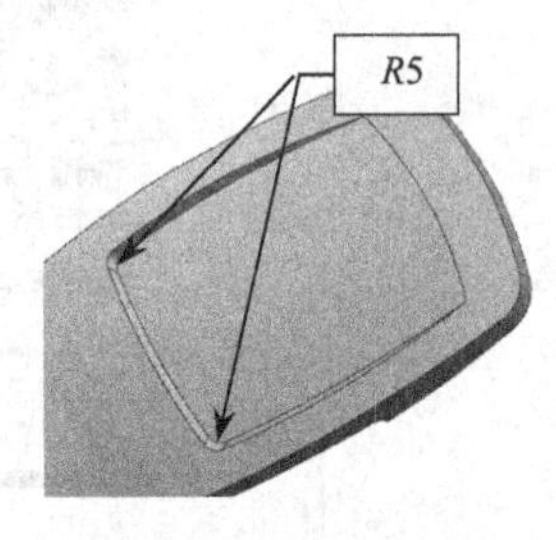

图17-36 倒圆角特征

4. 创建面壳壳体

（1）倒圆角。在面壳曲面棱边添加变半径圆角，步骤如下：

① 启动边倒圆命令。在“特征”工具条上，单击“边倒圆”，弹出“边倒圆”对话框，如图17-37所示。

② 设置半径参数。在“半径1”框中输入“5”。

③ 选择棱边。在“选择”工具条上，从“曲线规则”列表中选择“相切曲线”；在图形窗口中，选择面壳曲面棱边。

④ 添加可变半径点。在“边倒圆”对话框中，单击“指定新的位置”区域；在图形窗口中，选择第一个可变半径点，输入半径为“5”；再选择第二个可变半径点，输入半径为“5”；选择第三个可变半径点，输入半径为“4”；选择第四个可变半径点，输入半径为“4”。

⑤ 完成创建。单击“确定”，完成变半径圆角的创建。

（2）创建面壳壳体。在“特征”工具条上，单击“抽壳”，设置厚度为“1.5”，创建面壳，如图17-38所示。

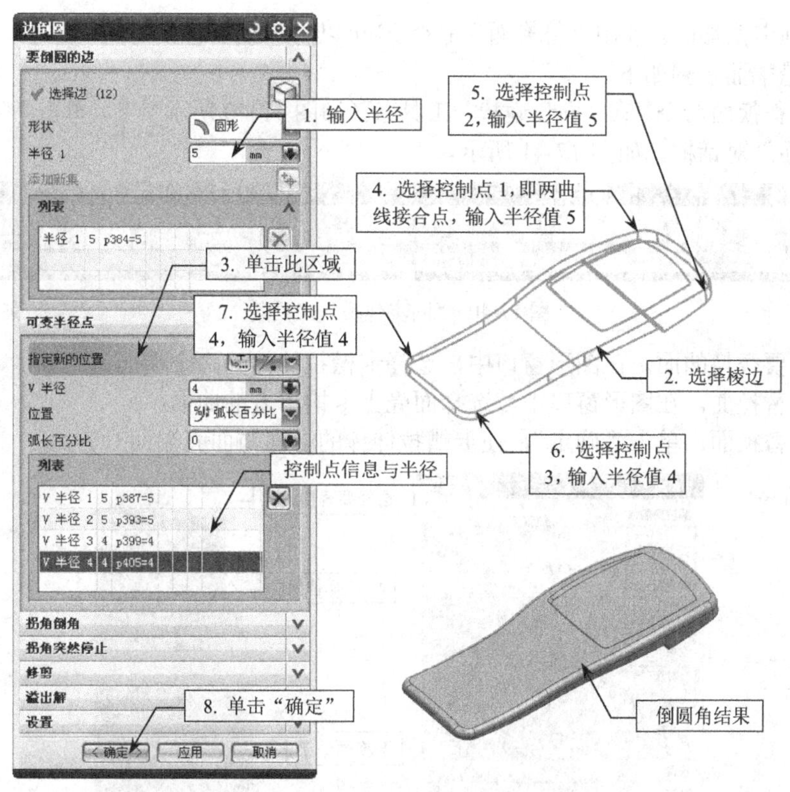

图17-37　“边倒圆”对话框和创建变半径圆角的步骤

5. 创建面壳卡槽

（1）创建面壳卡槽。在“特征”工具体上，单击“拉伸”；在“选择”工具条上，从“曲线规则”列表中选择“相切曲线”；在图形窗口中，选择面壳内侧的棱边；确认拉伸方向为朝向面壳外侧；在拉伸对话框中，设置限制、拔模和偏置参数，如图17-39所示；单击“确定”，创建面壳卡槽拉伸体。

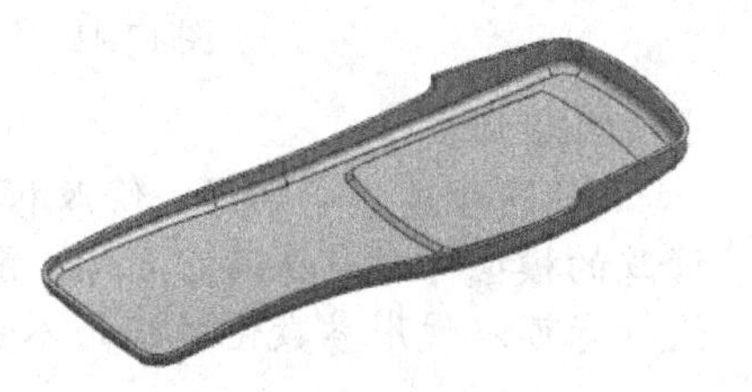

图17-38　面壳壳体

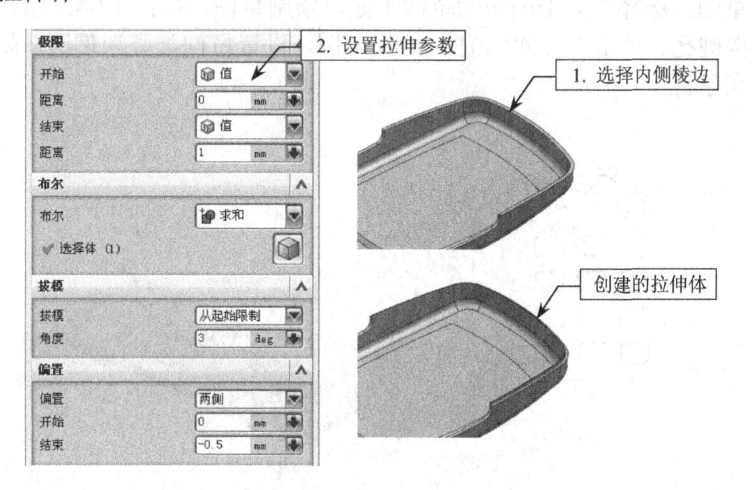

图17-39　拉伸参数和卡槽特征

（2）处理卡槽端面。使用“替换面”命令可以将一组面替换为另一组面。使用替换面命令处理卡槽端面步骤如下：

① 启动替换面命令。在“同步建模”工具条（如图17-40所示）上，单击“替换面”，弹出“替换面”对话框，如图17-41所示。

图17-40 “同步建模”工具条

② 选择要替换的面。在图形窗口中，选择卡槽拉伸体的两个端面。

③ 选择替换面。在图形窗口中，选择面壳上卡槽下方的曲面。

④ 完成替换面。单击“确定”，使卡槽拉伸体的端面与面壳端面对齐。

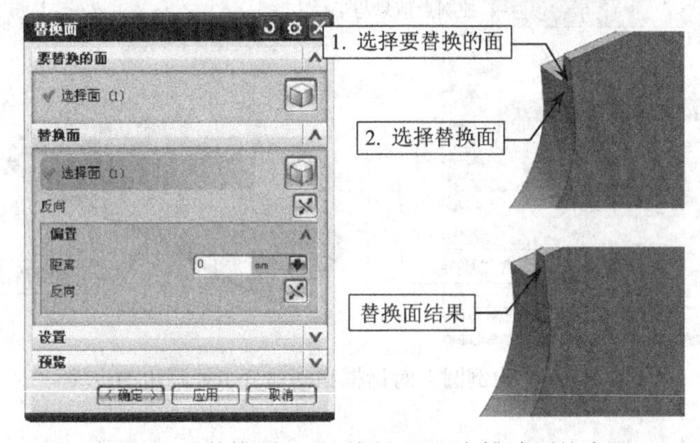

图17-41 “替换面”对话框和处理卡槽端面的步骤

工程师提示：

◆ 同步建模命令用于修改模型，而无需考虑该模型的原点、关联性或特征历史记录。修改的模型可以是从其它CAD系统导入的、非关联的不包含任何特征。通过同步建模，设计者可以使用参数化特征而不受特征历史记录的限制。

6. 创建面壳按键孔

（1）绘制草图。选择XY平面作为草图平面，绘制草图，如图17-42（a）所示。

（2）创建按键孔。单击“拉伸”，选择草图，设置拉伸类型为贯通，创建按键孔，如图17-42（b）所示。

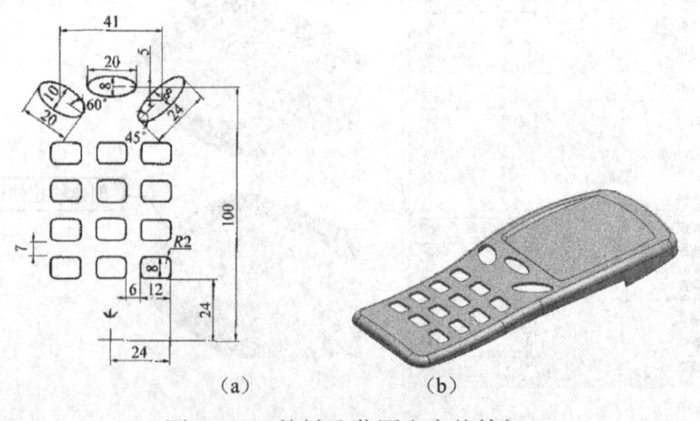

图17-42 按键孔草图和实体特征

7. 创建面壳加强筋

（1）绘制草图。选择 XY 平面作为草图平面，绘制草图，如图 17-43（a）所示。

（2）创建加强筋。单击“拉伸”，选择草图，设置开始距离为“21”，结束类型为“直至下一个”，创建加强筋，如图 17-43（b）所示。

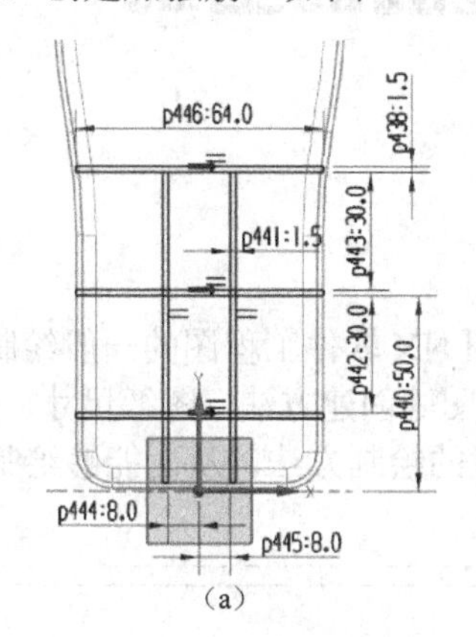

（a）

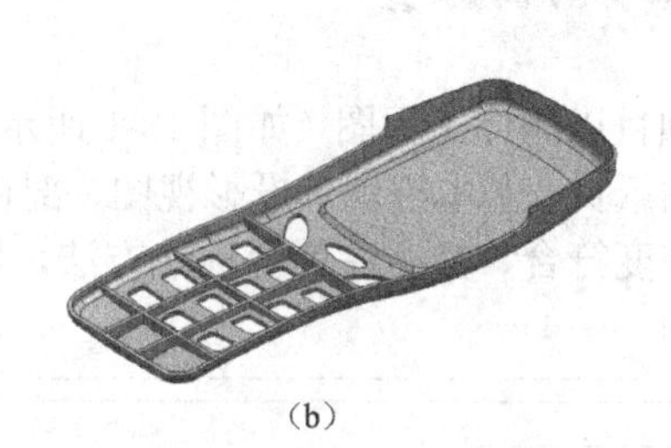
（b）

图 17-43　加强筋草图和实体特征

8. 保存文件

在“标准”工具条上，单击“保存”，保存当前文件。

9. 保存装配文件

（1）显示父项。在装配导航器窗口中，右键单击“mianke”，选择“显示父项”→“shouji”，将“shouji”设为显示部件。在装配导航器窗口中，双击“shouji”，将“shouji”设为工作部件。

（2）保存文件。隐藏两个基础实体。在菜单条上，选择“文件”→“全部保存”，保存装配文件。

使用自顶向下的设计方法，创建电机-风机、齿轮泵的装配模型。

项目 18　阀体工程图的绘制

本项目以阀体工程图（如图 18-1 所示）为例，介绍 NX 软件工程图的一般绘制步骤，学习新建图纸页、基本视图、投影视图、剖视图、半剖视图等创建方法，图纸尺寸、形位公差、表面粗糙度符合、文字注释等标注方法，图框、标题栏的绘制方法，从而能够绘制比较复杂的工程图。

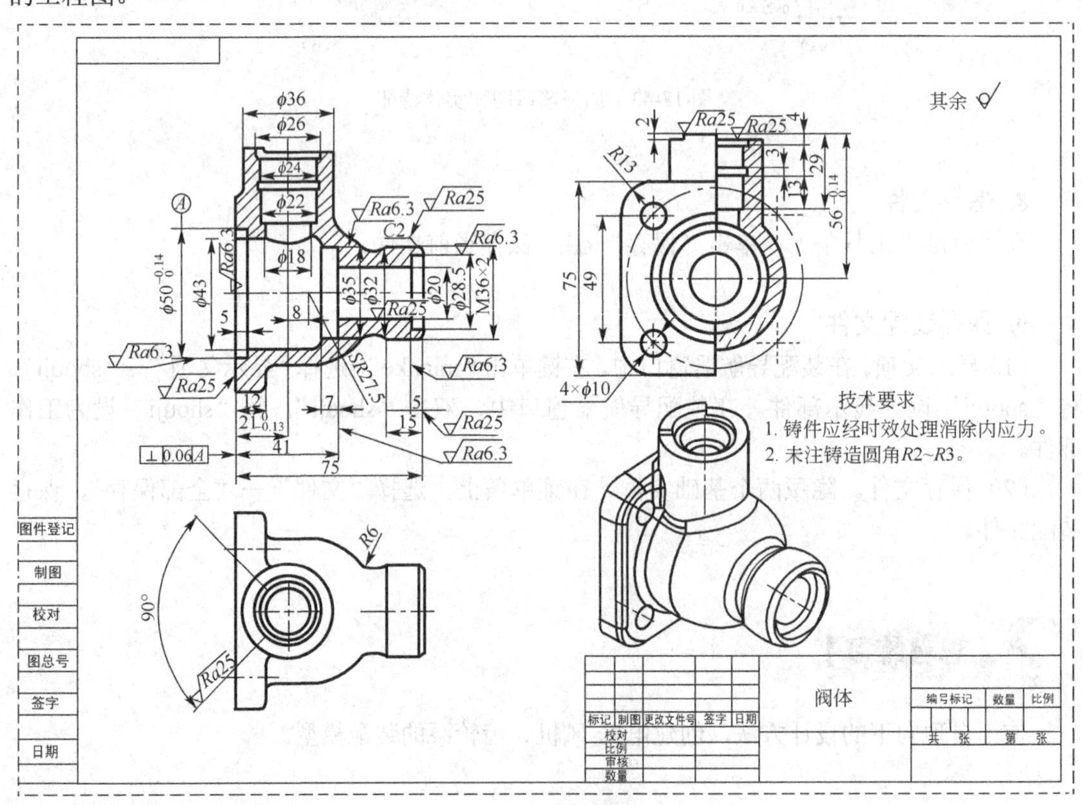

图 18-1　阀体工程图

在 NX 制图应用模块中可以直接利用 3D 模型或装配部件生成并保存符合行业标准的工程图纸，而且图纸与模型完全关联，对模型所作的任何更改都会在图纸中自动反映出来。制图应用模块还提供一组满足 2D 中心设计和布局要求的 2D 图纸工具，即可用于生成独立的 2D 图纸。

利用现有3D模型创建图纸的一般过程如下：

（1）设置制图标准和图纸首选项。在创建图纸前，建议先设置新图纸的制图标准、制图视图首选项和注释首选项。

（2）新建图纸。创建图纸的第一步是新建图纸页，可以直接在当前的工作部件中创建图纸页，也可以先创建包含模型几何体（作为组件）的非主模型图纸部件，进而创建图纸页。

（3）添加视图。创建单个视图或同时创建多个视图。所有视图均直接派生自实体模型，并可用于创建其它视图，例如剖视图和局部放大图。基本视图将决定所有投影视图的正交空间和视图对齐。

（4）添加注释。将视图放在图纸上之后，即可添加注释，如尺寸标注、符号和明细表等。

（5）打印与装配。对于已完成的图纸，可以利用 NX 直接进行打印，或者制造部门可以直接使用包含图纸的部件进行部件装配。

【项目分析】

阀体工程图的绘制大致分为以下步骤：首先，设置图纸参数，生成空白图纸；然后，根据零件表达需要，添加所需的视图；接下来，标注尺寸、形位公差和技术要求；最后，添加图纸边框和填写标题栏。

1．新建文件

（1）新建文件。新建一个 NX 文件，名称为“fati_dwg.prt”。

（2）装配文件。将阀体文件“fati.prt”装配到文件“fati_dwg.prt”中。

2．进入制图模块

在“标准”工具条上，单击“开始”→“制图”，进入“制图”环境界面，如图18-2所示。

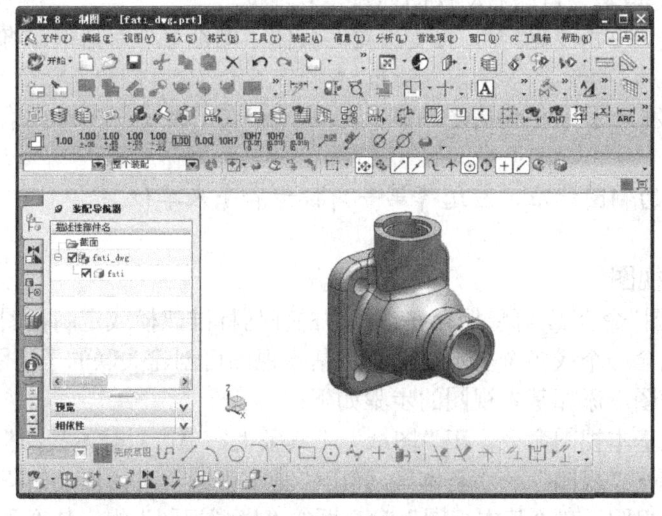

图18-2　NX 8 制图界面

3. 新建图纸页

（1）启动新建图纸页命令。在“图纸”工具条上，单击“新建图纸页”，或在菜单条上，选择“插入”→“图纸页”，弹出“图纸页”对话框，如图18-3所示。

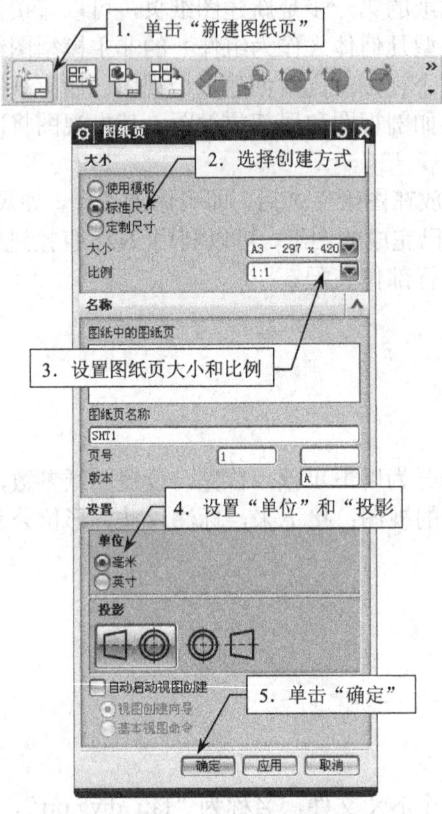

图18-3 “图纸页”对话框

（2）设置图纸页大小和比例。在“图纸页”对话框的“大小”组，选择“标准尺寸”单选框，从“大小”列表中选择“A3-297×420”，在“比例”列表中选择“1:1”。

（3）设置单位和投影。在“设置”组中，保持“单位”和“投影”的默认值，即“毫米”和“第一角投影”，取消“自动启动视图创建”复选框。

（4）完成设置。单击“确定”，接受设置并关闭“图纸页”对话框，将新建一个图纸页。

工程师提示：

◆ 选择“标准尺寸”方式确定图纸大小时，可在“大小”下拉列表中选择所需的图纸规格。

◆ 按照我国的制图标准，应选择第一角投影和毫米单位。

4. 创建基本视图

使用“基本视图”命令可将保存在部件中的任何标准建模或定制视图添加到图纸页中。单个图纸页可以包含一个或多个基本视图。从基本视图可创建关联的子视图，如投影视图、剖视图和局部放大图。添加基本视图的步骤如下：

（1）启动创建基本视图命令。在“图纸”工具条上，单击“基本视图”，或在菜单条上，选择“插入”→“视图”→“基本”，弹出“基本视图”对话框，如图18-4所示。

（2）选择模型视图。在“基本视图”对话框的“模型视图”组，从“要使用的模型视图”

列表中选择“俯视图”。

(3) 放置视图。在图形窗口中，合适的位置单击放置主视图。

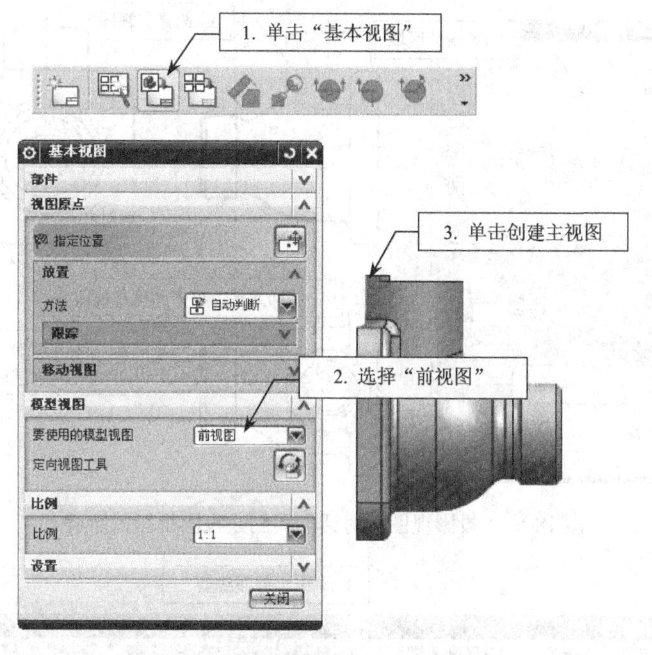

图 18-4 “基本视图”对话框和创建基本视图的步骤

工程师提示:

◆ 基本视图是零件向基本投影面投影所得的图形，它可以是零件模型的前视图、后视图、俯视图、仰视图、左视图、右视图、等轴测图等。在生成工程图时，应该尽量生成能反映实体模型的主要形状特征的基本视图。

5. 创建投影视图

基本视图放到图纸页上后立即进入投影视图模式，弹出“投影视图”对话框。若已退出“投影视图”对话框，需启动创建投影视图命令，再次弹出“投影视图”对话框。利用“投影视图”对话框，可以对投影视图的放置位置、放置方法以及反转视图方向等进行设置。创建投影视图的步骤如下:

(1) 启动创建投影视图命令。在“图纸”工具条上，单击“投影视图”，或在菜单条上，选择“插入”→“视图”→“投影”，弹出“投影视图”对话框，如图 18-5 所示。

(2) 选择父视图。在“投影视图”对话框的“父视图”组中，单击“选择视图”区域；在图形窗口中，选择已经创建的基本视图作为父视图。

(3) 放置视图。在图形窗口中，移动光标至基本视图的右侧，单击创建左视图。再移动光标至基本视图的下方，单击创建俯视图。单击中键，关闭“投影视图”对话框。

6. 创建剖视图

(1) 启动创建剖视图命令。在“图纸”工具条上，单击“剖视图”，或在菜单条上，选择“插入”→“视图”→“截面”→“简单/阶梯剖”，弹出“剖视图”对话框条，如图 18-6 所示。

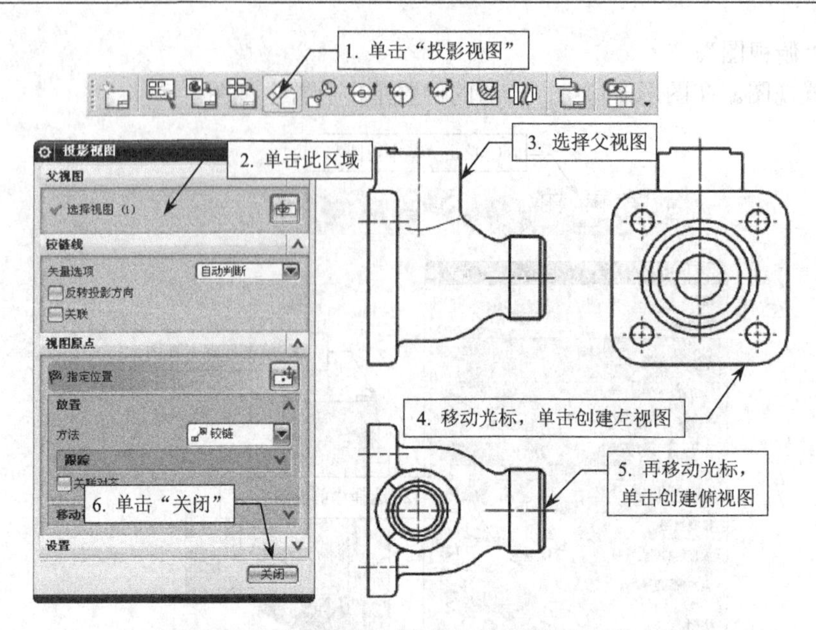

图 18-5 “投影视图”对话框和创建投影视图的步骤

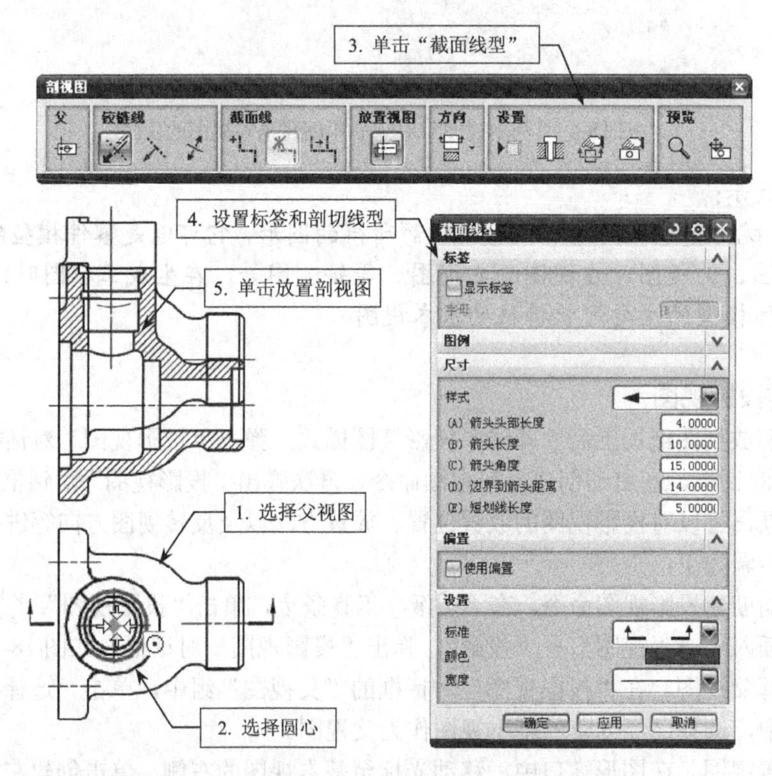

图 18-6 “剖视图”对话框和创建剖视图的步骤

（2）选择父视图。在图形窗口中，选择俯视图作为父视图。

（3）确定剖切位置。在俯视图中，选择圆心作为剖切位置点，以放置截面线符号。

（4）修改截面线型。在“剖视图”工具条上，单击“剖切线型”，弹出“剖切线型”对话框，修改标签和剖切线型。

（5）放置视图。移动光标到俯视图的上方，单击以放置剖视图。

7. 删除视图

因为重新将主视图创建为剖视图，所以需要对原来的主视图（即基本视图）进行处理，可以采用以下任何一种方法：

方法一：删除视图。在图形窗口中，移动光标选中原来的基本视图边界，单击右键选择“删除”，或直接按“Delete”键，删除该视图。

方法二：移动视图。在图形窗口中，移动光标选中原来的基本视图边界，将其移动到图纸页之外，以使在当前图纸页中不再显示原来的基本视图。

方法三：擦除曲线。使用视图相关编辑命令可以擦除多余的曲线。在图形窗口中，移动光标选中原来的基本视图边界，单击右键选择“视图相关编辑”，或在菜单条上，选择“编辑”→“视图”→“视图相关编辑”，再选中原来的基本视图，弹出“视图相关编辑”对话框，如图18-7所示。

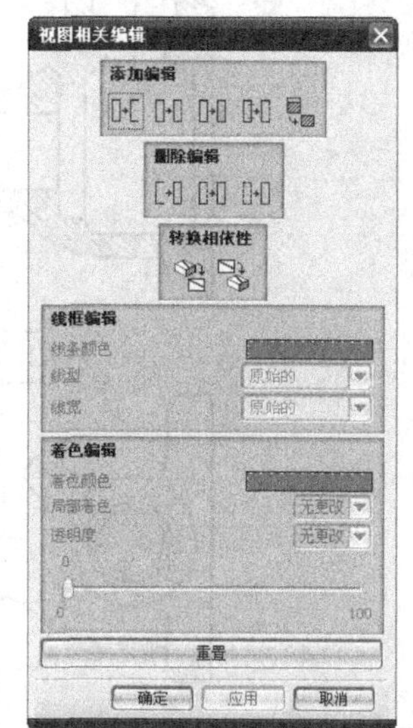

图18-7 “视图相关编辑”对话框

① 选择编辑的类型。单击“擦除对象”，弹出“类选择”对话框。

② 选择擦除的对象。在图形窗口中，选择原来基本视图中所有的曲线。

③ 完成擦除。在“类选择”对话框中，单击“确定”，将擦除选中的对象。单击“确定”，关闭“视图相关编辑”对话框。

工程师提示：

◆ 对于无法擦除的中心线，可以在关闭“视图相关编辑”对话框后，将其选中再单击右键选择“删除”，或直接按“Delete”键删除。

◆ 使用视图相关编辑命令中的“擦除对象”选项，其实质是将选择的对象进行了隐藏，所以可以使用视图相关编辑命令中的“编辑完整的对象”→“删除选定的擦除”选项进行恢复。

8. 创建半剖视图

（1）启动创建半剖视图命令。在“图纸”工具条上，单击“半剖视图”，或在菜单条上，选择“插入”→“视图”→“截面”→“半剖”，弹出“半剖视图”对话框条，如图18-8所示。

（2）选择父视图。在图形窗口中，选择俯视图作为父视图。

（3）确定剖切位置。在“选择”工具条上，选中“圆弧中心”；在图形窗口中，将光标移动到俯视图中心，选择圆心以确定剖切位置；再次选择圆心作为折弯的位置点。

（4）放置视图。向右侧移动光标一段距离，以确定剖切的方向；单击右键，选择“截面方向”→“剖切现有视图”；然后选择左视图，将左视图创建为半剖视图。

工程师提示：

◆ 当零件的内部结构较为复杂时，视图中就会出现较多的虚线，致使图形表达不够清晰。这时可以使用剖切视图工具建立剖视图，以便更清晰、更准确地表达零件内部的结构特征。

◆ 剖视图包括全剖视图、半剖视图、旋转剖视图和局部剖视图等。

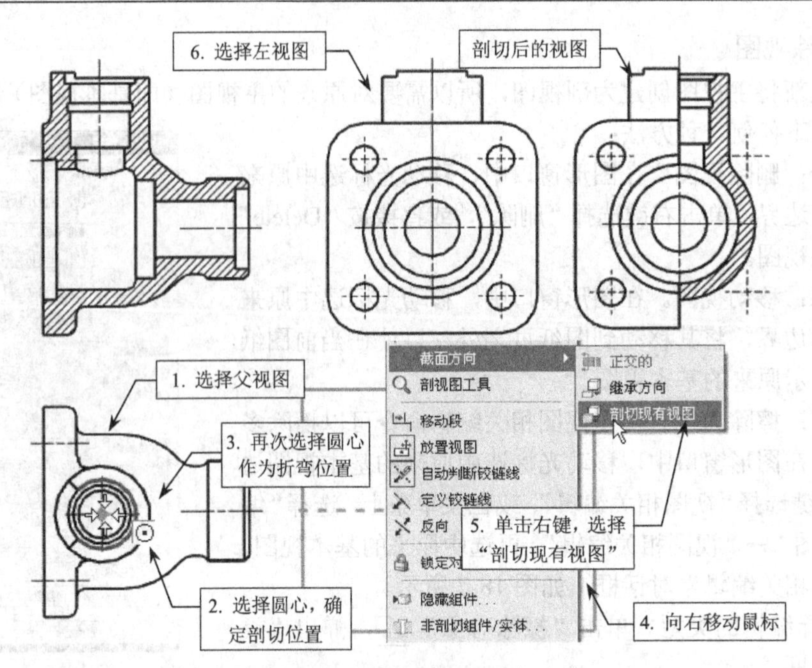

图 18-8 创建半剖视图的步骤

9. 创建轴测视图

按照创建基本视图步骤创建正等轴测视图。

（1）启动创建视图命令。在“图纸”工具条上，单击“基本视图”，或在菜单条上，选择“插入”→“视图”→“基本”，弹出“基本视图”对话框。

（2）选择模型视图。在“基本视图”对话框的“模型视图”组，从“要使用的模型视图”列表中选择“正等测图”。

（3）放置视图。在图形窗口中左视图的下方，单击放置轴测视图。

10. 显示光顺边

（1）显示视图样式对话框。在图形窗口中，双击轴测视图的边界，弹出“视图样式”对话框，如图 18-9 所示。

（2）勾选光顺边选项。单击“光顺边”选项卡，选中“光顺边”复选框。

（3）显示光顺边。单击“确定”，关闭“视图样式”对话框，同时轴测视图将显示光顺边，如图 18-10 所示。

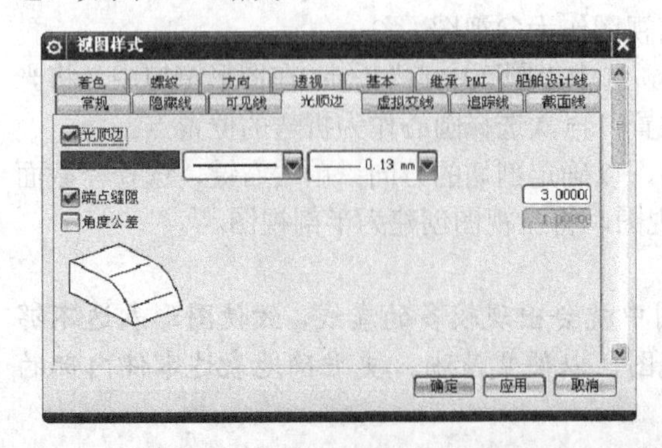

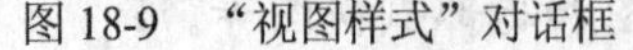

图 18-9 “视图样式”对话框

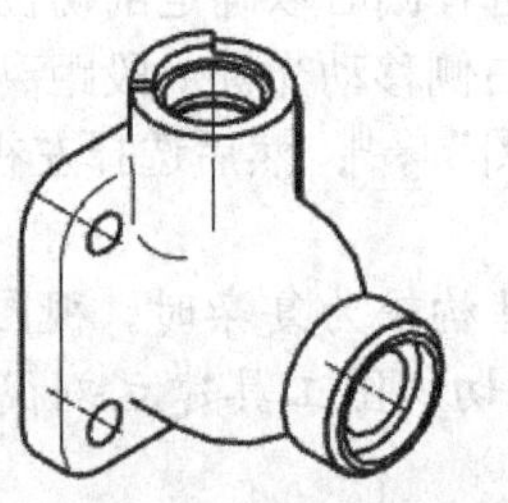
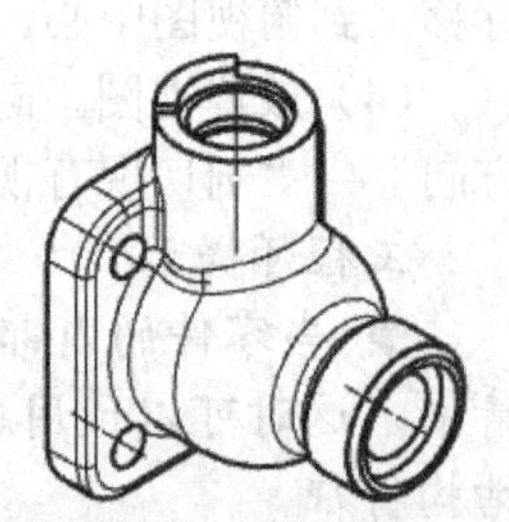

图 18-10 设置“光顺边”后显示效果

11．设置尺寸样式

（1）启动注释命令。在菜单条中，单击“首选项”→“注释”，弹出“注释首选项”对话框。

（2）设置尺寸样式。在“注释首选项”对话框中，单击“尺寸”选项卡，设置尺寸放置样式、精度和公差格式、倒斜角样式等，如图18-11（a）所示。

（3）设置文字样式。在“注释首选项”对话框中，单击“文字”选项卡，单击“尺寸”和“附加文本”选项，可以设置文字的大小、间距、宽高比和字体等，如图18-11（b）所示。

（4）完成设置。单击“确定”，完成尺寸标注样式的设置。

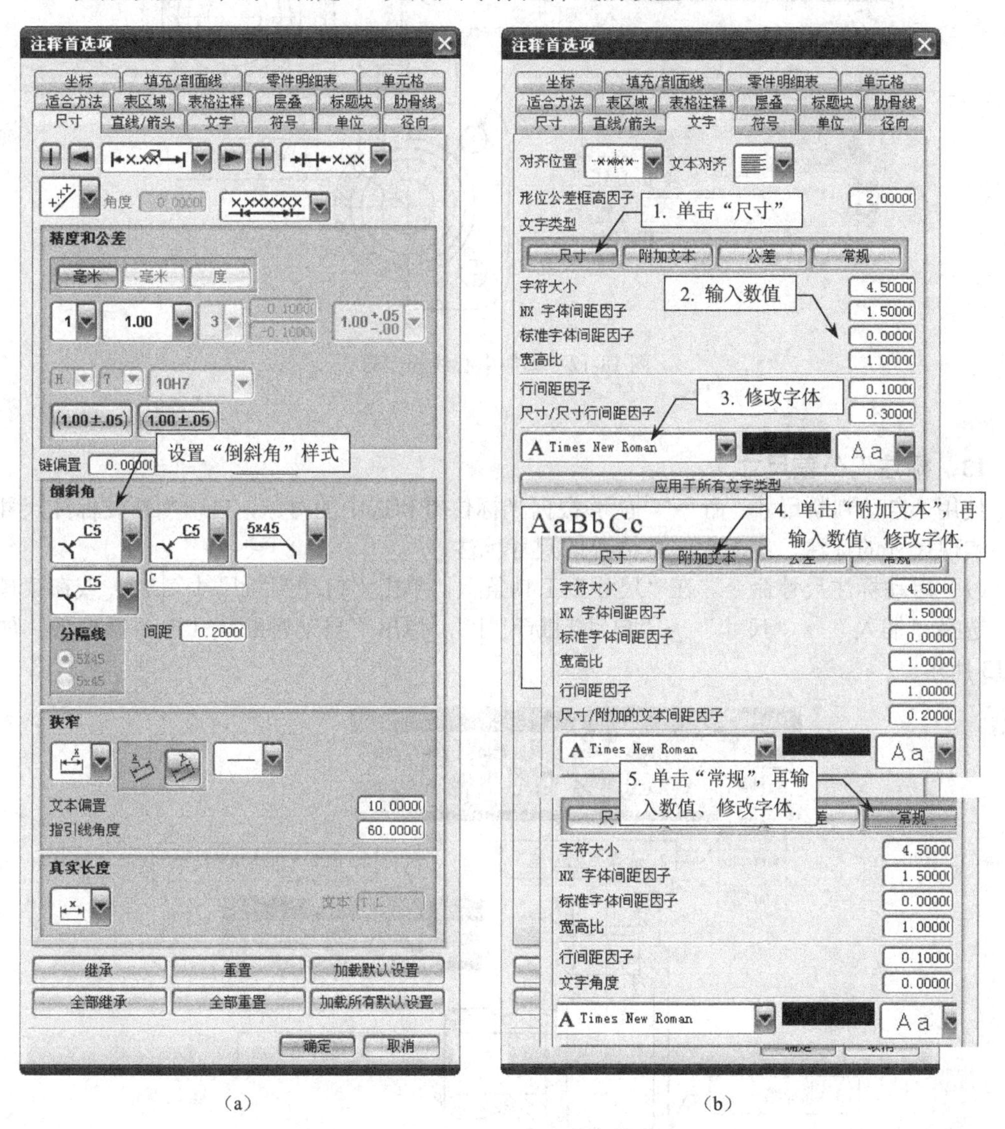

图18-11　“注释首选项”对话框

12．添加中心线

（1）启动添加中心线命令。在“注释”工具条上，单击“圆形中心线”，或在菜单条上，选择“插入”→“中心线”→“圆形”，弹出“圆形中心线”对话框，如图18-12所示。

（2）选择类型。在“圆形中心线”对话框，从“类型”列表中选择“中心点”。

（3）选择通过点。在图形窗口中，选择中心线的圆心和通过点。

（4）完成创建。单击“确定”，完成中心线的创建。

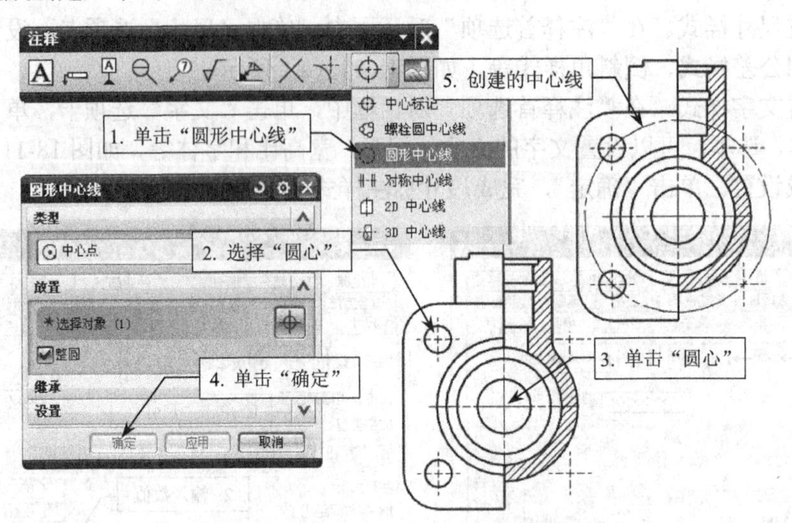

图 18-12　添加中心线的步骤

13．标注无公差尺寸

使用“自动判断尺寸”命令能够根据光标位置和选中的对象，自动判断要标注尺寸的类型实现尺寸的标注，用于大多数情况的尺寸标注。

（1）启动标注尺寸命令。在“尺寸”工具条上，单击“自动判断尺寸”，或在菜单条上，选择“插入”→“尺寸”→“自动判断尺寸”，弹出“自动判断尺寸”对话框条，如图18-13所示。

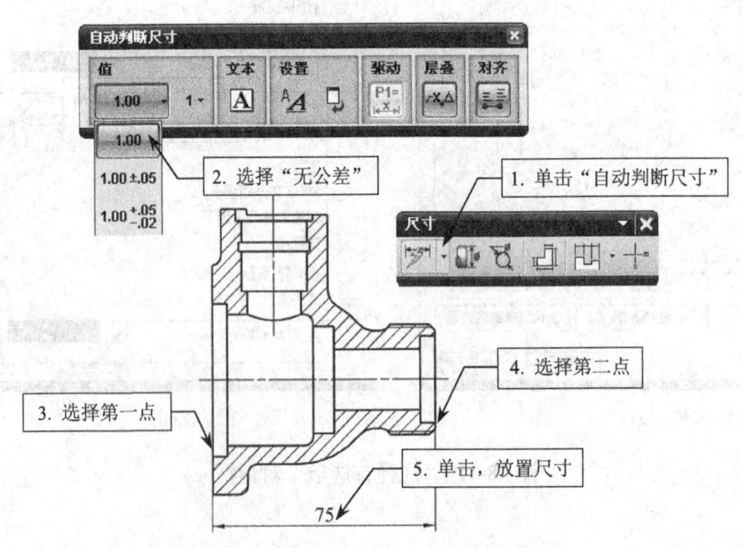

图 18-13　标注水平尺寸的步骤

（2）确定标注样式。在“自动判断尺寸”对话框条的“值”组中，从尺寸样式列表中选择“无公差”。

（3）选择标注对象。在“选择”工具条上，确定已选中“端点”；在图形窗口中，选择尺寸界线的起点和终点，此时将显示尺寸。

（4）放置尺寸。在图形窗口中，将尺寸拖动至希望的位置，单击以放置尺寸。

按照相同的方法，标注其它位置的水平和竖直方向的线性尺寸。

工程师提示：

◆ 在图形窗口中选择了标注对象后，向不同的方向拖动光标，所创建的尺寸是不同的，如图18-14所示。如果以平行于所选直线的方向来拖动光标，就会创建一个平行尺寸。如果沿水平方向拖动光标，就会创建一个竖直尺寸。如果沿竖直方向拖动光标，就会创建一个水平尺寸。

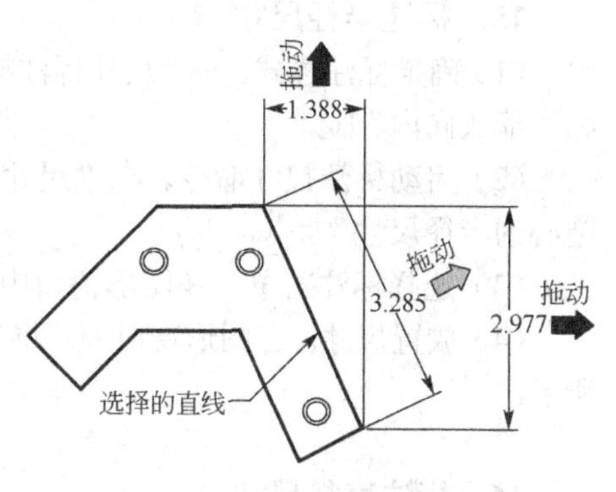

图18-14　标注尺寸示例

14. 标注公差尺寸

利用GC工具箱的“尺寸标注样式”工具条（如图18-15所示）能够快速指定尺寸标注的样式。使用该工具条标注公差尺寸的步骤（如图18-16所示）如下：

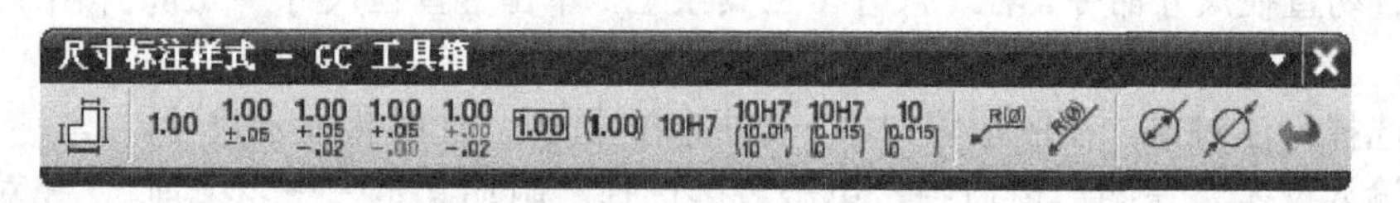

图18-15　“尺寸标注样式”工具条

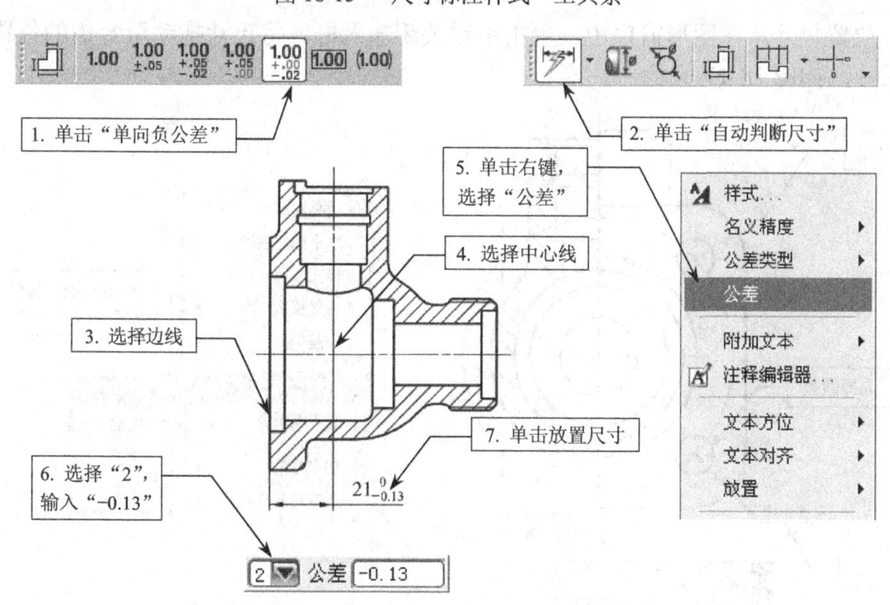

图18-16　标注公差尺寸的步骤

（1）确定标注样式。“尺寸标注样式”工具条上，单击“单向负公差”。

（2）启动标注尺寸命令。在“尺寸”工具条上，单击“自动判断尺寸”，弹出“自动判断尺寸”对话框条。

（3）选择标注对象。在图形窗口中，选择尺寸界线所在的两条直线，此时将显示尺寸。

（4）输入公差值。在图形窗口中，单击右键选择“公差”，选择公差的小数点位数为“2”，输入公差的数值为“–0.13”。

（5）放置尺寸。在图形窗口中，将尺寸拖动至希望的位置，单击以放置尺寸。

15. 标注半径尺寸

（1）确定标注样式。在“尺寸标注样式”工具条上，单击“无公差”[1.00]、“平行文本”和“箭头向内”。

（2）启动标注尺寸命令。在“尺寸”工具条上，单击“自动判断尺寸”，或单击“过圆心的半径尺寸”。

（3）选择标注对象。在图形窗口中，选择圆弧。

（4）放置尺寸。在图形窗口中，将尺寸拖动至希望的位置，单击以放置尺寸，如图18-17所示。

16. 标注直径尺寸

（1）确定标注样式。在“尺寸标注样式”工具条上，单击“无公差”[1.00]、“水平文本”和“箭头向外”。

（2）启动直径尺寸命令。在“尺寸”工具条上，单击“直径尺寸”，弹出“直径尺寸”对话框条。

（3）选择标注对象。在图形窗口中，选择圆的圆弧，此时将显示尺寸。

（4）输入文本。在图形窗口中，单击右键选择“附加文本”→“之前”，在对话框中输入“4×”。

（5）放置尺寸。在图形窗口中，单击中键关闭输入框，将尺寸拖动至希望的位置，单击以放置尺寸，如图18-17所示。

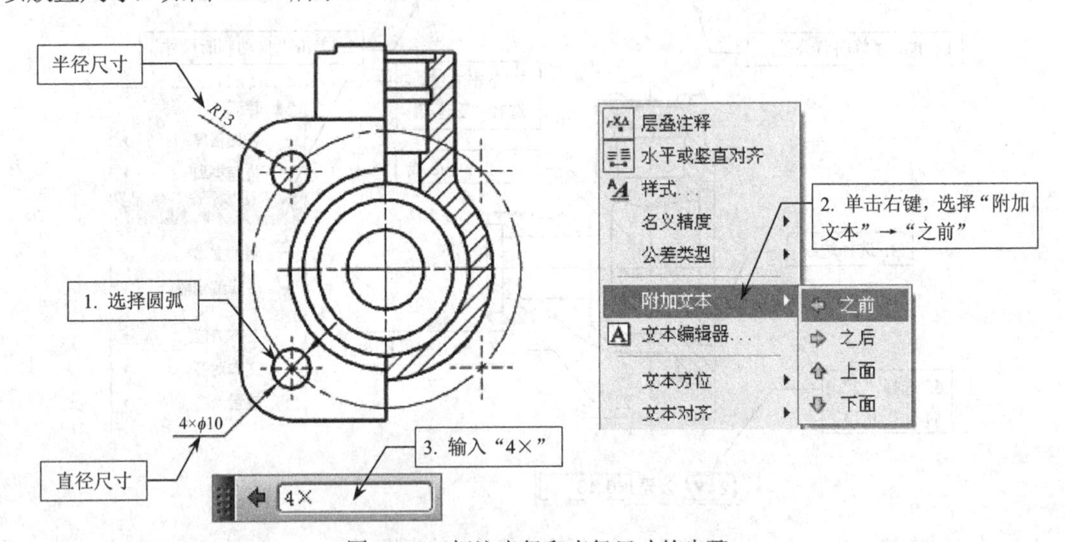

图18-17 标注半径和直径尺寸的步骤

17. 标注圆柱尺寸

（1）确定标注样式。“尺寸标注样式”工具条上，单击“无公差”[1.00]、“平行文本”和

“箭头向内”。

（2）启动圆柱尺寸命令。在“尺寸”工具条上，单击“圆柱尺寸”，弹出“圆柱尺寸”对话框条。

（3）选择标注对象。在图形窗口中，选择尺寸界线所在的直线，此时将显示尺寸。

（4）放置尺寸。在图形窗口中，将尺寸拖动至希望的位置，单击以放置尺寸，如图18-18所示。

工程师提示：

◆ 需要注意的是必须选择线，而不能选择点。

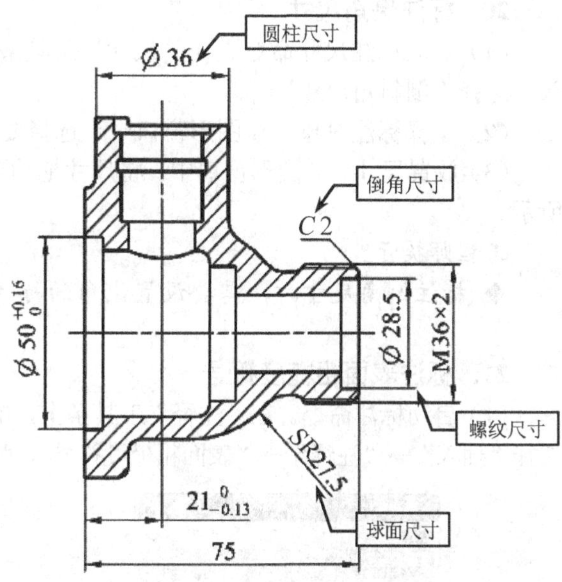

图18-18 标注的圆柱、球面、螺纹和倒角尺寸

18. 标注球面尺寸

（1）确定标注样式。“尺寸标注样式”工具条上，单击“无公差”、“平行文本”和“箭头向外”。

（2）启动标注尺寸命令。在“尺寸”工具条上，单击“自动判断尺寸”，弹出“直径尺寸”对话框条。

（3）确定小数点位数。在“自动判断尺寸”对话框条的“值”组中，从小数点位数列表中选择“1”。

（4）选择标注对象。在图形窗口中，选择阀体的球面圆弧，此时将显示尺寸。

（5）输入公差值。在图形窗口中，单击右键选择“附加文本”→“之前”，在对话框中输入“S”。

（6）放置尺寸。在图形窗口中，单击中键关闭输入框，将尺寸拖动至希望的位置，单击以放置尺寸，如图18-18所示。

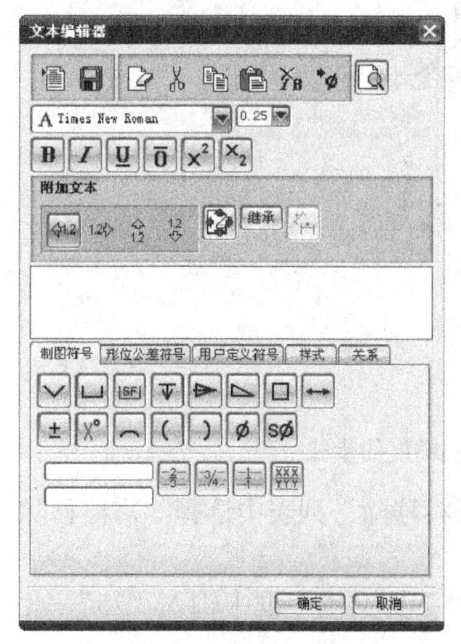

图18-19 “文本编辑器”对话框

19. 标注螺纹尺寸

（1）确定标注样式。“尺寸标注样式”工具条上，单击“无公差”、“平行文本”和“箭头向内”。

（2）启动标注命令。在“尺寸”工具条上，单击“自动判断尺寸”。

（3）选择标注对象。在图形窗口中，选择螺纹边界线。

（4）输入附加文字。在图形窗口中，单击右键，选择“附加文本”→“之前”，在对话框中输入“M”；再单击右键，选择“附加文本”→“之后”，在对话框中输入“×2”。

（5）放置尺寸。在图形窗口中，将尺寸拖动至希望的位置，单击以放置尺寸，如图18-18所示。

工程师提示：

◆ 添加附加文字的方式。在尺寸对话框条中，单击“文本”，或单击右键选择“文本编辑器”，将弹出“文本编辑器”对话框，如图18-19所示。利用“文本编辑器”对话框，也能够添加附加文本。

20．标注倒角尺寸

（1）启动标注尺寸命令。在“尺寸”工具条上，单击“自动判断尺寸”右侧下拉箭头，选择“倒斜角尺寸”。

（2）选择标注对象。在图形窗口中，选择要标注尺寸的倒角。

（3）放置尺寸。在图形窗口中，将尺寸拖动至希望的位置，单击以放置尺寸，如图18-18所示。

工程师提示：

◆ 标注倒角尺寸时，需要设置倒角的标注样式。

21．标注表面粗糙度符号

（1）启动标注命令。在“注释”工具条上，单击“表面粗糙度符号”，或在菜单条上，选择“插入”→“注释”→“表面粗糙度符号”，弹出“表面粗糙度”对话框，如图18-20所示。

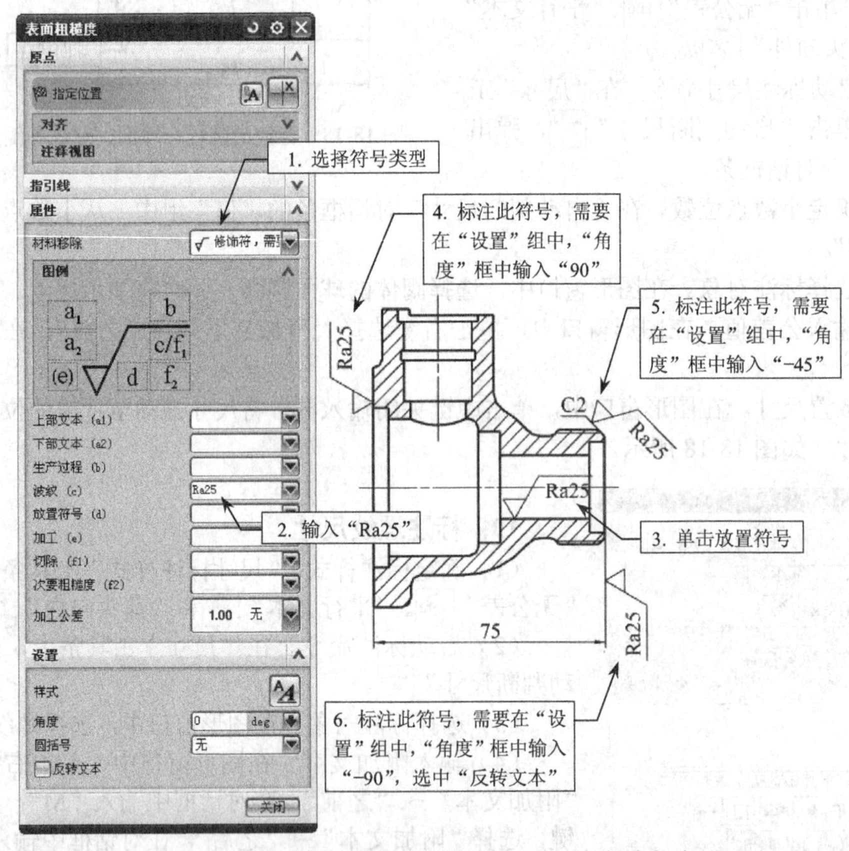

图18-20 “表面粗糙度”对话框和标注表面粗糙度的步骤

（2）选择符号类型。在对话框的“属性”组中，从“材料移除”列表中选择“需要移除材料”。

（3）输入粗糙度数值。在对话框的“属性”组中，在“下部文本”框中输入“25”，此时将显示粗糙度符号。

（4）放置符号。在需要放置符号的位置，单击放置符号。

按照相同的步骤，标注其它位置的粗糙度符号。

工程师提示：

◆ 对于不是水平显示的表面粗糙度符号，需要设置“角度”参数。在对话框的“设置”组中，输入相应的角度，或者选中“文本反向”。

22. 标注形位公差

（1）启动标注命令。在“注释”工具条上，单击“特征控制框”，或在菜单条上，选择“插入”→“注释”→“特征控制框”，弹出“特征控制框”对话框，如图18-21所示。

（2）选择形位公差类型。在对话框的“框”组中，从“特性”列表中选择“垂直度”，从“框样式”列表中选择“单框”。

（3）输入公差值。在对话框的“框”组中，在“公差”框中输入“0.06”。

（4）选择基准符号。在对话框的“框”组中，从“第一基准参考”列表中选择“A”。

（5）放置符号。在对话框的“指引线”组中，单击“选择终止对象”区域；在图形窗口中，单击尺寸界线，确定放置起点；向右移动光标，出现指示箭头后，再单击放置符号。

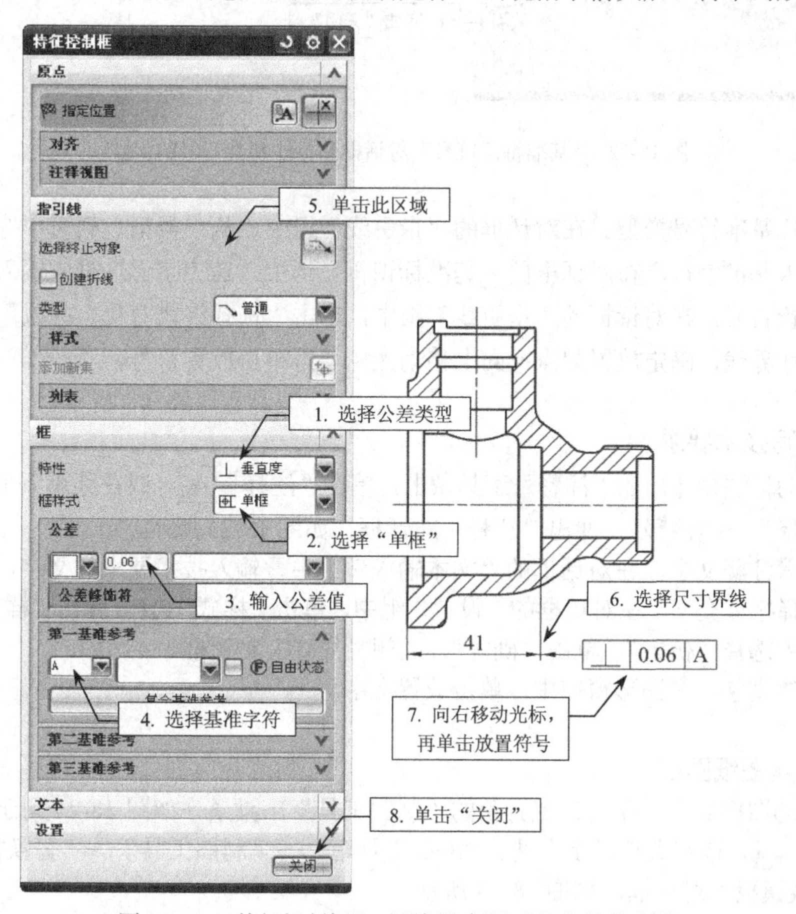

图18-21 “特征控制框”对话框和标注形位公差的步骤

23. 标注基准符号

（1）启动标注命令。在“注释”工具条上，单击“基准特征符号”，或在菜单条上，选择“插入”→“注释”→“基准特征符号”，弹出“基准特征符号”对话框，如图18-22

所示。

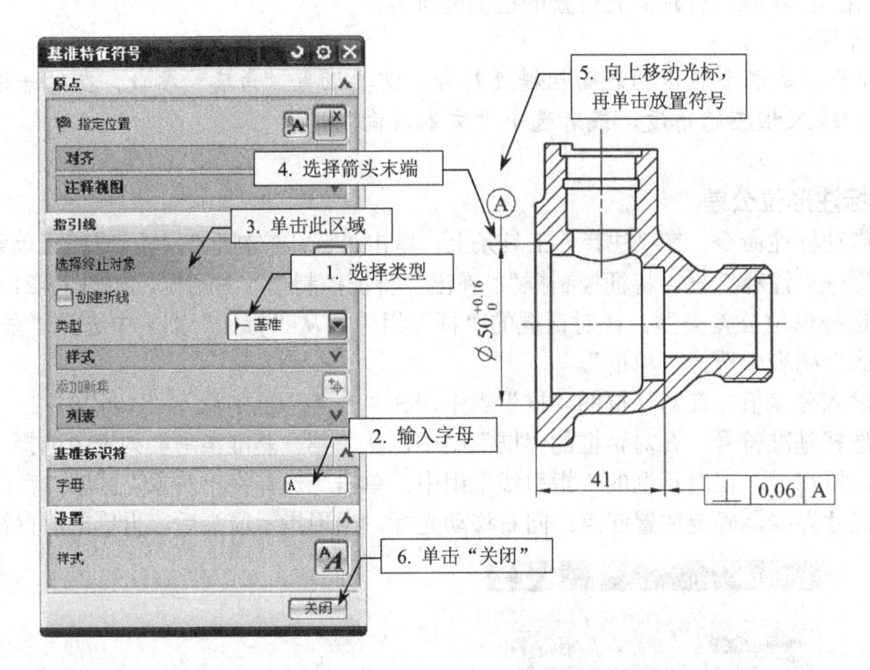

图 18-22 “基准特征符号”对话框和标注基准符号的步骤

（2）选择基准符号类型。在对话框的“指引线”组中，从“类型”列表中选择“基准”。

（3）输入基准字母。在对话框的“基准标识符”组中，在“字母”框中输入“A”。

（4）放置符号。在对话框的“指引线”组中，单击“选择终止对象”区域；在图形窗口中，单击尺寸界线，确定放置起点；向上移动光标，再单击放置符号。

24. 填写技术要求

（1）启动标注命令。在“注释”工具条上，单击“注释”A，或在菜单条上，选择“插入”→“注释”→“注释”，弹出“注释”对话框，如图 18-23 所示。

（2）输入注释文字。在对话框的“文本输入”组中，输入技术要求的文字。

（3）选择字体类型。在对话框的“设置”组中，单击“样式”，弹出“样式”对话框，从字体列表中选择“仿宋”，单击“确定”，关闭“样式”对话框。

（4）放置文字。在图形窗口中，单击放置文字。

25. 创建图纸图框

（1）启动图框命令。在 GC 工具箱的“制图工具”工具条（如图 18-24 所示）上，单击“替换模板”，或在菜单条上，选择“GC 工具箱”→“制图工具”→“替换模板”，弹出“工程图替换模板”对话框，如图 18-25 所示。

（2）选择模板。在对话框的“选择替换模板”组中，选择“A3-无视图”。

（3）加载模板。单击“确定”，调用系统提供的图纸图框。

（4）填写文字。在菜单条上，选择“格式”→“图层设置”，弹出“图层设置”对话框，如图 18-26 所示；在“图层”组中，选中“170”层，使图框层处于可编辑状态；在标题栏中，双击表格，即可输入或修改文字。

图 18-23 “注释”对话框和添加技术要求的步骤

图 18-24 “制图工具”工具条

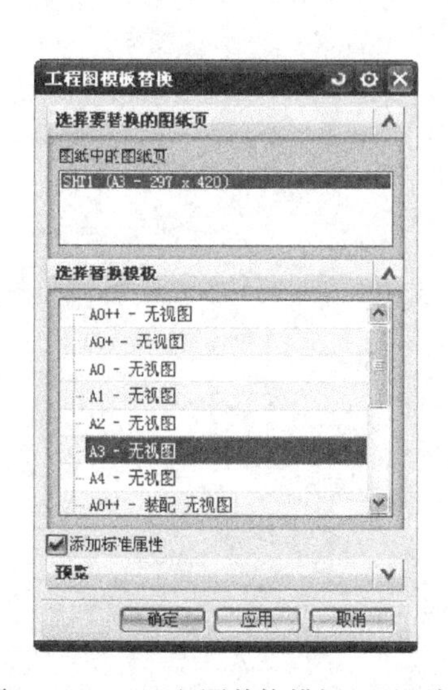

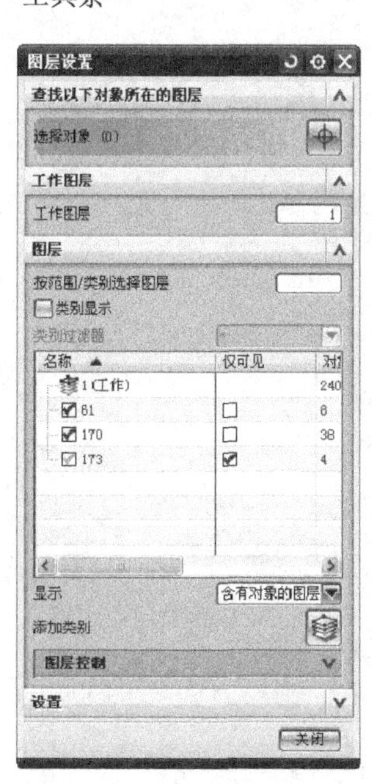

图 18-25 “工程图替换模板”对话框

图 18-26 “图层设置”对话框

工程师提示：

◆ 在“图纸格式”工具条上，单击“边界和区域”，也可以调用图纸边框，或者使用“草图工具”工具条上的命令来绘制图纸边框。

◆ 在“表格”工具条上，单击“表格注释”，可以创建表格，并在表格中添加文字。利用表格功能也可以创建标题栏。

26．保存文件

完成整套图纸的标注后，保存图纸文件。

根据题图 4-5、题图 6-3、题图 6-4 和题图 7-5，创建齿轮泵的零件图。

项目 19　曲面零件的粗加工编程

【学习目标】

本项目以塑料瓶模具（如图 19-1 所示，材料为 P20）为例，介绍 NX 软件的加工环境和自动编程的一般步骤，学习型腔铣的特点和应用，理解切削模式、步距、每刀深度、切削参数、非切削移动参数、进给率和速度等加工参数的含义，掌握几何体、刀具、方法和工序的创建与编辑，掌握刀轨可视化仿真操作，从而能够应用型腔铣完成曲面零件的粗加工编程。

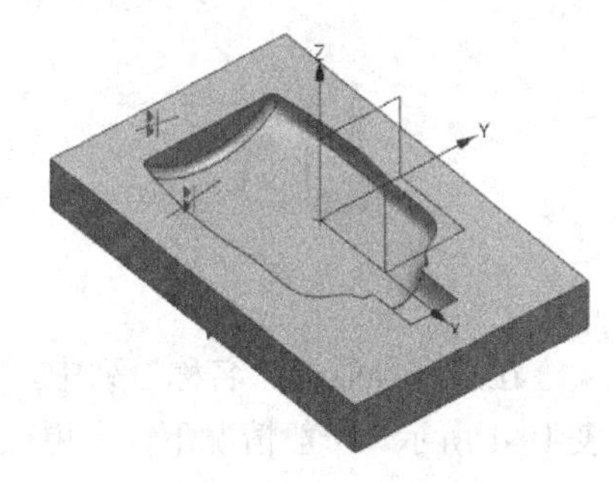

图 19-1　塑料瓶模具型腔

【相关知识】

1. NX CAM 加工界面

（1）打开文件。启动 NX8 软件，打开“/part/proj19/finish”文件夹中“bottle_die_nc.prt”文件，进入 NX8 加工界面，如图 19-2 所示。

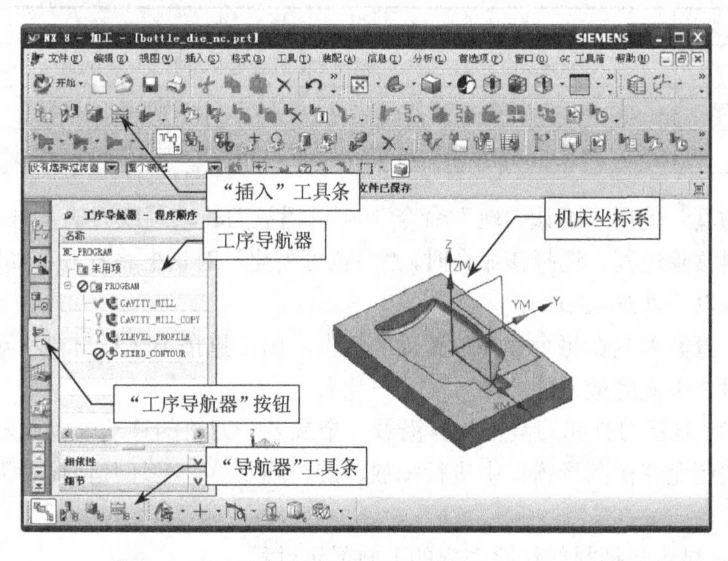

图 19-2　NX8 加工界面

和建模界面相似，NX8 加工界面也分为几个区域。在工具条区域显示了加工模块专有的几个工具条，用于加工程序的创建、编辑，以及后处理等操作，这些操作也可以通过“插入”和“工具”菜单来实现。

（2）工序导航器和状态符号。工序导航器用于显示和管理NC程序。在资源条上，单击“工序导航器”，将显示工序导航器窗口，如图19-3所示。工序导航器共有四个视图，分别为程序顺序视图、机床视图、几何视图和加工方法视图。在图形窗口左下方是“导航器”工具条，用于切换工序导航器的各个视图。

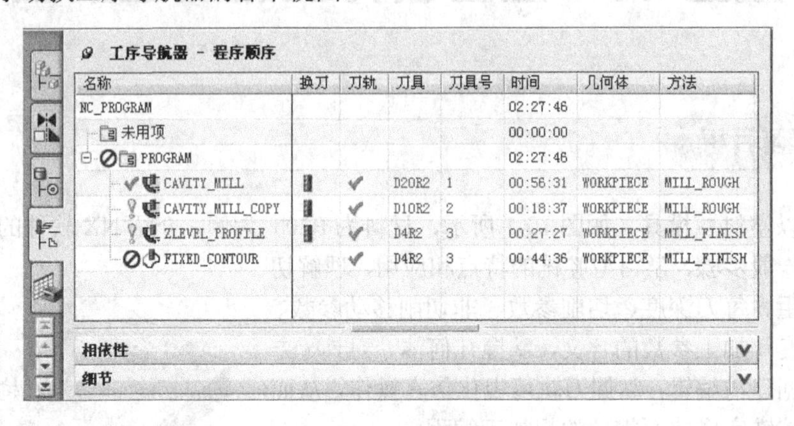

图19-3 工序导航器

在工序导航器“名称”列中，程序组和每个工序的名称前都有一个状态符号，其含义如表19-1所示。一般情况下，当更改了工序中的某些参数后，将使该工序的状态更改为“重新生成”。例如，如果刀具、几何体或切削参数发生了更改，就必须重新生成刀轨，以确保它的最新状态。但如果更改进给率、后处理命令或机床坐标系MCS的方位时，就不会改变工序的状态，此时不必重新生成刀轨，只要重新后处理刀轨即可。

表19-1 刀轨状态符号说明

符号	符号含义	描述
⊘	重新生成	表示该工序还没有生成过刀具轨迹，或者是生成的刀轨已经过时
!	重新后处理	表示该工序的刀具轨迹已经生成，但还没有进行后处理输出NC程序
✔	完成	表示该工序的刀具轨迹已经完成，而且已经进行了后处理输出了NC程序

（3）轨迹仿真。使用“确认刀轨”命令可以播放刀轨动画或刀轨及材料移除的动画，动画显示了材料移除过程。选择该命令时，“刀轨可视化”对话框将打开，如图19-4所示，该对话框中包含以下动画选项：

“重播”，可查看刀具在每个程序位置处的情况。由于重播不包括材料移除，因此它是三种可用动画技术之中速度最快的一个。

“3D动态”，显示刀具和刀具夹持器沿着一个或多个刀轨的移动，以此表示材料的移除过程。这种模式还允许在图形窗口中进行缩放、旋转和平移。毛坯几何体用于表示原材料或原料。

“2D动态”，显示包括材料移除在内的刀轨显示过程。

使用确认刀轨命令进行仿真加工的步骤如下：

① 选择仿真加工轨迹。在“导航器”工具条上，单击“程序顺序视图”，切换至“工序导航器-程序顺序”视图，单击“PROGRAM”，以选中所有刀具轨迹。

② 启动轨迹仿真命令。在“操作”工具条上，单击“确认”，或者右键单击“PROGRAM”，

然后选择“刀轨”→“确认”，弹出“刀轨可视化”对话框。

③ 选择仿真加工类型。单击“2D 动态”选项卡。

④ 播放轨迹仿真过程。单击“播放”▶，开始仿真加工，如图 19-5 所示。

⑤ 退出轨迹仿真环境。单击“确定”，关闭“刀轨可视化”对话框。

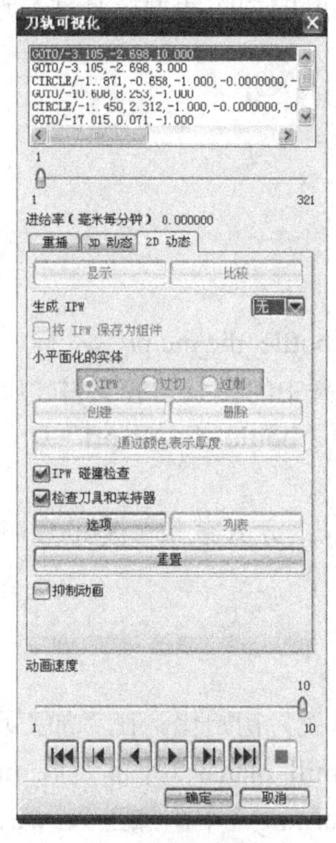

图 19-4　“刀轨可视化”对话框

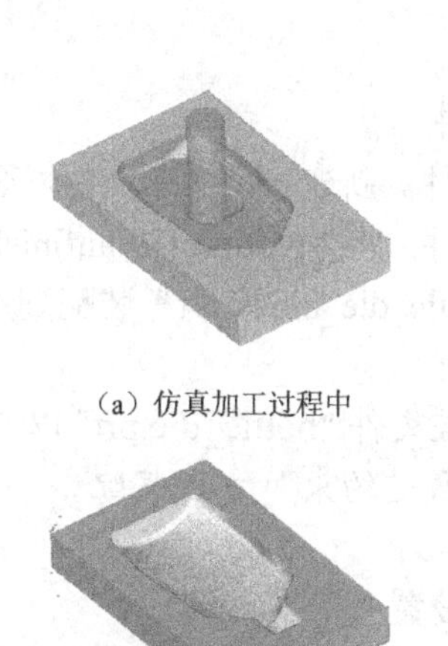

（a）仿真加工过程中

（b）仿真加工结束后

图 19-5　2D 仿真加工过程

2. NX 编程策略和编程步骤

NX CAM 加工应用模块允许以交互方式编写刀轨程序，提供了平面铣、面铣、型腔铣、深度铣、固定轴轮廓铣、可变轴轮廓铣、孔加工等加工策略，可以进行车、铣、铣车复合、钻、线切割等的数控编程。

使用 NX 软件进行数控编程的基本步骤如下：

（1）创建包含设置的部件。

（2）设置要加工的部件、毛坯、固定件、夹具和机床。

（3）建立程序、刀具、方法和几何体父组，来定义重用的参数。

（4）创建工序来定义刀轨。

（5）生成和验证刀轨。

（6）后处理刀轨。

（7）创建车间文档。

【项目分析】

塑料瓶模具为典型的曲面型腔零件，这类零件的加工通常要经过粗加工、半精加工和精加工，如果有窄槽、深沟或直角，还要进行电火花加工。在NX软件中，曲面零件的粗加工编程要使用型腔铣。

型腔铣是在垂直于固定刀轴的平面层移除材料，即刀具在同一高度内完成一层切削后，再下降一个高度进行下一层的切削，实现一层一层的切削材料。型腔铣在数控加工中应用最为广泛，适用于大部分零件的粗加工，对于具有斜度的型腔和型芯是理想选择。

1. 新建文件

（1）新建文件。新建一个NX文件，名称为“bottle_die_nc.prt”。

（2）装配文件。将“part/proj19/unfinish”文件夹中的模具型腔文件“bottle_die.prt”和模具毛坯文件“bottle_die_block.prt”装配到新建文件“bottle_die_nc.prt”中，如图19-6所示。

工程师提示：

◆ 模具型腔文件“bottle_die.prt”以“绝对原点”方式装配，模具毛坯文件“bottle_die_block.prt”以“通过约束”方式装配。

2. 初始化设置

初始化设置就是通过CAM 会话进行部件（模板）初始化。在“加工环境”对话框（如图19-7所示）中，系统提供了多个加工模板，如mill_planar（平面铣）、mill_contour（型腔铣）、mill_multi-axis（多轴铣）、drill（孔加工）、turning（车削加工）、wire_edm（线切割加工）等。加工模板决定了加工初始化之后可选用的工序类型和子类型，应根据加工需要选择合适的加工模板，但加工模板也可在操作过程中进行更改。

（1）加工初始化设置。在“标准”工具条上，单击“开始”→“加工”，弹出“加工环境”对话框。在“加工环境”对话框中，选择“cam_general”和“mill_contour”。

（2）进入加工应用模块。单击“确定”，系统开始加工环境的初始化，之后进入加工应用模块，并显示加工界面。

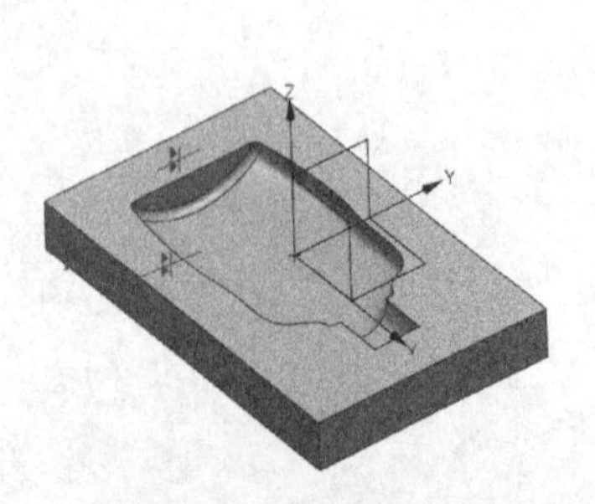

图19-6 加工模型

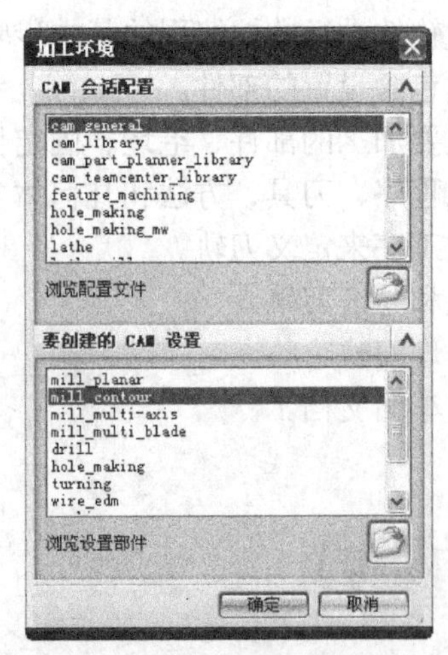

图19-7 “加工环境”对话框

工程师提示：

◆ 如果部件是首次进入加工应用模块，或者是虽进入过加工应用模块，但没有保存加工环境，系统才会弹出“加工环境”对话框。

◆ 一个部件只能存在一种CAM对话配置。如果想重新编程，需要删除已有的CAM对话配置。在菜单条上，选择“工具”→“工序导航器”→“删除设置”，弹出“设置删除确认”对话框，然后单击“确定”，将删除当前配置下的所有加工对象，同时重新弹出“加工环境”对话框。

3．创建几何体

创建几何体就是指定加工对象、机床坐标系和安全平面等信息。

（1）设置机床坐标系和安全平面。机床坐标系决定了各工序的刀轨方位和原点，在刀轨中刀位点的位置都是基于机床坐标系计算的。安全平面是指刀具可以快速移动，而不与工件、夹具等发生碰撞的高度位置。默认的安全平面位于指定的部件几何体、毛坯几何体或检查几何体中最高一个的上方10mm处。通常，在“Mill Orient”对话框中进行机床坐标系和安全平面的设置，步骤如下：

① 打开“Mill Orient”对话框。在“导航器”工具条上，单击“几何视图”，切换至“工序导航器-几何”视图。在“工序导航器-几何”视图中，右键单击“MCS_MILL”，然后选择“编辑”，或双击“MCS_MILL”，弹出“Mill Orient”对话框，如图19-8所示。

② 设置机床坐标系（MCS）。弹出“Mill Orient”对话框后，系统在部件绝对坐标系的位置创建了一个机床坐标系，该坐标系与绝对坐标系方位一致，如图19-9所示。

③ 设置安全平面。在“Mill Orient”对话框的“安全设置”组，从“安全设置选项”列表中选择“平面”，在图形窗口中，选择模具型腔的上表面，在“距离”框中输入“30”，将在距离模腔上表面30mm的位置创建安全平面，安全平面以三角符号表示，如图19-9所示。

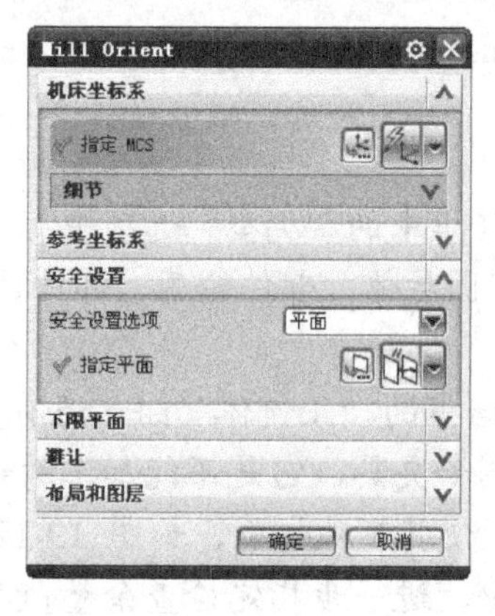

图19-8 “Mill Orient”对话框

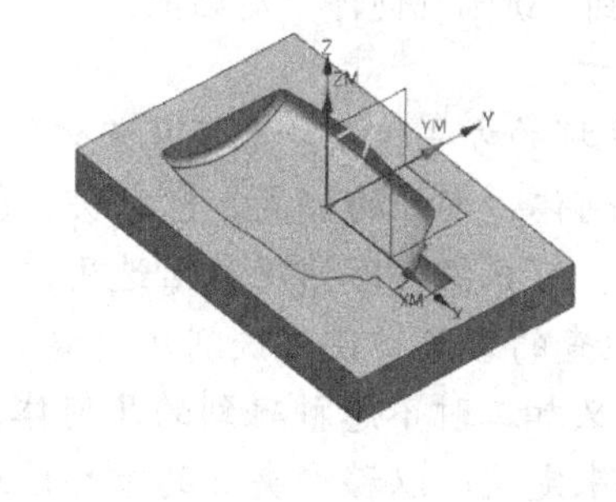

图19-9 机床坐标系与安全平面

④ 完成设置。单击“确定”接受设置并关闭“Mill Orient”对话框，完成机床坐标系与安全平面的设置。

（2）指定铣削几何体。在型腔铣工序中，必须设置铣削几何体，以指定部件和毛坯几何体。指定部件就是设置最终要加工出来的零件模型，即定义一个保护体。在加工中，刀具是不可以侵犯到部件几何体的，否则就是过切。指定毛坯就是设置要切削的毛坯模型。实际上，部件几何体与毛坯几何体将进行布尔运算，公共部分被保留，求差多出来的部分就是切削去除的区域，如图 19-10 所示。通常，在“铣削几何体”对话框中进行加工对象的设置，步骤如下：

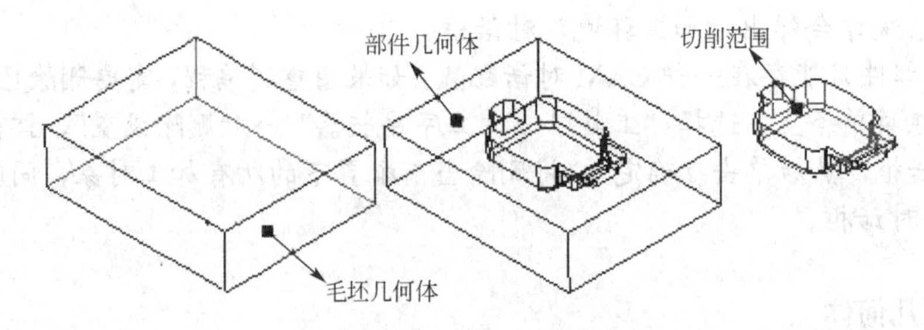

图 19-10　型腔铣的切削范围

① 打开“铣削几何体”对话框。在“导航器”工具条上，单击“几何视图”，切换至“工序导航器-几何”视图。在“工序导航器-几何”视图，单击“+”展开“MCS_MILL”，再右键单击“WORKPIECE”，选择“编辑”，或双击“WORKPIECE”，弹出“铣削几何体”对话框，如图 19-11 所示。

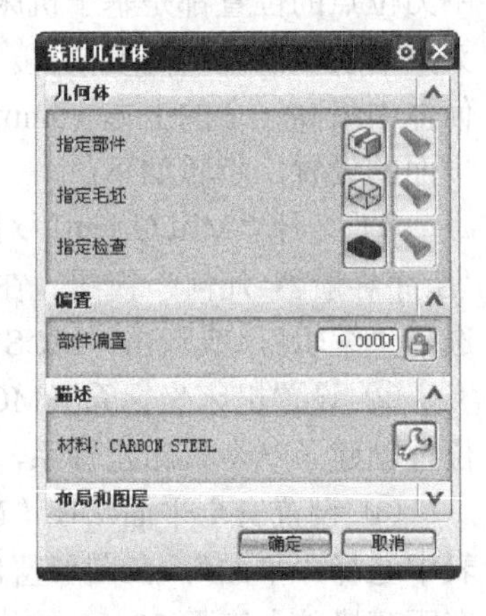

图 19-11　“铣削几何体”对话框

② 指定部件。在“铣削几何体”对话框中，单击“指定部件”，弹出“部件几何体”对话框；在图形窗口中，选择模具型腔，单击“确定”，完成部件的设置，并且退回到“铣削几何体”对话框。这时，“指定部件”后面的“手电筒”变亮。如果需要重新指定部件几何体，可以再次单击“指定部件”，编辑或重新选择部件。

③ 指定毛坯。单击“指定毛坯”，弹出“毛坯几何体”对话框；在图形窗口中，选择毛坯模型（如果未显示毛坯，在“装配导航器”中将其显示出来），单击“确定”，完成毛坯的设置，并且退回到“铣削几何体”对话框。

工程师提示：

◆ 指定毛坯的方法。在“毛坯几何体”对话框中的“类型”选项中有多种创建毛坯的方法，如几何体、部件的偏置、包容块、包容圆柱体、部件轮廓、部件凸包和 IPW 处理中的工件等，可根据实际情况灵活选用。

◆ 指定检查的含义。在“铣削几何体”对话框的“几何体”组，还有“指定检查”选项，用于定义加工时不想触碰到的几何体。例如夹具，它是不能加工的部分，就需要用检查几何体来定义，以移除夹具的重叠区域，使其不被切削，如图 19-12 所示。还可以在“切削参数”对话框中的“余量”选项卡中，进一步指定检查余量值参数，以控制刀具与检查几何体的距离。

④ 完成设置。在“铣削几何体”对话框中，单击“确定”接受设置并关闭“铣削几何体”对话框，完成加工几何体的设置。

工程师提示：

◆ 如何创建铣削几何体？以上创建几何体的方法是对系统默认的加工几何体进行修改而得到的。在实际编程中，通常也会用到创建加工几何体。在“刀片”工具条上，单击“创建几何体”，弹出“创建几何体”对话框，如图 19-13 所示。根据加工对象选择合适的类型、几何体子类型、位置等选项，并输入名称，单击“确定”，将弹出相应的几何体对话框。选择的类型不同，则几何体的子类型也不同，在“型腔铣（mill_contour）”类型下可创建加工坐标系（MCS）、工件（WORKPIECE）、铣削区域（MILL_AREA）、边界（MILL_BND）和铣削几何体（MILL_GEOM）等。位置选项决定了新创建的几何体将位于哪个父节点组下，位于哪个父节点组下将继承其父节点组的所有参数。新创建的几何体将显示在“工序导航器-几何”视图中。

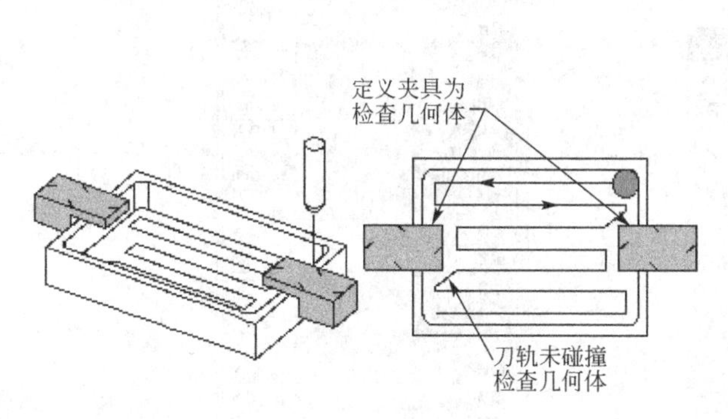

图 19-12 检查几何体

图 19-13 “创建几何体”对话框

4. 创建刀具

刀具是从工件上切除多余材料的工具。在实际编程时，必须有刀具才可以计算刀轨。选择刀具时，需对模型进行分析，综合考虑加工类型、加工表面形状和加工部位的尺寸、材料等因素确定刀具的种类和尺寸。刀具的种类有很多，如平底刀、圆角刀、球头刀、面铣刀、平底锥度刀、圆鼻锥度刀等，但创建刀具的步骤是相似的。下面创建一把“直径为 ϕ21、底角半径为 *R*0.8”的面铣刀。

（1）设置刀具类型。在“刀片”工具条上，单击“创建刀具”，弹出“创建刀具”对话框，如图 19-14 所示。从“类型”列表中选择“mill_contour”，从“子类型”组中选择“MILL”，从“位置”列表中接受默认的“CENERIC_MACHING”(一般情况下，不应选择“NONE”)，在“名称”框中输入“D21R0.8”。

（2）设置刀具参数。单击“确定”，弹出“铣刀-5 参数”对话框，如图 19-15 所示。在“铣刀-5 参数”对话框中有几组参数需要设置，其含义如下：

“尺寸”选项组，用于定义刀具直径、长度、锥角等参数，用户可以输入各种参数定义不同的刀具。5 参数刀具的底圆角半径可以是 0，但 7 或 10 参数刀具的底圆角半径必须为正。一般情况下，刀具长度不参与计算刀轨的刀具定位点位置，但加有“夹持器”一起计算刀轨的时候，系统将会使用长度参数来检查刀轨是否发生碰撞现象。

“编号”选项组，用于设置刀具号与补偿寄存器号。定义刀具号主要是跟数控机床的刀库相关，如机床没有刀库的话，那么刀具号就没有意义；相反，机床有刀库的时候，用户就要用刀具号来区别刀具所放置刀库里的位置，该刀具号应与刀具在数控机床刀库转盘的刀槽编号一致，同时也应该设置长度补偿的地址寄存器号，一般地寄存器号与刀具号相同。由于其它选项参数对计算刀轨没有影响，故不详细介绍。

对于本项目，在“直径”框中输入“21”，在“下半径”框中输入“0.8”，在“编号”组各参数框中输入“1”，其余参数均接受默认值，单击“确定”接受设置并关闭“铣刀-5 参数”对话框，完成刀具的创建。新创建的刀具将显示在“工序导航器-机床”视图中。

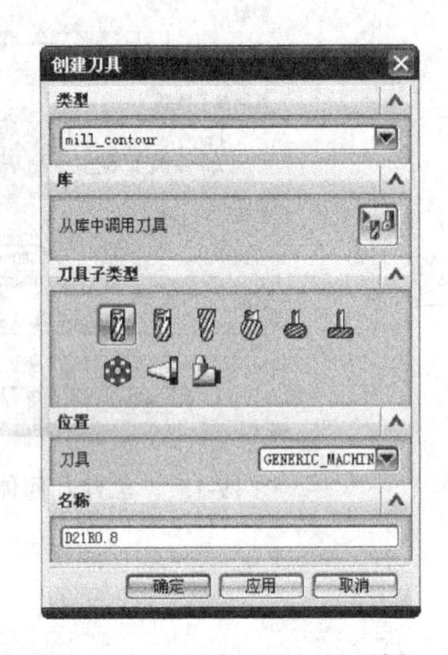

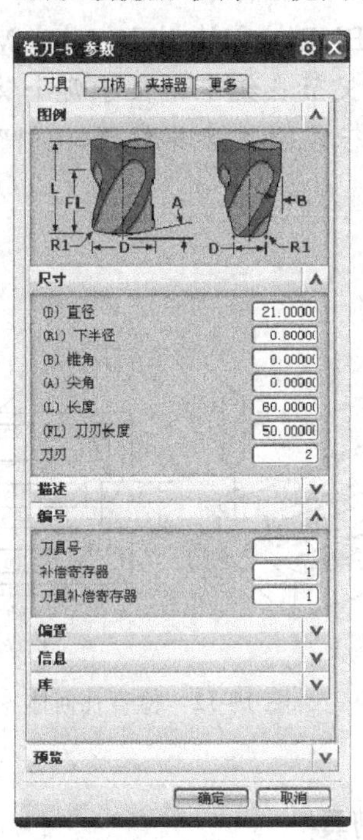

图 19-14 “创建刀具”对话框　　　图 19-15 “铣刀-5 参数”对话框

工程师提示：

◆ 刀具的大小跟加工工件的大小有关系，不能盲目创建很大或很小的刀具，要根据工件的大小和机床的实际情况来选用刀具。

◆ 刀具的命名宜采用“刀具直径+底角半径”形式，以便于区分刀具的种类和规格。

5. 创建方法

加工方法分为粗加工、半精加工、精加工等类型。在实际编程时，通常需要多次调用不同的加工方法，编写多条程序，多次设置相同的参数，才能完成模型的加工。为了方便，一般都要预先设定好加工方法，指定部件余量、公差、进给和速度、刀轨显示等参数，以向下传递给各个工序。

在“导航器”工具条上，单击“加工方法”视图，切换至“工序导航器-加工方法”视图，显示了默认的加工方法，如图 19-16 所示。用户可以直接利用默认的加工方法和其中的参数，或者修改默认的加工方法中的参数，如遇特殊加工工艺要求，可以创建新的加工方法。通常都是使用默认的方法组中的加工方法，再修改其参数，而不需要再创建新的加工方法。修改默认加工方法的步骤如下：

（1）设置 MILL_ROUGH（粗加工）方法。在“工序导航器-加工方法”视图中，右键单击“MILL_ROUGH”，选择“编辑”，或双击“MILL_ROUGH”，弹出“铣削方法”对话框，如图 19-17 所示。在“部件余量”框中输入 0.35，在“内公差”框中输入“0.03”，“外公差”框中输入“0.05”，其它的参数均接受默认值，单击“确定”接受设置并关闭“铣削方法”对话框，完成粗加工方法的设置。

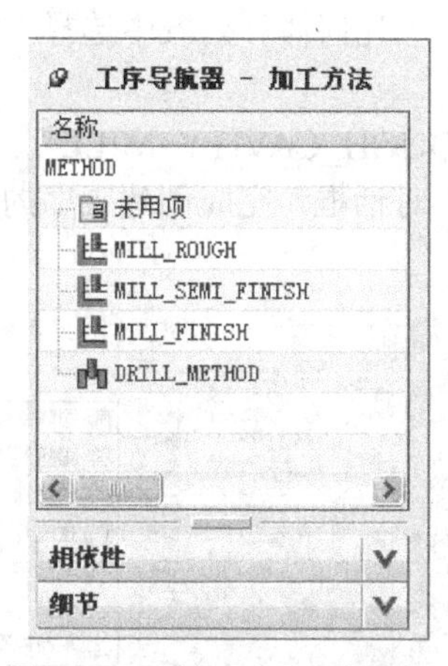

图 19-16 “加工方法”视图

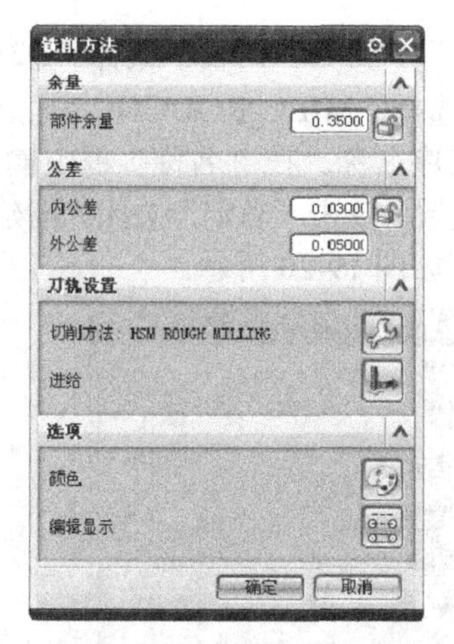

图 19-17 “铣削方法”对话框

（2）设置 MILL_SEMI_FINISH（半精加工）、MILL_FINISH（精加工）方法。按照以上步骤设置半精加工、精加工方法的余量和公差参数，如表 19-2 所示。

表 19-2 加工方法参数

加 工 方 法	余 量	内 公 差	外 公 差
MILL_ROUGH	0.35	0.03	0.05
MILL_SEMI_FINISH	0.15	0.03	0.03
MILL_FINISH	0	0.01	0.01

工程师提示：

◆ 公差用于指定刀具可以偏离部件表面的距离，如图 19-18 所示。越小的内公差和外公差值所允许与曲面的偏离就越小，并可产生更光顺的轮廓，但是需要更多的处理时间，因为这会产生更多的切削步骤。请勿将两个值都指定为零。

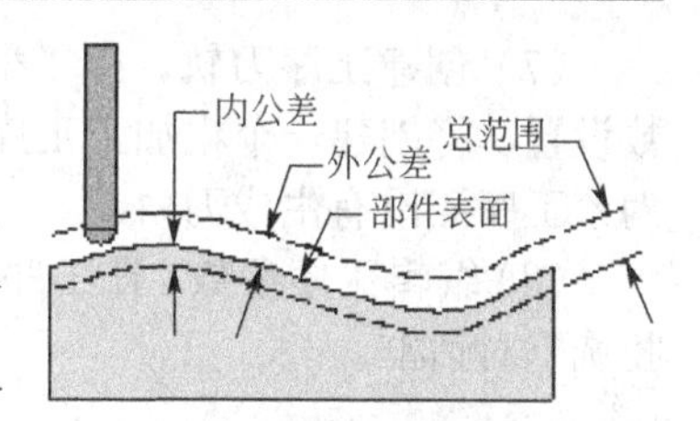

图 19-18 “公差”示意图

◆ 对于“进给”选项，不同尺寸的刀具，所定义进给转速与进给率都会不同。在各个工序里面也有相应的进给选项，故不用在此设置参数。

◆ 定义加工方法组参数，使后面所创建的操作直接继承父组关系，减少了相同加工方法的工序再次设置余量与公差等参数选项的次数，因此有必要预先设置好加工方法的参数。

6．创建粗加工刀轨

（1）启动创建工序命令。在“刀片”工具条上，单击“创建工序”，弹出“创建工序”对话框，如图 19-19 所示。

（2）选择工序类型。在“创建工序”对话框，从“类型”列表中选择“mill_contour”。

（3）选择工序子类型。在“工序子类型”组中，选择“CAVITY_MILL”。

（4）设置工序位置。在“位置”组，从“程序”列表中选

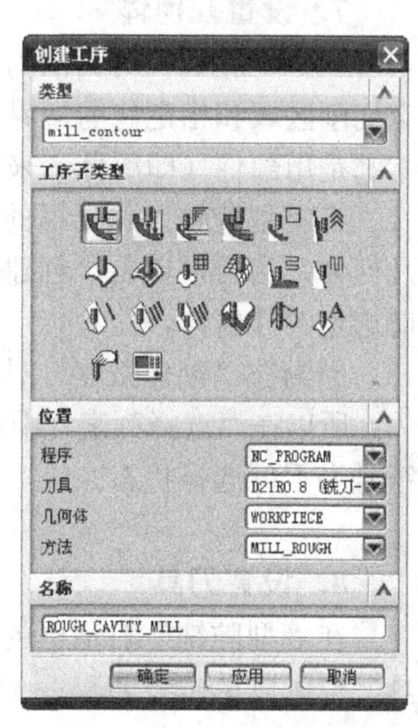

图 19-19 “创建工序”对话框

择“PROGRAM”，“刀具”列表中选择“D21R0.8”，“几何体”列表中选择“WORKPIECE”，“方法”列表中选择“MILL_ROUGH”。

（5）输入工序名称。在“名称”框中输入“ROUGH_CAVITY_MILL”。

（6）完成设置。单击“确定”关闭“创建工序”对话框，完成创建工序的设置，弹出“型腔铣”对话框，如图 19-20 所示。

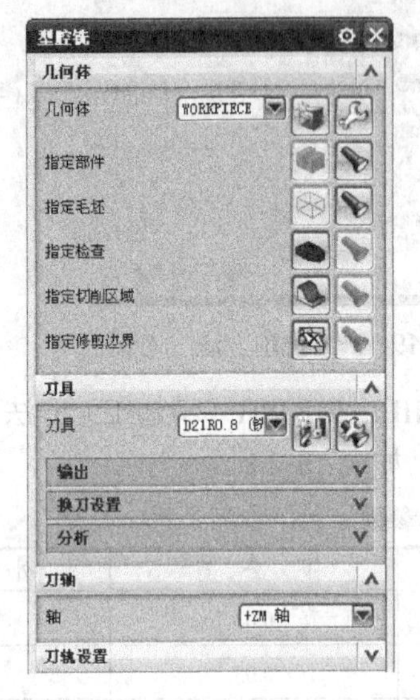

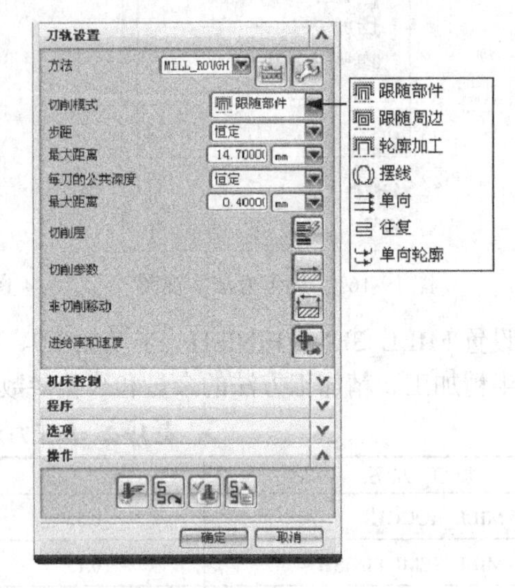

图 19-20 “型腔铣”对话框

（7）创建工序刀轨。在“型腔铣”对话框中，单击“确定”关闭对话框，接受默认的参数设置，将创建一个粗加工工序。在工序导航器中，该工序前显示“重新生成”符号⊘，因为该工序还没有生成刀轨。

（8）编辑工序参数。在工序导航器中，双击“ROUGH_CAVITY_MILL”，将再次显示“型腔铣”对话框。

7. 设置几何体

在“型腔铣”对话框的“几何体”组中有几何体、指定部件、指定毛坯、指定检查、指定切削区域和指定修剪边界等选项，可以使用边界、面、曲线和体来定义这些几何体，但通常都是用部件（即用体）来定义。

在“型腔铣”对话框的“几何体”组，可以从“选择列表”中选择先前定义的几何体，也可以单击“创建”为此工序创建新的几何体，还可以单击“编辑”编辑当前选定的几何体。

因为在“创建工序”对话框的“位置”选项中，已经选择了“WORKPIECE”作为几何体，所以在“选择列表”中显示为“WORKPIECE”，同时“指定部件”和“指定毛坯”后的符号为不可选择状态。

8. 设置刀具

在“型腔铣”对话框的“刀具”组，可以从“选择列表”中选择先前定义的刀具，也可以单击“创建”为此工序创建新的刀具，还可以单击“编辑”显示或编辑当前选定的刀具。

因为在“创建工序”对话框的“位置”选项中，已经选择“D21R0.8”作为当前加工所用的刀具，所以在“选择列表”中显示为“D21R0.8”。

9. 设置方法

在“型腔铣”对话框的“刀轨设置”组，可以从“选择列表”中选择先前定义的方法，也可以单击“创建”为此工序创建新的方法，还可以单击“编辑”编辑当前选定的方法。

因为在“创建工序”对话框“位置”选项组中，已经选择“MILL_ROUGH”作为当前加工所用的方法，所以在“选择列表”中显示为“MILL_ROUGH”。

10. 设置切削模式

切削模式用于确定刀具在切削区域的运动方式。在“刀轨设置”组，“切削模式”列表中有跟随部件、跟随周边、摆线、轮廓加工、往复、单向、单向轮廓等几种切削模式，各种切削模式的含义如下：

“跟随部件”切削模式，是根据所有指定的部件几何体等距偏置产生切削轨迹，并保持顺铣或逆铣，如图19-21所示。所有部件几何体包括最外侧的边、内部岛及型腔，所以就没有必要使用岛清理刀路。

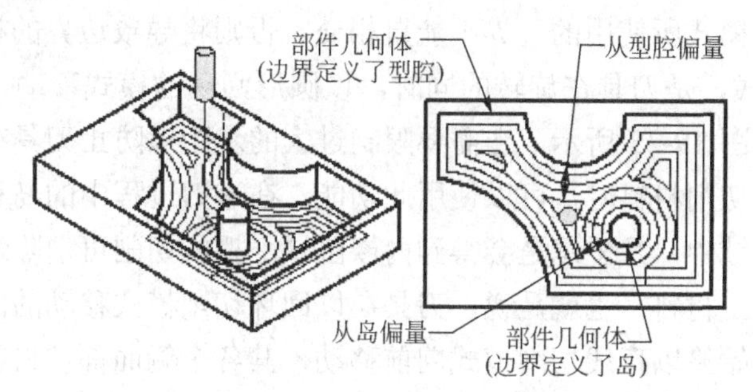

图19-21 “跟随部件”切削模式

在加工复杂的模型时，例如对于具有多个切削层的铣削工序，将根据每个切削层中切削区域的类型，即开放或封闭形式，产生合适的偏置样式，如图19-22所示。

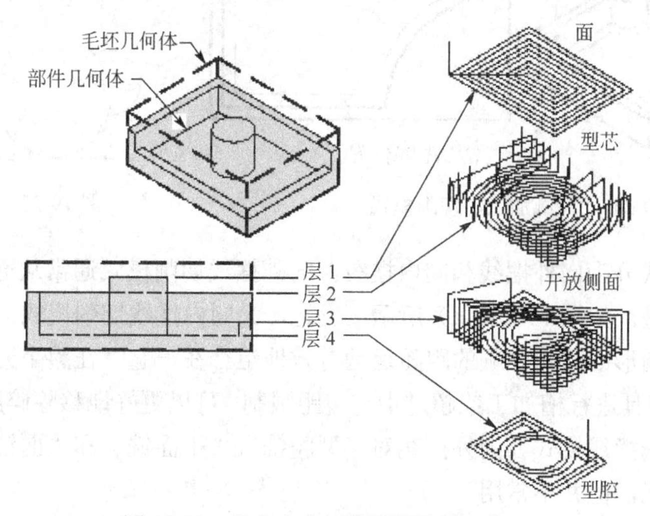

图19-22 具有多个切削层的铣削工序

“跟随周边”切削模式，是根据切削区域或毛坯几何体定义的最外侧边缘偏置产生切削轨迹，还需设置刀路方向为向内或向外，同时保持顺铣或逆铣，如图 19-23 所示。

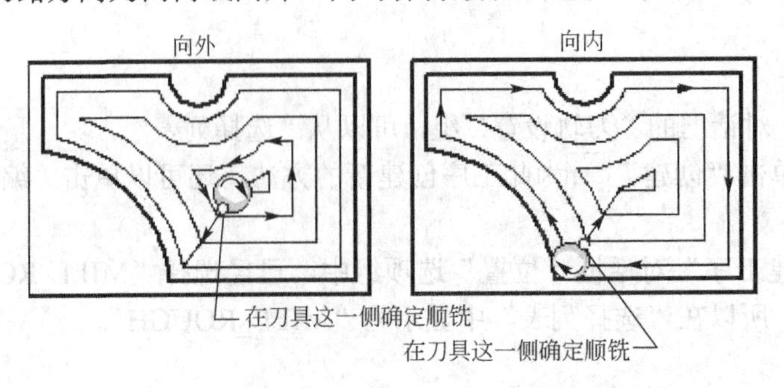

图 19-23　“跟随周边”切削模式

注意，对于大步距（步距大于刀具直径的 50% 但小于刀具直径的 100%）切削时，在连续的刀路之间可能有些区域切削不到。对于这些区域，处理器会生成其它的清理移动以移除材料。

“轮廓加工”切削模式，是沿部件壁加工创建一条或指定数量的切削轨迹，完成零件侧壁的精加工，如图 19-24 所示。它可以加工开放区域，也可以加工封闭区域。

注意，轮廓切削模式所使用的边界不能自相交，否则将导致边界的材料侧不明确。

“摆线”切削模式，是刀具在旋转的同时，以圆形回环的模式移动，回环的圆心沿刀轨的行进方向移动，如图 19-25 所示。当需要限制过大的步距以防止刀具在完全嵌入切口时折断，且需要避免过量切削材料时，可以使用此功能。在进刀过程中的岛和部件之间、形成锐角的内拐角以及窄区域中，几乎总是会得到内嵌区域，摆线切削可消除这些区域。刀具以小的回环切削模式来加工材料，也就是说，刀具在以回环切削模式移动的同时，也在旋转。而常规切削方法中刀具始终以直线切削模式向前移动，其各个侧面都被材料包围。

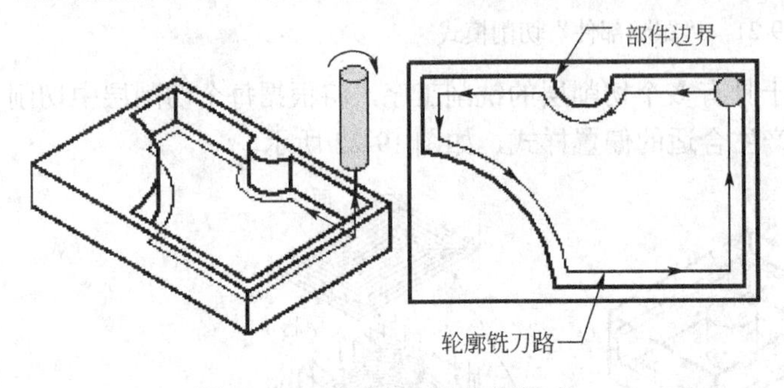

图 19-24　“轮廓加工”切削模式

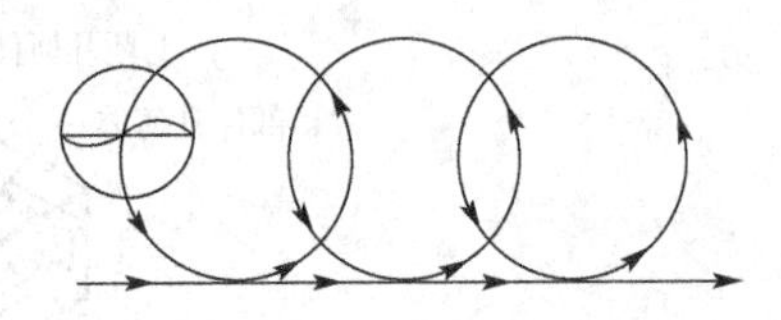

图 19-25　“摆线”切削模式

摆线切削模式分为向外摆线和向内摆线。向外摆线切削模式通常从远离部件壁处开始，向部件壁方向行进，如图 19-26（a）所示。反之，为向内摆线切削模式，如图 19-26（b）所示。向外摆线将圆形回路和光顺的跟随运动有效地组合在一起，在整个刀轨中保持恒定的金属去除率，防止刀具进行槽加工或超过指定步距限制，可以更好地移除碎屑并延长刀具寿命，是高速铣削的首选摆线模式。向外摆线对“型腔铣”、“平面铣”和“面铣”工序可用。向内摆线是原有的模式，但并不常用。

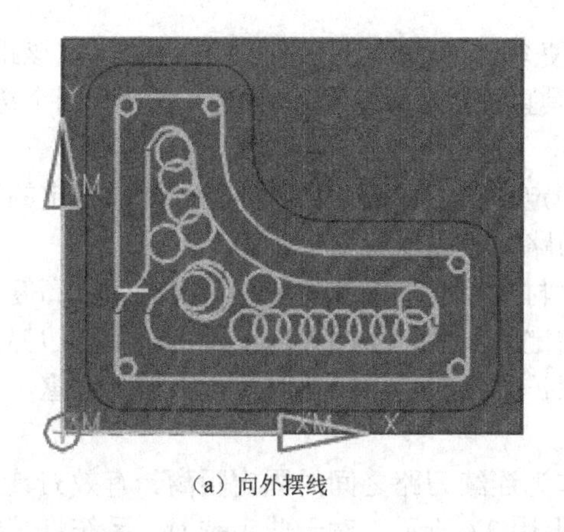

（a）向外摆线

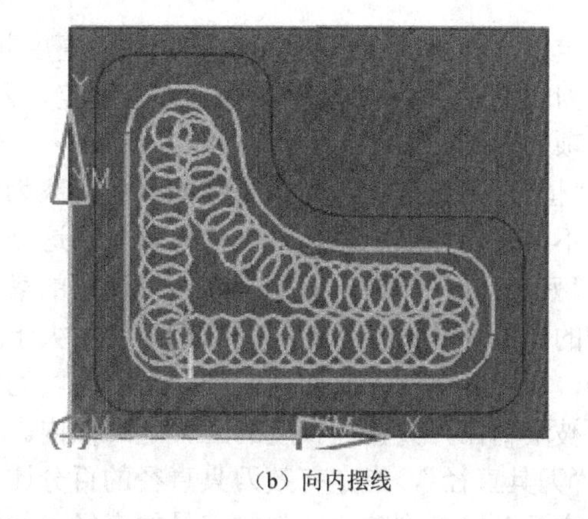

（b）向内摆线

图 19-26　“摆线”切削模式分类

“单向”切削模式，是始终以一个方向切削，如图 19-27 所示。刀具在每个切削结束处退刀，然后移动到下一切削刀路的起始位置，将保持一致的顺铣或逆铣。

注意，要防止在下一切削层沿部件壁遗留太多材料，建议使用壁清理选项。

图 19-27　“单向”切削模式

“往复”切削模式，是创建一系列方向相反的平行直线的刀具轨迹，这些轨迹向一个方向步进，如图 19-28 所示。此切削模式允许刀具在步进过程中连续进刀以提高切削运动。

注意，切削方向设置（顺铣或逆铣）被忽略，因为切削方向在各刀路之间会有变化。要防止在下一切削层沿部件壁遗留太多材料，建议使用壁清理选项。

“单向轮廓”切削模式，是创建平行的、单向的、沿着轮廓的刀具轨迹，并在刀路的前后边界添加轮廓加工，即在前一行的起始点进刀，前一行的终点退刀，且始终维持着顺铣或逆铣切削，如图 19-29 所示。

注意，单向轮廓在切削参数选项里是没有“清壁”选项。

对于本项目，从“切削模式”列表中选择“跟随部件”。

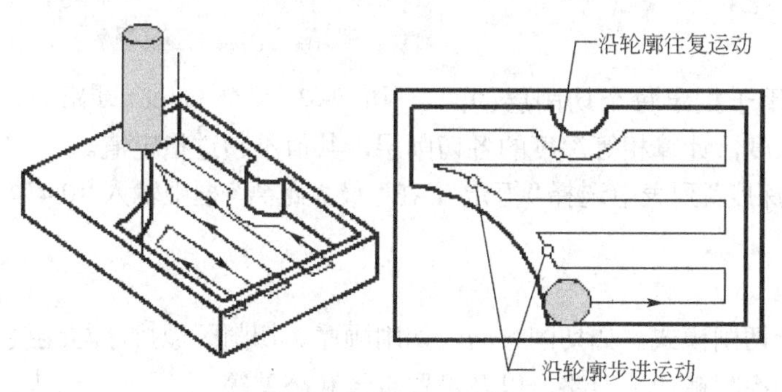

图 19-28　“往复”切削模式

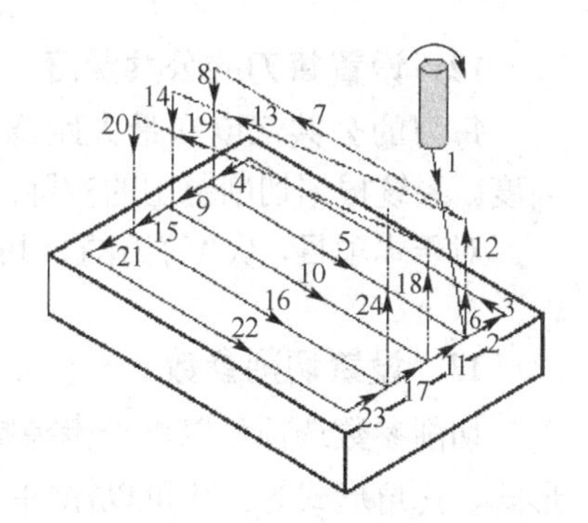

图 19-29　“单向轮廓”切削模式

11．设置步距

步距用于指定相邻刀路之间的距离。可以直接通过输入一个常数值或刀具直径的百分比来指定该距离，也可以间接通过输入残余高度并使系统计算切削刀路间的距离来指定该距离。在“刀轨设置”组，“步距”列表中有恒定、刀具直径百分比、残余高度、多个等四个选项，各选项的含义如下：

“恒定”，指定连续刀轨之间的最大距离为固定数值，如图 19-30 所示。如果指定的刀路间距不能平均分割所在区域，软件将减小这一刀路间距以保持恒定步距。

“残余高度”，指定刀路之间可以遗留的最大材料高度，系统将依据指定的残余高度计算所需的步距，从而使刀路间的残余高度不大于指定的高度，如图 19-31 所示。由于边界形状不同，所计算出的每次切削的步距也不同。为保护刀具在移除材料时负载不至于过重，最大步距被限制在刀具直径长度的三分之二以内。

“刀具直径”，指定有效刀具直径的百分比作为连续刀路之间的固定距离。有效刀具直径是指实际上接触到腔体底部的刀具的直径，如图 19-32 所示。对于球头铣刀，系统将其整个直径用作有效刀具直径。对于其它刀具，有效刀具直径按 D−2CR 计算。如果刀路间距不能平均分割所在区域，软件将减小这一刀路间距以保持恒定步距。

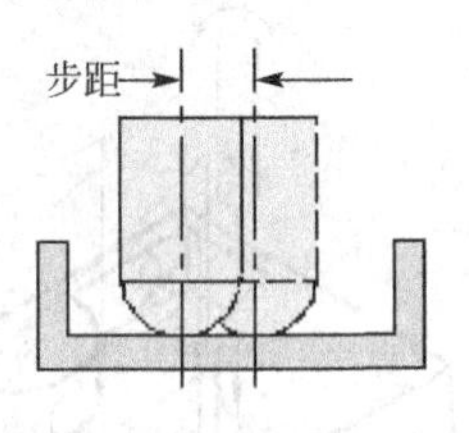

图 19-30　恒定步距

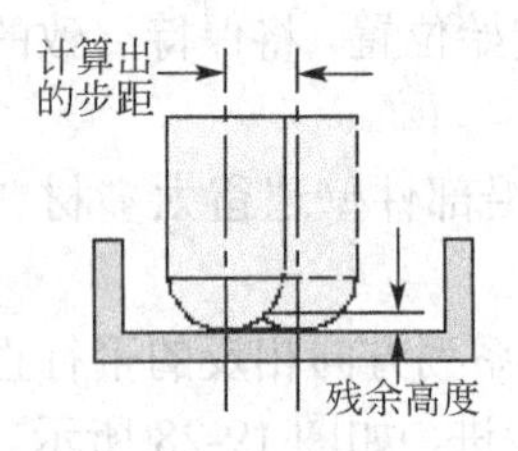

图 19-31　残余高度计算步距

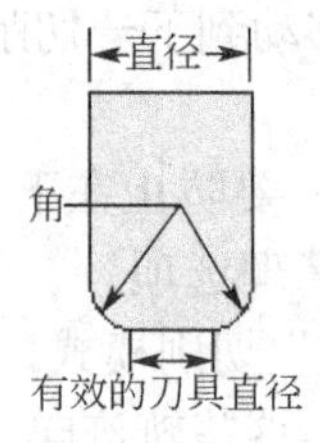

图 19-32　有效的刀具直径

“多个（可变）”，指定多个不同大小的步距和相应的刀路数，如图 19-33 所示。刀路列表中的第一行对应于最靠近边界的刀路，随后的行朝着腔体中心行进。所有刀路的总数不等于要加工的区域时，软件会从切削区域中心加上或减去刀路。本选项用于跟随部件、跟随周边、轮廓铣和标准驱动切削模式。

对于本项目，从“步距”列表中选择“恒定”，在“最大距离”框中输入“14.7”。

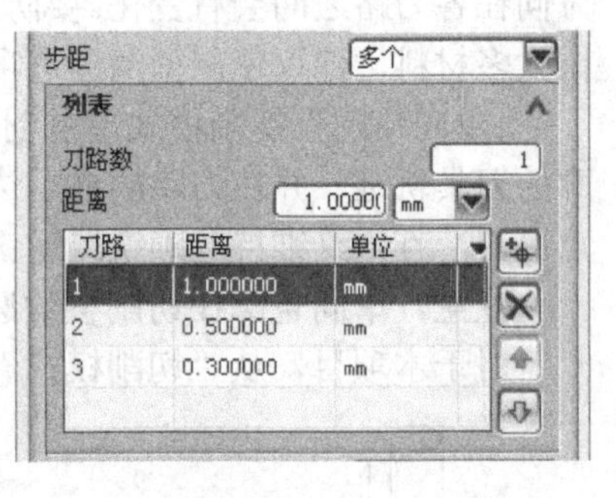

图 19-33　多个（可变）步距

12．设置每刀的公共深度

每刀的公共深度和最大距离用于指定每个切削层的高度。系统根据切削范围的实际深度，计算相等深度的各切削层，其值不超过指定值。

对于本项目，从“每刀的公共深度”列表中选择“恒定”，在“最大距离”框中输入“0.4”。

13．设置切削参数

切削参数选项可以进一步控制切削模式，如切削方向、切削顺序、切削区域排序与连接形式、拐角形式等，还可以添加并控制精加工刀路，以及设置余量和公差等。

在“型腔铣”对话框中，单击“切削参数”，弹出“切削参数”对话框，如图 19-34 所示。

（1）设置策略参数。“策略”选项卡用于设置切削方向和顺序、以及是否添加精加工刀路等，其中主要参数的含义如下：

“切削方向”用于指定顺铣或逆铣，系统根据边界方向和主轴旋转方向计算切削方向。一般，数控加工多选择顺铣；但粗加工锻造毛坯、铸造毛坯等时，选择逆铣。

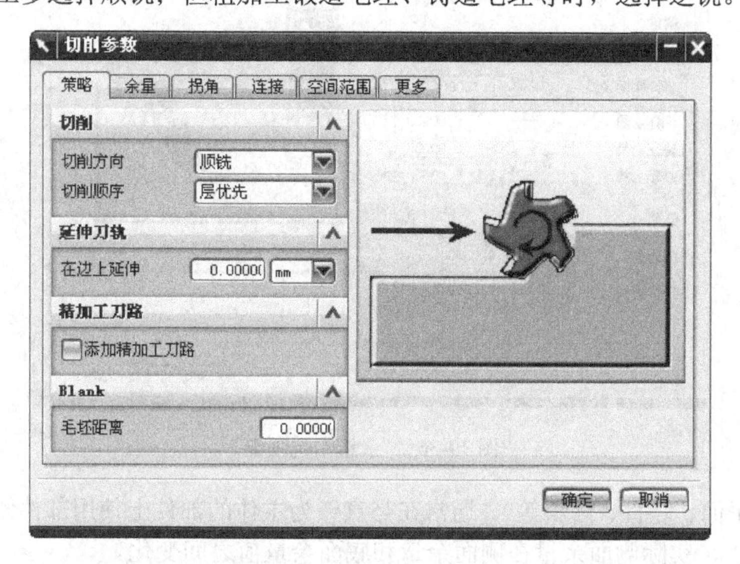

图 19-34 “切削参数”对话框

“切削顺序”用于当模型具有多个区域时，指定加工的先后顺序，有层优先、深度优先两项，如图 19-35 所示。

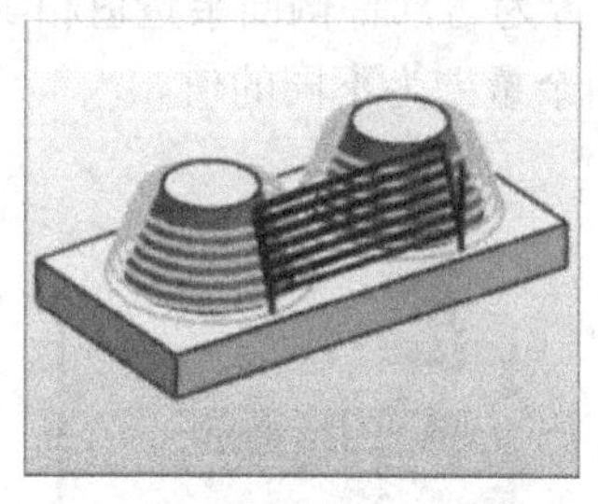

（a）层优先

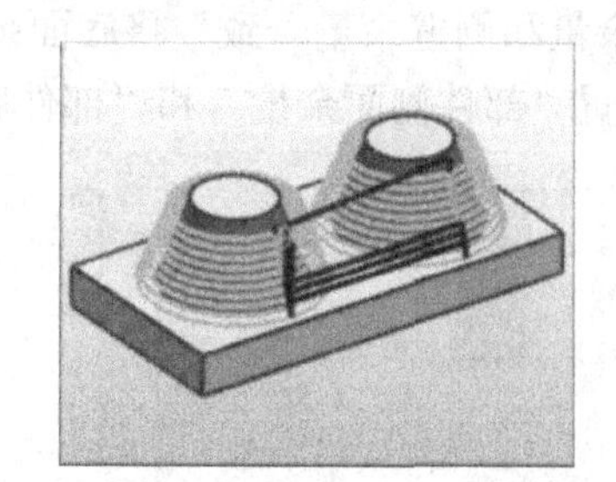

（b）深度优先

图 19-35 “切削顺序”示意图

“层优先”，切削最后深度之前在多个区域之间加工各层，该选项可用于加工薄壁腔体。

“深度优先”，移动到下一区域之前切削单个区域的整个深度。

对于本项目，在“策略”选项卡的“切削”组，从“切削方向”列表中选择“顺序”，从“切削顺序”列表中选择“层优先”，并接受“在边上延伸”和“添加精加工刀路”的默认值。

工程师提示：

◆ 对于本项目，因为模具只有一个型腔，所以设置为“层优先”或“深度优先”效果都是一样的。

（2）设置余量参数。“余量”选项卡用于指定当前工序之后保留在部件上的材料量，如图 19-36 所示，其中主要参数的含义如下：

“部件侧面余量”指定壁上剩余的材料，它是在每个切削层上沿垂直于刀轴的方向（水平）测量的，如图 19-37（a）所示。部件侧面余量应用在所有能够进行水平测量的部件表面

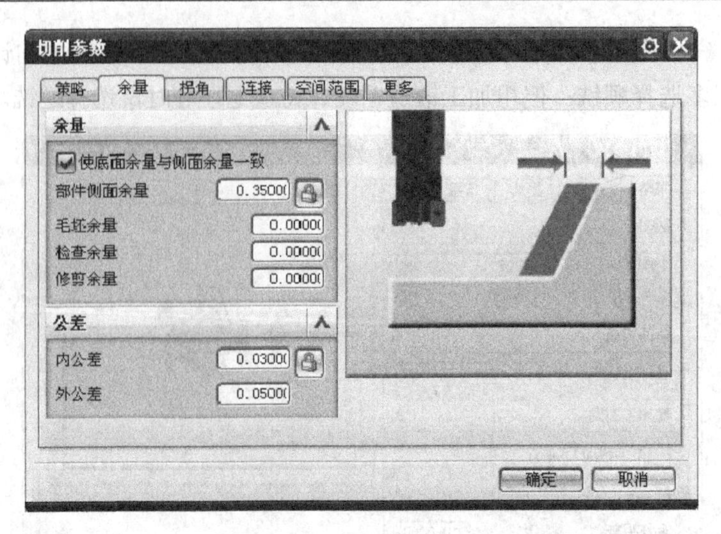

图 19-36 “余量”选项卡

上（平面、非平面、竖直、倾斜等）。通常在竖直壁为主体的部件上使用部件侧面余量。在倾斜或轮廓曲面上，实际侧面余量在侧面余量和底面余量值之间变化。

“部件底面余量”指定底面上遗留的材料，此余量沿刀轴竖直测得，如图 19-37（b）所示。部件底面余量仅应用于定义切削层的部件表面，是平面的且垂直于刀轴。要防止将部件底面余量应用于底切曲面，则曲面法矢必须指向与刀轴矢量相同的方向。

“使底面余量和侧壁余量一致”将底面余量设置为与部件侧面余量值相等。在实际加工中，也可以设置“部件侧面余量”和“部件底部面余量”为不同的值。

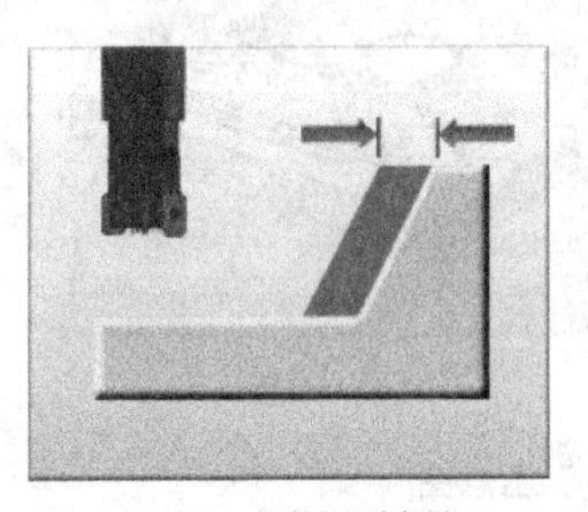

（a）部件侧面余量

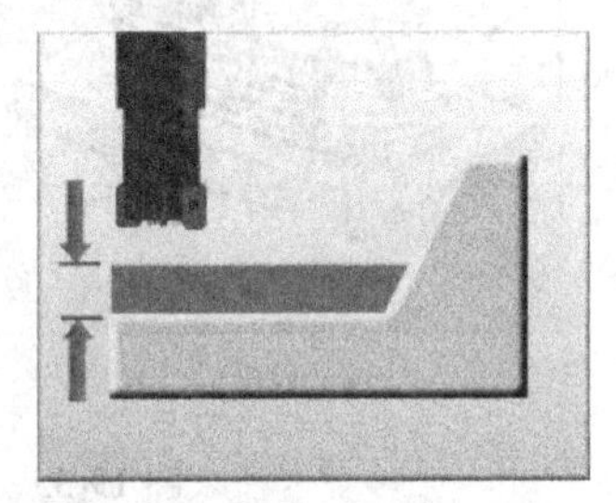

（b）部件底面余量

图 19-37 “余量”示意图

对于本项目，在“余量”选项卡中，确保已选中“使底面余量和侧壁余量一致”复选框，在“部件侧面余量”框中输入“0.35”，其它参数接受默认值。

（3）设置拐角参数。“拐角”选项卡用于为所有拐角添加圆角，以防止方向突然变化，还可以调整拐角和圆弧处的进给率，如图 19-38 所示。加工硬质材料或高速加工时，此操作尤其有用，可以防止方向突然变化，对机床和刀具造成过大的应力。也适合于高速加工。

对于本项目，接受“拐角”选项卡各参数的默认值。

（4）设置连接参数。“连接”选项卡用于设置切削区域的切削顺序和开放刀路的形式。

对于本项目，只存在单个、封闭的切削区域，故此选项不起作用，所以接受“连接”选项卡各参数的默认值。

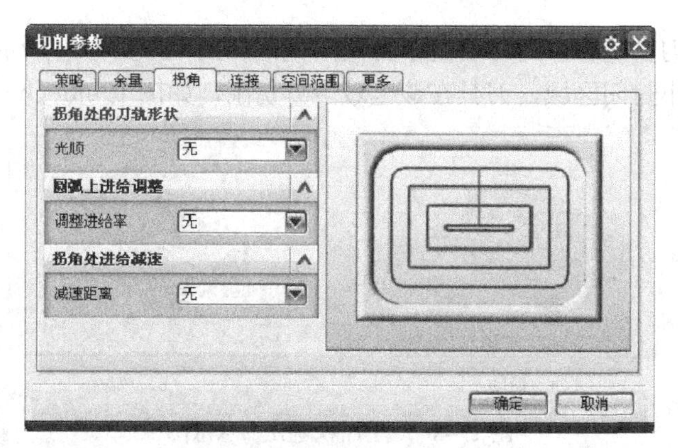

图 19-38 “拐角”选项卡

（5）设置空间范围参数。“空间范围”选项卡包含了毛坯、碰撞检查、小面积避让、参考刀具等选项，如图 19-39 所示。

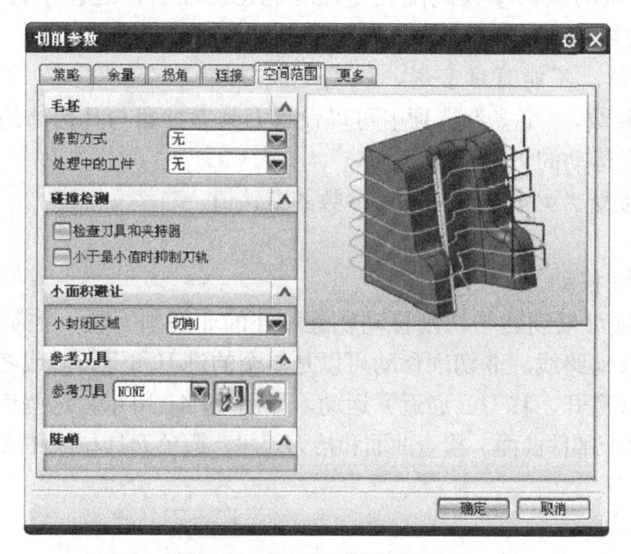

图 19-39 “空间范围”选项卡

“毛坯”组用于设置当前工序要切削的毛坯类型。

其中，“修剪方式”用于定义并生成可加工的切削区域，有无、轮廓线两个选项，各选项含义如下：

“无”，切削部件的现有形状。

“轮廓线”，根据所选部件几何体的外边缘（轮廓线）来创建毛坯几何体。当没有明确指定毛坯几何体的情况下，软件识别出型芯部件的毛坯几何体，使用部件几何体的轮廓来生成刀轨。“容错加工”选项被激活时，轮廓线选项才有效。

注意，如果毛坯几何体尺寸非常接近部件几何体，则毛坯轨迹和部件轨迹可能相互重叠，产生非预期的切削区域。在这种情况下，最好是沿着部件几何体的轮廓进行切削，而不指定毛坯。

“外部边”，使用面、片体或者曲面区域特征的外部边界作为毛坯几何体。当“容错加工”选项未被激活时，外部边选项才有效。

“小面积避让”组用于指定如何处理模型的腔体或孔之类的小特征，有切削、忽略等两个选项，其含义如下：

"切削"，只要刀具适合，即可切削小封闭区域，如图19-40（a）所示；

"忽略"，忽略小封闭区域，刀具在该区域上方切削，如图19-40（b）所示。

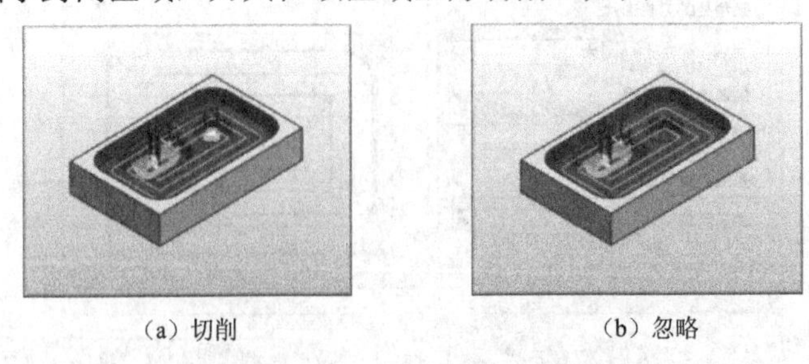

（a）切削　（b）忽略

图19-40 "小面积避让"示意图

对于本项目，接受"空间范围"选项卡各参数的默认值。

工程师提示：

◆ NX软件提供的默认参数或设置是经过优化处理的，适合于大多数加工条件和要求。编程时，可直接选用。但要注意，有些参数需综合考虑加工材料、刀具尺寸与材料，以及切削参数等条件，不能盲目套用，以免造成事故。

（6）设置更多参数。"更多"选项卡可以设置刀具夹持器与几何体的安全距离，以及定义切削和非切削刀具运动的下限平面。

对于本项目，接受"更多"选项卡各参数的默认值。

14．设置非切削移动

非切削移动选项可以创建与切削移动轨迹相连的非切削刀轨，控制刀具在切削运动之前、之后和之间的移动路线。非切削移动可以是单个的进刀和退刀，或者是复杂到一系列的进刀、退刀和转移（离开、移刀、逼近）运动，如图19-41所示。这些运动的设计目的是为了协调刀路之间的多个部件曲面、检查曲面和抬刀工序，避免刀具与部件或夹具设备发生碰撞。

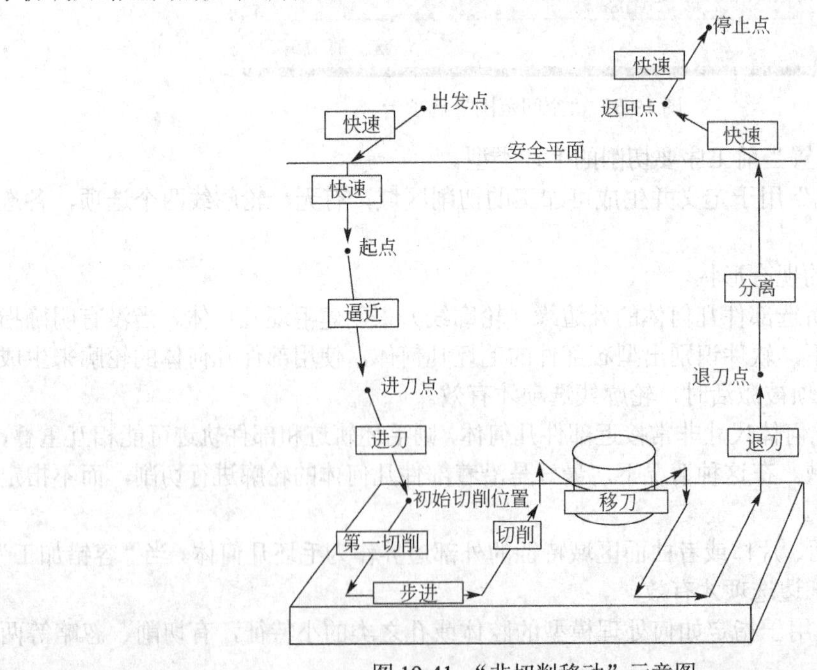

图19-41 "非切削移动"示意图

在“型腔铣”对话框中，单击“非切削移动”，弹出“非切削移动”对话框，如图19-42所示。

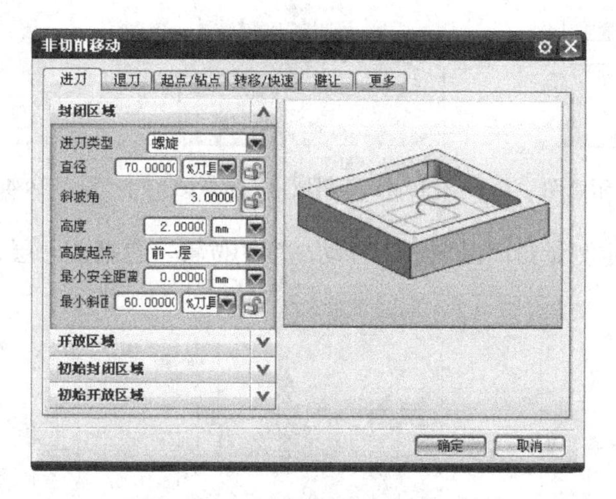

图19-42 “非切削移动”对话框

（1）设置进刀参数。“进刀”选项卡用于定义刀具从进刀点到初始切削位置移动时的运动方式，分为“封闭区域”和“开放区域”两种情况。在“封闭区域”组，进刀类型有与开放区域相同、螺旋、沿形状斜进刀、插铣、无等选项。在“开放区域”组，进刀类型有与封闭区域相同、线性、线性-相对于切削、圆弧、点、线性-沿矢量、角度-角度-平面、矢量平面、无等选项。

“螺旋”进刀，是在第一个切削运动位置创建无碰撞的、螺旋线形状的进刀移动，如图19-43（a）所示。通常，封闭区域采用“螺旋”方式进刀。如果在进刀时会过切部件，即无法满足螺旋线移动的要求时，则转而使用具有相同参数的倾斜移动。

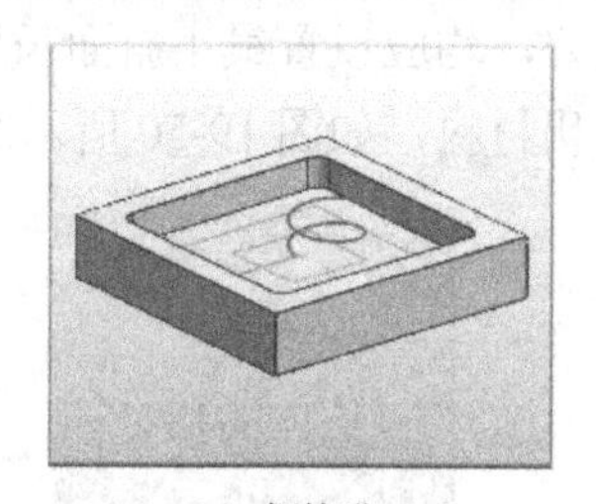
（a）螺旋进刀

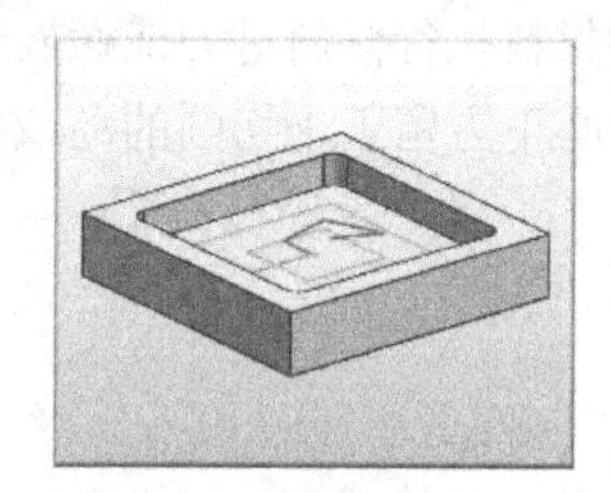
（b）沿形状斜进刀

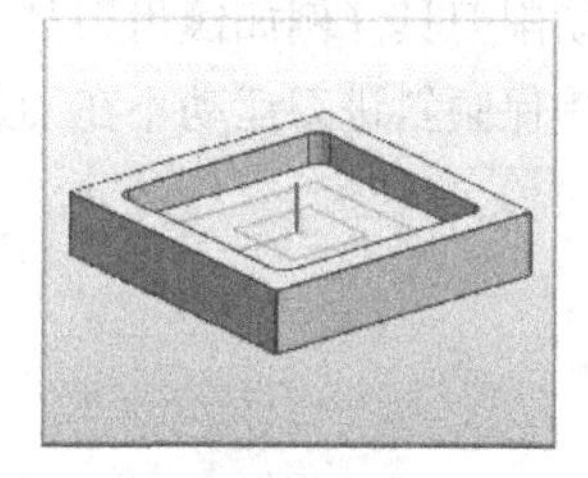
（c）插铣（即垂直下刀）

图19-43 封闭区域的进刀方式

螺旋进刀的参数说明如下：

“直径”定义螺旋线的大小，如图19-44所示。一般情况默认为刀具直径的50%～90%。

工程师提示：

◆ 注意，非切削移动距离选项使用刀具的全直径，它被指定为刀具直径百分比。例如：刀具直径10mm，刀角半径2mm，刀具百分比50%，则最小安全距离为5mm。

“斜坡角”控制刀具切入材料的倾斜角度，如图19-45所示。一般默认为3°～5°。

“高度”指定要在切削层的上方开始进刀的距离，如图19-46所示。注意，为避免碰撞，高度值必须大于面上的材料。

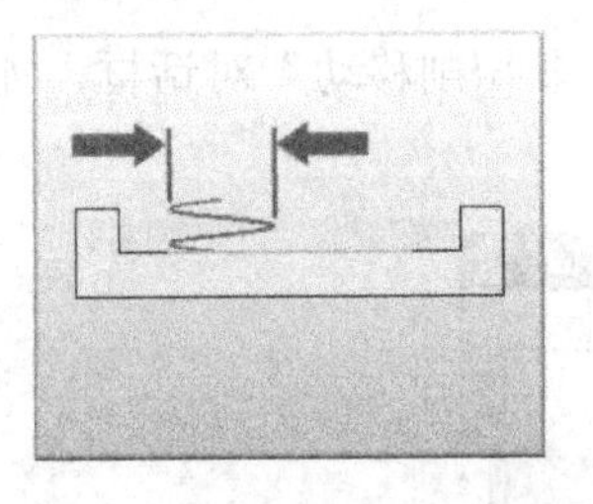

图 19-44 “直径”示意图

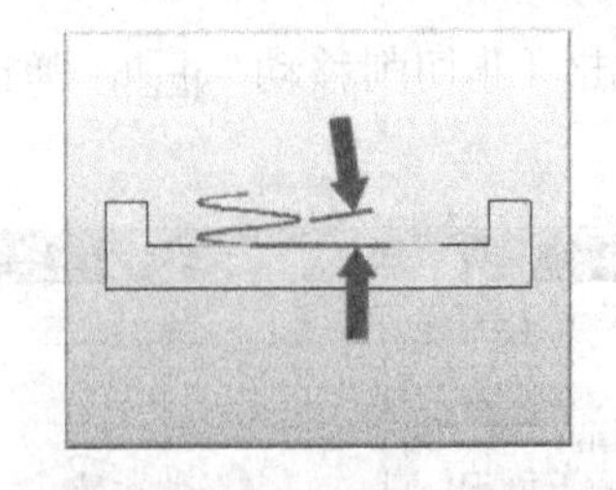

图 19-45 “斜坡角”示意图

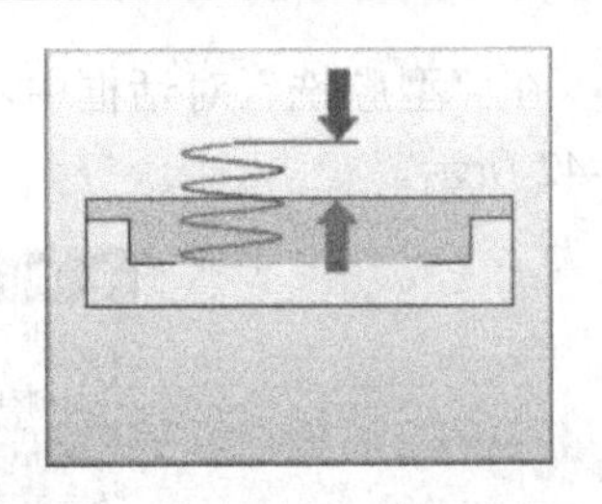

图 19-46 “高度”示意图

“高度起点”指定测量封闭区域进刀移动高度的位置，包括前一层、当前层和平面，如图 19-47 所示。

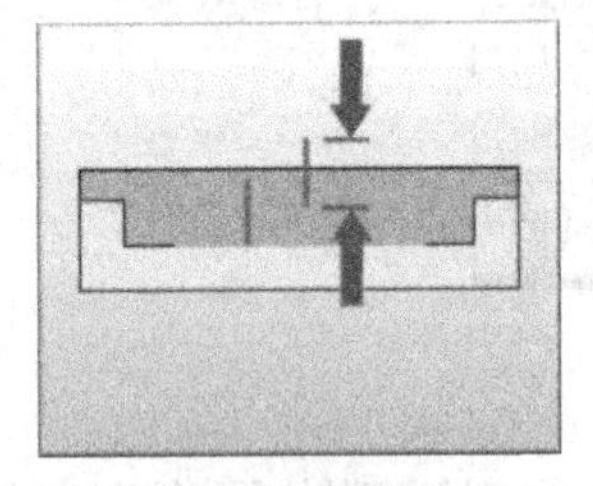

(a) 当前层

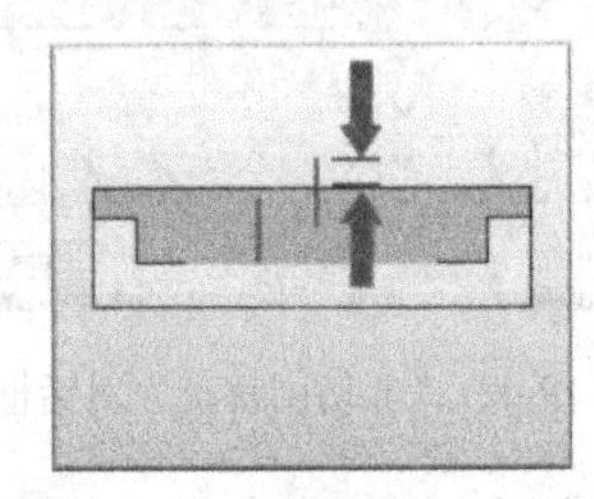

(b) 前一层

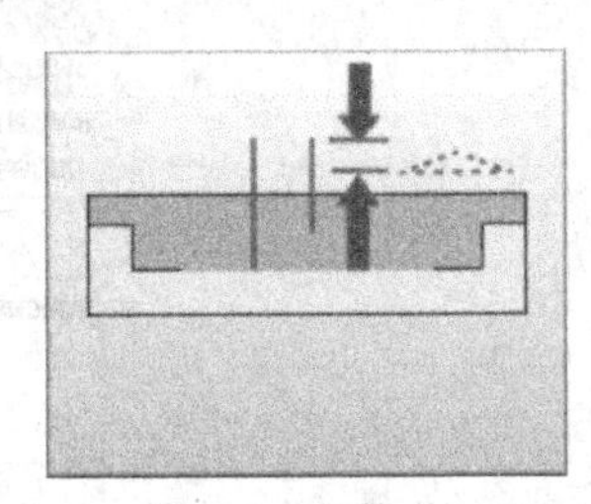

(c) 平面

图 19-47 “高度起点”示意图

“最小安全距离”指定刀具可以逼近不需要加工区域的最近距离，还可以指定后备退刀倾斜离部件多远，如图 19-48 所示。

“最小斜面长度”控制自动斜削或螺旋进刀切削材料时，刀具必须移动的最短距离，如图 19-49 所示。用镶齿刀具铣削时，必须在前缘刀片和后缘刀片间留有足够的重叠，以防止未切削的材料接触到刀的非切削底部，“最小斜面长度”就特别有用。注意，无论何时使用非中心切削刀具（例如镶齿刀具）对材料执行倾斜进刀或螺旋进刀，均应设置最小斜面长度。这就确保倾斜进刀运动不在刀具中心下方留下未切削的岛或柱状材料，如图 19-50 所示。

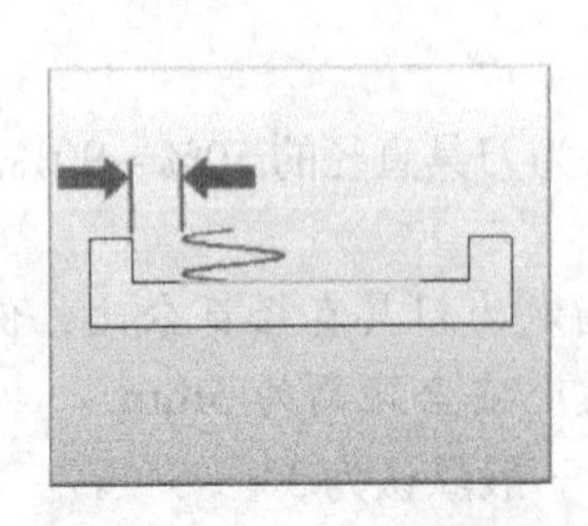

图 19-48 “最小安全距离”示意图

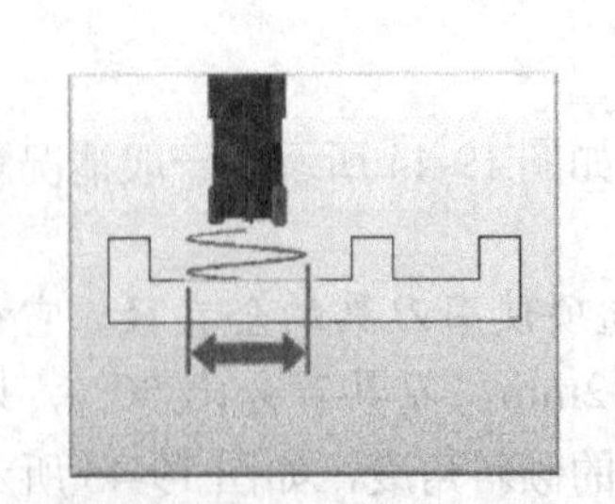

图 19-49 “最小斜面长度”示意图

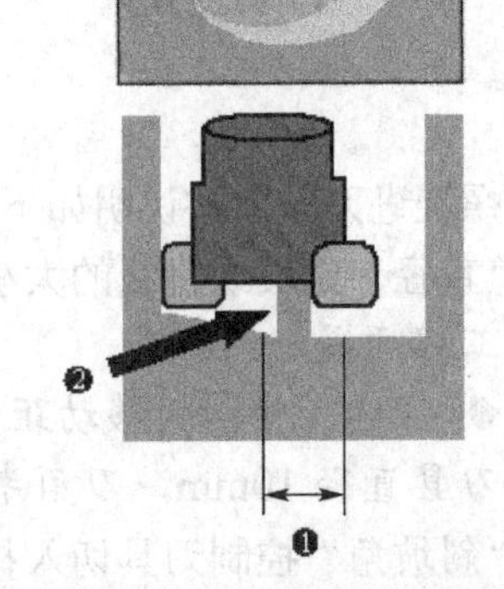

图 19-50 “最小斜面长度”控制示意图

1—最小斜面长度；2—希望避免的岛或柱状区域

注意，因为模型加工的区域会有一些狭小的区域，为了不让刀具造成直踩的情况，故要把此选项用上，此值不能超过螺旋直径的百分比。

“沿形状斜”进刀，创建一个倾斜进刀移动，该进刀会沿第一个切削运动的形状移动，如图 19-43（b）所示。如果最小安全距离值大于 0，此形状可通过部件或检查偏置轮廓修改。

“最大宽度”指定决定斜进刀总体尺寸的距离值，如图 19-51 所示。

图 19-51　“最大宽度”示意图

“插铣”进刀，直接从指定的高度进刀到部件内部，如图 19-43（c）所示。

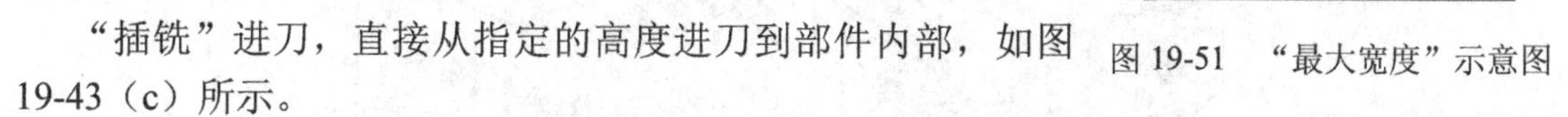

“线性”进刀，在指定距离处创建一个进刀移动，方向与第一个切削运动的方向相同，如图 19-52（a）所示。

“线性-相对于切削”进刀，创建与刀轨相切（如果可行）的线性进刀移动，如图 19-52（b）所示。与线性进刀具有相同的参数。

“圆弧”进刀，创建一个与切削移动的起点相切（如果可能）的圆弧进刀移动，如图 19-52（c）所示。

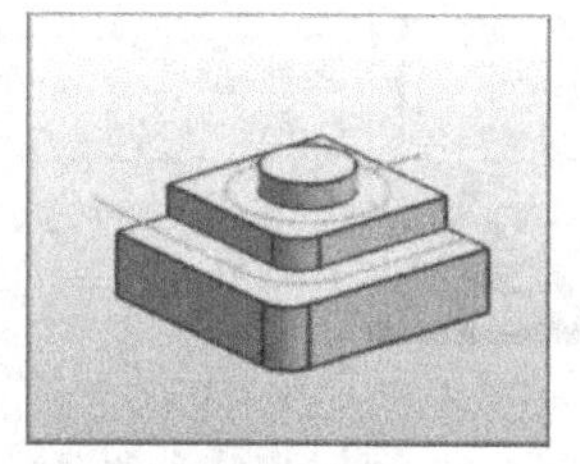

（a）线性进刀

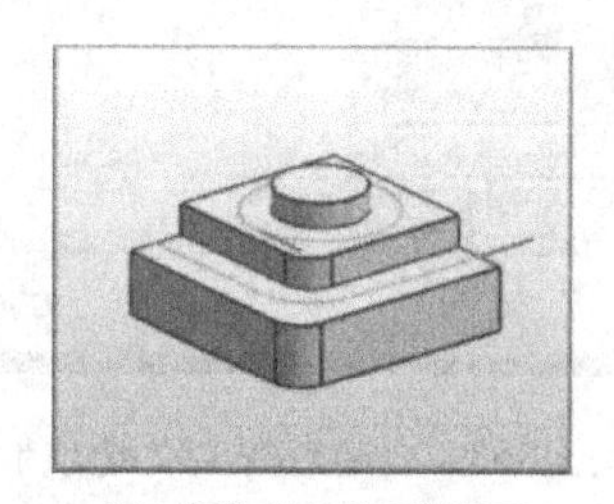

（b）线性-相对于切削进刀

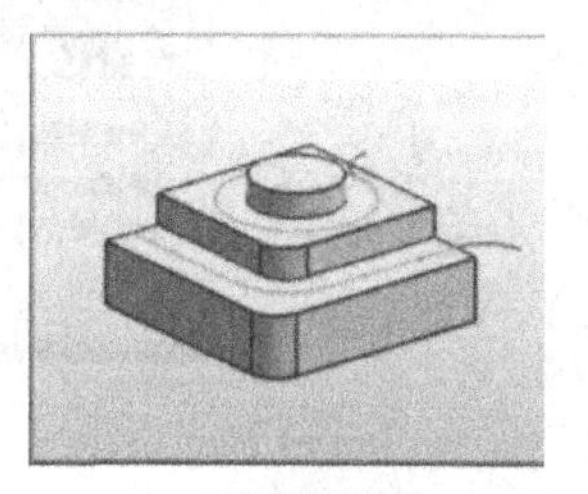

（c）圆弧进刀

图 19-52　开放区域的进刀方式

对于本项目，在“封闭的区域”组，从“进刀的类型”列表中选择“螺旋”，在“直径”框中输入“70”，在“斜坡角”框中输入“3”，在“最小安全距离”框中输入“2”，在“最小斜面长度”框中输入“60”，其它参数接受默认值，如图 19-42 所示。

（2）设置退刀参数。“退刀”选项卡用于创建从部件返回到避让几何体或到定义的退刀点的运动方式，退刀的类型和进刀的类型相似。

对于本项目，选择“与进刀相同”。

工程师提示：

◆ 虽然将退刀方式设置为“与进刀相同”，但实际并不是以螺旋方式退刀，系统默认是以线性方式退刀的。

（3）设置起点/钻点参数。“起点/钻点”选项卡用于控制单个和多个切削区域中切削起点，指定刀具进刀位置和步距方向，如图 19-53 所示。其中各参数的含义如下：

“重叠距离”用于指定进刀和退刀移动之间的总体重叠距离，如图 19-54（a）所示，刀轨在切削刀轨原始起点的两侧同等地重叠距离 A，如图 19-54（b）所示。

“区域起点”用于指定刀具从何处开始加工，有中点、拐角、预钻点三个选项，其含义如下：

“中点”（默认），在切削区域内最长的线性边中点开始刀轨，如图 19-55（a）所示。

“拐角”，从指定边界的起点开始，如图 19-55（b）所示。

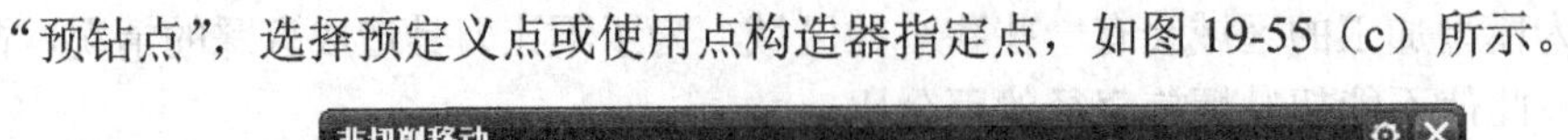
“预钻点”，选择预定义点或使用点构造器指定点，如图 19-55（c）所示。

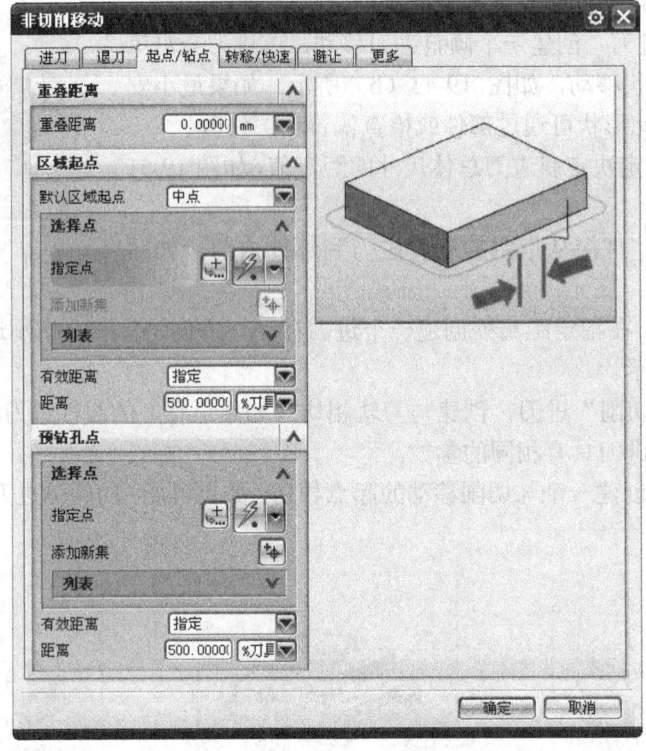

图 19-53 “起点/钻点”选项卡

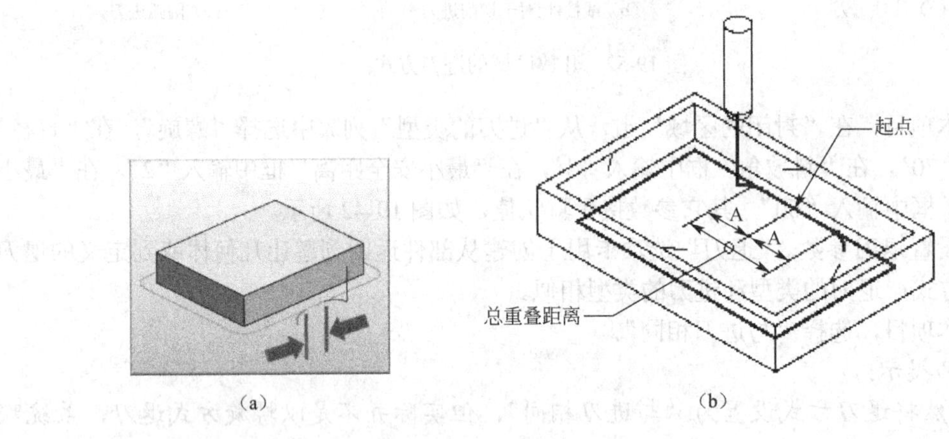

（a） （b）

图 19-54 “重叠距离”示意图

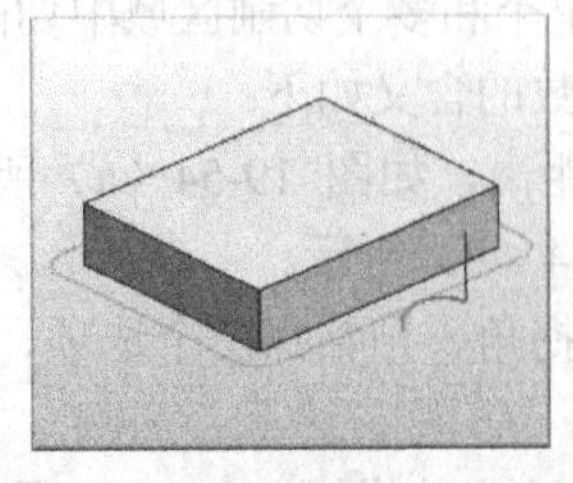
（a）中点

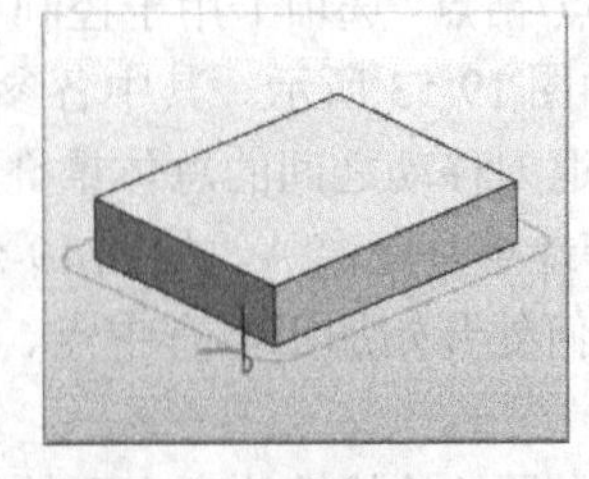
（b）拐角

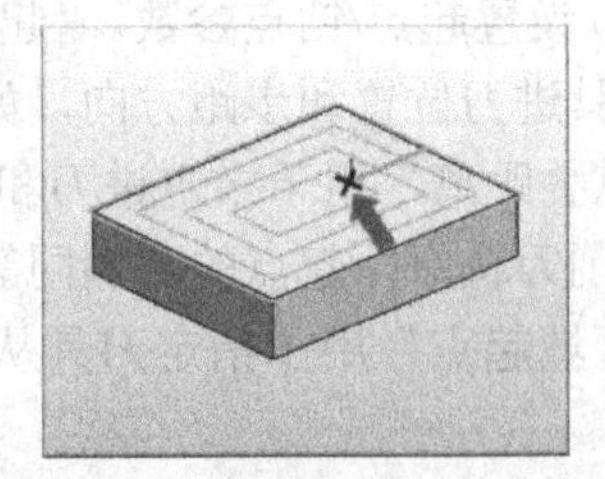
（c）预钻点

图 19-55 “区域起点”示意图

“预钻点”用于在先前已钻孔或毛坯材料的其它空白区域中指定进刀位置，可以选择预定义点或使用点构造器指定点。

对于本项目，接受“起点/钻点”选项卡各参数的默认值。

（4）设置转移/快速参数。“转移/快速”选项卡用于指定如何从一条切削刀路移动到另一条切削刀路。通常而言，刀具在区域间和区域内的层间进行以下方式的移动：从其当前位置移动到指定的平面，在指定平面内移动到进刀移动起点上面的位置，再从指定平面内移动到进刀移动的起点，如图19-56所示。

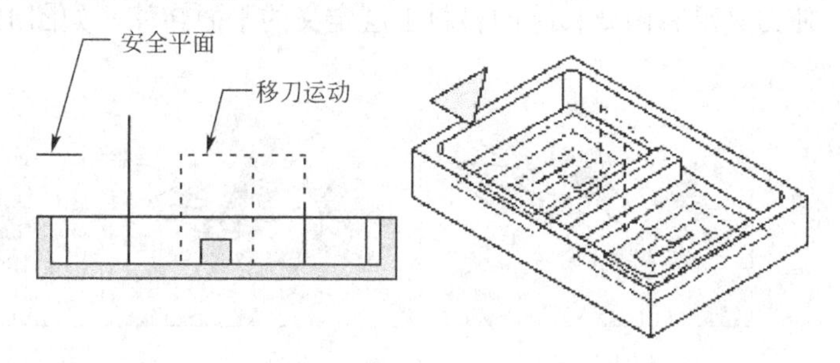

图19-56　刀具在区域间和区域内的层间的移动

“转移/快速”选项卡如图19-57所示，各参数含义如下：

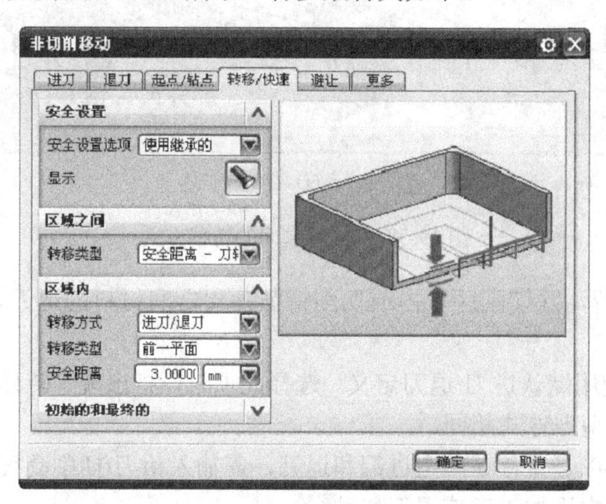

图19-57　“转移/快速”选项卡

“安全设置”组设置刀具可以快速移动的安全平面形式和位置，有使用继承的、无、自动平面、平面等多个选项，默认为“使用继承的”，即使用在MCS中指定的安全平面作为快速移动的平面位置。

“区域之间”组控制添加以清除不同切削区域之间障碍的退刀、转移和进刀，包括以下选项：

“安全距离-刀轴”，所有移动都沿刀轴方向返回到安全几何体，如图19-58（a）所示。

“安全距离-最短距离”，所有移动都根据最短距离返回到已标识的安全平面，如图19-58（b）所示。

“安全距离-切削平面”，所有移动都沿切削平面返回到安全几何体，如图19-58（c）所示。

"前一平面"，所有移动都返回到前一切削层，此层可以安全传刀以使刀具沿平面移动到新的切削区域，如图 19-58（d）所示。如果连接当前刀位和下一进刀起点上面位置的转移移动无法安全进行，则该移动会受部件干扰，将使用前一安全层。如果没有任何前一层是安全的，则使用自动安全设置定义。

"直接"，在两个位置之间进行直接连接转移，如图 19-58（e）所示。

"最小安全值 Z"，首先应用直接移动。如果移动无过切，则使用前一安全深度加工平面，如图 19-58（f）所示。

"毛坯平面"，使刀具沿着由要移除的材料上层定义的平面转移，如图 19-58（g）所示。

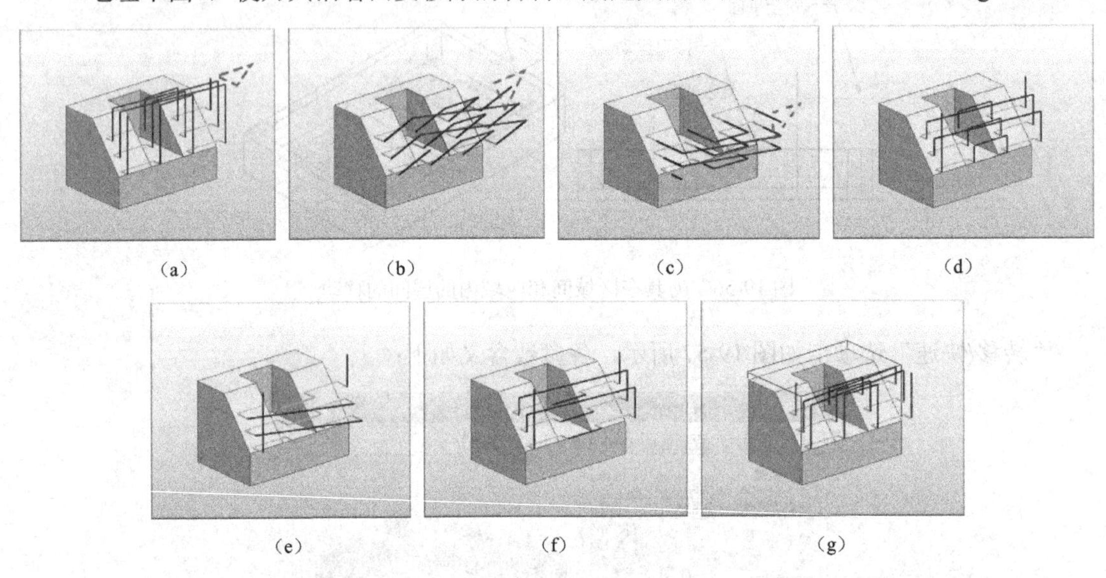

图 19-58　区域之间的转移方式

"区域内"组设置清除切削区域内或切削特征各层之间材料的退刀、转移和进刀移动，包括以下选项：

"进刀/退刀"，使用默认进刀/退刀定义。选择此项时，将出现"转移类型"选项，和"区域之间"的"转移类型"方式相同。

"抬刀和插削"，以竖直移动产生进刀和退刀，需输入抬刀/插削高度。

"无"，不在区域内添加进刀或退刀移动。

"初始的和最终的"组控制工序的初始移动到第一切削区域/层，并使工序的最终移动远离最后一个切削位置。

对于本项目，接受"安全设置"组和"区域之间"组各参数的默认值；在"区域内"组，从"转移方式"列表中选择"进刀/退刀"；从"转移类型"列表中选择"前一平面"，在"安全距离"框中输入"3"。

（5）设置避让参数。"避让"选项卡用于指定刀轨出发点、起点、返回点和回零点等信息。

对于本项目，接受"避让"选项卡各参数的默认值。

（6）设置更多参数。"更多"选项卡用于检测与选定部件和检查几何体的碰撞情况、确定在何处应用刀具补偿和输出刀具接触数据等。

对于本项目，接受"更多"选项卡各参数的默认值。

工程师提示:

◆ 编程时，要确保选中“碰撞检查”选项，以检测与部件和检查几何体的碰撞，否则软件允许过切的进刀、退刀和移刀。

15. 设置进给率和速度

进给率和速度选项可以定义切削时的主轴转速和切削速度。在“型腔铣”对话框中，单击“进给率和速度”，弹出“进给率和速度”对话框，如图19-59所示，各参数含义如下：

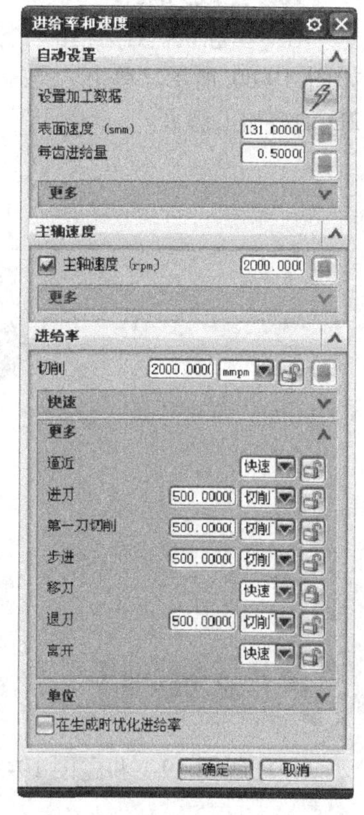

图19-59 进给率和速度”对话框

“表面速度”，设置切削刀尖在部件表面移动的速度。

“每齿进给”，设置每齿移除的材料量。

“主轴速度”，设置主轴转数。

“切削”，设置刀具与部件几何体接触时的刀具运动进给率。

“逼近”，设置刀具从起点到进刀位置的刀具运动的进给率。在使用多层的“平面铣”和“型腔铣”工序中，逼近进给率用于指定从一层到下一层的进给。

“进刀”，设置从进刀位置到初始切削位置的刀具运动的进给率。当刀具抬起后返回工件时，此进给率也适用于返回移动。

“第一刀切削”，设置刀具直径嵌入要切削材料的切削运动的进给率。第一刀切削可以发生在一些较小切削阶段中无法逼近的一定量材料中，例如腔体中的第一刀切削，也可以发生在刀具移动穿过狭窄通道或槽，或者进入锐角凹角时。刀具直径未嵌入的刀路使用切削进给率。

“步进”，设置刀具从一个刀路移动到下一个刀路时的进给率。

“移刀”，当进刀/退刀菜单上的转移方法选项设置为前一层时，设置快速水平非切削刀具运动的进给率。

“退刀”，设置从最终刀轨切削位置到退刀位置的刀具运动的进给率。

“离开”，设置退刀、移刀或返回运动的刀具运动进给率。退刀点上的第一次返回移动也可以是离开移动。

“单位”，设置切削和非切削运动类型的单位类型。

在NX软件中，设置进给率和速度的方法有以下两种方式：

一种是自动设置，即依据当前设置的工件、刀具和切削方法等条件，在加工数据库中找到相匹配的进给率、主轴速度、切削深度和步距等参数。在“自动设置”组，单击“设置加工数据”，实现自动设置。前提是，须指定当前的工件、刀具和切削方法等条件。

另一种是手动设置，即直接输入主轴速度和切削进给率，也可通过输入“表面速度”和“每齿进给量”，由软件计算出主轴速度和切削进给率。

对于本项目，在“主轴速度”组，选中“主轴速度”复选框，输入“2000”，在“进给率”组，在“切削”框中输入“2000”，在“进刀”框中输入“500”，其它参数为默认值。

工程师提示:

◆ 在进给率选项中，设置为0不表示进给率为0，而是使用其默认值，如非切削运动的快进、逼近、移刀、退刀、离开等选项将采用快进方式，即使用G00方式移动，而切削运动的进刀、第一刀、步距等选项将采用切削进给速度。

16．生成刀轨

在“型腔铣”对话框的“操作”组中，单击“生成”，系统开始计算并生成刀具轨迹，如图 19-60 所示。单击“重播”，刷新图形窗口并重播刀轨。单击“确认”，可进行2D 动态加工仿真。

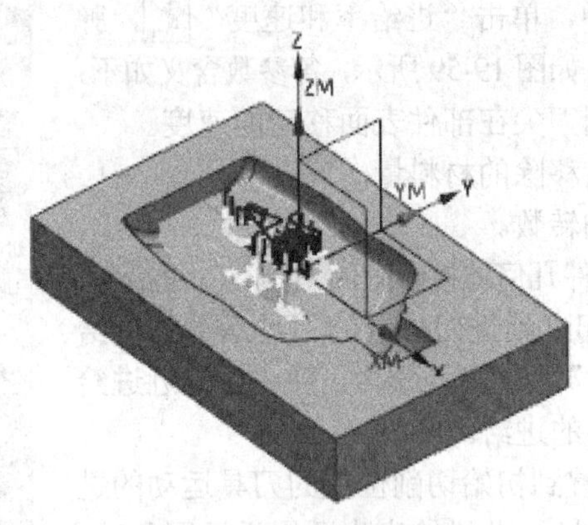

图 19-60　刀具轨迹

【思考练习】

根据题图 19-1 和题图 19-2 所示，编写粗加工程序。

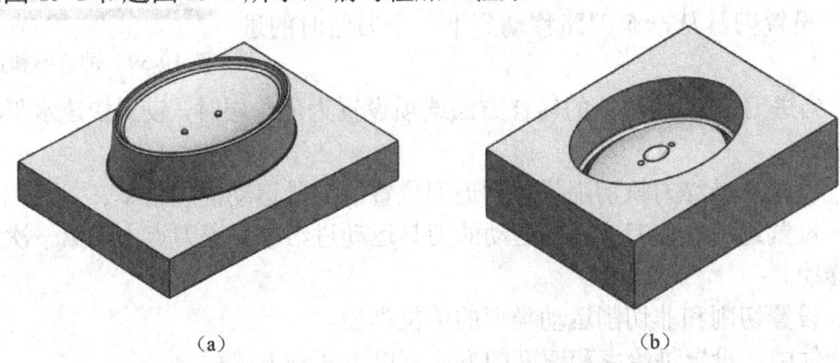

(a)　(b)

题图 19-1

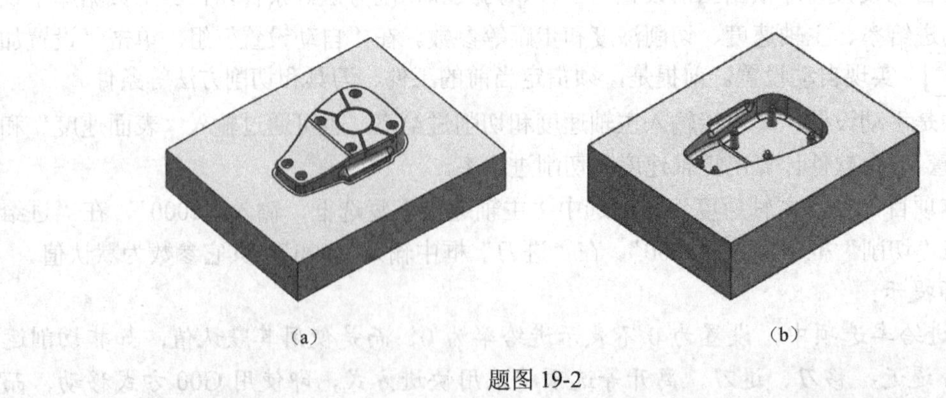

(a)　(b)

题图 19-2

项目 20　曲面零件的二次粗加工编程

【学习目标】

本项目以塑料瓶模具（如图 19-1 所示）为例，学习型腔铣在二次粗加工编程中的应用，理解型腔铣加工策略中“处理中的工件”（IPW）和“参考刀具”的含义和参数的设置，从而能够应用型腔铣完成曲面零件的二次粗加工编程。

【项目分析】

由于在前一工序中使用的刀具比较大，零件上有很多位置是加工不到的，留下的残留材料较多，因此还需要换一把较小的刀具进行二次粗加工，以使余量更加均匀。二次粗加工采用二次残料加工方法，该方法使用上一次加工后的模型（即中间毛坯）作为加工对象，这种方法在模具加工中应用特别广泛。

【相关知识】

在 NX 软件中，通常采用型腔铣中的“处理中的工件”或“参考刀具”方法进行二次粗加工。

1．处理中的工件

处理中的工件（IPW，In_Process_Workpiece）是指经过加工后剩余的材料，又叫中间毛坯。在使用毛坯的工序（型腔铣、插铣）中，可以使用先前工序遗留的剩余材料（即 IPW）定义毛坯材料并检查刀具碰撞，使当前工序仅切削材料的“剩余”部分。这样的工序通常称为剩余铣工序。

使用 IPW 定义毛坯几何体具有以下优势：

◆ 后续工序可以避免在已经切削过的区域中进行空切，使当前加工状态更真实。

◆ 后续工序可以使用半径较小的刀具，加工先前工序中较大刀具未切削的区域。

◆ 后续工序可以使用形状类似、但长度加长的刀具，加工先前工序中较短刀具无法触及而未切削的区域。

但要注意，使用“处理中的工件”（IPW）作为毛坯几何体之前，工序必须在几何体组（工件或 Mill_Geom）中，并且已定义毛坯几何体。

2．参考刀具

参考刀具是指可使当前工序的刀具仅加工之前刀具（即参考刀具）没有切削到的区域的

材料，即当前工序中的较小刀具移除较大参考刀具无法进入的未切削区域中遗留的材料。

可以在使用较大刀具工序之后或之前放置参考刀具工序。如图 20-1 所示是在使用较大刀具工序之后放置参考刀具工序，则较小刀具仅移除较大刀具未切削的材料，即较大刀具无法进入区域的材料。图 20-1（a）所示是较大刀具切削的区域，图 20-1（b）所示是较小刀具切削的区域。如图 20-2 所示是在使用较大刀具工序之前放置参考刀具工序，即先使用较小刀具对拐角进行粗切削。图 20-2（a）所示是较小刀具切削的区域，图 20-2（b）所示是较大刀具切削的区域。

图 20-1　先使用较大刀具后使用较小刀具

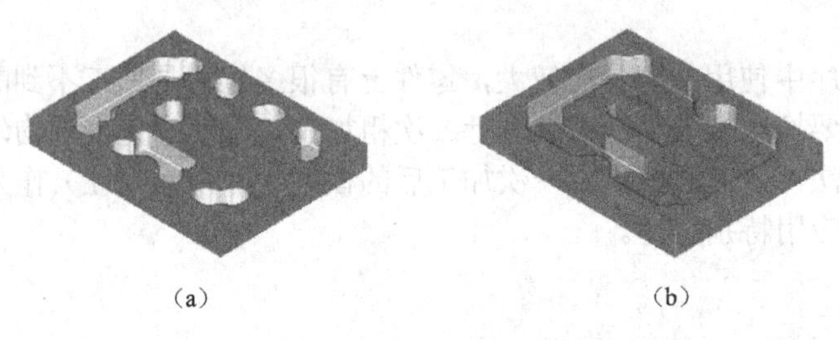

图 20-2　先使用较小刀具后使用较大刀具

本项目将接续项目 19，使用型腔铣完成零件的二次粗加工。

1. 复制刀轨

（1）复制刀具轨迹。在“工序导航器-程序顺序”视图中，右键单击粗加工刀轨“ROUGH_CAVITY_MILL”，选择“复制”，再右键单击“ROUGH_CAVITY_MILL”，选择“粘贴”，完成刀具轨迹的复制。

（2）重命名刀具轨迹。在“工序导航器-程序顺序”视图中，右键单击刚刚复制的刀具轨迹“ROUGH_ MILL_COPY”，选择“重命名”，输入“SEMI_FINISH_CAVITY_MILL”，完成刀具轨迹的重命名。

2. 修改加工参数

在“操作导航器-程序顺序”视图中，双击“SEMI_FINISH_ CAVITY_MILL”，弹出“型腔铣”对话框，按照以下的步骤修改加工参数：

（1）创建刀具。在“刀具”组中，单击“创建”，为二次粗加工创建一把名称为“D10R0.4”的铣刀，直径为 $\phi10$、底角半径为 $R0.4$。

（2）修改方法。在“刀轨设置”组的“方法”列表中，选择“MILL_SEMI_FINISH”。

（3）修改步距。在“步距”列表中选择“恒定”，在“最大距离”框中输入“7”。

（4）修改每刀深度。在“公共每刀切削深度”列表中选择“恒定”，在“最大距离”框中输入“0.2”。

（5）修改切削参数。单击“切削参数”，在“策略”选项卡中，从“切削顺序”列表中选择“深度优先”。

（6）设置二次粗加工参数。在“切削参数”对话框中，单击“空间范围”选项卡，以设置二次粗加工参数。

在“毛坯”组中，“处理中的工件”选项用于设置基于“处理中的工件（IPW）”方式进行二次粗加工的参数，有无、使用 3D 和使用基于层等三种类型：

“无”，使用现有的毛坯几何体（如果有），或切削整个型腔，如图 20-3（a）所示。

“使用 3D”，创建 3D 小平面体以表示剩余材料，如图 20-3（b）所示。小平面体可能有很多微小的材料斑点，需要大量内存才能创建。

“使用基于层的”，创建以 2D 表示未切削区域，如图 20-3（c）所示。该选项并不考虑切削层模式中由相邻刀路留下的毛坯材料，即忽略切削区域内的残余高度，认为其已完全移除，只计算拐角和壁上的阶梯面。与使用 3D IPW 选项相比，刀轨处理时间显著减少，而且刀轨更加规则。“最小材料移除”，抑制那些移除的材料量少于指定量的任意刀轨段。因此，仅在较大切削区域生成刀轨。

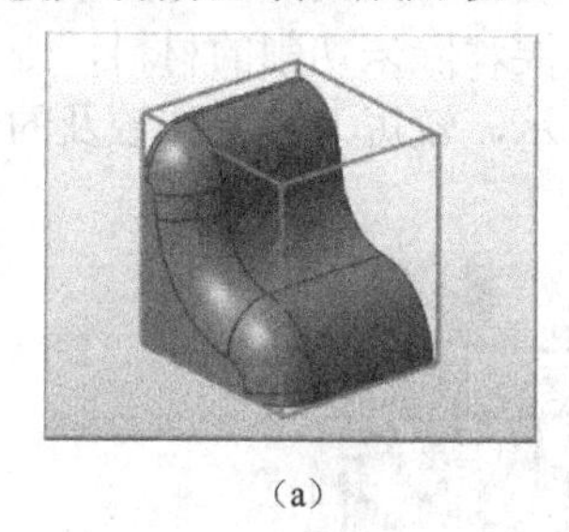
（a）

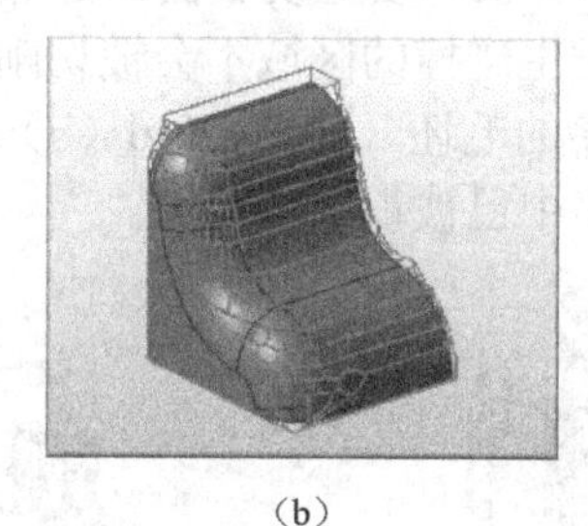
（b）

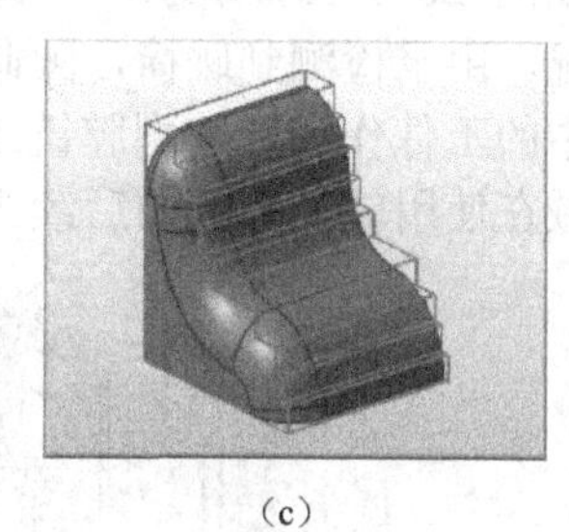
（c）

图 20-3 “处理中的工件”的类型

在“参考刀具”组中，“参考刀具”选项用于设置基于“参考刀具”方式进行二次粗加工的参数。“参考刀具”组中各参数的含义如下：

“参考刀具”，设置是否应用参考刀具方式。当选择“NONE”时，表示不应用参考刀具方式；当选择刀具时，表示参考选定的刀具进行二次粗加工。

“重叠距离”，将当前工序的刀轨延伸指定的距离，使其与另一工序的切削区域重叠，如图 20-4 所示。使用重叠距离帮助消除残余高度，并获得剩余铣工序中刀轨之间的完全清理，应用的重叠距离值应限制在刀具半径内。

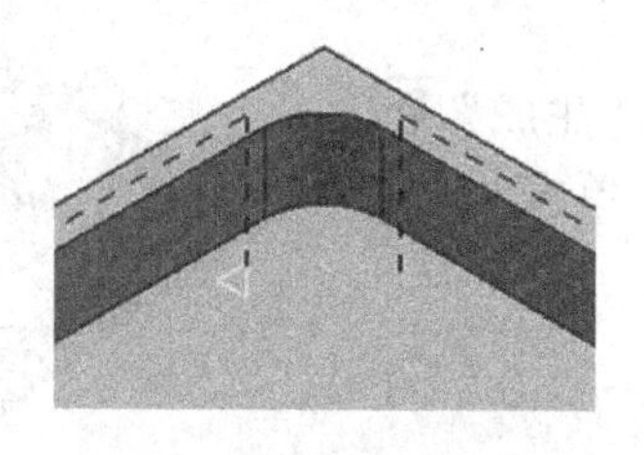
（a）重叠距离设置为 0

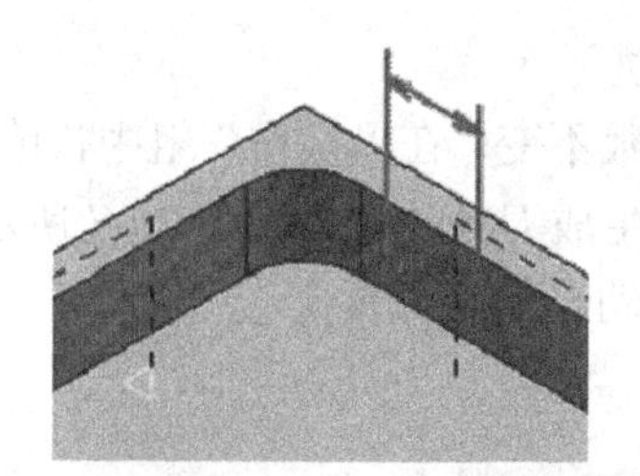
（b）重叠距离值设置为 15.00

图 20-4 “重叠距离”示意图

“陡峭”，控制切削区域的范围，有无、仅陡峭的两个选项，其含义如下：

“无”，切削参考刀具包含的所有区域，如图 20-5（a）所示。

“仅陡峭的”，将参考刀具包含的切削区域限制为比指定角度陡峭的壁拐角处，如图 20-5（b）所示。

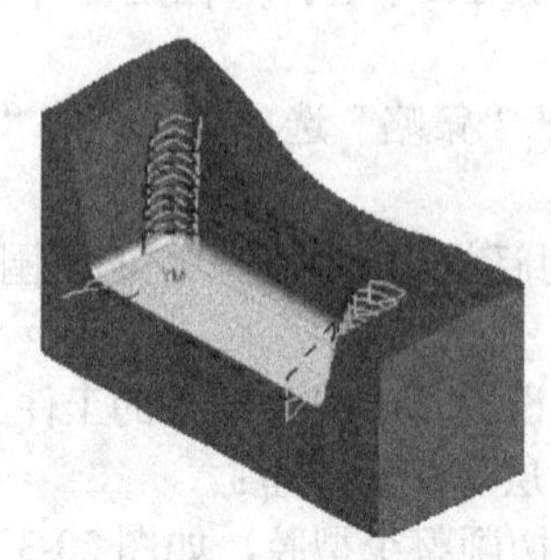

（a）对所有区域进行加工

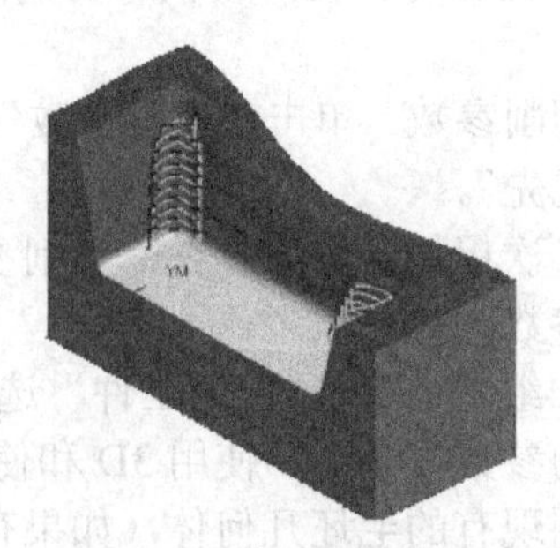

（b）仅对陡峭区域进行加工

图 20-5 “陡峭”参数示意图

工程师提示：

◆“碰撞与检测”选项用于控制是否使用刀具夹持器来参与计算刀轨。当使用刀具夹持器参与计算刀轨时，可以帮助避免刀具夹持器和工件之间发生碰撞。如果检测到碰撞，则发生碰撞的区域不会被切削。

如图 20-6（a）所示，刀具不够长，要触及底面，必然会发生刀具夹持器与四个柱碰撞的情况。由于检测到碰撞，因此发生碰撞的区域不会被切削。要移除未切削的材料，则使用处理中的工件作为后续型腔铣工序的毛坯。如图 20-6（b）所示，较短刀具无法触及的未切削区域在使用较长刀具的后续工序中已被识别。

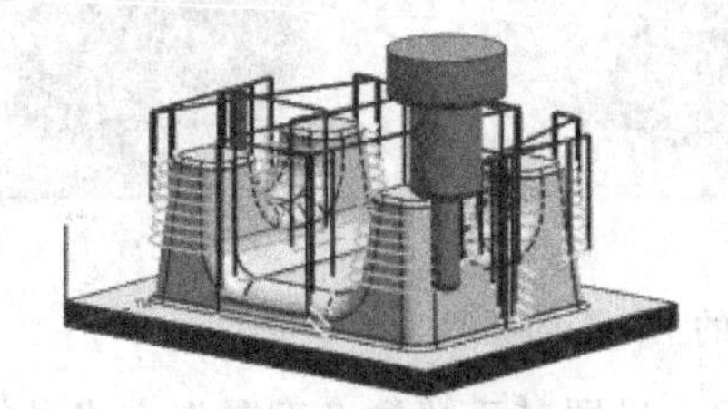

（a）较短刀具无法加工

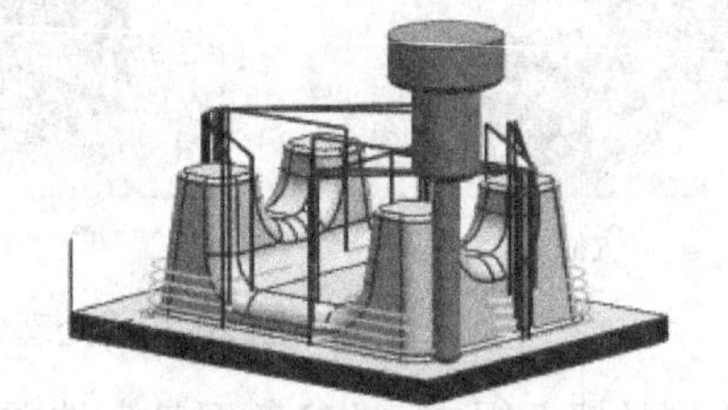

（b）较长刀具进行加工

图 20-6 IPW 在“碰撞与检测”中的应用

对于本项目，从“处理中的工件”列表中选择“使用基于层的”。

（6）修改进给率和转速参数。单击“进给率和转速”，在“主轴速度”组中，“主轴速度”框中输入“3000”，在“进给率”组中，“切削”框中输入“1300”。

3. 生成刀轨

保持其它参数不变。在“操作”组中，单击“生成”，系统开始计算并生成刀具轨迹，如图 20-7 所示。单击“确认”，可进行 2D 动态加工仿真。

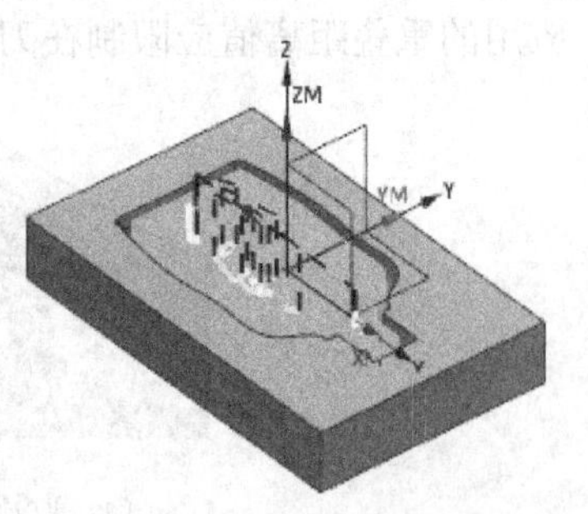

图 20-7 刀具轨迹

根据题图 19-1 和题图 19-2 所示，编写二次粗加工程序。

项目 21　曲面零件陡峭区域的精加工编程

本项目以电极零件（如图 21-1 所示，材料为紫铜）为例，学习深度铣的应用和参数的设置，从而能够应用深度铣完成曲面零件陡峭区域的精加工编程。

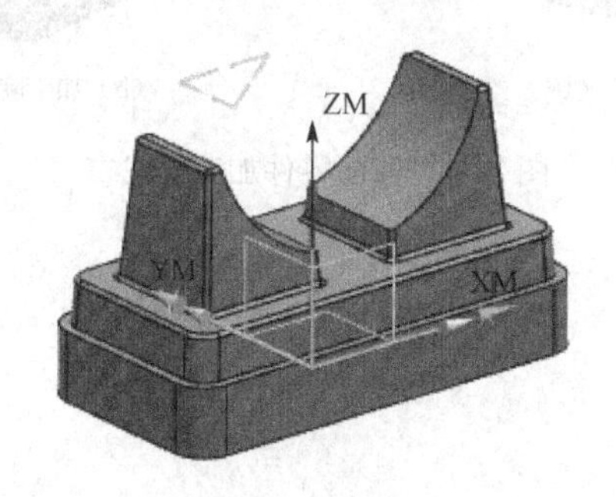

图 21-1　电极模型

多数曲面类零件既有陡峭区域又有非陡峭区域，通常这两类区域要分别加工，可以采用以下两种方式：

方式一是先使用“无”，即不向刀轨施加陡峭度限制，以加工整个切削区域，随后创建带有“定向陡峭”空间范围的刀轨，且和第一个刀轨呈 90° 的角度。这种方法常用于不包含很多近似竖直区域的区域。如图 21-2（a）所示，编号 1 指示的位置未被切削，因为刀轨中的步距延伸到某些陡峭壁上。要切削这些区域，必须使用“定向陡峭”再次进行切削大于最陡峭角的区域，如图 21-2（b）所示。

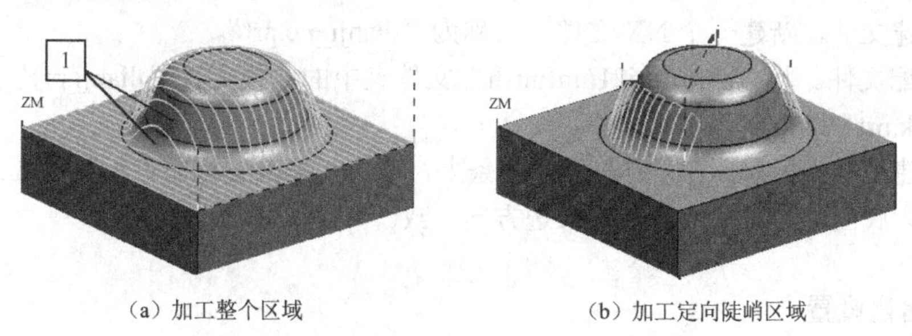

（a）加工整个区域　　（b）加工定向陡峭区域

图 21-2　曲面零件加工方式一

方式二是先使用区域铣削加工“非陡峭”区域，后跟深度铣加工“陡峭”区域。通过在这两个工序中使用同一陡角，可以加工整个切削区域。如果切削区域中有非常多陡峭的区域，则常用到此方式。

区域铣削“非陡峭”区域时，将刀轨的陡峭度限制为指定的“陡角”，工序仅加工刀轨陡峭度小于或等于指定的“陡角”的区域，而陡峭侧未被加工，如图 21-3（a）所示。要加工陡峭区域，再使用深度铣，仅对遗留未切的陡峭区域进行加工，如图 21-3（b）所示。

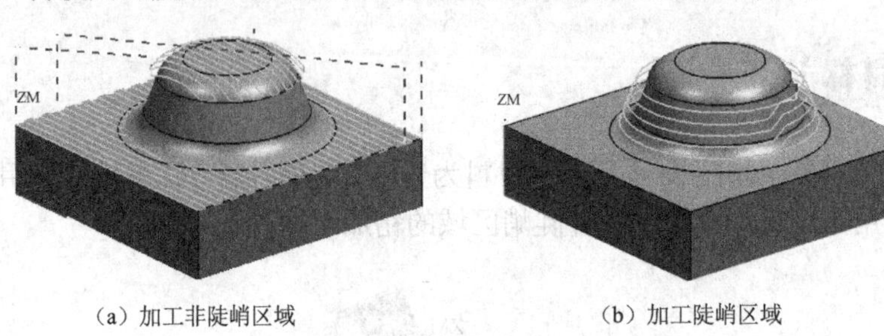

（a）加工非陡峭区域　　（b）加工陡峭区域

图 21-3　曲面零件加工方式二

该电极零件为曲面类零件，其加工过程如下：首先进行粗加工，以去除大部分余量。由于是曲面型芯零件，粗加工编程使用型腔铣工序。然后进行精加工，通常先加工非陡峭、即平坦区域，再加工陡峭区域。

在 NX 软件中，非陡峭区域的精加工编程可以采用区域铣削进行加工，而陡峭区域的精加工编程要使用深度铣进行加工。因为深度铣与型腔铣具有共性，所以先学习深度铣。

深度铣就是针对模型的外形轮廓进行逐层的加工，适合用于半精加工或精加工“陡峭”的区域。

1．新建文件

（1）新建文件。新建一个 NX 文件，名称为“dianji_nc.prt”。

（2）装配文件。将“part/proj21/unfinish”文件夹中的电极文件“dianji.prt”和毛坯文件“dianji _block.prt”装配到当前文件中。

（3）新建基准坐标系。在“标准”工具条上，单击“基准坐标系”，建立一个基准坐标系，原点为底面中心，X 轴方向与长边方向一致。

2．初始化设置

在“标准”工具条上，单击“开始”→“加工”，在“加工环境”对话框中，选择“cam_general”和“mill_contour”，单击“确定”，系统开始加工环境的初始化，之后进入加工应用模块。

3. 创建几何体

（1）设置机床坐标系和安全平面。进入加工模块后，在新建的基准坐标系位置创建机床坐标系，在距离型芯顶面10mm的位置创建安全平面，如图21-1所示。

（2）指定铣削几何体。选择电极模型作为“指定部件”，选择电极毛坯作为“指定毛坯”。

4. 创建刀具

创建一把名称为“D16”的铣刀作为粗加工刀具，刀具直径为$\phi16$，底角半径为$R0$。创建一把名称为“D12”的铣刀作为精加工刀具，刀具直径为$\phi12$，底角半径为$R0$。

5. 创建方法

按照表19-2所示，修改默认的加工方法组中的余量和公差参数。

6. 创建粗加工刀轨

选择“型腔铣”，创建电极的粗加工刀轨，参数如表21-1所示，刀具轨迹和仿真加工结果如图21-4所示。

表21-1 型腔铣加工参数

序号	参数类型	描述
1	创建工序	类型：MILL_CONTOUR 子类型：CAVITY_MILL 程序：PROGRAM 刀具：D16 几何体：WORKPIECE 方法：MILL_ROUGH
2	几何体	几何体：自动继承几何体 WOEKPIECE
3	刀具	刀具：自动继承刀具 D16
4	刀轨设置	方法：自动继承方法 MILL_ROUGH 切削模式：跟随周边 步距：恒定 最大距离：12 每刀的公共深度：恒定 最大距离：3
5	切削参数	在“策略”选项卡的“切削”组 刀路方向：向内
6	非切削参数	在“转移/快速”选项卡的“区域内”组 转移方式：进刀/退刀 转移类型：前一平面
7	进给率和速度	主轴转速：3000 切削：2000 进刀：800

7. 创建二次粗加工刀轨

复制粗加工轨迹，按照表21-2所示更改加工参数，刀具轨迹和仿真加工结果如图21-5所示。

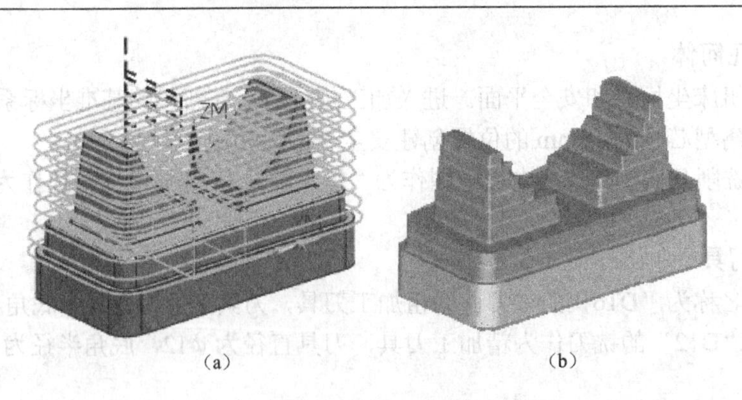

（a）　（b）

图 21-4　粗加工轨迹和仿真加工结果

表 21-2　二次粗加工参数

序号	参数类型	描　述
1	刀轨设置	方法：SEMI_MILL_ROUGH 切削模式：跟随部件 每刀的公共深度：恒定 最大距离：0.5
2	切削参数	在“策略”选项卡的“切削”组 切削顺序：深度优先 在“空间范围”选项卡的“毛坯”组 处理中的工件：使用基于层的
3	非切削参数	在“转移/快速”选项卡的“区域内”组 转移方式：无 转移类型：直接

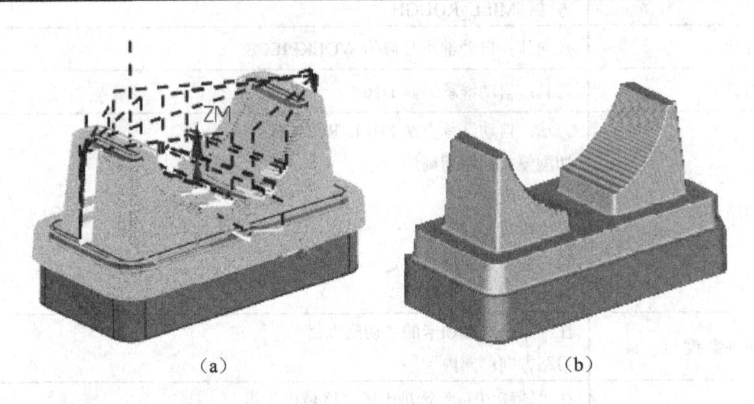

（a）　（b）

图 21-5　刀具轨迹和仿真加工结果

8. 创建陡峭区域精加工刀轨

（1）启动创建工序命令。在“刀片”工具条上，单击“创建工序”，弹出“创建工序”对话框。

（2）选择工序类型。在“创建工序”对话框，从“类型”列表中选择“mill_contour”。

（3）选择工序子类型。在“工序子类型”组中，选择“ZLEVEL_PROFILE”。

（4）设置工序位置。在“位置”组，从“程序”列表中选择“PROGRAM”，“刀具”列表中选择“D12”，“几何体”列表中选择“WORKPIECE”，“方法”列表中选择“MILL_

FINISH”。

（5）输入工序名称。在“名称”框中输入“FINISH_PROFILE”。

（6）完成设置。单击“确定”，弹出“深度加工轮廓”对话框，如图 21-6 所示。

（7）生成工序轨迹。接受所有默认设置，在“深度加工轮廓”对话框的“操作”组中，单击“生成”，系统开始计算并生成刀具轨迹，如图 21-7 所示。

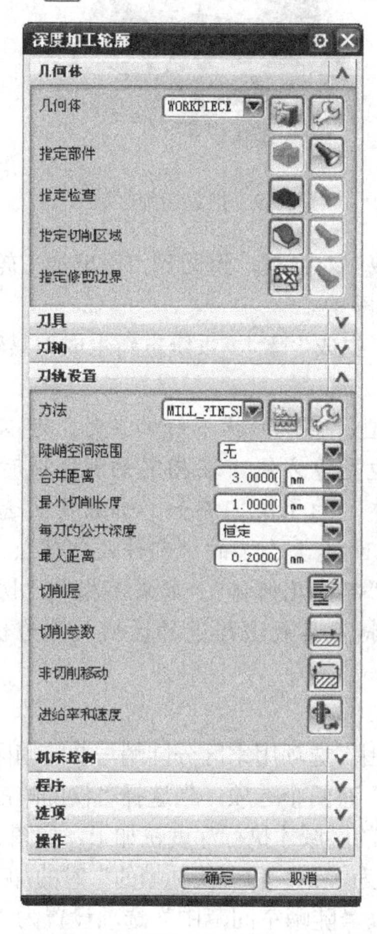

图 21-6 “深度加工轮廓”对话框

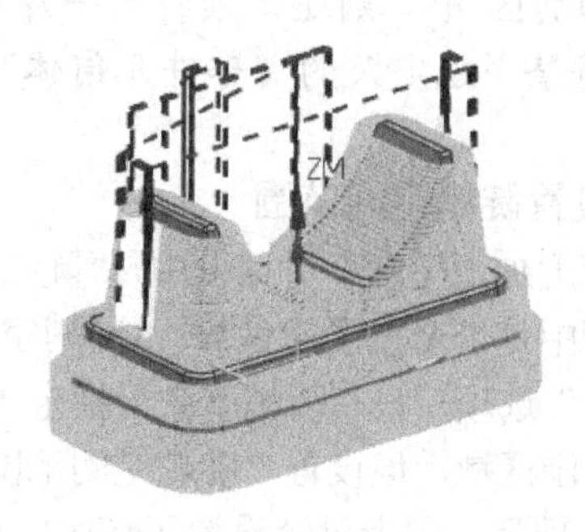

图 21-7　刀具轨迹

9．设置切削区域

从图 21-6 的刀具轨迹可以看出，系统对整个零件都进行了加工，但实际上电极零件的底部不需要加工。对于这种情况，通常需要设置“指定切削区域”参数。

“指定切削区域”用于创建局部的加工范围，可以通过选择曲面、片体来定义切削区域。例如，在一些复杂的模具加工中，会有很多区域位置需要分别加工，此时可以定义切削区域以实现某个指定区域位置的加工。“指定切削区域”的步骤如下：

（1）打开“切削区域”对话框。在“深度加工轮廓”对话框的“几何体”组中，单击“指定切削区域”，弹出“切削区域”对话框，如图 21-8 所示。

（2）选择指定加工区域。在“选择”工具条上，从“面规则”列表中选择“相切面”；在图形窗口中，选择电极零件的任意一个圆角面，将选中和其相切的所有面，再选择台阶平面，最终指定的切削区域如图 21-9 所示。

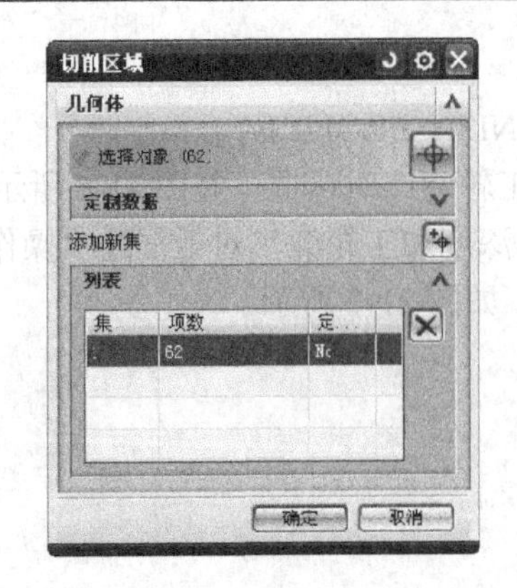

图 21-8 “切削区域”对话框

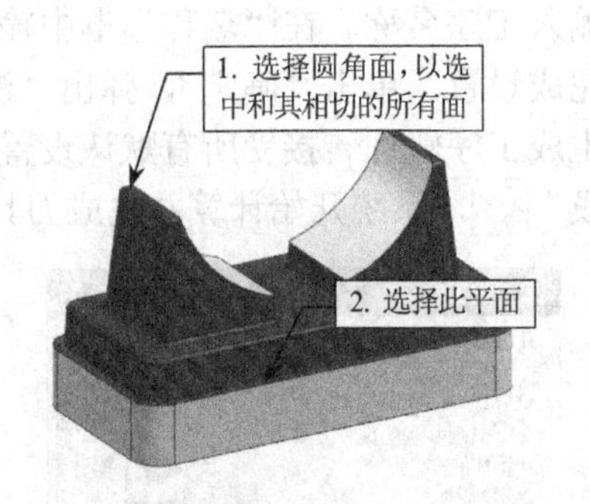

图 21-9 指定切削区域

（3）完成设置。单击“确定”关闭“切削区域”对话框，返回到“深度加工轮廓”对话框。这时，“指定切削区域”后面的“手电筒”变亮。

（4）生成工序轨迹。在“操作”组中，单击“生成”，系统重新生成刀具轨迹。

工程师提示：

◆ 在做模具加工的时候，当遇到较大的模型、整体形状不好加工时，可以采用局部加工的方法来完成，即指定切削区域面或修剪边界等方法。在指定切削区域时，一定要注意切削区域的每个成员都必须是“部件几何体”的子集。例如，如果将面选为“切削区域”，则必须将此面选为“部件几何体”，或此面属于已选的“部件几何体”；如果将片体选为“切削区域”，则还必须将同一片体选为“部件几何体”。如果不指定“切削区域”，则系统会将整个已定义的“部件几何体”（不包括刀具无法接近的区域）作为切削区域。

10．设置陡峭空间范围

在“深度加工轮廓”对话框中，“陡峭空间范围”选项用来区分陡峭与非陡峭区域，它是深度铣工序中是一个重要的参数。“陡峭空间范围”有两个选项，当选择“仅陡峭的”时，将显示“角度”选项，只有陡峭度大于指定“角度”的区域才执行深度铣加工。如图 21-10 所示是未指定切削区域，但设置“陡峭空间范围”分别为“无”和“仅陡峭的”时的加工效果。

对于本项目，因为已经设置了切削区域，所以“陡峭空间范围”选项设置为“无”。

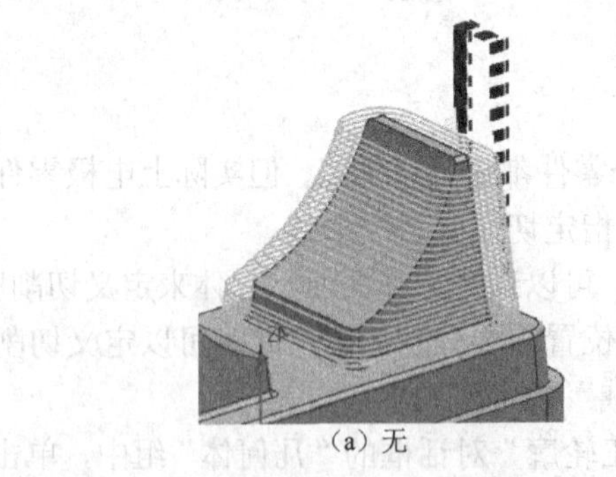
（a）无

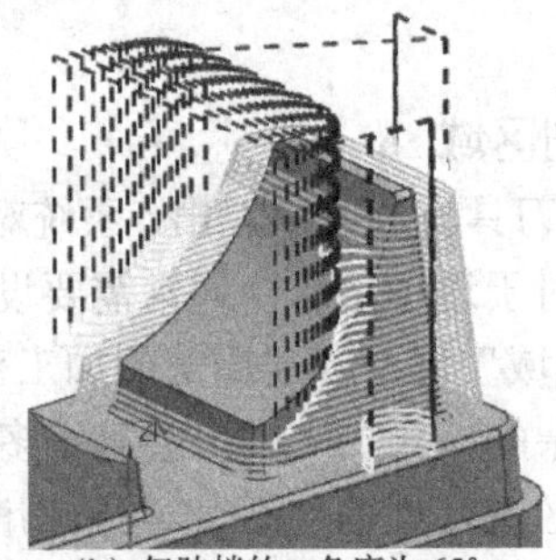
（b）仅陡峭的，角度为 65°

图 21-10 “陡峭空间范围”示意图

11．设置合并距离

图 21-11（a）所示，在电极底部圆角位置的刀具轨迹不连续、有中断现象，导致不必要

的进刀和退刀。对于这种情况，通常需要重新设置“合并距离”参数。

“合并距离”的作用是将同一切削层内小于指定距离的两段相邻刀轨的结束点连接起来，以消除不必要的进刀和退刀。

图 21-11（a）所示是“合并距离”为默认值 3 时的刀具轨迹。对于本项目，当“合并距离”设置为“10”时，能够将底部圆角位置分离的刀轨连接在一起，减少了不必要的进刀和退刀，如图 21-11（b）所示。

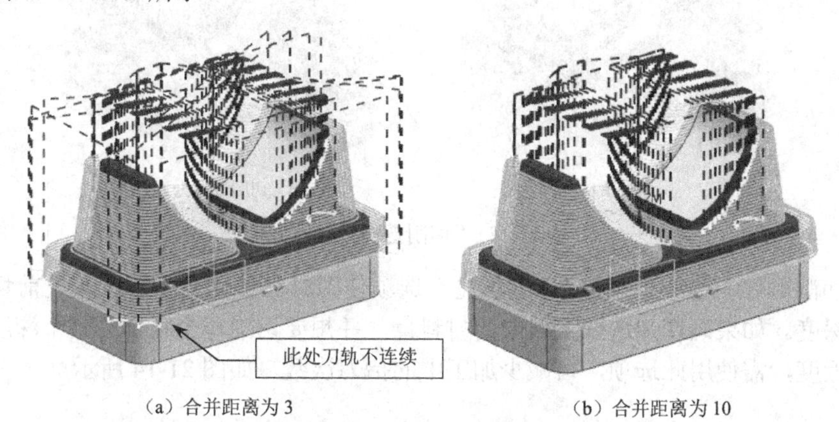

（a）合并距离为 3　　（b）合并距离为 10

图 21-11 “合并距离”示意图

工程师提示：

◆“最小切削长度”用于消除指定值内的刀轨段，大于指定值的刀轨将被保留，小于指定值的刀轨都将被消除，如图 21-12 所示是最小切削长度分别为 1 和 150 时的刀轨效果图。

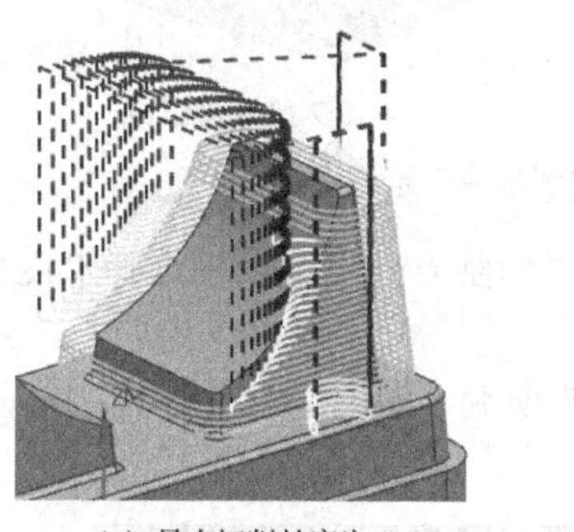

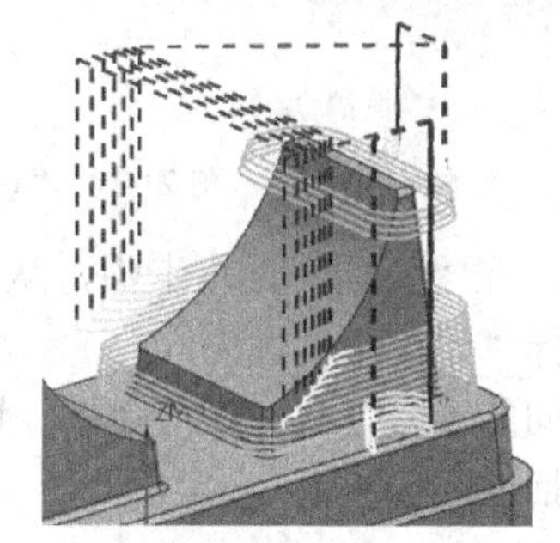

（a）最小切削长度为 1　　（b）最小切削长度为 150

图 21-12 “最小切削长度”示意图

12．设置每刀的公共深度和最大距离

从“每刀的公共深度”列表中选择“恒定”，在“最大距离”框中输入“0.2”。

13．设置切削参数

（1）设置切削方向和切削顺序。在“策略”选项卡中，可以进一步设置“切削方向”和“切削顺序”，其中包括以下选项：

在“切削方向”组中，“混合的”选项可使在加工开放区域面的时候，刀具在各切削层中交替改变切削方向，即作往复式加工从而不用抬刀，可大大减少加工中的抬刀时间，如图21-13所示。

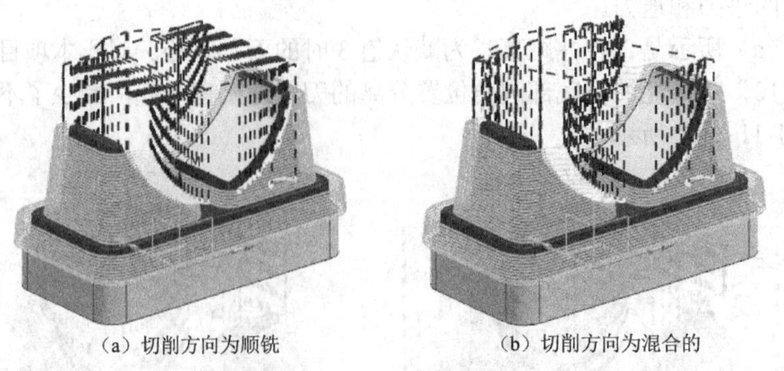

（a）切削方向为顺铣　　（b）切削方向为混合的

图21-13 “切削方向”示意图

在“切削顺序”组中，“始终深度优先”选项使刀具在移动到下一区域之前切削单个区域的整个深度。如果确切知道壁上残余的材料量，并想要切削每个特征的整个深度，而不管特征的邻近度，需使用此选项，可减少加工中的抬刀次数，如图21-14所示。

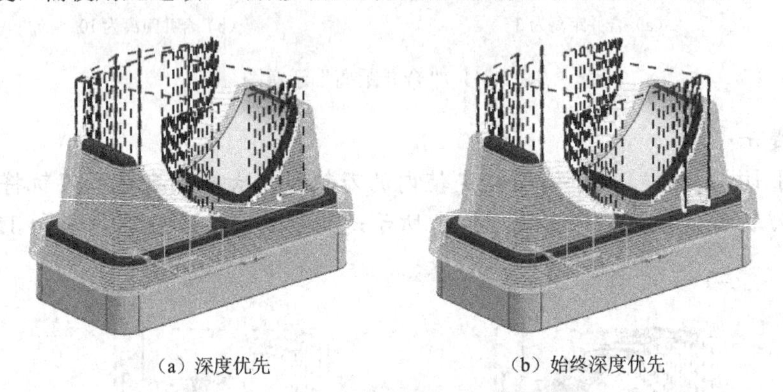

（a）深度优先　　（b）始终深度优先

图21-14 “切削顺序”示意图

对于本项目，在“策略”选项卡中，从“切削方向”列表中选择“混合的”，从“切削顺序”列表中选择“始终深度优先”。

（2）设置层间的连接方式。在“连接”选项卡（如图21-15所示）中，可以设置层之间的连接方式，包括以下选项：

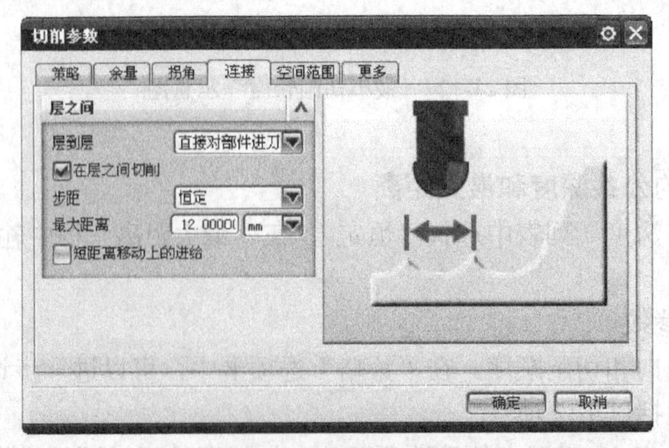

图21-15 “连接”选项卡

“层到层”选项是一个专用于深度铣的切削参数，主要用于确定刀具从一层到下一层的走刀方式，包括有四种类型，参数含义如下：

“使用传递方法”，使用在“进刀/退刀”对话框中所指定的信息，即刀具在完成每个刀路后都会退刀至安全平面，然后再次进刀，如图21-16（a）所示。

“直接对部件进刀”，跟随部件，从一个切削层到下一个切削层直接进刀，如图21-16（b）所示。但与使用直接的传递方法并不相同，直接传递是一种快速的直线移动，不执行过切或碰撞检查。

“沿部件斜进刀”，跟随部件，从一个切削层到下一个切削层斜向进刀，斜削角度为指定的倾斜角度。这种切削具有更恒定的切削深度和残余高度，并且能在部件顶部和底部生成完整的刀路，如图21-16（c）所示。

“沿部件交叉进刀”，与部件斜进刀相似，不同的是在斜削进下一层之前完成每个刀路，使进刀线首尾相接，特别适合于高速加工，如图21-16（d）所示。

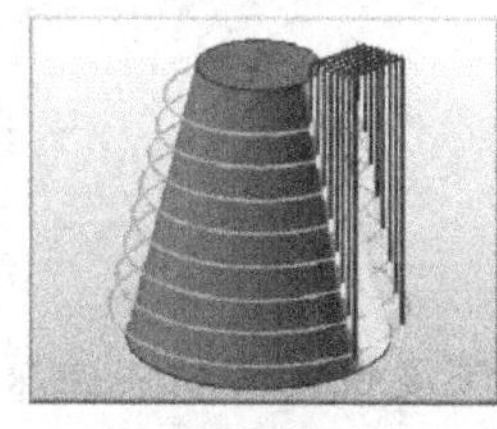
（a）使用传递方法

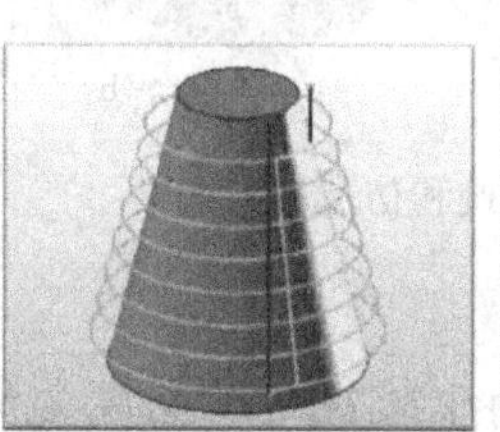
（b）直接对部件进刀

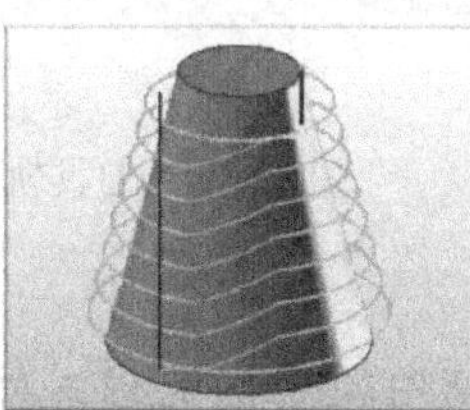
（c）沿部件斜进刀

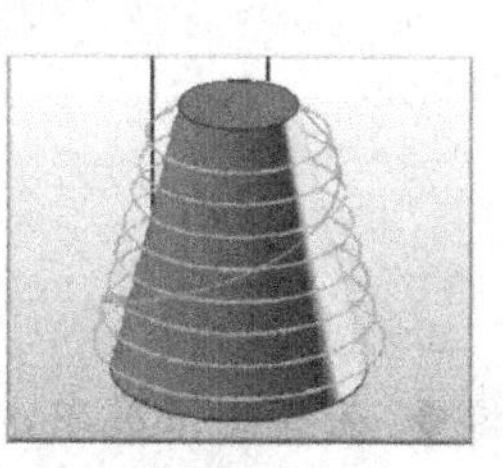
（d）沿部件交叉进刀

图21-16 “层到层”的示意图

工程师提示：

◆ 选择除“使用传递方法”外的任何选项，均可实现切削所有的层而无需抬刀到安全平面。

◆ 如果加工的是开放区域，并将切削方向设置为“混合的”时，则在“层到层”下拉菜单中的最后两个选项（“沿部件斜进刀”和“交叉沿部件斜进刀”）都将变灰。

“在层之间切削”选项可消除铣削区域平面位置的残余料，如图21-17所示。当用于半精加工时，该操作可生成更多的均匀余量；当用于精加工时，退刀和进刀的次数更少，并且表面精加工更连贯。

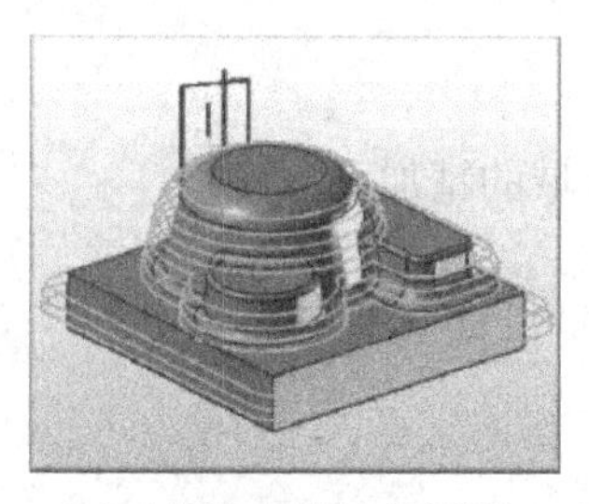
（a）未勾选“在层之间切削”

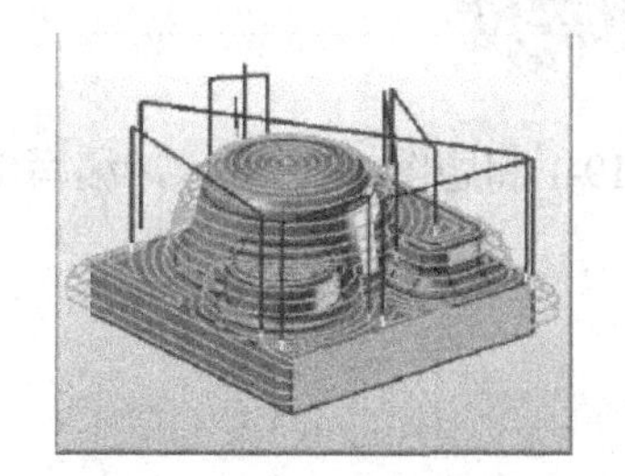
（b）勾选“在层之间切削”

图21-17 “在层之间切削”示意图

对于本项目，在“连接”选项卡中，从“层到层”列表中选择“直接对部件进刀”，选中“在层之间切削”复选框，从“步距”列表中选择“恒定”，在“最大距离”框中输入“9”。

14. 设置进给率和速度

设置“主轴转速”为“2400”、“切削”为“600”，其它参数接受默认值。

15. 生成刀轨

在“深度加工轮廓”对话框的“操作”组中，单击“生成”，系统开始计算并生成刀具轨迹，如图 21-18（a）所示。仿真加工结果，如图 21-18（b）所示。

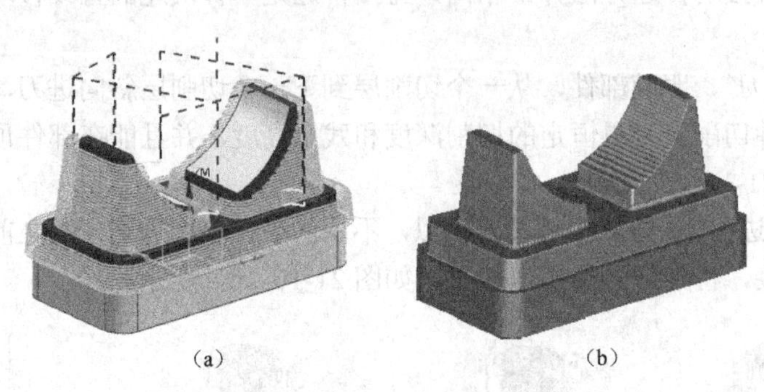

（a）　　（b）

图 21-18　刀具轨迹和仿真加工结果

工程师提示：

◆ 在有些情况中，使用轮廓切削模式的型腔铣可以生成类似深度铣的刀轨。但深度铣对于半精加工和精加工具有以下优点：

（1）深度铣不需要毛坯几何体。

（2）深度铣具有陡峭空间范围。

（3）当首先进行深度切削时，“深度铣”按形状进行排序，而“型腔铣”按区域进行排序。这就意味着岛部件形状上的所有层都将在移至下一个岛之前进行切削。

（4）在封闭形状上，“深度铣”可以通过直接斜削到部件上在层之间移动，从而创建螺旋线形刀轨。

（5）在开放形状上，“深度铣”可以交替方向进行切削，从而沿着壁向下创建往复运动。

根据题图 19-1 和题图 19-2 所示，编写陡峭区域的精加工程序。

项目 22　曲面零件平坦区域的精加工编程

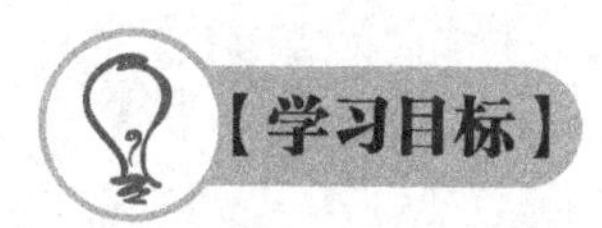

【学习目标】

本项目以电极零件（如图 21-1 所示）为例，学习固定轮廓铣中区域铣削的应用和参数的设置，从而能够应用区域铣削完成曲面零件平坦区域的精加工编程。

【项目分析】

在 NX 软件中，曲面零件平坦区域的精加工编程采用区域铣削。

区域铣削是固定轮廓铣工序中的一种驱动方法，适用于加工平坦的曲面，常用于复杂曲面的半精加工与精加工。

【操作步骤】

本项目将接续项目 21，使用区域铣削完成零件平坦区域的精加工编程。

1．创建平坦区域精加工刀轨

（1）启动创建工序命令。在“刀片”工具条上，单击“创建工序”，弹出“创建工序”对话框。

（2）选择工序类型。在“创建工序”对话框，从“类型”列表中选择“mill_contour”。

（3）选择工序子类型。在“工序子类型”组中，选择“FIXED_CONTOUR”。

（4）设置工序位置。在“位置”组，从“程序”列表中选择“PROGRAM”，“刀具”列表中选择“NONE”，“几何体”列表中选择“WORKPIECE”，“方法”列表中选择“MILL_FINISH”。

（5）输入工序名称。在“名称”框中输入“FINISH_PROFILE”。

（6）完成设置。单击“确定”关闭“创建工序”对话框，弹出“固定轮廓铣”对话框，如图 22-1 所示。

（7）选择驱动方法。在“固定轮廓铣”对话框的“驱动方法”组，从“方法”列表中选择“区域铣削”，在弹出的“驱动方法”提示框中，单击“确定”，弹出“区域铣削驱动方法”对话框，单击“取消”返回到“固定轮廓铣”对话框，驱动方法被更改为“区域铣削”。

2．指定切削区域

区域铣削驱动方法可以通过选择曲面区域、片体或面来定义“切削区域”，如图 22-2 所示，这些切削区域不需要按一定的栅格行序或列序进行选择。如果不指定“切削区域”，系统将使用整个“部件几何体”（刀具无法接近的区域除外）作为“切削区域”，即系统将使用部件轮廓线作为切削区域。

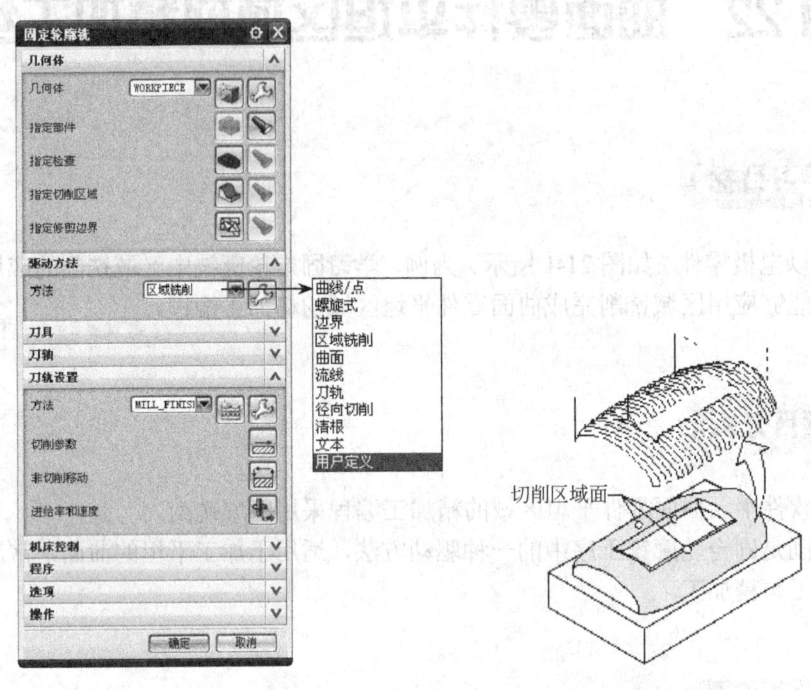

图 22-1 “固定轮廓铣”对话框　　图 22-2 “切削区域”示意图

对于本项目，在“几何体”组，单击“指定切削区域”，弹出“切削区域”对话框；在图形窗口中，选择电极零件的两个曲面作为切削区域，如图 22-3 所示；单击“确定”关闭“切削区域”对话框，返回到“固定轮廓铣”对话框。

工程师提示：

◆ 在“几何体”组中，还有“指定修剪边界”选项。“修剪边界”用于进一步约束切削区域。可以通过将“修剪侧”指定为“内部”或“外部”，定义要从工序中排除的切削区域部分，如图 22-4 所示。

“修剪边界”始终“封闭”，不能处于“开”状态，并且沿刀轴矢量投影到“部件”几何体。可以定义多个“修剪边界”。在“切削”对话框中，可以指定“边界余量”，从而定义刀具位置与“修剪边界”的距离以及“边界内公差/外公差”。

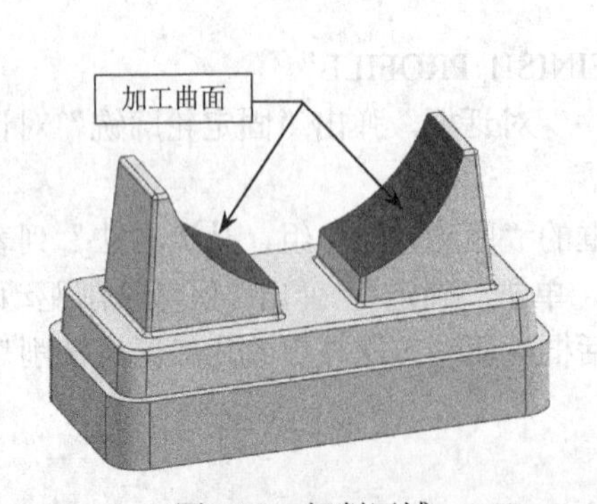

图 22-3 切削区域

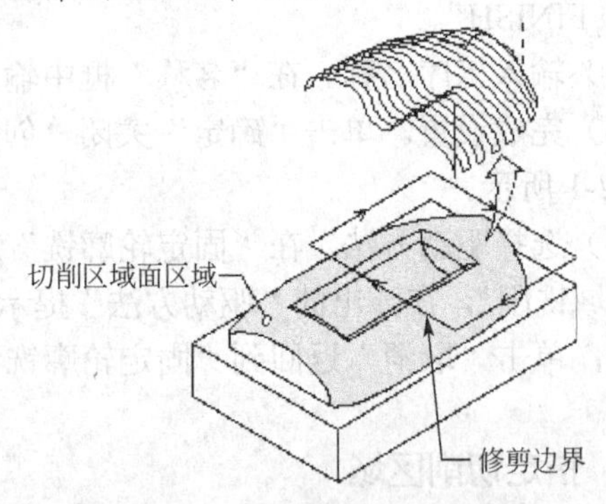

图 22-4 “修剪边界”示意图

3．创建刀具

在“刀具”组，单击“创建”，创建一把名称为“D12R6”的球头刀，刀具直径为ϕ12、底角半径为R6。

4．编辑驱动参数

（1）显示驱动方法对话框。在“驱动方法”组，单击“方法”列表后面的“扳手”，再次显示“区域铣削驱动方法”对话框，如图22-5所示。

（2）设置陡峭空间范围。“陡峭空间范围”选项用于根据刀轨的陡峭度限制切削区域，以控制残余高度和避免将刀具插入到陡峭曲面上的材料中，有无、非陡峭、定向陡峭等三种方式：

“无”，不在刀轨上施加陡峭度限制，而是加工整个切削区域。

“非陡峭”，只在部件表面角度小于陡角值的切削区域内加工。

“定向陡峭”，只在部件表面角度大于陡角值的切削区域内加工。

“陡角”用于确定系统何时将部件表面识别为陡峭的。软件计算各接触点的部件表面角度，并将其与陡角进行比较，只要实际表面角超出用户指定的“陡角”，软件就认为表面是陡峭的。

对于本项目，在“陡峭空间范围”组，从“方法”列表中选择“无”，即加工整个切削区域。

（3）设置切削模式。“切削模式”选项用于确定刀轨在加工切削区域的运动模式，共有16种，如图22-5所示。对于本项目，从“切削模式”列表中选择“往复”。

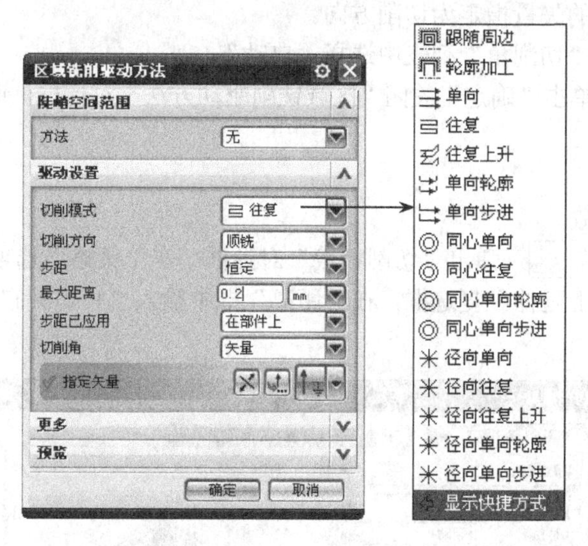

图22-5　“区域铣削驱动方法”对话框

（4）设置切削方向。从“切削方向”列表中选择“顺铣”。

（5）设置步距。从“步距”列表中选择“恒定”，在“最大距离”框中输入“0.2”。

（6）设置步距应用方式。“步距已应用”用于定义测量步距的位置，有“在平面上”和“在部件上”两个选型，各选型的含义如下：

“在平面上”，测量垂直于刀轴的平面上的步距，它最适合非陡峭区域，如图22-6（a）所示。

“在部件上”，测量沿部件的步距，它最适合陡峭区域，如图 22-6（b）所示。

对于本项目，从“步距已应用”列表中选择“在部件上”。

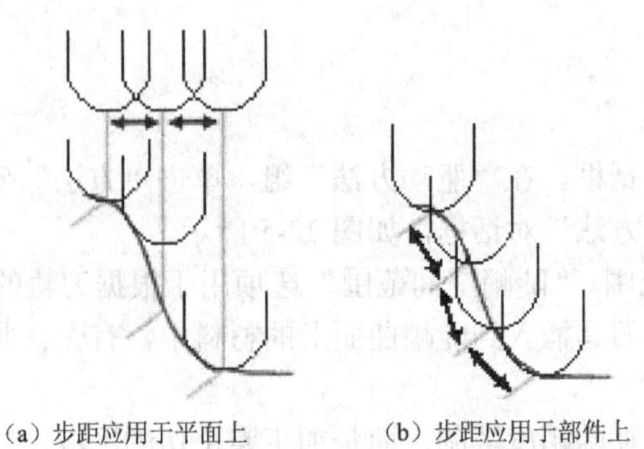

（a）步距应用于平面上　（b）步距应用于部件上

图 22-6 “步距已应用”的两种方式

（7）设置切削角。“切削角”用于指定刀轨相对于 WCS 的 XC 轴的方向。有自动、指定、最长边和矢量等四个选项。

“自动”，软件计算每个切削区域形状，并确定高效的切削角，以便在对区域进行切削时最小化内部进刀运动。

“指定”，直接指定刀轨与 WCS 的 XC 轴的夹角。

“最长边”，建立与周边边界中最长的线段平行的切削角。如果周边边界不包含线段，则软件搜索最长的内部边界线段。

“矢量”，将已有的矢量指定为切削方向。

对于本项目，从“切削角”列表中选择“自动”。

（8）完成设置。单击“确定”关闭“区域铣削驱动方法”对话框，退回到“固定轮廓铣”对话框。

5. 设置切削参数

单击“切削参数”，弹出“切削参数”对话框。在“策略”选项卡，在“延伸刀轨”组，确保选中“在边上延伸”复选框，在“距离”框中输入“1”，其它参数均为默认值，如图 22-7 所示。

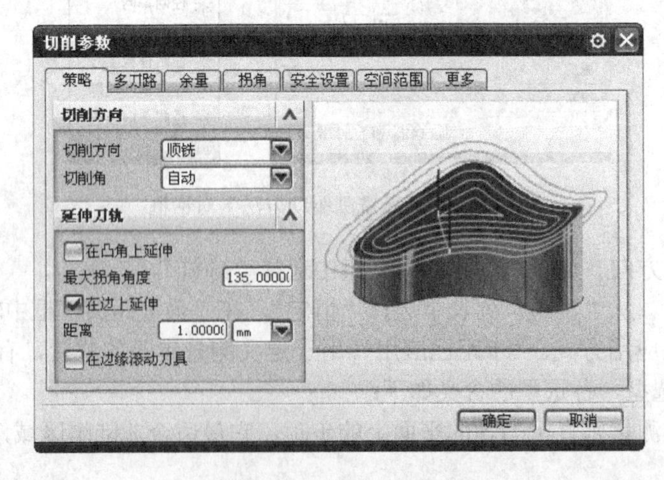

图 22-7 “策略”选项卡

工程师提示：

◆ 在区域边缘的位置延伸刀轨，可以避免在区域边缘留有毛刺。

6．设置进给率和速度

设置“主轴转速”为“4000”、“进给率”为“2000”，其它参数接受默认值。

7．生成刀轨

在“固定轮廓铣”对话框的“操作”组中，单击“生成”，系统开始计算并生成刀具轨迹，如图22-8所示。

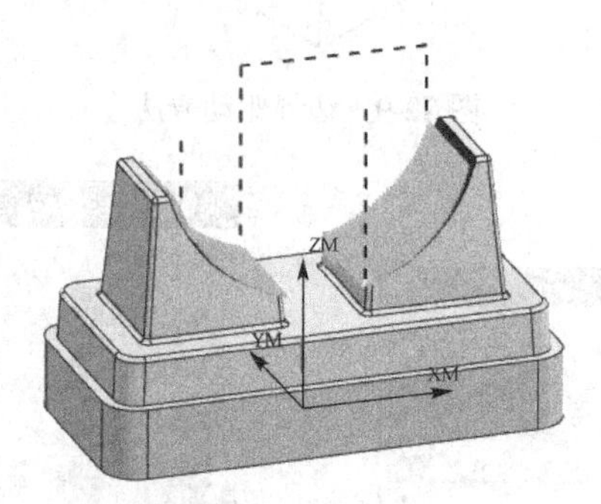

图22-8　刀具轨迹

固定轮廓铣工序是用于精加工由轮廓曲面形成的区域的加工方法，它允许通过精确控制刀轴和投影矢量，使刀轨沿着非常复杂的曲面轮廓移动。

固定轮廓铣有多种驱动方法，应用于不同的加工场合，例如：曲线/点、螺旋式、边界、区域铣削、曲面、流线、刀轨、径向切削、清根和文本等10种驱动方法。在“固定轮廓铣”对话框的“方法”列表中选择、更改驱动方法，也可以在“创建工序”对话框中，直接选择相应工序子类型，即驱动方法。不同驱动方法，切削参数选项也会有所不同。

1．边界驱动方法

在“固定轮廓铣”对话框的“驱动方法”组，“方法”列表中默认的驱动方法是“边界”。

边界驱动方法是通过指定的边界来定义切削区域，按边界的形状产生类似于“跟随部件边界”的刀具轨迹，再沿着指定的投影矢量的方向投影到部件表面。驱动几何体的边界既可以超过部件几何体的尺寸，也可以限制在部件几何体内，也可以与部件几何体的外部边缘一致，如图22-9所示。“边界驱动方法”对话框如图22-10所示。

边界驱动方法与“区域铣削驱动方法”类似，但是区域铣削驱动方法不需要驱动几何体，而且使用一种稳固的自动免碰撞空间范围计算。因此，应尽可能使用“区域铣削驱动方法”代替“边界驱动方法”。

2．曲面驱动方法

曲面驱动方法用于指定类似风格排列的曲面来定义驱动几何体，并由此产生一系列呈矩阵分布的驱动点。“曲面区域驱动方法”对话框如图 22-11 所示。

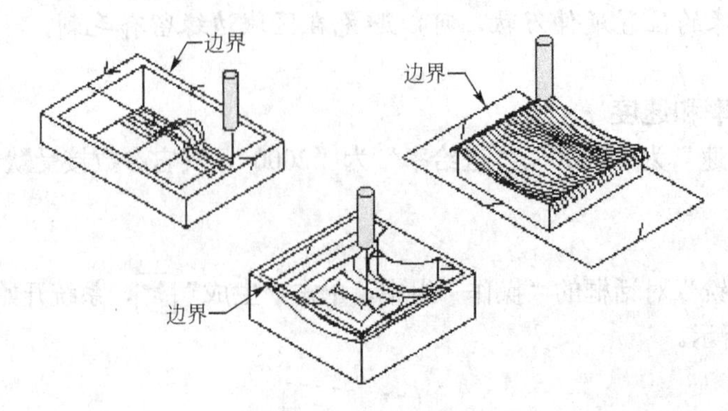

图 22-9 边界驱动方法

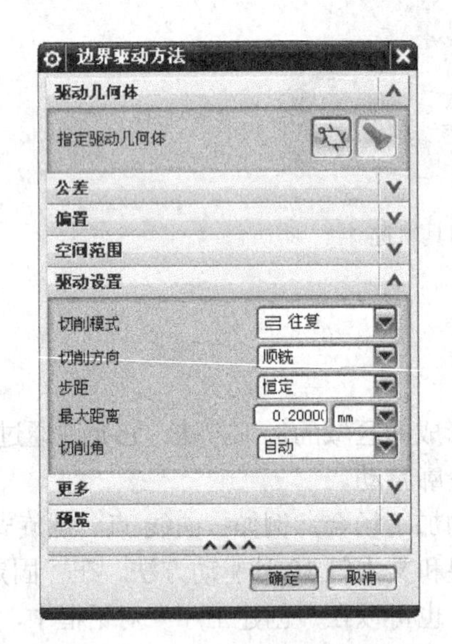

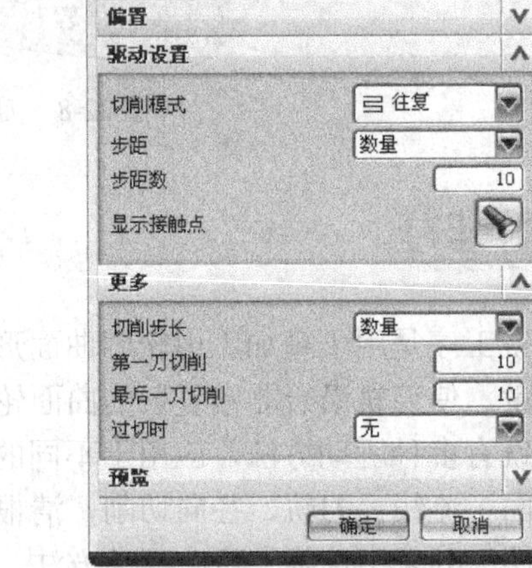

图 22-10 “边界驱动方法”对话框　　图 22-11 “曲面区域驱动方法”对话框

驱动曲面不必是平面，但是其栅格必须按一定的栅格行序或列序进行排列，并按顺序依次选择，如图 22-12 所示。相邻的曲面必须共享一条公共边，且不能接受排列在不均匀的行和列中的“驱动曲面”或具有超出“链公差”的缝隙的“驱动曲面”，如图 22-13 和图 22-14 所示。

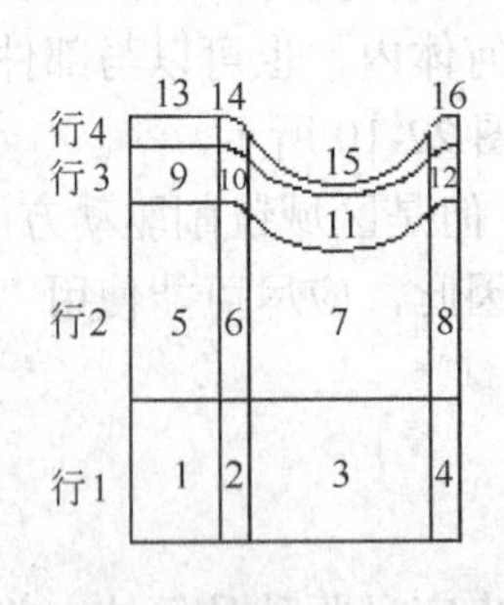

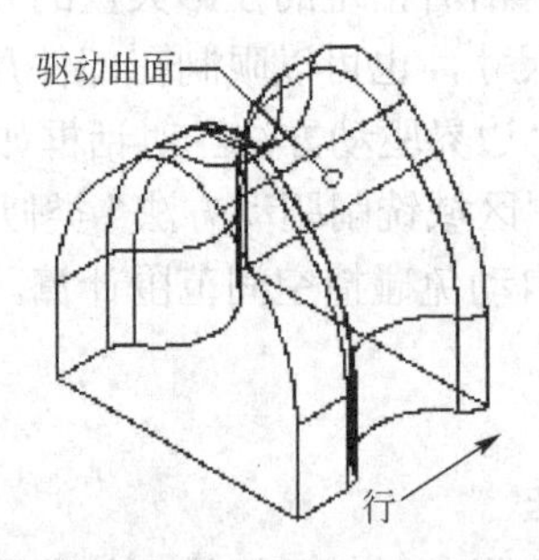

图 22-12 曲面驱动几何的选择顺序

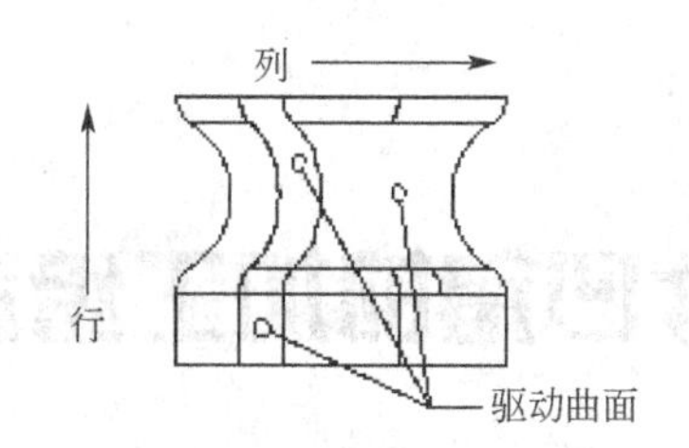

图22-13　排列不均匀的行和列

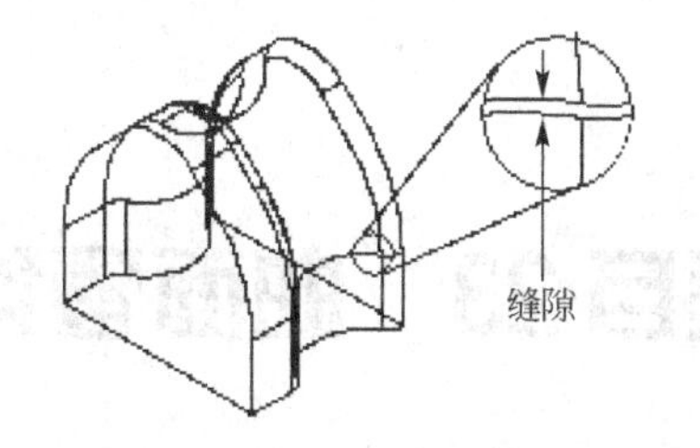

图22-14　有缝隙的驱动曲面

3．螺旋式驱动方法

螺旋式驱动方法将产生以指定点为中心的螺旋式的刀具轨迹，轨迹在垂直于投影矢量方向的平面内呈螺旋式，并沿着投影矢量方向投影到加工面上，如图22-15所示。加工过程中，刀具轨迹不改变切削方向，并且始终保持均匀点距由中心点向外光顺切削。

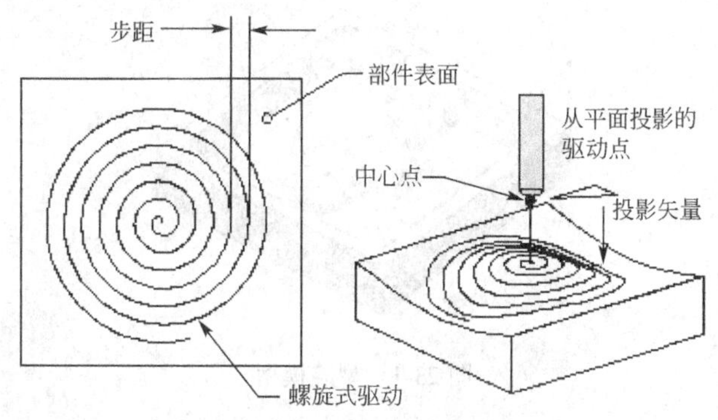

图22-15　螺旋式驱动方法

“螺旋式驱动方法”对话框如图22-16所示。螺旋式驱动方法不需要指定加工几何体，而是通过指定螺旋中心点、最大螺旋半径和步距来产生螺旋式的轨迹。

“步距”用于指定连续切削刀路之间的距离，如图22-17所示。“最大螺旋半径”用于指定“最大半径”来限制要加工的区域。半径在垂直于“投影矢量”的平面上测量。

图22-16　“螺旋式驱动方法”对话框

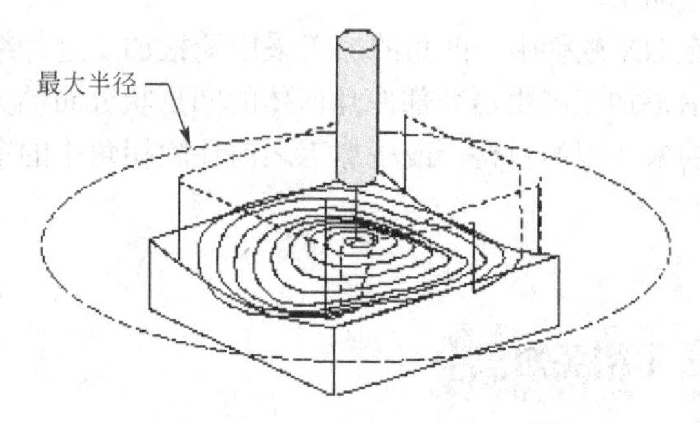

图22-17　“最大螺旋半径”示意图

根据题图19-1和题图19-2所示，编写平坦区域的精加工程序。

项目 23　曲面零件凹角的加工编程

【学习目标】

本项目以型腔（如图 23-1 所示，材料为 P20）为例，学习固定轮廓铣中清根加工的应用和参数的设置，从而能够应用清根加工完成凹角的加工编程。

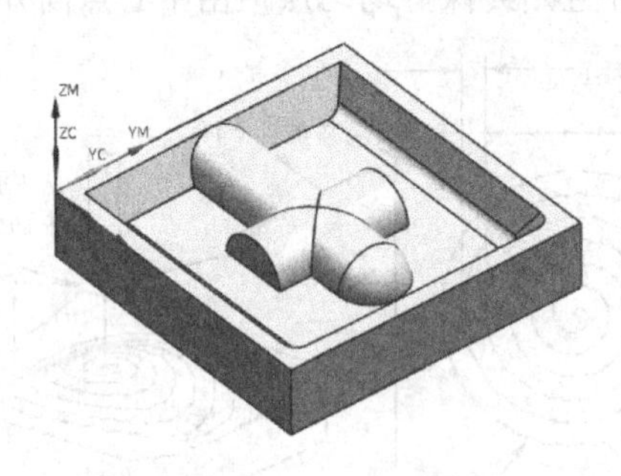

图 23-1　型腔模型

【项目分析】

该型腔为曲面类零件，加工过程和电极的加工类似：首先进行粗加工，以去除大部分余量。然后进行精加工，先加工非陡峭、即平坦区域，再加工陡峭区域。最后对根部的凹角进行清根加工。

在 NX 软件中，凹角的加工采用清根加工进行编程。

清根加工产生沿着部件几何体的凹形状分布的刀轨，用于移除之前较大的球头铣刀遗留下来的未切削的材料，或精加工之前移除拐角中的多余材料，常用于模型底部和侧面凹角的加工。

【相关知识】

对于清根加工，系统根据部件表面之间的双切点和凹度确定应用清根的位置。所以，要生成一个清根切削运动需具备以下条件：

首先，要生成一个清根切削运动，刀具必须在不同的两点接触这两个部件表面，如图 23-2 所示。在曲面的曲率小于或等于刀具拐角半径的区域，将会进行“清根”，同时生成双切点，如图 23-2（a）~（c）所示。而在曲面的曲率大于刀具拐角半径的区域，不会进行“清根”，如图 23-2（d）所示。

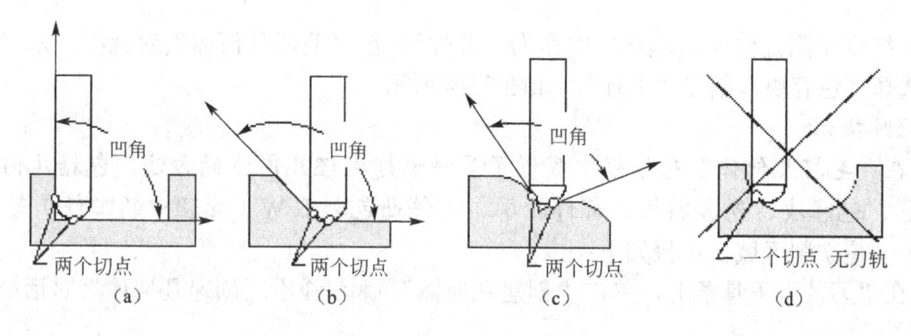

图 23-2　凹角和切点

其次，要生成一个清根切削运动，这两个部件表面（曲面不必相邻）必须形成一个凹角（0°～180°），并且只有在凹角小于指定的“最大凹角”的位置可以创建刀轨。如果凹角太宽或者超出指定的“最大凹角”，都不会创建切削运动，如图 23-3 所示是最大凹角为 170°时的刀轨。

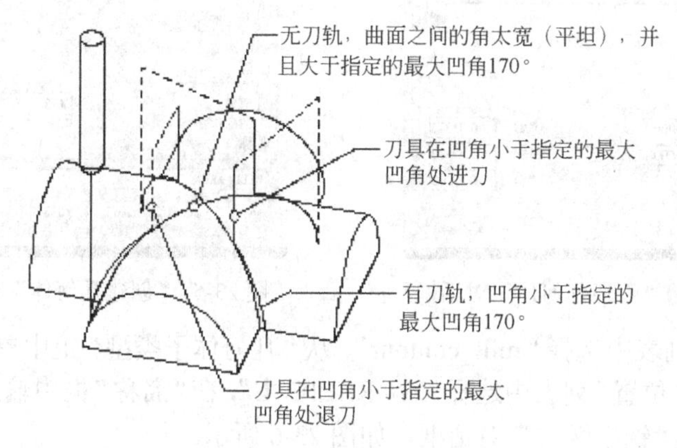

图 23-3　“最大凹角”示意图

1．新建文件

新建一个 NX 文件，名称为“xingqiang_nc.prt”。将“part/proj23/unfinish”文件夹中的文件“xingqiang.prt”装配到当前文件中。

2．初始化设置

在“标准”工具条上，单击“开始”→“加工”，在“加工环境”对话框中，单击“cam_general”和“mill_contour”，单击“确定”，系统开始加工环境的初始化，之后进入加工应用模块。

3．创建几何体

（1）设置机床坐标系和安全平面。在顶面棱角位置建立机床坐标系，在距顶面 30mm 的位置建立安全平面。

（2）指定铣削几何体。选择型腔作为“部件”。在“毛坯几何体”对话框，从“类型”列表中选择“包容块”创建“毛坯”，如图 23-4 所示。

工程师提示：

◆ 在“毛坯几何体”对话框中提供了多种创建毛坯几何体的方法，包括几何体、部件的偏置、包容块、包容圆柱、部件轮廓、部件凸包和 IPW（处理中的工件）等。

（3）创建铣削区域。步骤如下：

① 在“刀片”工具条上，单击“创建几何体”，弹出“创建几何体”对话框，如图 23-5 所示。

图 23-4 “毛坯几何体”对话框

图 23-5 “创建几何体”对话框

② 从“类型”列表中选择“mill_contour”、从“几何体子类型”组中单击“MILL_AREA”（铣削区域）、从“位置”列表中选择“WORKPIECE”，在“名称”框中输入“MILL_AREA”。单击“确定”，弹出“铣削区域”对话框，如图 23-6 所示。

③ 单击“指定铣削区域”，弹出“切削区域”对话框，在图形窗口中，选择型腔的内表面，单击“确定”，完成铣削区域的创建，如图 23-7 所示。

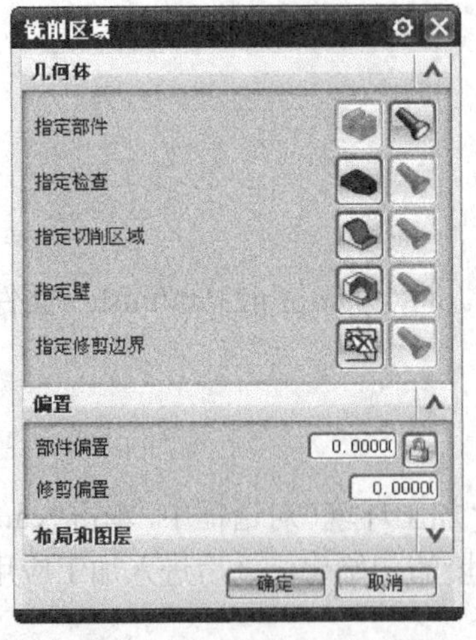

图 23-6 “铣削区域”对话框

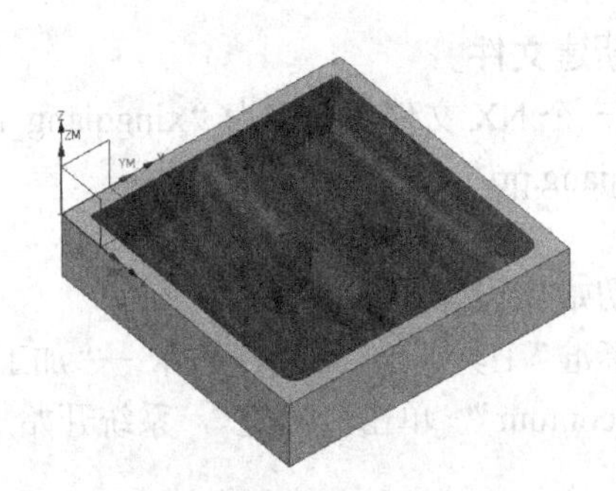

图 23-7 铣削区域

4. 创建刀具

按照表 23-1 所示，创建刀具 D21R0.8、D12R6 和 D6R3。

表 23-1 刀具参数

加工方法	刀具名称	刀具直径	底角半径	刀具号
粗加工	D21R0.8	$\phi21$	$R0.8$	1
精加工	D12R6	$\phi12$	$R6$	2
精加工	D6R3	$\phi6$	$R3$	3

5. 创建方法

按照表 19-2 所示，修改默认的加工方法组中的余量和公差参数。

6. 创建粗加工刀轨

选择“型腔铣”，创建型腔的粗加工刀轨，参数如表 23-2 所示。

表 23-2 型腔铣加工参数

序号	参数类型	描述
1	创建工序	类型：MILL_CONTOUR 子类型：CAVITY_MILL 程序：PROGRAM 刀具：D21R0.8 几何体：MILL_AREA 方法：MILL_ROUGH
2	几何体	几何体：自动继承几何体 MILL_AREA
3	刀具	刀具：自动继承刀具 D21R0.8
4	刀轨设置	方法：自动继承方法 MILL_ROUGH 切削模式：跟随部件 步距：刀具平直百分比 平面直径百分比：70 每刀的公共深度：恒定 最大距离：1
5	切削参数	接受默认值
6	非切削参数	接受默认值
7	进给率和速度	主轴转速：2000 切削：1000 进刀、第一刀切削、步进和退刀：500

7. 创建平坦区域精加工刀轨

选择“区域铣削”，创建型腔平坦区域的精加工刀轨，参数如表 23-3 所示。

表 23-3 区域铣削加工参数

序号	参数类型	描述
1	创建工序	类型：MILL_CONTOUR 子类型：FIXED_CONTOUR 程序：PROGRAM 刀具：D12R6 几何体：WORKPIECE 方法：MILL_FINISH
2	几何体	几何体：在“几何体”组中，单击“指定区域”，在图形窗口中，选择中部凸起的曲面

续表

<table>
<tr><th>序号</th><th>参 数 类 型</th><th colspan="2">描　述</th></tr>
<tr><td>3</td><td>驱动方法</td><td colspan="2">方法：区域铣削</td></tr>
<tr><td rowspan="2">4</td><td rowspan="2">方法</td><td>陡峭空间范围</td><td>方法：非陡峭
陡角：55</td></tr>
<tr><td>驱动参数设置</td><td>切削模式：往复
切削方向：顺铣
步距：恒定
最大距离：0.2
步距已应用：在部件上
切削角：指定
与XC的夹角：0</td></tr>
<tr><td>5</td><td>刀具</td><td colspan="2">刀具：自动继承刀具D12R6</td></tr>
<tr><td>6</td><td>切削参数</td><td colspan="2">接受默认值</td></tr>
<tr><td>7</td><td>非切削参数</td><td colspan="2">接受默认值</td></tr>
<tr><td>8</td><td>进给率和速度</td><td colspan="2">主轴转速：3000
切削：2500
进刀、第一刀切削、步进和退刀：100</td></tr>
</table>

8．创建陡峭区域精加工刀轨

选择“深度铣”，创建型腔陡峭区域的精加工刀轨，参数如表23-4所示。

表23-4　深度铣加工参数

序号	参 数 类 型	描　述
1	创建工序	类型：MILL_CONTOUR 子类型：ZLEVEL_PROFILE” 程序：PROGRAM 刀具：D12R6 几何体：MILL_AREA 方法：MILL_FINISH
2	几何体	几何体：自动继承几何体MILL_AREA
3	刀具	刀具：自动继承刀具D12R6
4	刀轨设置	方法：自动继承方法MILL_FINISH 陡峭空间范围：仅陡峭的 陡峭角：50 合并距离：3 最小切削长度：1 每刀的公共深度：恒定 最大距离：0.2
5	切削参数	在“策略”选项卡的“切削”组 切削方向：混合 切削顺序：深度优先 在“连接”选项卡的“层之间”组 层到层：直接进刀
6	非切削参数	接受默认值
7	进给率和速度	主轴转速：3000 切削：2500 进刀、第一刀切削、步进和退刀：100

9．创建凹角清根加工刀轨

（1）启动创建工序命令。在“刀片”工具条上，单击“创建工序”，弹出“创建工序”对话框，按照表 23-5 所示参数创建工序，弹出“固定轮廓铣”对话框。

（2）选择驱动方法。在“固定轮廓铣”对话框的“驱动方法”组，从“方法”列表中选择“清根”，弹出“清根驱动方法”对话框，如图 23-8 所示。

表 23-5　清根加工参数

序号	参数类型	描述	
1	创建工序	类型：MILL_CONTOUR 子类型：FIXED_CONTOUR 程序：PROGRAM 刀具：D6R3 几何体：MILL_AREA 方法：MILL_FINISH	
2	几何体	几何体：自动继承几何体 MILL_AREA	
3	驱动方法	方法：清根	
4	清根驱动方法	驱动几何体	最大凹度：179 最小切削长度：1 连接距离：3
		驱动设置	清根类型：参考刀偏置
		陡峭空间范围	陡角：55
		非陡峭切削	非陡峭切削模式：往复 步距：0.2 顺序：由内向外
		陡峭切削	同非陡峭
		参考刀具	参考刀具直径：12 重叠距离：1
5	刀具	刀具：自动继承刀具 D6R3	
6	切削参数	参数均为默认值	
7	非切削参数	参数均为默认值	
8	进给率和速度	主轴转速：4000 切削：2500 进刀、第一刀切削、步进和退刀：100	

工程师提示：

◆ 对于“清根驱动方法”，建议选择球头刀，以获得最佳效果。如果选择外圆刀具或平头刀具，则刀轨可能会出现不能令人满意的结果。

（3）设置清根加工参数。在“清根驱动方法”对话框中，可以进行清根参数的设置。

①“驱动几何体”组用于指定加工的区域，包括“最大凹角”、“最小切削长度”、“连接距离”三个选项，各选型的含义如下：

“最大凹角”，指定当前工序中包含的凹部的最大角度。如图 23-9 所示，如果在最大凹度框中输入 120，该工序将加工 110° 和 70° 的凹部，但不加工 160° 的凹部。

“最小切削长度”，移除小于指定长度的刀轨。和深度铣中的“最小切削长度”作用类似。

“连接距离”，合并小于指定距离的分隔的刀轨。和深度铣中的“合并距离”作用类似。

图 23-8 “清根驱动方法”对话框

②“驱动几何体”组用于指定清根类型，分为“单刀路”、“多刀路”和“参考刀具偏置”三个选型，各选型的含义如下：

“单刀路”，沿着凹角和凹谷产生一条切削刀路。

“多刀路”，通过指定“每侧步距数”，在中心清根的任一侧产生多个切削刀路。

“参考刀具偏置”，通过指定“参考刀具直径”来定义要加工区域的整个宽度，在中心清根的任一侧产生多条切削刀路。此选项用于使用较大刀具粗加工一个区域后的清理加工。软件根据指定的“参考刀具直径”计算双切点，然后用这些点来定义精加工工序的切削区域，如图 23-10 所示。

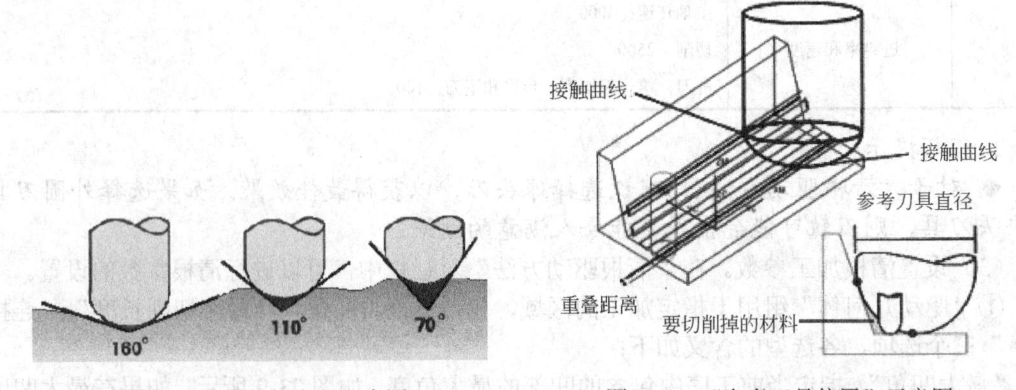

图 23-9 “最大凹角”示意图　　　　图 23-10 “参考刀具偏置”示意图

③“陡峭空间范围”组用于区分陡峭和非陡峭区域，通过指定“角度”来判断。这个角度是在水平面与中心清根的切向矢量之间测得的夹角，在 0°～90° 之间，大于指定“角度”

的区域视为陡峭区域，小于指定“角度”的区域视为非陡峭区域。

④“非陡峭切削”组控制非陡峭区域的切削模式。非陡峭区域的切削模式如表23-6所示，切削顺序如表23-7所示。

表23-6　清根切削模式的说明

序号	参数类型	描　述
1	无	不切削非陡峭区域
2	单向	顺着凹角和凹角棱线方向，进行单向的切削，如图23-11（a）所示
3	往复	顺着凹角和凹角棱线方向，进行往复的切削，如图23-11（b）所示
4	往复上升	顺着凹角和凹角棱线方向，进行往复上升的切削，如图23-11（c）所示
5	单向横切切削	垂直凹角和凹角棱线方向，进行单向的切削，如图23-11（d）所示
6	往复横切切削	垂直凹角和凹角棱线方向，进行往复的切削，如图23-11（e）所示
7	往复上升横切切削	垂直凹角和凹角棱线方向，进行往复上升的切削，如图23-11（f）所示

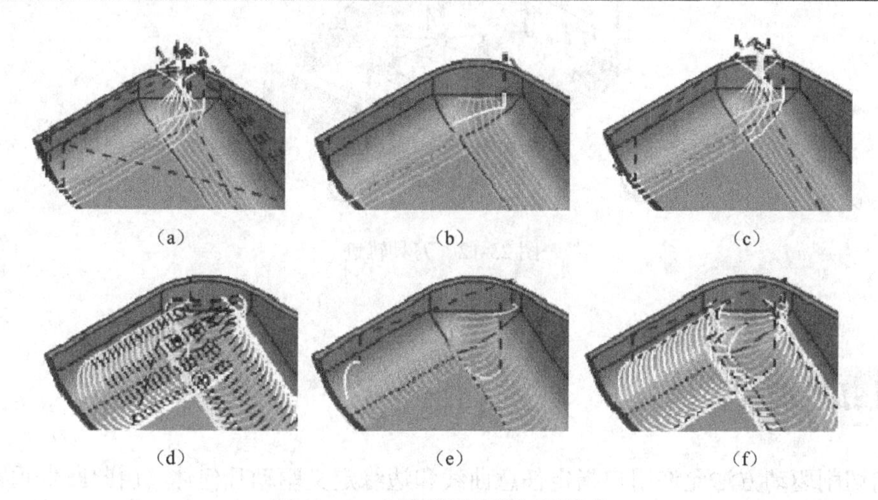

图23-11　非陡峭区域的切削模式

表23-7　清根切削顺序的说明

序号	参数类型	描　述
1	由内向外	从中心刀路开始加工，朝外部刀路方向切削。然后刀具移动返回中心刀路，并朝相反侧切削
2	由内向外交替序列	从中心刀路开始加工。刀具向外级进切削时交替进行两侧切削。如果一侧的偏移刀路较多，软件对交替侧进行精加工之后再切削这些刀路
3	由外向内	从外部刀路开始加工，朝中心方向切削。然后刀具移动至相反侧的外部刀路，再次朝中心方向切削
4	由外向内交替	从外部刀路开始加工。刀具向内级进切削时交替进行两侧切削。如果一侧的偏移刀路较多，软件对交替侧进行精加工之后再切削这些刀路
5	后陡	从凹部的非陡峭侧开始加工
6	先陡	从陡峭侧外部刀路到非陡峭侧外部刀路的方向加工

⑤“陡峭切削”组控制陡峭区域的切削运动方式，与非陡峭区域的切削基本相同。

⑥“参考刀具”组在“清根类型”设置为“参考刀具偏置”时可用。

“参考刀具”，指定刀具直径，用于决定精加工切削区域的宽度。参考刀具通常是先前用于粗加工该区域的刀具，输入的直径值必须大于当前使用的刀具的直径。

“重叠距离”，将要加工区域的宽度沿剩余材料的相切面延伸指定的距离。

⑦“输出”组用于设置“切削顺序”，“切削顺序”选项用于对各个凹角的清根刀路进行排序，有“自动”和“用户定义”两个选项。

“自动”，由软件自动确定各个凹角的清根切削顺序。

“用户定义”，允许用户根据实际加工意图，对软件决定的清根切削顺序进行修改，可以进行重新排序、反向、移除、光顺和剪切等操作。

对于本项目，按照表23-5和图23-8所示参数设置清根铣工序参数。

（4）生成刀轨。在“固定轮廓铣”对话框的“操作”组中，单击“生成”，系统开始计算并生成刀具轨迹，如图23-12所示。

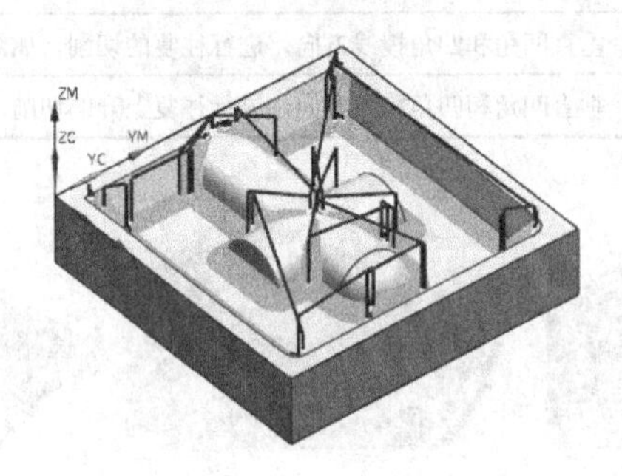

图23-12　刀具轨迹

【拓展知识】

径向切削驱动方法允许用户指定任意曲线和边缘定义驱动几何体，由此产生垂直于驱动边界的、具有一定宽度的驱动轨迹，如图23-13所示，常用于清除工件底部的残留材料。

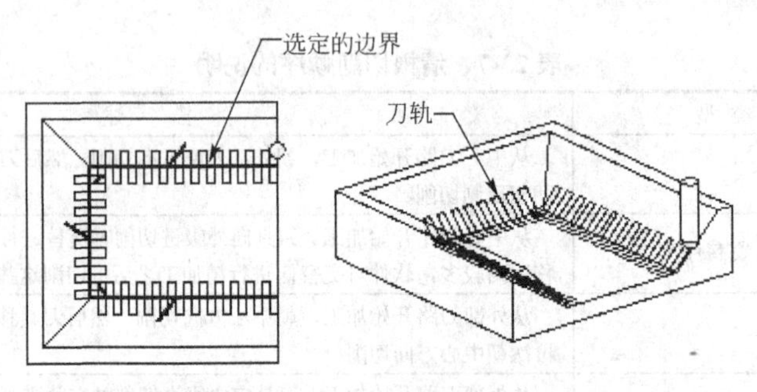

图23-13　径向切削驱动方法

“径向切削驱动方法”对话框如图23-14所示。定义“驱动几何体”边界时，可以指定曲线或边缘作为驱动几何，可以是开放式的边界，也可以是封闭式的。

加工区域是在边界平面上测量的带宽，是“材料侧”和“另一侧”偏置值的总和，且不能等于零。“材料侧”是从按照边界指示符的方向看过去的边界右手侧，“另一侧”是左手侧，如图23-15所示。

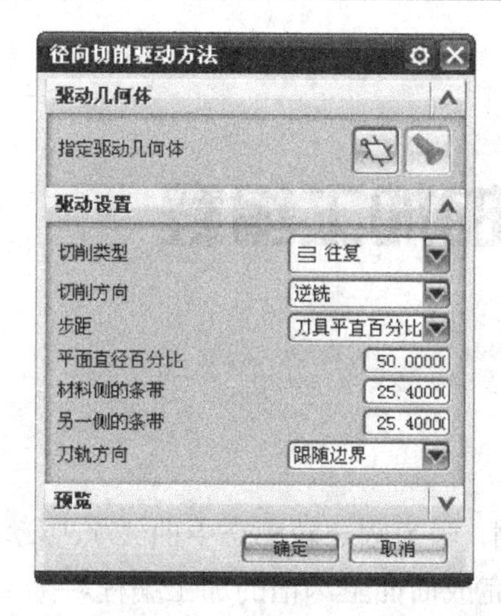

图 23-14 “径向切削驱动方法”对话框

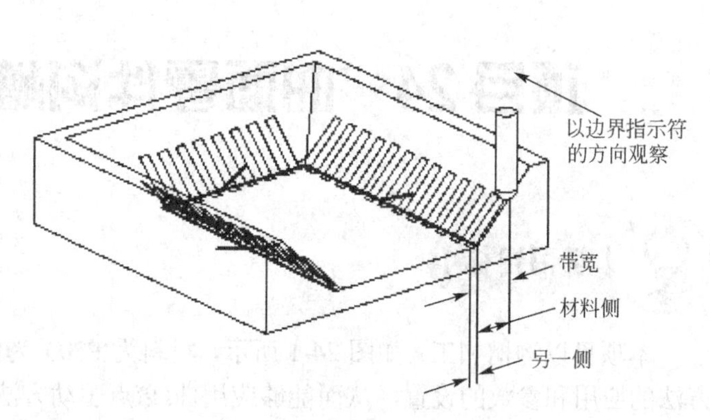

图 23-15 “材料侧与另一侧”示意图

“跟随边界和边界反向”用于确定刀具沿着边界移动的方向。“跟随边界”允许刀具按照边界指示符的方向沿着边界单向或往复向下移动，“边界反向”允许刀具按照边界指示符的相反方向沿着边界单向或往复向下移动，如图 23-16 所示。

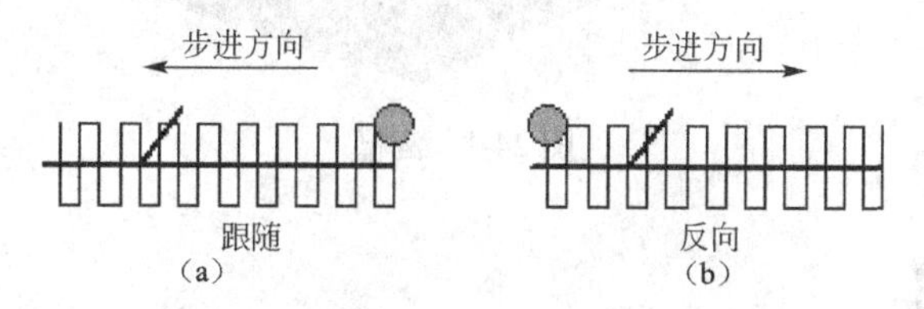

图 23-16 “跟随边界和边界反向”示意图

根据题图 19-1 和题图 19-2 所示，编写凹角区域的精加工程序。

项目 24　曲面零件沟槽的加工编程

【学习目标】

本项目以沟槽加工（如图 24-1 所示，材料为 P20）为例，学习固定轮廓铣中曲线/点驱动方法的应用和参数的设置，从而能够应用曲线/点驱动方法完成曲面上沟槽的加工编程。

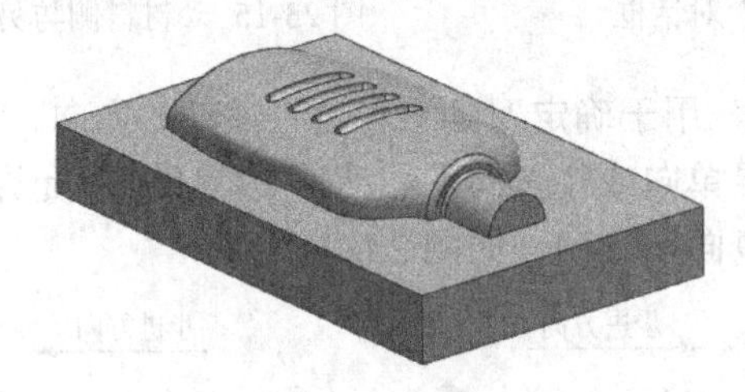

图 24-1　沟槽

【项目分析】

该零件已完成粗、精加工的编程，需要进行沟槽的加工。在 NX 软件中，沟槽的加工编程可以采用固定轮廓铣中“曲线/点”驱动方法进行加工。

“曲线/点驱动方法”允许用户通过指定点或曲线来定义驱动几何体，并产生跟随驱动曲线或点所定义的驱动路径的刀轨，因此在实际应用中，可应用“曲线/点”驱动方法来实现沟槽或字的加工。“曲线/点驱动方法”如图 24-2 所示。

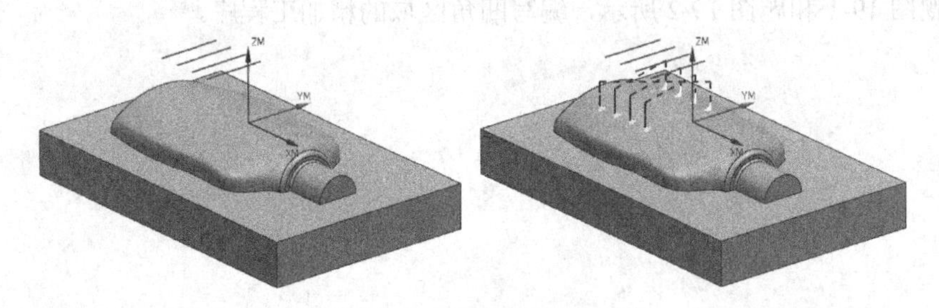

图 24-2　曲线/点驱动方法

【操作步骤】

1．打开文件

（1）打开文件。打开文件夹“part/proj24/unfinish”中的文件“goucao.prt”，在菜单条上，选择“文件”→“另存为”，将文件另存为文件“goucao_nc.prt”。

（2）初始化设置。选择“mill_contour”进行加工环境的初始化，进入加工应用模块。

2．创建几何体

（1）设置机床坐标系和安全平面。保持默认的机床坐标系，设置安全平面距离型芯分型面为30。

（2）指定铣削几何体。选择型芯模型作为“指定部件”。在“毛坯几何体”对话框，从“类型”列表中选择“部件的偏置”作为“指定毛坯”。

3．创建刀具

创建一把名称为“D5R2.5”的球头铣刀，直径为 $\phi 5$，底角半径为 $R2.5$。

4．创建沟槽加工刀轨

（1）启动创建工序命令。在“刀片”工具条上，单击“创建工序”，弹出“创建工序”对话框，按照表24-1所示参数创建工序，弹出“固定轮廓铣”对话框。

表24-1　沟槽加工参数

序号	参数类型	描述
1	创建工序	类型：MILL_CONTOUR 子类型：FIXED_CONTOUR 程序：PROGRAM 刀具：D5R2.5 几何体：WORKPIECE 方法：MILL_FINISH
2	几何体	几何体：自动继承几何体 WORKPIECE
3	驱动方法	方法：曲线/点
5	刀具	刀具：自动继承刀具 D5R2.5
6	切削参数	在“余量”选项卡的“余量”组 部件余量：–2.5 在“多刀路”选项卡的“多重深度”组 部件余量偏置：3 多重深度切削：勾选 增量：0.5
7	非切削参数	参数均为默认值
8	进给率和速度	主轴转速：4000 切削：2500 进刀、第一刀切削、步进和退刀：100

（2）选择驱动方法。在“固定轮廓铣”对话框的“驱动方法”组，从“方法”列表中选择“曲线/点”，弹出“曲线/点驱动方法”对话框，如图24-3（a）所示。

（3）选择驱动曲线。在图形窗口中，选择一条直线；在“曲线/点驱动方法”对话框中，单击“添加新集”或单击鼠标中键，完成第一个驱动组的创建。按照相同的方法，创建其他驱动组，如图24-3（b）所示。单击“确定”，返回“固定轮廓铣”对话框。

工程师提示：

◆ 如果选择所有直线后，再单击“添加新集”，则将多条线创建为一个驱动组，如图24-4（a）所示。这种情况下，系统产生的刀具轨迹将首尾相连，如图24-4（b）所示。

（4）设置加工参数。在“切削参数”对话框，单击“余量”选项卡，在“部件余量”框中输入“–2.5”；单击“多刀路”选项卡，在“部件余量偏置”框中输入“3”；选中“多重深度切削”复选框：在“增量”框中输入“0.5”，如图24-5所示；其它参数均为默认值。

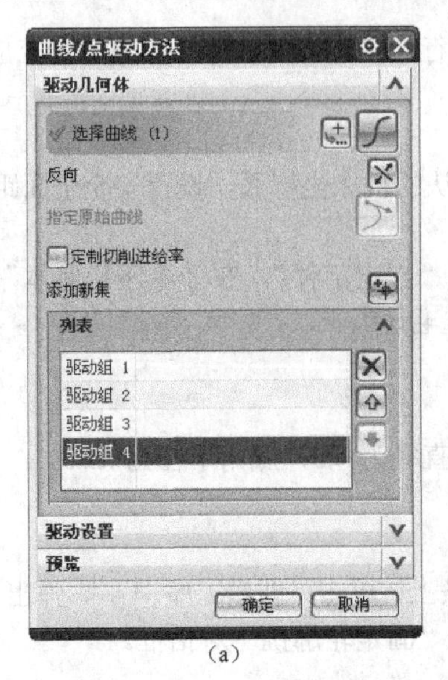

（a）

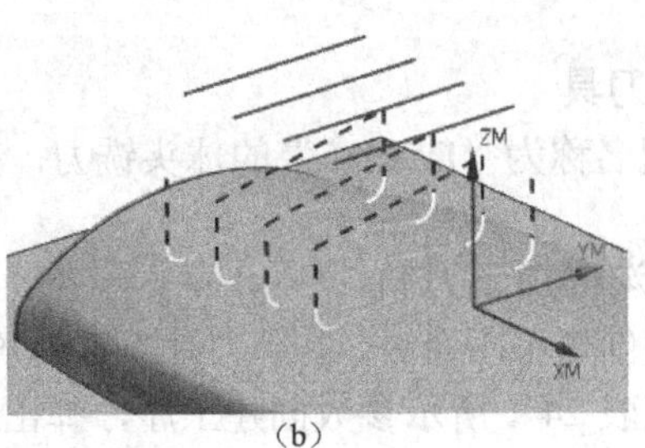

（b）

图 24-3　多段线作为多个组时的刀轨

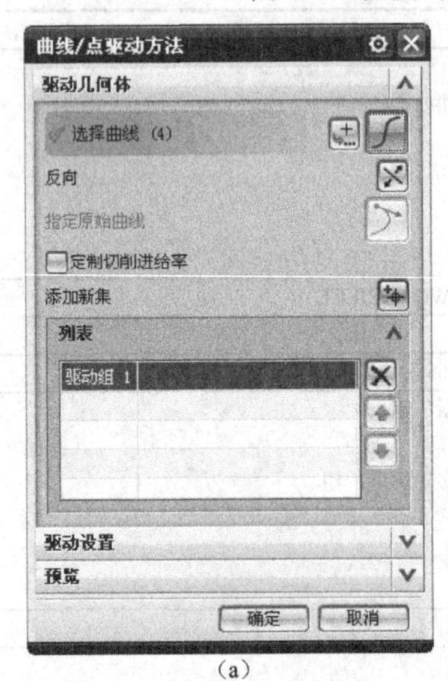

（a）

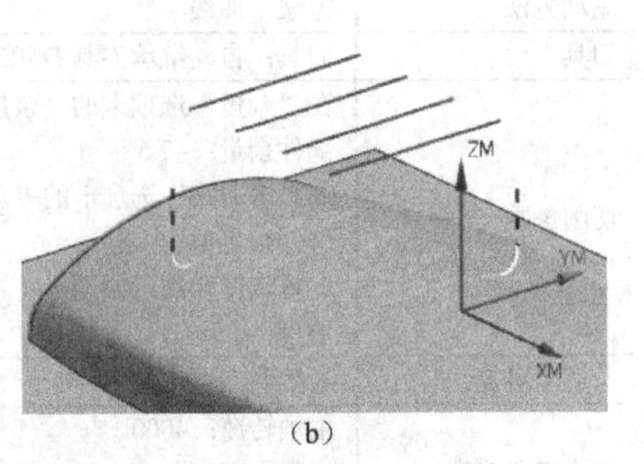

（b）

图 24-4　多段线作为一个组时的刀轨

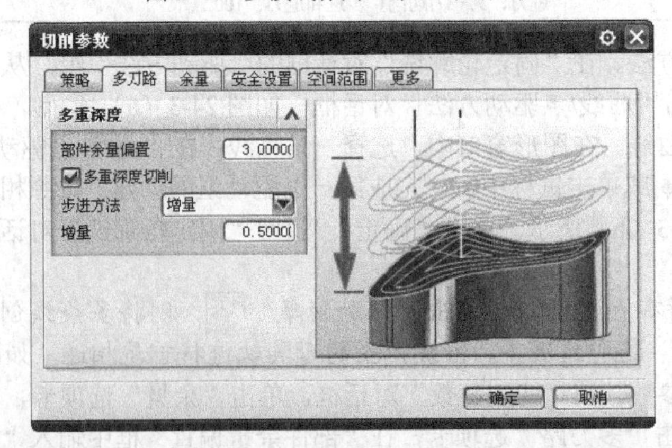

图 24-5　“切削参数”对话框

工程师提示：

◆ 输入部件余量时，其值不要大于球头铣刀的半径。否则刀轨是不可靠的，系统会发出警告。

◆ 如果不设置“多刀路”参数，将只产生一条轨迹，即刀具一次切削到指定深度。

5. 生成刀轨

在“固定轮廓铣”对话框的“操作”组中，单击“生成”，系统开始计算并生成刀具轨迹，如图24-6所示。

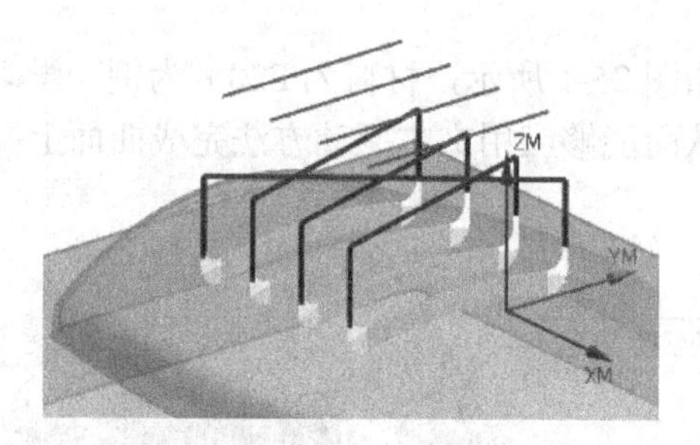

图24-6　刀具轨迹

【思考练习】

根据题图24-1所示，在塑料瓶模具型腔表面加工出给定的文字“ABC”，深度为1mm。

题图24-1

项目 25　文字的加工编程

本项目以文字加工（如图 25-1 所示，材料为 P20）为例，学习固定轮廓铣中文本驱动方法的应用和参数的设置，从而能够应用文本驱动方法完成曲面上文字的加工编程。

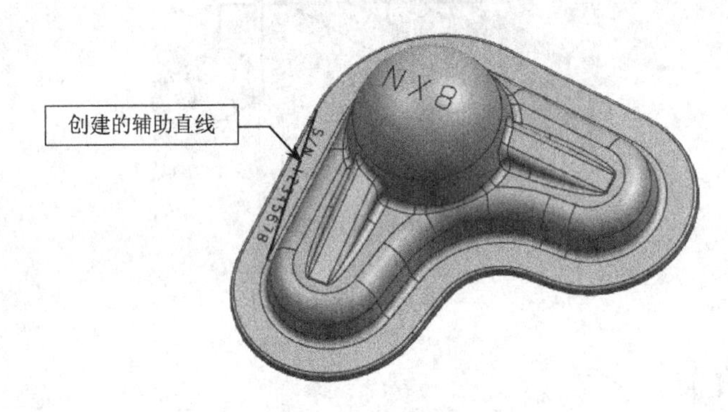

图 25-1　文字模型

【项目分析】

在 NX 软件中，文字的加工编程可以采用文本驱动方法进行加工。

文本驱动方法用于在轮廓面上为文本加工创建刀轨，例如零件号和模具型腔 ID 号等。文本和工序是完全关联的，当文本被修改后，刀轨也随之更新。

使用驱动方法文字，只能选择制图文本作为要加工的几何体。创建此工序之前必须创建制图文本，且需要使用球头铣刀加工。

1．打开文件

（1）打开文件。打开文件夹“part/proj25/unfinish”中的型芯文件“wenzi.prt”，在菜单条上，选择“文件”→“另存为”，将文件另存为“wenzi_nc.prt”。

（2）初始化设置。选择“mill_contour”进行加工环境的初始化，进入加工应用模块。

2．创建文本

（1）启动注释命令。在菜单条上，选择“插入”→“注释”，弹出“注释”对话框，如图25-2所示。

（2）输入文本内容。在“文本输入”框中输入“NX8”。

（3）编辑文本尺寸。在“设置”组中，单击“样式”A，弹出“样式”对话框，如图25-3所示。在“字符大小”框中输入“25”，单击“确定”关闭“样式”对话框，返回“注释”对话框。

（4）确定文本位置。在“原点”组中，从“自动对齐”列表中选择“关联”；在图形窗口中，选择凸台上表面的中心，单击放置文本，如图25-2所示。

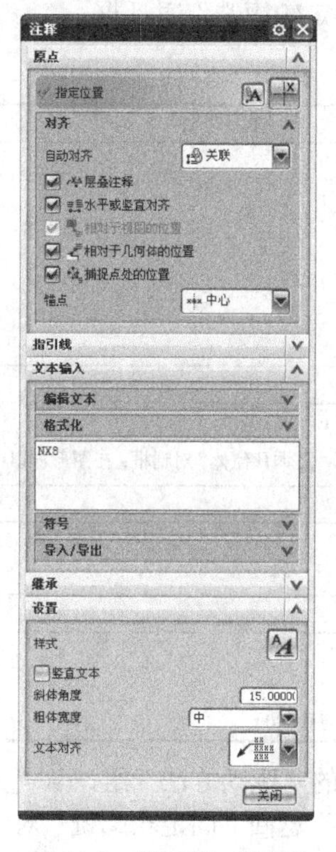

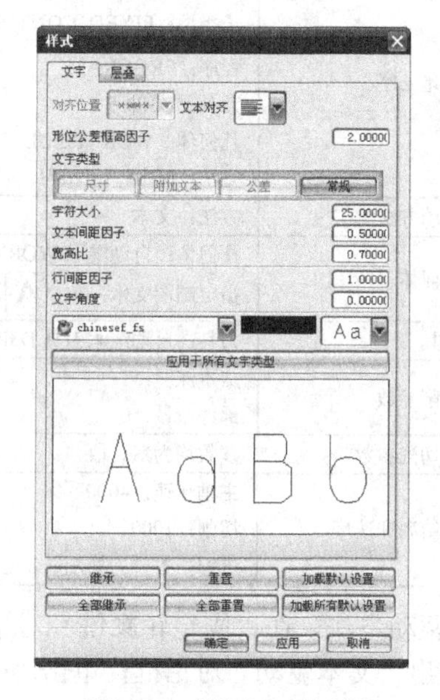

图25-2 “注释”对话框　　图25-3 “样式”对话框

（5）输入文本内容。在“文本输入”框中输入“S/N 12345678”。

（6）编辑文本尺寸。在“设置”组中，单击“样式”A，弹出“样式”对话框。在“字符大小”框中输入“10”，在“文字角度”框中输入“-90”，单击“确定”返回“注释”对话框。

（7）确定文本位置。在图形窗口中，选择辅助直线的中点，单击放置文本，如图25-3所示。

工程师提示：

◆ 为了放置文字“S/N 12345678”，需要使用“直线”命令创建辅助直线，如图25-1所示。

3．创建几何体

（1）设置机床坐标系和安全平面。在基准坐标系位置创建机床坐标系，在距顶面30mm

的位置创建安全平面。

（2）指定铣削几何体。选择型芯文件作为“指定部件”。在“毛坯几何体”对话框，从“类型”列表中选择“部件的偏置”创建“指定毛坯”。

4. 创建刀具

创建一把名称为“D3R1.5”的球头铣刀，直径为$\phi3$，底角半径为$R1.5$。

5. 创建文本加工刀轨 1

（1）启动创建工序命令。在“刀片”工具条上，单击“创建工序”，弹出“创建工序”对话框，按照表25-1所示参数创建工序，弹出“固定轮廓铣”对话框。

表 25-1 文本加工参数

序号	参数类型	描述
1	创建工序	类型：MILL_CONTOUR 子类型：FIXED_CONTOUR 程序：PROGRAM 刀具：D3R1.5 几何体：WORKPIECE 方法：MILL_FINISH
2	驱动方法	方法：文本
3	几何体	几何体：自动继承 WORKPIECE 指定制图文本：单击A，显示“文本几何体”对话框；在图形窗口中，选择文本“NX8”
3	刀具	刀具：自动继承刀具 D3R1.5
4	切削参数	文本深度：1 部件余量：0
5	非切削参数	参数均为默认值
6	进给率和速度	主轴转速：4000 切削：1000 进刀、第一刀切削、步进和退刀：100

（2）选择驱动方法。在“固定轮廓铣”对话框的“驱动方法”组，从“方法”列表中选择“文本”，弹出“文本驱动”对话框，单击“确定”返回“固定轮廓铣”对话框，如图25-4所示。

（3）选择制图文本。在“固定轮廓铣”对话框的“几何体”组中，单击“指定制图文本”A，弹出“文本几何体”对话框；在图形窗口中，选择文本“NX8”，单击“确定”返回“固定轮廓铣”对话框。

（4）设置加工深度。在“刀轨设置”组中，单击“切削参数”，弹出“切削参数”对话框。单击“策略”选项卡，在“文本深度”框中输入“1”，如图25-5所示。单击“余量”选项卡，在“部件余量”框中输入“0”。

工程师提示：

◆ 要在低于部件表面的地方进行切削，需为部件余量输入负值，或为文本深度输入正值并为部件余量输入 0。

◆ 输入文本深度时，其值不要大于球头铣刀的半径。否则刀轨是不可靠的，系统会发出警告。

（5）生成刀轨。在“操作”组中，单击“生成”，系统开始计算并生成刀具轨迹，如图25-6所示。

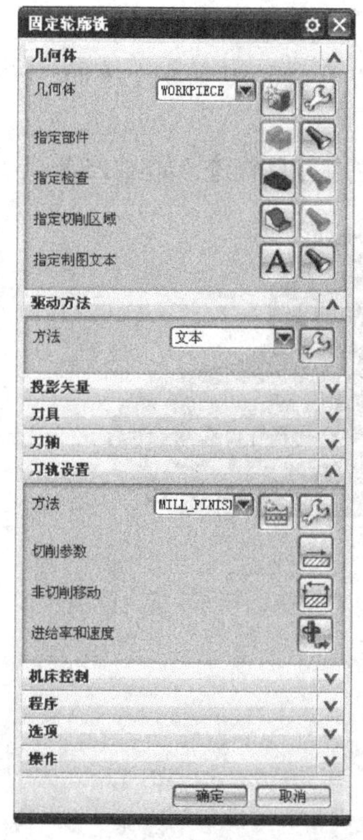

图25-4 “固定轮廓铣”对话框

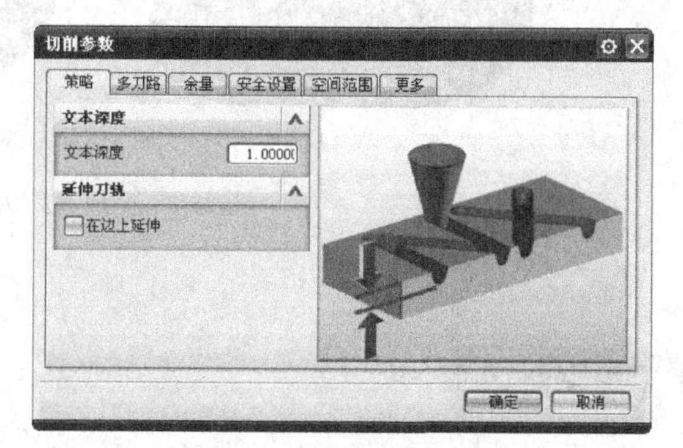

图25-5 “切削参数”对话框

6．创建文本加工刀轨2

（1）复制刀具轨迹。复制刀轨“NX8”，重命名为“SN”。

（2）更改文本。双击复制后的刀轨 “SN”，弹出“固定轮廓铣”对话框；在“几何体”组中，单击“指定制图文本”A，弹出“文本几何体”对话框；单击“移除”再单击“附加”，然后在图形窗口中，选择文本“S/N 12345678”；单击“确定”返回“固定轮廓铣”对话框。

（3）设置移刀距离。单击“非切削移动”，弹出“非切削移动”对话框；单击“转移快速”选项卡，在“区域之间”组中，从“移刀类型”列表中选择“最小安全值”，在“距离”框中输入“10”，如图25-7所示。

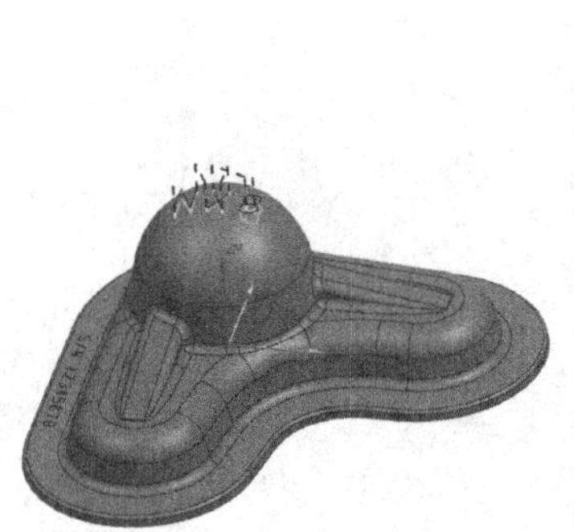

图25-6　刀具轨迹

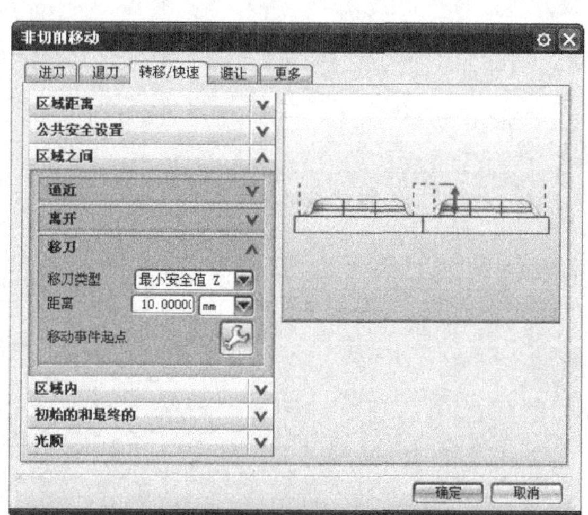

图25-7　“非切削移动”对话框

工程师提示：

◆ 如果不指定移刀距离，则每加工完一个数字后，刀具将抬刀到安全平面，如图 25-8（a）所示。

（4）生成刀轨。在“操作”组中，单击“生成”，生成刀具轨迹，如图 25-8（b）所示。

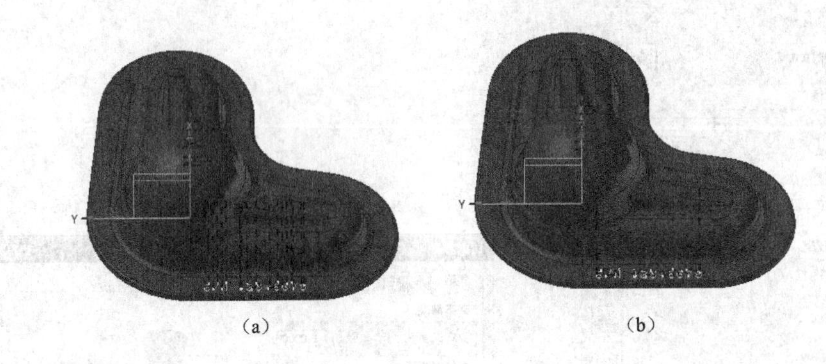

（a）　　（b）

图 25-8　生成刀具轨迹

根据题图 24-1 所示，在塑料瓶模具的侧面加工编号“S/N 20130101”，深度为 1mm。

项目26　平面零件的粗加工编程

【学习目标】

本项目以平面零件（如图 26-1 所示，材料为 45 钢）为例，学习平面铣的应用和参数的设置，从而能够应用平面铣完成平面零件的粗加工编程。

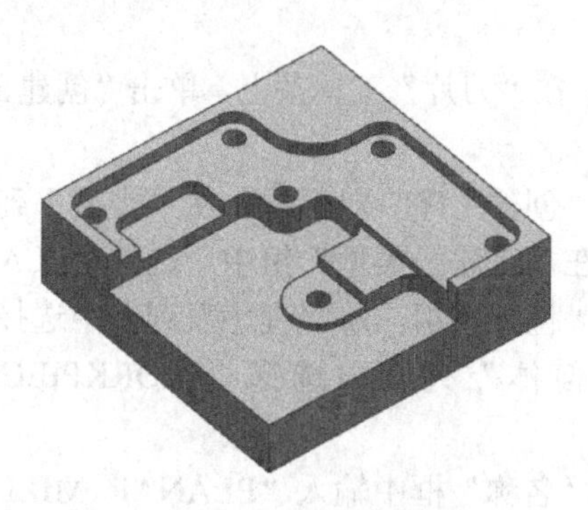

图 26-1　平面零件模型

【项目分析】

本零件为平面轮廓零件，由平面和孔组成。在 NX 软件中，平面的加工编程可以采用平面铣，或者面铣工序进行加工。

平面铣仅适用于平面类零件的加工，即零件表面的法向与刀轴平行或垂直。如果零件侧壁是曲面或者是斜面，一般不适宜用平面铣加工。平面铣既可用于粗加工，也可以用于半精加工和精加工方法，但主要用于粗加工。

【操作步骤】

1．新建文件

新建一个 NX 文件，名称为“pingmian_nc.prt”。将“part/proj26/unfinish”文件夹中的零件文件“pingmian.prt”和毛坯文件“pingmian_block.prt”装配到当前文件中。

2．初始化设置

在“标准”工具条上，单击“开始”→“加工”，在“加工环境”对话框中，选择“cam_general”和“mill_ planar”，单击“确定”，系统开始加工环境的初始化，之后进入加工应用模块。

3．创建几何体

（1）设置机床坐标系和安全平面。进入加工模块后，在距离零件顶面 30mm 的位置创建安全平面。

（2）指定铣削几何体。选择零件作为“指定部件”，选择毛坯作为“指定毛坯”。

4．创建刀具

创建一把名称为“D20R1”的圆角铣刀作为粗加工刀具，刀具直径为 $\phi20$，底角半径为 $R1$。

5．创建方法

按照表 19-2 所示，修改默认的加工方法组中的余量和公差参数。

6．创建粗加工刀轨

（1）启动创建工序命令。在“刀片”工具条上，单击“创建工序”，弹出“创建工序”对话框，如图 26-2 所示。

（2）选择工序类型。在“创建工序”对话框，从“类型”列表中选择“mill_planar”。

（3）选择工序子类型。在“工序子类型”组中，选择“PLANAR_MILL”。

（4）设置工序位置。在“位置”组，从“程序”列表中选择“PROGRAM”，“刀具”列表中选择“D20R1”，“几何体”列表中选择“WORKPIECE”，“方法”列表中选择“MILL_ROUGH”。

（5）输入工序名称。在“名称”框中输入“PLANAR_MILL”。

（6）完成设置。单击“确定”，弹出“平面铣”对话框，如图 26-3 所示。

图 26-2 “创建工序”对话框

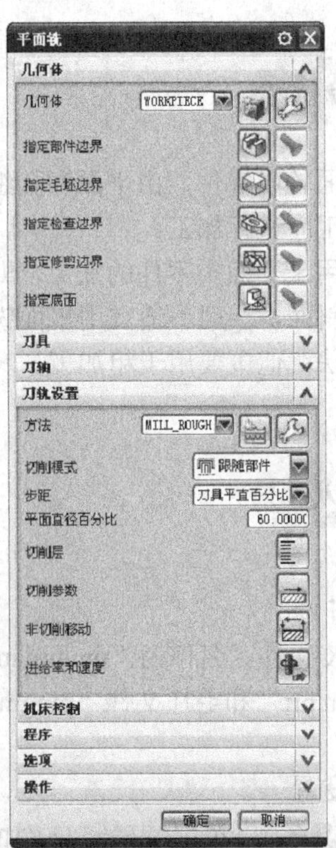

图 26-3 “平面铣”对话框

7．设置几何体

在“平面铣”对话框的“几何体”组中有几何体、指定部件边界、指定毛坯边界、指定检查边界、指定修剪边界和指定底面等选项。和型腔铣工序不同，平面铣用所选的边界和材料侧方向来指定加工区域，用所选的底面指定加工深度。

（1）指定部件边界。“部件边界”用于描述加工完成的零件。单击“指定部件边界”，弹出“边界几何体”对话框，如图26-4所示。在“模式”列表中，有面、曲线/边、边界和点等四种指定部件边界的方式，各模式的含义如下：

“面”模式，是默认模式，用于创建封闭的边界。所选的平面既指定了边界区域，也指定了边界平面。边界区域将控制刀具运动的范围，边界平面定义了部件的高度位置。还可以通过忽略孔、岛、倒角等选项控制边界的形状，通过凸边和凹边等选项控制刀具相对于边界的位置。

其中，“材料侧”，是指加工中要保留的一侧。

“曲线/边”模式，可以创建封闭的或开放的边界，如图26-5所示。

其中，“平面”用于指定边界所在的平面，有自动和用户定义两个选项，各选项含义如下：

“自动”是指由系统指定边界平面，即所选曲线和边所在的平面；

“用户定义”是指由用户指定边界平面，选择的曲线和边将投影到该平面。

“刀具位置”用于定义刀具与边界的位置关系，有“相切于”和“位于”两个选项。

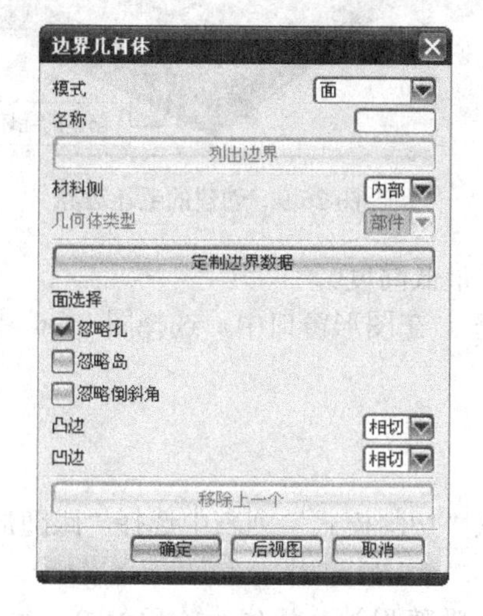

图26-4　“边界几何体”对话框

图26-5　“创建边界”对话框

对于本项目，在“边界几何体”对话框，从“模式”列表中选择“面”；从“材料侧”列表中选择“内部”，确保选中“忽略孔”复选框，确保取消“忽略岛”复选框；在图形窗口中，选择零件的各个平面，如图26-6所示；单击“确定”，完成部件边界的创建，如图26-7所示。

（2）指定毛坯边界。毛坯边界用于描述将要切削的材料范围。指定毛坯边界的方法和指定部件边界的方法相似，但毛坯边界的“材料侧”是指加工中要切削去除的一侧。

对于本项目，单击“指定毛坯边界”，弹出“边界几何体”对话框；从“模式”列表中选择“曲线/边”，从“类型”列表中选择“封闭的”，从“材料侧”列表中选择“内部”；在图形窗口中，依次选择模型棱边，如图26-8所示；单击“确定”，完成毛坯边界的创建，如图 26-9 所示。

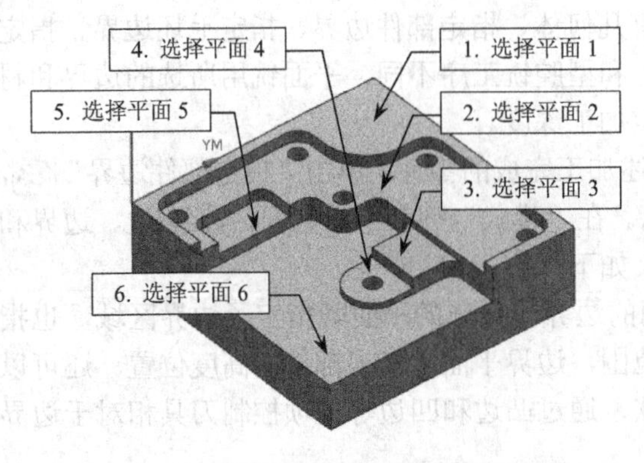

图 26-6 选择加工平面

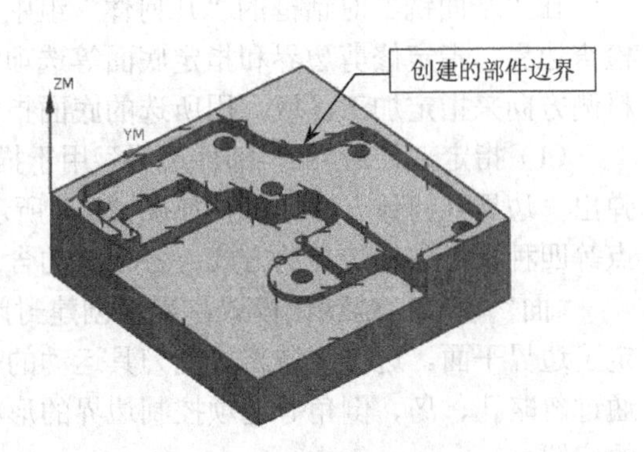

图 26-7 创建的部件边界

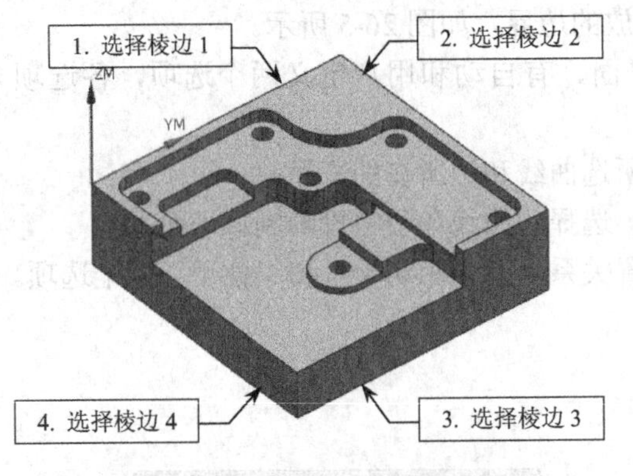

图 26-8 指定毛坯边界的步骤

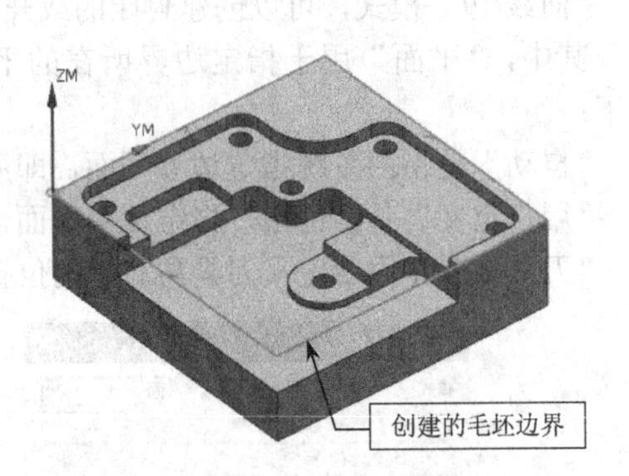

图 26-9 创建的毛坯边界

（3）指定底面。底面用于指定平面铣加工的最低高度。

单击“指定底面”，弹出“平面”对话框。在图形窗口中，选择图 26-6 中的平面 6 作为底面。

8. 设置切削模式

在“平面铣”对话框的“刀轨设置”组，从“切削模式”列表中选择“跟随周边”。

工程师提示：

◆ 在平面铣中，切削模式包括跟随部件、跟随周边、摆线、轮廓加工、往复、单向、单向轮廓和标准驱动等。除标准驱动切削模式外，其余切削模式和型腔铣的切削模式的含义相同。

“标准驱动”切削模式仅在平面铣中可用。和“轮廓加工”切削模式相似，“标准驱动”切削模式也是沿指定边界创建轮廓铣切削轨迹。不同的是，“标准驱动”切削模式不进行自动边界修剪或过切检查，即通过使用自相交选项，可以指定刀轨是否允许自相交。“标准驱动”和“轮廓加工”区别如图 26-10 所示。

9. 设置步距

在“平面铣”对话框的“刀轨设置”组，从“步距”列表中选择“刀具直径百分比”，在“平面直径百分比”框中输入“80”。

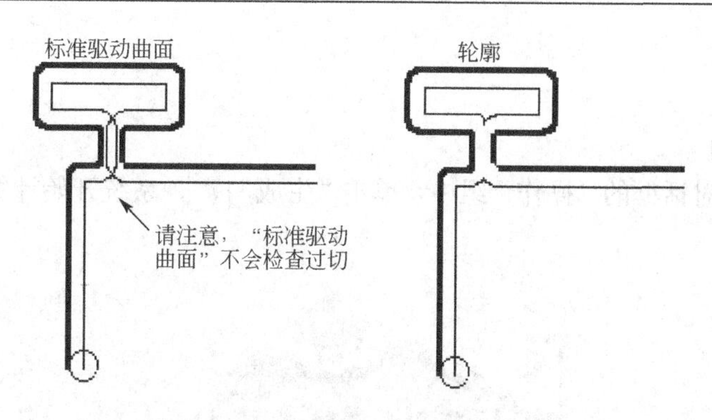

图 26-10 “标准驱动”与“轮廓加工”的区别

10．设置切削层

在平面铣加工中，利用“切削层”选项设置分层加工时每层的切削高度。在平面铣中，刀具的切削从“毛坯边界”所在的平面开始，到“底面”所在的平面结束。如果“毛坯边界”平面和“底面”处于同一平面，只生成单一深度的刀轨；如果“部件边界”平面高于“底面”，加之切削深度选项的定义，就可以生成多层的刀轨，实现分层切削。

对于本项目，在“平面铣”对话框的“刀轨设置”组，单击“切削层”，弹出“切削层”对话框，如图 26-11 所示。从“类型”列表中选择“恒定”，在“公共”框中输入“1”，确保选中“临界深度顶面切削”复选框，单击“确定”关闭“切削层”对话框。

工程师提示：

◆ 在“切削层”对话框“刀柄间隙”组，“增量侧面余量”选项是指多层切削时，每一个后续切削层增加一个侧面余量值，以保持刀具与侧面间的安全距离，减轻刀具深度切削的应力，如图 26-12 所示。

图 26-11 “切削层”对话框

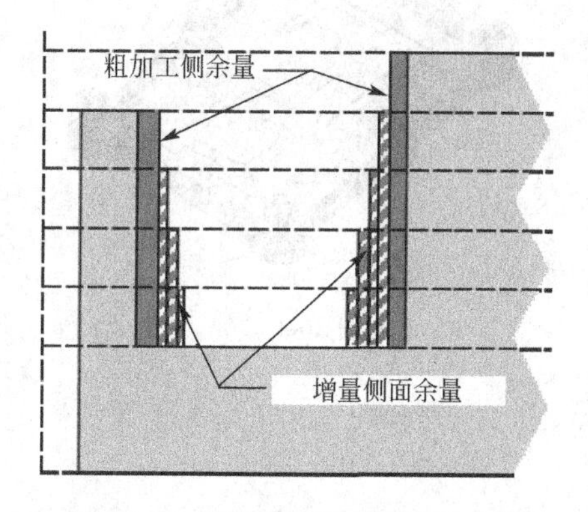

图 26-12 “增量侧面余量”示意图

11．设置切削参数

（1）设置切削方向和切削顺序。在“平面铣”对话框中，单击“切削参数”，弹出“切削参数”对话框。在“策略”选项卡中，从“切削顺序”列表中选择“层优先”，从“刀路方向”列表中选择“向内”。

（2）设置余量。单击“余量”选项卡，在“最终底面余量”框中输入“0.15”，其余参数均接受默认值。

12．生成刀轨

在“平面铣”对话框的“操作”组中，单击“生成”，系统开始计算并生成刀具轨迹，如图26-13所示。

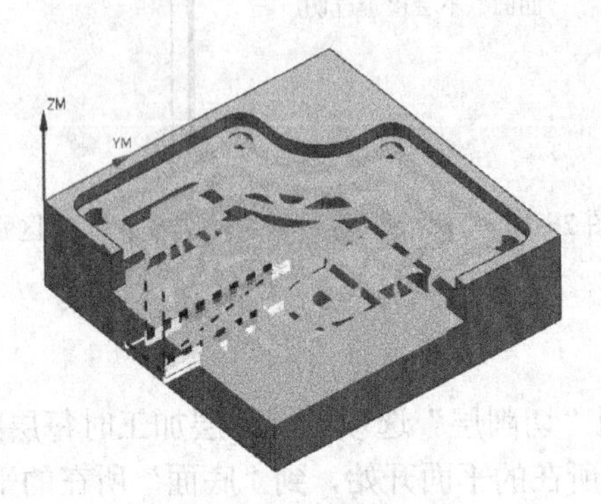

图26-13 刀具轨迹

【思考练习】

根据题图26-1和题图26-2所示，编写平面粗加工程序。

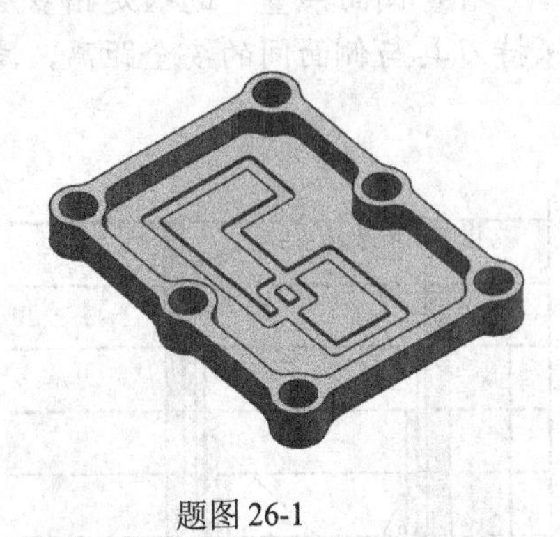

题图26-1

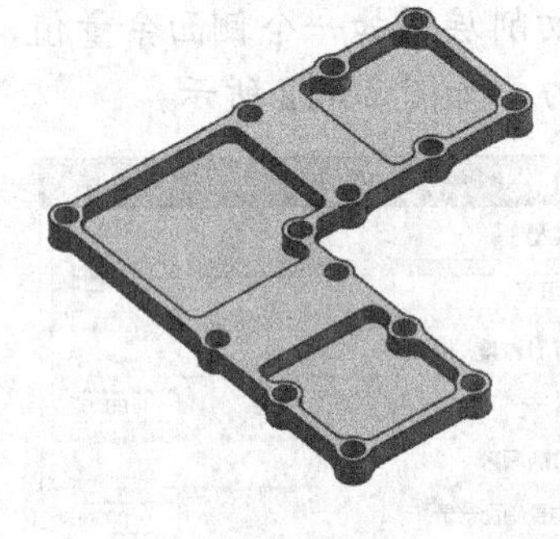

题图26-2

项目 27　平面零件的精加工编程

本项目以平面零件（如图 26-1 所示，材料为 45 钢）为例，学习面铣的应用和参数的设置，从而能够应用面铣完成平面零件的精加工编程。

在 NX 软件中，平面的精加工编程可以采用面铣。

面铣是一种从所选面的顶部去除余量的快速简单方法。非常简单，只需选择所有要加工的面并指定要从各个面的顶部去除的余量即可，最适合于切削实体（例如铸件上的凸垫）上的平面。面铣工序既可用于粗加工，也可以用于半精加工和精加工，但主要用于精加工。

本项目将接续项目 26，使用面铣完成平面的精加工。

1．创建刀具

创建一把名称为“D12”的平底铣刀作为精加工刀具，刀具直径为 $\phi12$，圆角半径为 $R0$。

2．创建面铣工序

（1）启动创建工序命令。在“刀片”工具条上，单击“创建工序”，弹出“创建工序”对话框，如图 27-1 所示。

（2）选择工序类型。在“创建工序”对话框，从“类型”列表中选择“mill_planar”。

（3）选择工序子类型。从“工序子类型”列表中选择“FACE_MILLING”。

（4）设置工序位置。在“位置”组，从“程序”列表中选择“PROGRAM”，“刀具”列表中选择“D12”，“几何体”列表中选择“WORKPIECE”，“方法”列表中选择“MILL_FINISH”。

（5）输入工序名称。在“名称”框中输入“FACE_MILLING”。

（6）完成设置。单击“确定”，弹出“面铣”操作对话框，如图 27-2 所示。

图 27-1 “创建工序”对话框

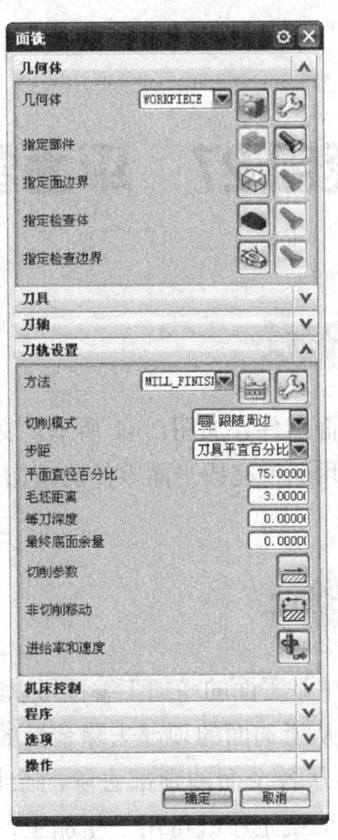

图 27-2 “面铣”对话框

3．创建底面精加工刀轨

（1）设置几何体。在“面铣”对话框的“几何体”组中，单击“指定面边界”，弹出“指定面几何体”对话框，如图 27-3 所示；在图形窗口中，选择待加工的 5 个面来作为面几何体，如图 27-4 所示。

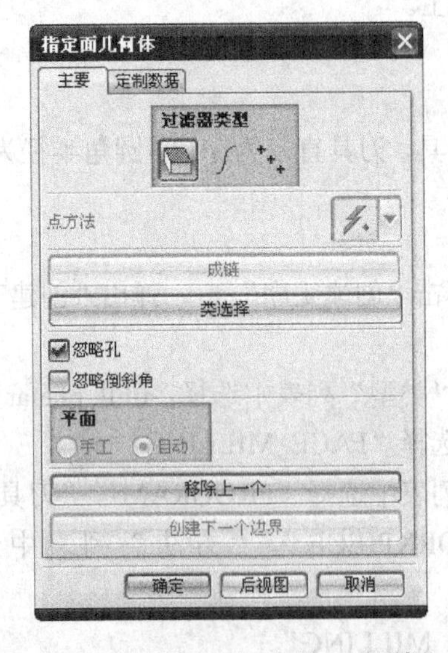

图 27-3 “指定面几何体”对话框

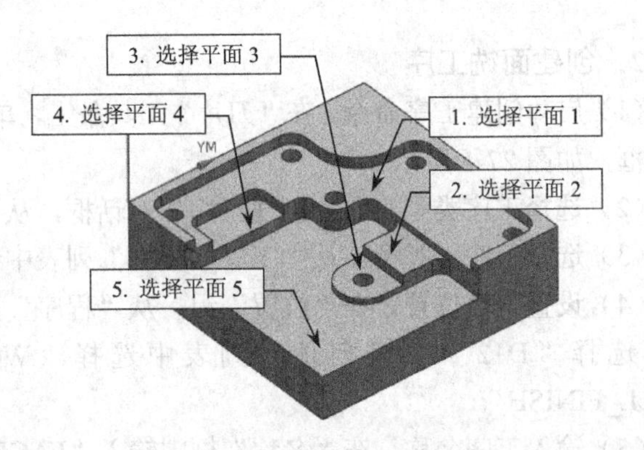

图 27-4 加工平面

（2）设置切削模式。在“面铣”对话框的“刀轨设置”组，从“切削模式”列表中选择

“跟随周边”。

（3）设置步距。在“面铣”对话框的“刀轨设置”组，从“步距”列表中选择“刀具直径百分比”，在“平面直径百分比”框中输入“75”。

（4）设置毛坯距离。“毛坯距离”用于定义要去除的材料总厚度，是在所选面几何体的平面上方沿刀轴方向测量而得的。

对于本项目，在“毛坯距离”框中输入“3”。

（5）设置每刀深度。“每刀深度”用于指定切削层的最大深度。实际深度将尽可能接近每刀深度值，并且不会超过它。在面铣中，每个选定面的切削层计算如下：切削层数 = (毛坯距离 – 最终底部面余量)/每刀深度。

对于本项目，在“每刀深度”框中输入“0”，表示一次切削所有的余量。

（6）设置最终底面余量。“最终底面余量”用于定义面几何体上剩余未切削的材料厚度。要去除的材料总厚度是毛坯距离和最终底部面余量之间的距离。

对于本项目，在“最终底面余量”框中输入“0”。

（7）设置切削参数。在“面铣”对话框中，单击“切削参数”，弹出“切削参数”对话框。在“策略”选项卡中，从“刀路方向”列表中选择“向内”，在“刀具延展量”框中输入“50% 刀具”。单击“余量”选项卡，在“部件余量”框中输入“1”，其余参数均接受默认值。

（8）生成刀轨。在“面铣”对话框的“操作”组中，单击“生成”，系统开始计算并生成刀具轨迹，如图 27-5 所示。

4. 创建侧面精加工刀轨

（1）复制刀轨。复制底面精加工刀具轨迹。

（2）设置切削模式。在“面铣”对话框，从“切削模式”列表中选择“轮廓加工”。

（3）设置毛坯距离。在“毛坯距离”框中输入“20”。

（4）设置每刀深度。在“每刀深度”框中输入“2”。

（5）设置部件余量。在“切削参数”对话框，在“部件余量”框中输入“0”。

（6）生成刀轨。在“面铣”对话框中，单击“生成”，系统开始计算并生成刀具轨迹，如图 27-6 所示。

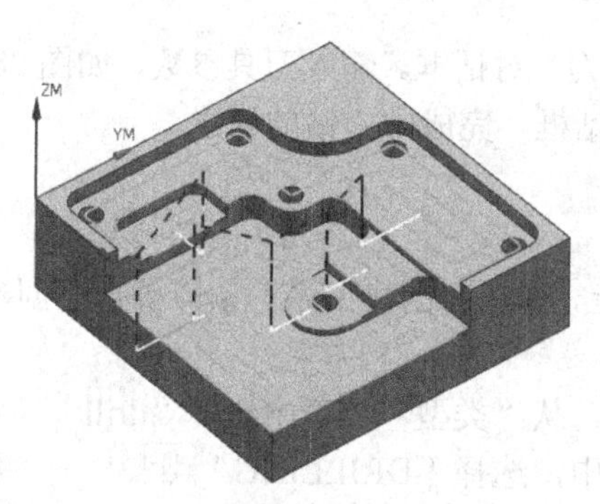

图 27-5　底面精加工刀具轨迹

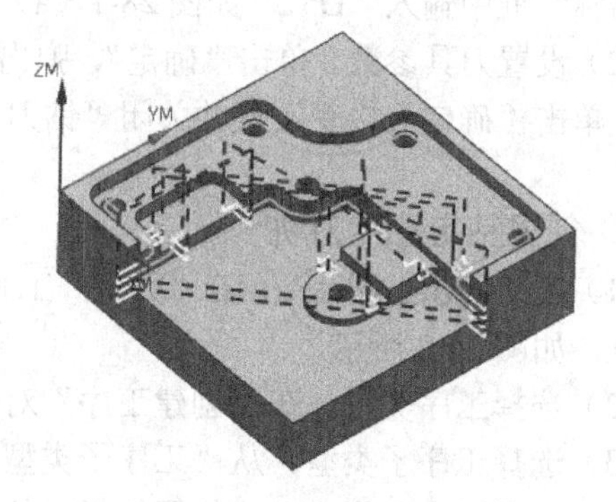

图 27-6　侧面精加工刀具轨迹

根据题图 26-1 和题图 26-2 所示，编写平面精加工程序。

项目28 孔的加工编程

本项目以孔系零件（如图26-1所示，材料为45钢）为例，学习点位加工的应用和参数的设置，从而能够应用点位加工完成孔系零件的加工编程。

【项目分析】

本项目将使用点位加工工序完成孔的精加工。在NX软件中，点位加工可以进行钻孔、扩孔、铰孔、镗孔和攻螺纹等的加工。

【操作步骤】

本项目将接续项目27，使用点位加工完成钻定位孔和钻孔的加工。

1. 创建刀具

（1）设置刀具类型。在“刀片”工具条上，单击“创建刀具”，弹出“创建刀具”对话框。从“类型”列表中选择“drill”，从“刀具子类型”组中选择“DRILLING_TOOL”，在“名称”框中输入“D5”，如图28-1（a）所示。

（2）设置刀具参数。单击“确定”，弹出“钻刀”对话框。输入刀具参数，如图28-1（b）所示，单击“确定”接受设置并关闭“钻刀”对话框，完成中心钻的创建。

2. 创建钻定位孔刀轨

（1）启动创建工序命令。在“刀片”工具条上，单击“创建工序”，弹出“创建工序”对话框，如图28-2所示。

（2）选择工序类型。在“创建工序”对话框，从“类型”列表中选择“drill”。

（3）选择工序子类型。从“工序子类型”组中，选择“DRILLING”。

（4）设置工序位置。在“位置”组，从“程序”列表中选择“PROGRAM”，“刀具”列表中选择“D5”，“几何体”列表中选择“WORKPIECE”，“方法”列表中选择“DRILL_METHOD”。

（5）输入工序名称。在“名称”框中输入“DRILLING_D5”。

（6）完成设置。单击“确定”，弹出“钻”对话框，如图28-3所示。

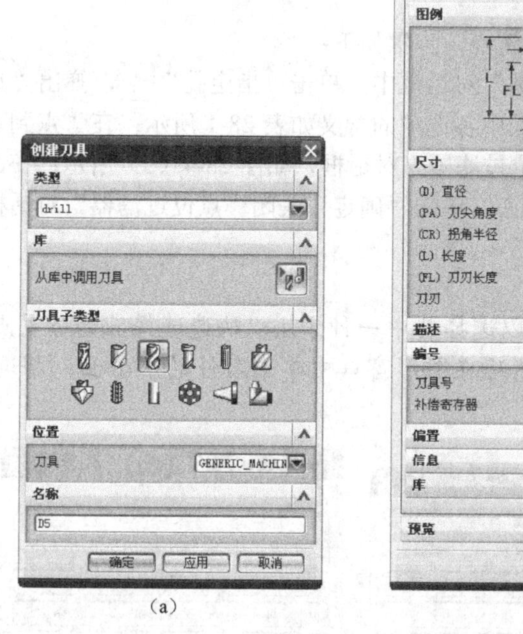

（a）　　　　　　　　（b）

图 28-1 “创建刀具”和“钻刀”对话框

图 28-2 “创建工序”对话框

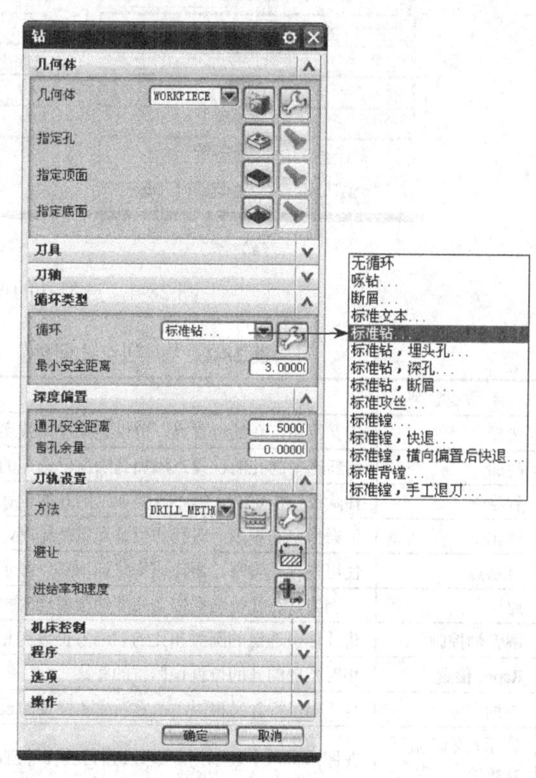

图 28-3 “钻”对话框

3. 设置几何体

在点位加工中，需要指定孔的位置，有时还需要指定部件的表面和孔的底面。利用“钻”

对话框的“几何体”组可以实现这些参数的设置，包括几何体、指定孔、指定顶面、指定底面等。

（1）指定孔。即指定孔的位置点，步骤如下：

① 指定孔的位置点。在“钻”对话框中，单击“指定孔”，弹出“点到点几何体”对话框，如图28-4（a）所示，其中各选项的含义如表28-1所示；在“点到点几何体”对话框中，单击“选择”，弹出“点位过滤器”对话框，如图28-4（b）所示；在图形窗口中，单击孔的棱边，以选中这些孔的圆心。单击“确定”关闭“点位过滤器”对话框，返回到“点到点几何体”对话框。

工程师提示：

◆ 在图28-4（b）中，可以选择其中一种方法以快速选择孔的位置点。例如，在对话框中选择“面上所有孔”，然后在图形窗口中单击零件的一个面，将选中面上的所有孔位。

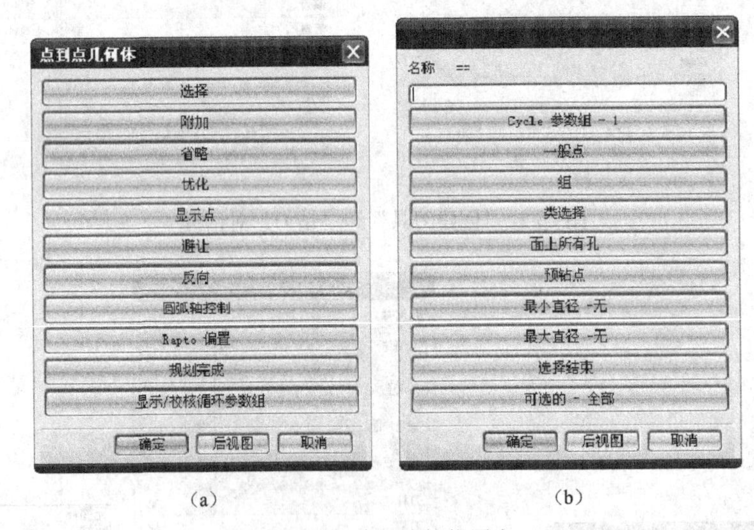

（a）（b）

图28-4　选择孔的位置点

表28-1　“点到点几何体”各选项的说明

序号	参数类型	描述
1	选择	选择待加工孔的位置点，可以选择片体或实体中的圆柱孔或锥形孔、点、圆弧或整圆
2	附加	将新选择的孔的位置点添加到当前已选定的钻孔几何体
3	省略	移除已经指定的、但不需要加工的孔的位置点
4	优化	依据指定的规则，对孔的位置点重新排序，以优化刀具行程，减少刀轨长度
5	显示点	使用包含、省略、避让或优化选项后，显示多个点的新顺序
6	避让	控制刀具在孔位与孔位之间非切削移动时抬刀的距离，以避免发生干涉
7	圆弧轴控制	将片体中选定的圆弧和孔的刀轴方位设为相反方向
8	Rapto 偏置	相对指定的孔的位置作偏置的距离
9	规划完成	与“确定”含义相似，完成当前孔位置的设置，关闭“点”对话框，返回“钻加工几何体”对话框
10	显示/校核循环参数组	在图形窗口中显示指定参数组的孔位，检查是否有误

② 优化孔的加工顺序。由于之前选择孔的位置是随意选择的，接下来要对点位进行优化顺序。在“点到点几何体”对话框中，单击“优化”；选择“Shortest Path 最短刀轨”→“优化”→“接受”，如图28-5所示，返回到“点到点几何体”对话框；单击“规划完成”。

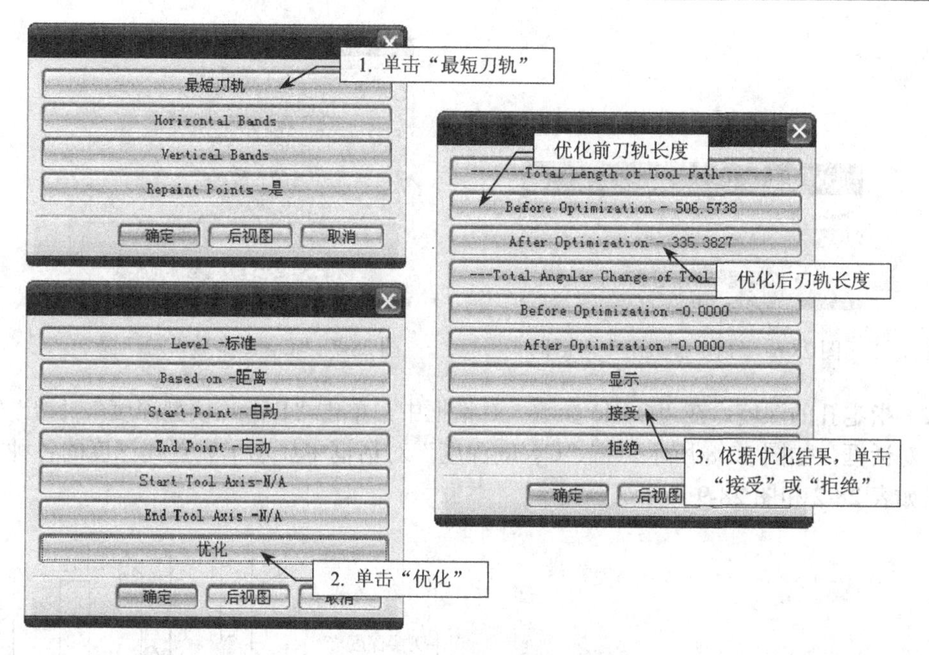

图 28-5　优化孔加工顺序的步骤

工程师提示：

◆ 在优化孔的加工顺序时，还可以单击“Start Point”，以指定孔加工的起点。

（2）指定顶面。即指定刀具进入材料的位置。如果没有指定顶面，则默认是从选择的孔的位置点开始切入材料。如果指定了顶面，所有选择的点将投影到该面或平面上，并从该平面开始切入材料。

对于本项目，不指定顶面，即默认从选择的孔的位置点开始切入材料。

（3）指定底面。指定刀具切削的下限位置。该选项仅适用于那些在“Cycle 深度”对话框中将深度参数设置为“到底面”和“穿过底面”的孔。

对于本项目，不指定底面。

4．设置循环类型

钻孔循环描述了执行点到点加工功能（如钻孔、攻丝或镗孔）所必需的机床运动。在“钻”对话框的“循环类型”组中，有 14 种循环类型，如图 28-3 所示。其中“标准钻”与“标准钻，深度”两种类型应用较多，其它循环类型都与之相似。

“标准钻”循环类型将在每个点位执行一个标准钻循环，产生的刀轨将一次性将孔加工到指定的深度位置，故该循环类型不适宜于深孔加工。当指定“标准钻”循环类型时，需要定义点位的深度、循环进给率和停留时间等参数。

（1）编辑循环参数。在“钻”对话框的“循环类型”组中，单击“编辑参数”，弹出“指定参数组”对话框，如图 28-6 所示。在“指定参数组”对话框中，单击“确定”，弹出“Cycle 参数”对话框，如图 28-7 所示。在“Cycle 参数”对话框中，包括有 Depth（深度）、进给率、Dwell（停留时间）、Option（选项）、CAM 和 Rtrcto（退刀）等几个参数选项。

工程师提示：

◆ 系统允许用户至少定义 1 组参数组，最多可以定义 5 组参数组。每个参数组具有相同类型的循环参数，而每一组的循环参数可以不同。

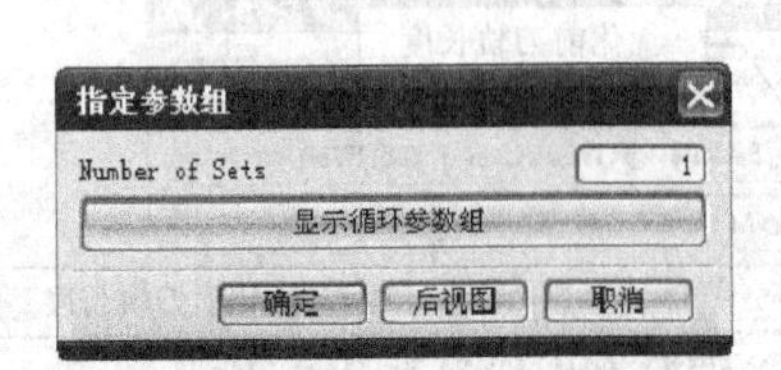

图 28-6 “指定参数组”对话框

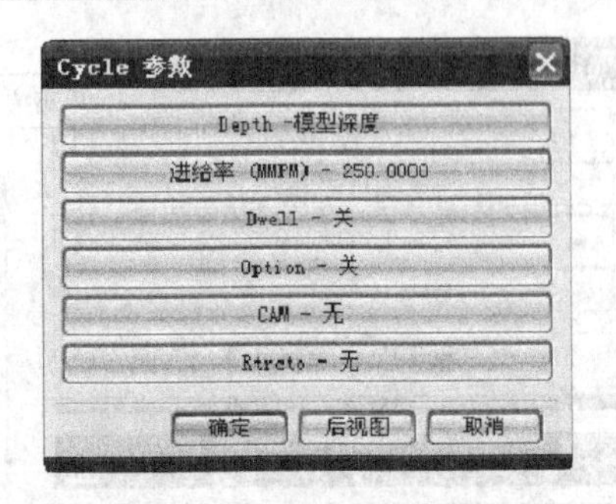

图 28-7 “Cycle 参数”对话框

（2）指定孔的深度。在“Cycle 参数”对话框中，单击“Depth-模型深度”，弹出“Cycle 深度”对话框，如图 28-8 所示。在“Cycle 深度”对话框中显示了设置孔深度的各种方法，其含义如表 28-2 和图 28-9 所示。

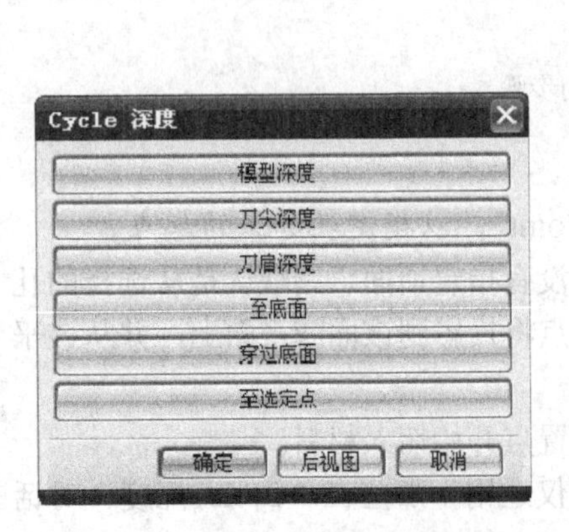

图 28-8 “Cycle 深度”对话框

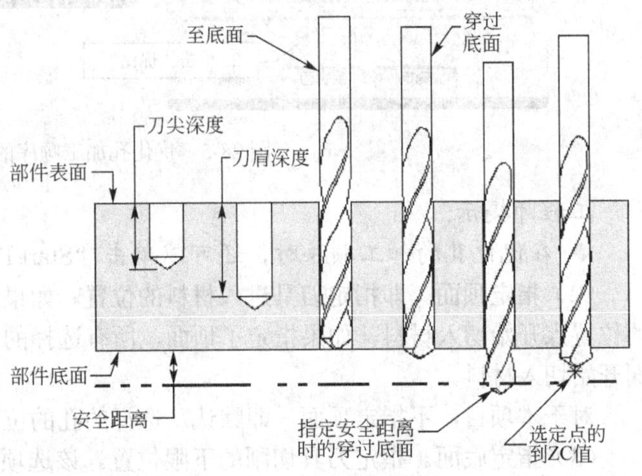

图 28-9 孔的深度参数示意图

表 28-2 “Cycle 深度”各选项的说明

序号	参数类型	描述
1	模型深度	系统自动计算实体模型中孔的深度作为钻孔深度。如果刀具超过孔的直径，则系统将拒绝刀具进入孔
2	刀尖深度	设置从顶面到刀尖的深度作为钻孔深度。钻刀的刀尖进给至指定深度
3	刀肩深度	设置从顶面到刀肩的深度作为钻孔深度。钻刀的刀肩进给至指定深度
4	至底面	刀尖进给至底面
5	穿过底面	钻刀刀肩进给至底面。如果指定了通孔安全距离，则钻刀刀肩进给至底面并超过指定的安全距离
6	至选定点	钻刀刀尖进给至指定点的 Z 向深度

对于本项目，在“Cycle 参数”对话框中，单击“Depth-模型深度”，弹出“Cycle 深度”对话框。在“Cycle 深度”对话框中，单击“刀尖深度”，设置“深度”值为“5”，单击“确定”，完成深度参数的设置，返回到“Cycle 参数”对话框。

（3）进给率。用于设置循环钻削时的进给率和单位。

对于本项目，在“Cycle 参数”对话框中，单击“进给率（MMPM）-250.000”，弹出“Cycle 进给率”对话框，如图 28-10 所示，在“MMPM”框中输入“250”。

工程师提示:

◆ 如果用户同时在“进给和速度”对话框中也设置了剪切速度，则系统将优先使用循环参数组中设置的进给率。

（4）停留时间（Dwell）。用于设置当刀具到达指定深度时，刀具的停留时间，使得刀具空转，以保证孔的表面质量。

对于本项目，在“Cycle参数”对话框中，单击“Dwell-关”，弹出“Cycle Dwell”对话框，如图28-11所示，各选项的含义如表28-3所示。选择“关”，单击“确定”，返回到“Cycle参数”对话框。

表28-3 “停留时间”各选项的说明

序号	参数类型	描 述
1	关	使刀具在到达指定深度时，不作停留
2	开	使刀具在到达指定深度时，稍作停留
3	秒	设置秒数，确定刀具在到达指定深度时的停留时间
4	转	设置转数，确定刀具在到达指定深度时的停留时间

工程师提示:

◆ 选项（Option），用于激活机床的专有特性，它的功能将依赖于后处理器。一般无须设置该项参数。

◆ CAM，用于为那些没有可编程Z轴的机床预先设置一个刀具停止的位置，不能输入负值，否则系统将会发出警告。一般无须设置该项参数。

（5）退刀（Rtrcto）。用于设置一个退刀距离，这个距离是从孔的位置点或指定的顶面（如果指定了顶面）沿刀轴方向起始计算的，通常设置一个大于0的值。在默认情况下，刀具将退刀到“最小安全距离”高度处，由于最小安全距离太低，一般情况下都需要设置该项参数。

在“Cycle参数”对话框中，单击“Rtrcto-无”，将显示“退刀选项”对话框，如图28-12所示，各选项的含义如表28-4所示。

对于本项目，选择退刀方式为“设置为空”。

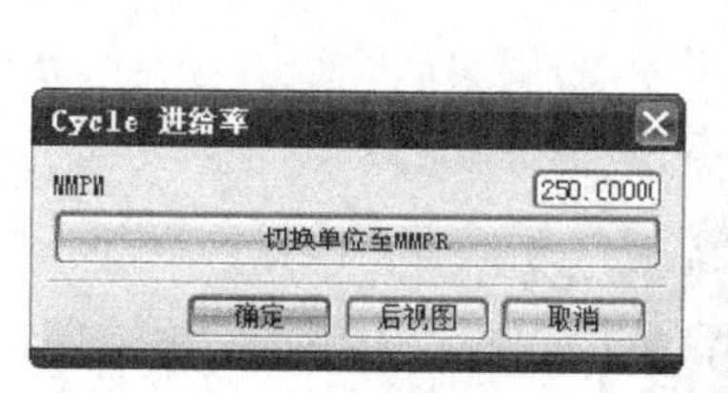

图28-10 “Cycle进给率”对话框

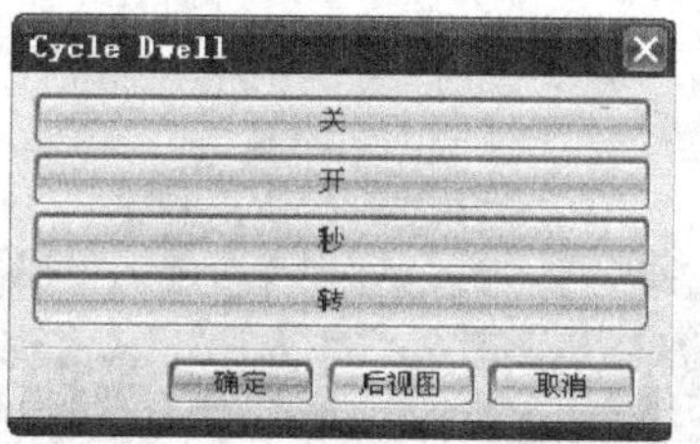

图28-11 “Cycle Dwell”对话框

图28-12 退刀选项对话框

表28-4 “退刀”各选项的说明

序号	参数类型	描 述
1	距离	设置一个距离，确定退刀位置
2	自动	使刀具沿刀轴方向退回到安全平面的位置
3	设置为空	取消退刀距离

（6）设置最小安全距离。“最小安全距离”决定刀具进入材料之前如何定位，而且刀具从该位置起做切削运动，如图28-13所示。如果没有指定“安全平面”，刀具以快速进给率直

接到达距离部件表面上方指定的“最小安全距离”的位置处。如果指定了“安全平面”，刀具以快速进给率从“安全平面”移动到指定的“最小安全距离”处。

对于本项目，在“最小安全距离”框中输入“3”。

5．设置深度偏置

在“钻”对话框的“深度偏置”组中，两个参数的含义如下：

“通孔安全距离”，用于设置刀具肩部穿过底面的距离，仅当深度循环参数设置为“模型深度”或“穿过底面”时才有效。

“盲孔余量”，用于设置盲孔底部的剩余材料量，即孔底面与刀尖的距离，如图 28-14 所示。该参数仅当深度循环参数指定为“模型深度”或“至底面”时才有效。

对于钻定位孔工序，这两个参数不起作用，保持默认值即可。

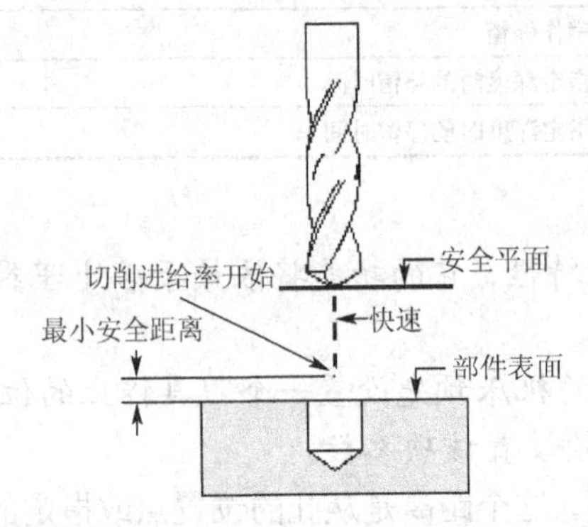

图 28-13 “最小安全距离”示意图

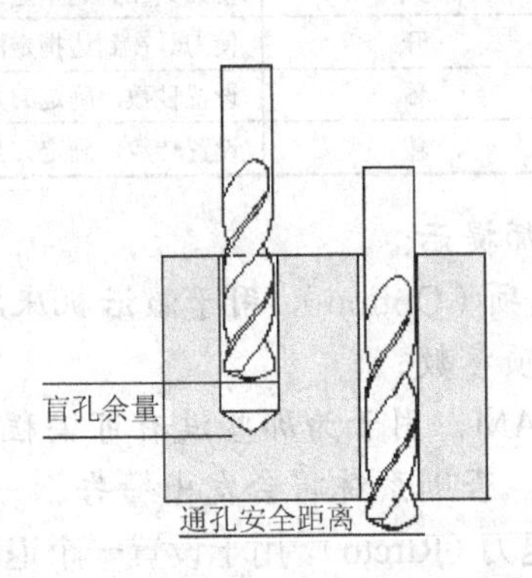

图 28-14 “深度偏置参数”示意图

6．生成刀轨

在“钻”对话框的“操作”组中，单击“生成”，系统开始计算并生成刀具轨迹，如图 28-15 所示。

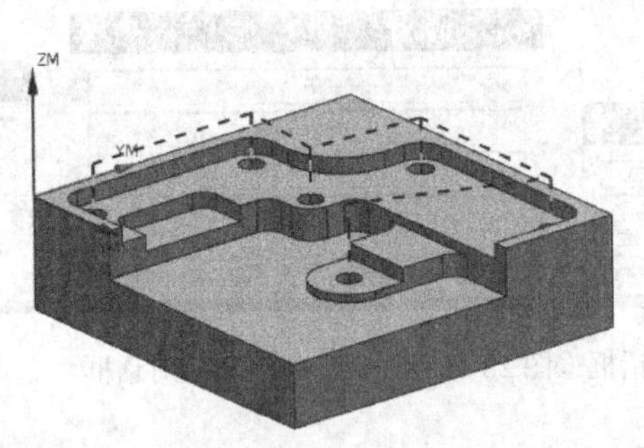

图 28-15 刀具轨迹

7．创建钻孔刀轨

（1）复制刀轨。复制钻定位孔刀具轨迹，并重命名为“DRILLING_D10”，再双击刀轨显示“钻”对话框。

（2）创建刀具。在“刀具”组中，单击“创建”，创建一把名称为“D10”的钻刀，输入“直径”为“10”、“长度”为“80”、“刀刃长度”为“60”，其它参数保持默认值。

（3）编辑孔深度。在“钻”对话框的“循环类型”组中，单击“编辑参数”，弹出“指定参数组”对话框。在“指定参数组”对话框中，单击“确定”，弹出“Cycle 参数”对话框。在“Cycle 参数”对话框中，单击“Depth 刀尖深度”，弹出“Cycle 深度”对话框。在“Cycle 深度”对话框中，单击“模型深度”，关闭“Cycle 深度”对话框，返回到“Cycle 参数”对话框，单击“确定”完成深度的设置，返回到“钻”对话框。

（4）设置深度偏置。在“钻”对话框的“深度偏置”组，在“通孔安全距离”框中输入“5”。

（5）生成刀轨。在“面铣”对话框中，单击“生成”，系统开始计算并生成刀具轨迹。

深孔的加工

在“钻”对话框的“循环类型”组中，“标准钻，深度...”循环类型适宜于深孔加工。该循环类型和“标准钻”循环类型基本相同，只是在“标准钻，深度...”循环类型中，需要设置“步进量”（Step 值）。在“Cycle 参数”对话框里，单击“Step 值-未定义”参数选项，将显示“步进量”对话框，如图 28-16 所示，用于设置啄式循环钻孔时每次钻孔的深度值，可输入 1～7 个非零的步进量。若后续的步进量设置为 0，则系统默认为前一个步进量的值。

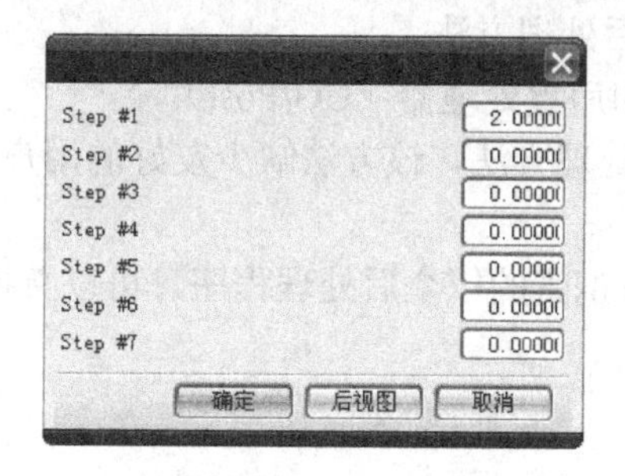

图 28-16　“步进量”对话框

根据题图 26-1 和题图 26-2 所示，编写钻孔加工程序。

项目 29　刀轨的后处理

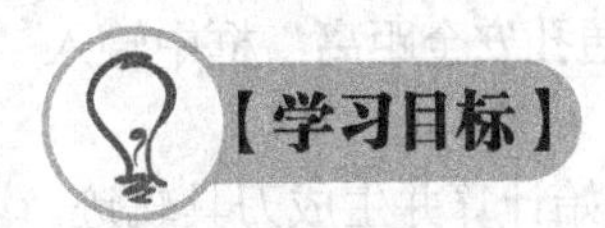

【学习目标】

本项目以塑料瓶模具程序（如图 29-1 所示）为例，学习刀轨后处理命令的应用，从而能够应用 UG/Post 后处理器命令生成 NC 程序。

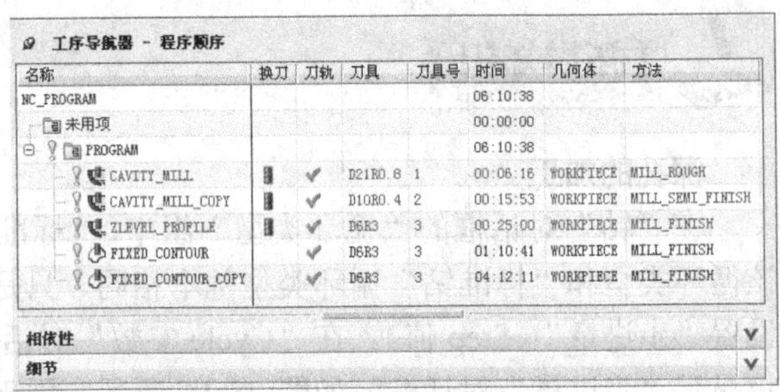

工序导航器 - 程序顺序

名称	换刀	刀轨	刀具	刀具号	时间	几何体	方法
NC_PROGRAM					06:10:38		
未用项					00:00:00		
PROGRAM					06:10:38		
CAVITY_MILL		✔	D21R0.8	1	00:06:16	WORKPIECE	MILL_ROUGH
CAVITY_MILL_COPY		✔	D10R0.4	2	00:15:53	WORKPIECE	MILL_SEMI_FINISH
ZLEVEL_PROFILE		✔	D6R3	3	00:25:00	WORKPIECE	MILL_FINISH
FIXED_CONTOUR		✔	D6R3	3	01:10:41	WORKPIECE	MILL_FINISH
FIXED_CONTOUR_COPY		✔	D6R3	3	04:12:11	WORKPIECE	MILL_FINISH

相依性

细节

图 29-1　塑料瓶模具程序

【相关知识】

后处理就是结合特定机床把系统生成的刀具轨迹转化成机床能够识别的 G 代码指令，生成的 G 代码指令可以直接输入数控机床用于加工，这是数控编程最终的目的。NX 软件提供了两种后处理方法，即图形后置处理器（GPM）和后置处理器（UG/Post）。

GPM 是一种旧式的后置处理方法，该方法缺少友好的用户交互界面，使用起来不方便，正在逐渐被 UG/Post 所取代。

UG/Post 是 NX 软件自身携带的一个后处理程序，可以直接从零件的刀轨中提取信息进行后处理，使用起来比较方便。

【操作步骤】

1．打开文件

打开“/part/proj19/finish”文件夹中“bottle_die_nc.prt”，进入 NX 8 加工界面。

2．选择刀具轨迹

在“导航器”工具条上，单击“程序顺序视图”，切换至“工序导航器-程序顺序”视图，右键单击“CAVITY_MILL”，然后选择“后处理”，弹出“后处理”对话框，如图 29-2 所示。

3．选择后处理器

在“后处理”对话框中，选择后处理器“MILL_3_AXIS”。

4．选择保持路径

在“输出文件”组中，单击“浏览查找输出文件”；在文件名框中，选择文件保存的路径。

5. 生成 G 代码

在“后处理”对话框中，单击“确定”，系统开始计算并产生一条 NC 程序，同时弹出 G 代码文件，完成刀具轨迹的后处理。

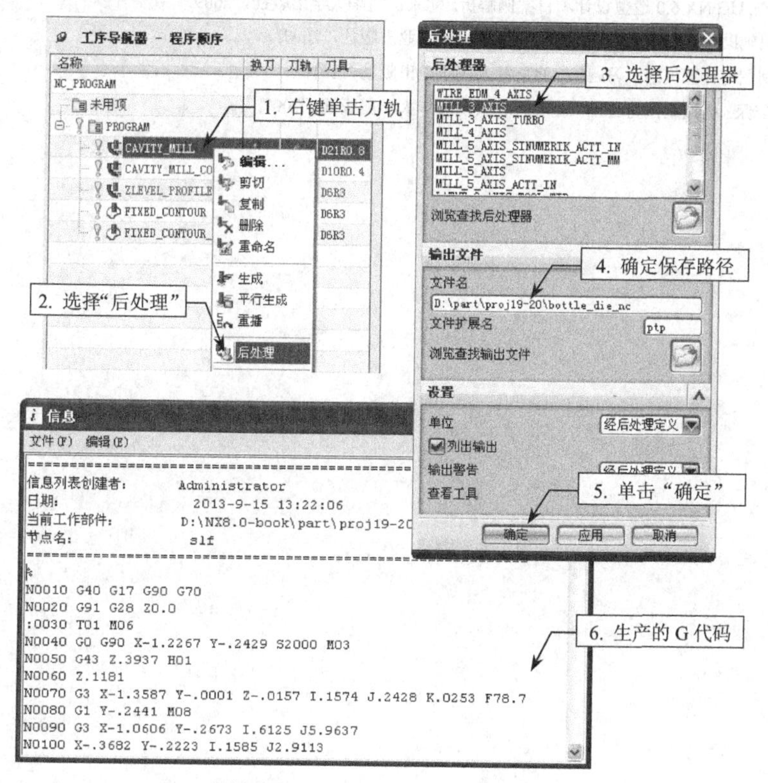

图 29-2　UG/POST 后处理的步骤

按照相同的方法，选择刀轨“CAVITY_MILL_COPY”，产生一条 NC 程序；再同时选择其余三条刀轨，产生一条 NC 程序。

工程师提示：

◆ 不同数控机床系统，后处理类型有所不同，选择时必须根据本厂现有的机床系统进行选择。一般 NX 自带的后处理器格式可能满足不了本厂需要，可以向机床制造商或者 NX 公司索取。

◆ 进行后处理生成 NX 程序时，一定要注意：相同的刀具、相同的加工方式（即粗加工、半精加工和精加工）和相同或者不同的加工类型（即型腔铣、深度铣、区域铣削、平面铣和面铣）才可以产生一条 NC 程序。

生成题图 19-1 和题图 19-2 所示零件加工程序的 G 代码。

参 考 文 献

[1] 史立峰. CAD/CAM应用技术——UG NX 6.0. 北京：化学工业出版社，2009.
[2] 史立峰. UG NX项目教程. 北京：北京大学出版社，2013.
[3] 王咏梅. UG NX 6.0中文版工业造型曲面设计案例解析. 北京：清华大学出版社，2010.
[4] 施建，胡建杰. UG NX 6.0造型设计项目案例解析. 北京：清华大学出版社，2009.
[5] 袁锋. 计算机辅助设计与制造实训图库. 北京：机械工业出版社，2007.
[6] 冯辉. 机械制图与计算机绘图习题集. 北京：人民邮电出版社，2010.
[7] 项仁昌，王志泉. 机械制图与公差习题集. 北京：清华大学出版社，2007.